"神话学文库"编委会

主 编

叶舒宪

编 委

(以姓氏笔画为序)

马昌仪	王孝廉	王明珂	王宪昭
户晓辉	邓 微	田兆元	冯晓立
吕 微	刘东风	齐 红	纪 盛
苏永前	李永平	李继凯	杨庆存
杨利慧	陈岗龙	陈建宪	顾 锋
徐新建	高有鹏	高莉芬	唐启翠
萧 兵	彭兆荣	朝戈金	谭 佳

"神话学文库"学术支持

上海交通大学文学人类学研究中心

上海交通大学神话学研究院

中国社会科学院比较文学研究中心

上海市社会科学创新研究基地——中华创世神话研究

国家出版基金项目
"十四五"国家重点出版物出版规划项目

神话学文库
叶舒宪 主编

《亡灵书》评注
COMMENTARY ON THE EGYPTIAN BOOK OF THE DEAD

［古埃及］佚 名 ○著
李 川 ○译注

陕西师范大学出版总社　西安

图书代号　SK24N2414

图书在版编目（CIP）数据

《亡灵书》评注 /（古埃及）佚名著；李川译注. —
西安：陕西师范大学出版总社有限公司，2024.12.
（神话学文库 / 叶舒宪主编）. -- ISBN 978-7-5695-
5114-3

Ⅰ. B846

中国国家版本馆 CIP 数据核字第 2024254TM6 号

《亡灵书》评注
《WANGLINGSHU》PINGZHU

[古埃及] 佚　名 著　李　川　译注

出 版 人	刘东风
责任编辑	庄婧卿
责任校对	王文翠
出版发行	陕西师范大学出版总社
	（西安市长安南路 199 号　邮编 710062）
网　　址	http：//www.snupg.com
印　　刷	陕西龙山海天艺术印务有限公司
开　　本	720 mm×1020 mm　1/16
印　　张	19.25
插　　页	2
字　　数	325 千
版　　次	2024 年 12 月第 1 版
印　　次	2024 年 12 月第 1 次印刷
书　　号	ISBN 978-7-5695-5114-3
定　　价	108.00 元

读者购书、书店添货或发现印刷装订问题，请与本公司营销部联系、调换。
电话：（029）85307864　85303629　传真：（029）85303879

"神话学文库"总序

叶舒宪

神话是文学和文化的源头,也是人类群体的梦。

神话学是研究神话的新兴边缘学科,近一个世纪以来,获得了长足发展,并与哲学、文学、美学、民俗学、文化人类学、宗教学、心理学、精神分析、文化创意产业等领域形成了密切的互动关系。当代思想家中精研神话学知识的学者,如詹姆斯·乔治·弗雷泽、爱德华·泰勒、西格蒙德·弗洛伊德、卡尔·古斯塔夫·荣格、恩斯特·卡西尔、克劳德·列维-斯特劳斯、罗兰·巴特、约瑟夫·坎贝尔等,都对20世纪以来的世界人文学术产生了巨大影响,其研究著述给现代读者带来了深刻的启迪。

进入21世纪,自然资源逐渐枯竭,环境危机日益加剧,人类生活和思想正面临前所未有的大转型。在全球知识精英寻求转变发展方式的探索中,对文化资本的认识和开发正在形成一种国际新潮流。作为文化资本的神话思维和神话题材,成为当今的学术研究和文化产业共同关注的热点。经过《指环王》《哈利·波特》《达·芬奇密码》《纳尼亚传奇》《阿凡达》等一系列新神话作品的"洗礼",越来越多的当代作家、编剧和导演意识到神话原型的巨大文化号召力和影响力。我们从学术上给这一方兴未艾的创作潮流起名叫"新神话主义",将其思想背景概括为全球"文化寻根运动"。目前,"新神话主义"和"文化寻根运动"已经成为当代生活中不可缺少的内容,影响到文学艺术、影视、动漫、网络游戏、主题公园、品牌策划、物语营销等各个方面。现代人终于重新发现:在前现代乃至原始时代所产生的神话,原来就是人类生存不可或缺的文化之根和精神本源,是人之所以为人的独特遗产。

可以预期的是，神话在未来社会中还将发挥日益明显的积极作用。大体上讲，在学术价值之外，神话有两大方面的社会作用：

一是让精神紧张、心灵困顿的现代人重新体验灵性的召唤和幻想飞扬的奇妙乐趣；二是为符号经济时代的到来提供深层的文化资本矿藏。

前一方面的作用，可由约瑟夫·坎贝尔一部书的名字精辟概括——"我们赖以生存的神话"（Myths to live by）；后一方面的作用，可以套用布迪厄的一个书名，称为"文化炼金术"。

在21世纪迎接神话复兴大潮，首先需要了解世界范围神话学的发展及优秀成果，参悟神话资源在新的知识经济浪潮中所起到的重要符号催化剂作用。在这方面，现行的教育体制和教学内容并没有提供及时的系统知识。本着建设和发展中国神话学的初衷，以及引进神话学著述，拓展中国神话研究视野和领域，传承学术精品，积累丰富的文化成果之目标，上海交通大学文学人类学研究中心、中国社会科学院比较文学研究中心、中国民间文艺家协会神话学专业委员会（简称"中国神话学会"）、中国比较文学学会，与陕西师范大学出版总社达成合作意向，共同编辑出版"神话学文库"。

本文库内容包括：译介国际著名神话学研究成果（包括修订再版者）；推出中国神话学研究的新成果。尤其注重具有跨学科视角的前沿性神话学探索，希望给过去一个世纪中大体局限在民间文学范畴的中国神话研究带来变革和拓展，鼓励将神话作为思想资源和文化的原型编码，促进研究格局的转变，即从寻找和界定"中国神话"，到重新认识和解读"神话中国"的学术范式转变。同时让文献记载之外的材料，如考古文物的图像叙事和民间活态神话传承等，发挥重要作用。

本文库的编辑出版得到编委会同人的鼎力协助，也得到上述机构的大力支持，谨在此鸣谢。

是为序。

译序　阿尼纸草卷《亡灵书》

一

中国与域外文明交流互鉴，远远早于张骞"凿空"西域之前，而中外接触的渠道有诸如"史前丝绸之路""彩陶之路""青铜之路""草原玉石之路"之类命题。① 丝路两端的联系借着地下文物出土日繁，其面貌日益清晰。这启发我们以一种更宏通的眼光看待"凿空"前丝路两端的文化交流。欧亚两端尽管隔着千山万水，自古却并不曾阻绝交流。丝路西端种植小麦、牧牛、饲马、养羊以及相关的马车驾驭、毛纺织加工等技术在漫长的时间中东渐东亚，此外，诸如权标头、琉璃制作技术、日晷、水漏计时器、天平、印章等，亦可能是华夏和域外文化交流的物质中介。在中国的考古遗址中，学者们找到了印欧人以及南洋人在中国的存在证据，论证了中国早期文化中印欧人种的存在。② 这个事实说明东西文化、中国和域外并非互不相谋，而是自史前时期以来就有千丝万缕的联系。唯有从跨文化视角、从天下一家的视角审视华夏、域外文化，方能真正理解华夏文明自身的特质，同时加深对域外文明的理解，加深对我们所在的这个星球上其他文明的理解。

---

① 刘学堂：《丝路文明交流互鉴：基于史前遗存的分析》，载《新丝路学刊》2021年第1期；叶舒宪：《草原玉石之路与红玛瑙珠的传播中国（公元前2000年～前1000年）——兼评杰西卡·罗森的文化传播观》，载《内蒙古社会科学》2018年第4期；王辉：《早期丝绸之路开拓和发展的考古学证据》，载《民主与科学》2018年第1期。

② 杨希枚：《河南安阳殷墟墓葬中人体骨骼的整理与研究》，载《历史语言研究所集刊》1976年第42册，第231—266页；[德] W.B.亨宁：《历史上最初的印欧人》，徐文堪译注，载《西北民族研究》1992年第2期；[俄] T.V.加姆克列利则、Vjac.Vs.伊凡诺夫：《历史上最初的印欧人：吐火罗人在古代中东的祖先》，杨继东译，徐文堪校，载《西北民族研究》1998年第1期。

丝路两端的各大文化丛林中，华夏文化与埃及文化的关系，是近年来学界热议的，也是本书感兴趣的话题之一。据考古资料推测，中埃文化之间的交流不晚于西周初年。埃及公元前10世纪的木乃伊身上裹有中国丝绸，陕西泾阳县戈国墓的出土物中则发现了埃及纸草，[①]可视为两大文明联系（无论是间接的还是直接的）的坚确证据。此外，权杖、权标头等融入三代文化礼器谱系的一些文化符号[②]，很可能起源地也在埃及。由于时空阻隔，传世文化载籍对埃及的记载较为零星。在中国史学意识蓬勃发展起来之后，古埃及文明已经进入衰亡时期，先后受到希腊人、罗马人、阿拉伯人、奥斯曼土耳其人的统治，因此中国古人对埃及文化的认识显得一鳞半爪，在古代典籍如宋赵汝适《诸蕃志》、明艾儒略《职方外纪》等的记载中皆只言片语，碎金断玉。中国人真正近距离观察埃及文化是在晚清时期，其中值得关注的人物便是大收藏家端方。端方收集的埃及碑碣、棺椁拓片，不仅拓展了中国古典金石学传统的收藏视野，而且是中国人所收藏的第一批埃及文物资料。[③]端方的埃及文物收藏活动堪称中国古代金石学的一大转捩。由此，中国传统金石学不仅开始向现代考古学转变，而且中国学问亦逐渐由关心本土文物而重新睁眼看世界。

相较于端方仅止于收藏而言，夏鼐则是中国埃及学研究的奠基人。夏鼐在中国学界首先是以考古学的突出成就为人所知，近年来随着其《埃及古珠考》[④]这一皇皇巨著译为中文，他作为中国埃及学开拓者的面目才逐渐为学界所熟悉。此书虽系八十年前之作，但内容之翔实、编排之严谨、论述之精到，至今仍是研究珠饰这一领域的扛鼎之作，对于理解埃及文明以及世界文明有重要的参考价值。中国人对埃及文化的接受经历了从器物而文化、而制度的过程。在这一过程中，尤其值得关注的是神话学家们的贡献。20世纪上半叶黄石、茅盾、闻一多等皆曾从事神话研究，他们在研究中亦曾使用埃及神话材料。其中黄石

[①] 李华：《埃及发现公元前十世纪中国丝绸》，载《丝绸之路》1994年第1期；饶宗颐：《殷代黄金有关问题》，见《西南文化创世纪：殷代陇蜀部族地理与三星堆、金沙文化》，上海古籍出版社，2010年，第255页。

[②] 李水城：《中原所见三代权杖（头）及相关问题的思考》，载《中原文物》2020年第1期；李水城：《赤峰及周边地区考古所见权杖头及潜在意义源》，见《第五届红山文化高峰论坛论文集》，2010年，第13—18页。

[③] 董建：《端方题跋的古埃及石刻拓片——兼谈〈阳三老石堂画像题字〉相关问题》，载《收藏家》2015年第7期；徐亮：《馆藏端方旧物之古埃及石刻拓片》，载《首都博物馆论丛》2020年专辑；薛江：《端方藏古埃及"人形棺"拓片及相关问题》，载《古代文明》2023年第1期。

[④] 夏鼐：《埃及古珠考》，颜海英、田天、刘子信译，社会科学文献出版社，2020年。

对伊西斯和奥西里斯神话的介绍尤为重要，这个神话是埃及神话最重要、最富赡的神话，但其意义并未得到真正认识，直到新时期随着西方古典学在中国的日益兴起，它的价值方逐渐凸显。不过，黄石的介绍打开了一扇进入埃及人精神世界的窗口。

随着对域外文化的深入理解，中国人遂立足于世界文明的立场理解自身，四大文明古国的概念逐渐被国人接受，并逐渐抵消殖民主义所带来的文化自轻倾向。新中国成立后所编的《世界历史》等教材，对包括埃及文明在内的四大文明成就皆作了较为公允而客观的评估。随着新时期的到来，对世界其他文化的兴趣又一次成为学界的风尚，20世纪八九十年代的读书渴求也刺激了古典文化的发展。这以林志纯的世界古典文明史研究为代表。林志纯不仅是一位中国史学家，同时是世界史的开拓者。他在西方古典学、埃及学、亚述学、赫梯学等领域皆有建树，其代表作为皇皇五大卷《日知文集》①，此书涉及中国、西方的古代典籍，成为现在比较古典学的滥觞。就对埃及学的认知而言，新时期不仅在人才培养上用力较多，而且关注对域外文化的译介。浙江人民出版社的"世界文化丛书"对丝路西端的古文明做了较详细的介绍，其中《人类早期文明的木乃伊——古埃及文化求实》②较为简明扼要地介绍了埃及文化。埃及学的研究和古典文化的研究是分不开的，此时期对印度、希腊、巴比伦等文化的译介也如雨后春笋。在西方文化的刺激中，诞生了中国新一代的比较神话学学派，后来逐渐演变为文学人类学；同时，比较古典学（代表人物为刘小枫）、比较文字学（代表者为周有光）也应运而生。比较是时代的最强音。中国学问不再是纯粹的、单一的本土学问，而是与世界学问成为一体。

正是在世界体系、世界文学的时代呼声之下，中国学界不再满足于对域外文化的表层阅读，而是深入域外文化的古典传统。荷马史诗、北欧史诗、印度史诗以及南亚、美洲神话经典都有译介，各种神话选集、总集应接不暇，对埃及文化的研究也日益深入。金寿福、李晓东、颜海英、郭丹彤等先生皆发表了大量研究成果。最为重要的是埃及文献的译作，先后有王海利《失落的玛阿特——古代埃及文献〈能言善辩的农民〉研究》③，郭丹彤《古代埃及象形文

---

① 林志纯：《日知文集》，高等教育出版社，2012年。
② ［德］汉尼希：《人类早期文明的木乃伊——古埃及文化求实》，朱威烈译，浙江人民出版社，1988年。
③ 王海利：《失落的玛阿特——古代埃及文献〈能言善辩的农民〉研究》，北京大学出版社，2013年。

字文献译注》《古代埃及新王国时期经济文献译注》①，等等，直接深入文本。与此同时，神话学文献逐渐受到学界的关注，其中最为突出的成就便是《亡灵书》的翻译。

《亡灵书》为古埃及的代表作品，是了解古埃及人精神生活、价值观念以及神话世界的第一手资料。慎终追远、重天尊祖是中国人的古老传统，古埃及人也秉持类似观念，甚至有过之而无不及。对死者的缅怀、对亡灵的重视造就了古埃及丰厚的丧葬文化遗产，不仅有诸如金字塔、方尖碑、神庙、狮身人面像、国王雕像等举世闻名的地上遗存，还有大量埋藏于地底下的明器、饰物以及数量巨大的丧葬文献。《亡灵书》正是这些丧葬文献中的重要遗存。在古埃及人留给后世的文物宝藏中，《亡灵书》最能体现其时代的精神风貌、思想制度特质，它所描绘的冥间审判是人世司法制度的反映，它宣扬的神人一体、王权神授是统治者政权合法性的来源，它记载的神话故事是了解古埃及人精神信仰的一面镜子。要而言之，《亡灵书》是古埃及政治、经济、文化的百科全书式著作。

《亡灵书》又被译为《古埃及生死之书》，虽然名之为"书"，它却并非是现代意义上的书册。《亡灵书》一名是古埃及学家的命名，它的发现与现代学术的兴起、现代考古学的发展密不可分。这种情况和《金字塔铭文》《棺椁文》《冥书》《门户之书》等丧葬文献相似。它是现代考古学家、古埃及学家研究古代文化、整理古代文献的衍生品。《亡灵书》由不同时代、不同墓葬中思想内容相近的篇章编辑而成。换言之，古埃及人并不知道有这么一部叫作《亡灵书》的典籍存在。古典文献传统中，《亡灵书》不是一部固有的"书"的名字，也不是一部固有的"书"。《亡灵书》是现代学者对此类相关文献整理、辑佚的全新命名。举例而言，就像鲁迅的《古小说钩沉》或《唐宋传奇集》，这两部作品搜罗的"小说"或"传奇"都是古代流传下来的内容，但以书册的面貌出现却是现代整理和编辑的结果。《亡灵书》的情形与此相同，它以许多写本、抄本的形式在不同时间、地域流传。其中最为重要的载体便是纸草书卷，比如纳布西尼（Nebseni）纸草卷、阿尼（Ani）纸草卷等等。纸草是古埃及

---

① 郭丹彤译著：《古代埃及象形文字文献译注》，东北师范大学出版社，2015年；郭丹彤、杨熹、梁姗译著：《古代埃及新王国时期经济文献译注》，中西书局，2021年。

文献的重要载体，关于纸草的研究单独成为一门学问[①]，犹如中国之甲骨学、西亚之泥版学。

古埃及人无疑是事死如事生的典型民族，厚葬之风盛行。如果说古代中国的厚葬之风主要基于伦理推动，那么古埃及的厚葬之风则主要基于宗教信仰观念。追随拉神、追随奥西里斯神到来世乐园，成为永恒的神明，本来是王者的特权，后来逐渐成为普通人的信仰。但无论古代中国还是古埃及，厚葬在客观上都是一种经济行为。营建陵墓、制作明器、准备葬具，这些都在一定程度上需要手工业和商业的保障。厚葬是一种消费，消费刺激经济，"雕卵然后瀹之，雕橑然后爨之"（《管子·侈靡》）。古埃及人是否对丧葬行为和经济驱动的关系有如此清晰的认识，不得而知。然考查古埃及人对修建陵寝的热衷、对制作木乃伊的执着、对丧葬文献需求量之大，可知其相应的建筑业、手工业、商业必然甚为发达。

作为丧葬文献的《亡灵书》，显然是以交易之物而存在的。古埃及社会是一个重视文化教育的社会，在漫长的历史进程中，逐渐造就了特殊的文化阶层，即书吏阶层。文化掌握在祭司和书吏手中，并且分工日益细致。通过对《亡灵书》等纸草文献的研究，可推断存在类似于中国古代社会"写经生"一样的专门抄经者。他们以替人抄录经卷（主要为《亡灵书》）为生。比如，有些《亡灵书》是事先抄录后才补充丧主名字的，由于丧主名字和身份不能事先确定，抄写过程中留出的空白不一定恰恰合适，抄写的经文也不一定吻合身份，故行文中出现多余空白、涂改、龃龉之处在所难免，这也是《亡灵书》难读的原因之一。

《亡灵书》的内容极为丰富，它在前赋丧葬文献《金字塔铭文》《棺椁文》等基础之上有所发展。《亡灵书》尽管在书卷形式上构成一个整体，但相对来说缺乏内在叙事的连贯性和完整性，这是其与《冥书》《门户之书》《舆地之书》的不同之处。后者行文有清晰的逻辑，或以时次为线索，或以门户为链接，基本可以视为亡魂的幽冥旅行记。《亡灵书》内容更丰富，也略显驳杂、零散。不过，《亡灵书》也并非杂乱无章，而是有迹可循的。它是颂神诗、咒语、丧葬仪轨以及神话传说的总汇，这些内容围绕一条主线，即亡灵追随拉神或奥西里斯神的冥间之旅，其最终目的是抵达来世乐园，或者说加入神明。古埃及人亦有死者为大的思想，因此对亡灵的崇拜构成《亡灵书》的主要思想质素。但

[①] 相关论述甚多，如姚福申：《上古文献的形成与编辑工作的起源》，载《编辑学刊》1987年第3期；叶燕君：《从粘土版、纸草纸到羊皮纸的书——谈谈国外历史上几种主要的文献载体》，载《图书与情报》1988年第1期；克凡：《塔乌班什拉格教授和波兰的纸草学研究》，载《历史研究》1959年第2期；等等。

古埃及人的亡灵崇拜是神权、王权滋溉下的产物，亡灵都渴望自身和日神、冥王合二为一，这两位神明本就是神权、王权结合的产物。因此，亡灵崇拜背后又有权力和神威崇拜的底色，这是古埃及政治文化在丧葬文献上的投影。无论金字塔文献、棺椁文献还是亡灵书等，在一定程度上都折射出古埃及社会历史、道德情感以及风情民俗的流衍和变迁。

追随拉神、追随奥西里斯神穿越冥间是古埃及丧葬文献的核心内容。这些内容来自《金字塔铭》《棺椁文》等文献，亡灵在进入幽冥之后，身体和灵魂分离，神魂必有所依，这个依靠便是拉神或奥西里斯神。但《亡灵书》与前赋文献的不同之处在于，无论《金字塔铭》《棺椁文》还是《冥书》《门户之书》等，使用者都是古埃及的天潢贵胄、王公大人；然《亡灵书》却向所有人敞开，是幽冥民主化的标志。① 其转捩点就是奥西里斯崇拜。

奥西里斯是一尊古老的神祇，见于金字塔文献以及棺椁文献等典籍。奥西里斯崇拜的盛行，与古埃及第一中间期社会动荡的历史背景，神权与王权的结合，尤其是奥西里斯神祭司的非政治化等社会文化因素息息相关。② 正是因为以上因素，《亡灵书》赋予奥西里斯全新的形象。他不仅是一位审判大神，而且还是一位富有救赎精神的神明，阿尼纸草卷《亡灵书》数次使用了"真正的救赎"这样的短语。他是一位受难者，为兄弟塞特所残害；他也是一位获救者，被妻子和姐妹救助并复活。他被视为死神，因其第一个死去，这与印度神话中的阎摩相似。他又是王者的守护神，其子荷鲁斯打败了叔叔塞特，继承了父亲的王位。在古埃及上演的奥西里斯受难剧，成为上古戏剧史上的珍贵资料。③ 王者奥西里斯最伟大的功业则是其开创的幽冥民主化之路，他将属于天潢贵胄的救赎之路带给普罗大众，从而成为广受欢迎的冥间之王。在这一意义上，他是一位类似于中国佛教中地藏菩萨式的古埃及神明。真正的救赎意味着和奥西里斯合二为一，这也是在《亡灵书》的叙述文字中，死者的名字之前冠以"奥西里斯"的原因之所在，比如我们即将谈及的奥西里斯－阿尼便是一例。这一传统可溯源于古埃及最早的神话文献《乌纳斯金字塔铭文》。《周易·文言》说："夫大人者，与天地合其德，与日月合其明，与四时合其序，与鬼神合其吉凶。先天

---

① 李川：《埃及〈门户之书〉中的奥西里斯神话与"玛阿特"》，载《世界宗教文化》2020 年第 6 期。
② 李模：《论古代埃及的奥西里斯崇拜》，载《贵州社会科学》2013 年第 2 期。
③ 叶长海：《戏剧发生诸论》，载《戏剧艺术》1988 年第 1 期；谢柏梁：《上古东方悲剧雏型》，载《戏剧艺术》1992 年第 4 期；陈珂：《略论古埃及的奥西里斯殉难剧》，载《戏剧艺术》2009 年第 5 期；等等。

下而天弗违,后天而奉天时。天且弗违,而况于人乎?况于鬼神乎?"《亡灵书》中所流露出的与奥西里斯合二为一的观念,正是一种类似于《周易》所说"大人"的期许。

《亡灵书》中另外一个重要的神明是日神拉。太阳神话为世界上许多民族所共有。中国古代与古埃及在日神神话上多有可比较之处。不惟自然特征、社会寓意相似,且在远古均有关于日神的宗教信仰革命。[1] 日神在阿玛尔纳时期曾一度被视为唯一之神,这种改革堪称一神教之前导。[2] 在古埃及的日神神话中,日神有多个化身,也因此有多个名字。入冥的日神被称为阿图姆,初生的日神被称为凯普瑞,而升上天空的日神则被称作拉神。日神进入幽冥经历漫长的旅途在第二日升起,旅途之中要面临强大的敌人,即蛇怪阿佩普或豹克,或者是驴子怪、鳄鱼怪,等等,他们都对日神造成威胁。当然,按照神话叙事的逻辑,日神必定会在冥间战胜其对手,第二天照常升起。在这个冥间旅途中,诸多神明和亡灵则浩浩荡荡追随日神穿越幽都。

在穿越冥间的过程中,会涉及两场战争。一场战争是荷鲁斯和塞特之战,是为父报仇的复仇之战,其目的是继承奥西里斯的王权。战争结果是荷鲁斯获胜,意味着对人间秩序的恢复。另一场战争是拉神在冥界铲除阻碍的对手之战,其目的是第二天正常升起,重整宇宙秩序。亡灵在冥间追随奥西里斯神和拉神的旅程,也是一个由混乱到有序的过程,这个过程既是政治层面的,也是宇宙论的、宗教意义上的。质言之,《亡灵书》的幽冥之旅指涉的是神学的政治。

拉神和奥西里斯神是《亡灵书》中最重要的两位神祇,他们的地位不相上下。他们是百灵和众魂的希望,追随这两位大神,亡灵才能抵达来世乐园。随着历史时代、文化观念的变化,关于两位神明的信仰逐渐呈合流之势。拉神和奥西里斯神崇拜的融合在新王国后期是古埃及宗教的特点,这个特点在古埃及丧葬文献以及墓葬制度上多有体现。日神和冥神的融合也是《亡灵书》的一个重要宗教观念。[3]

---

[1] 高福进:《古代埃及与中国的太阳崇拜之比较研究》,载《复旦学报》(社会科学版)1994年第5期。
[2] 江立华:《试论埃赫那吞改革的性质——兼论一神教产生的条件》,载《河北大学学报》(哲学社会科学版)1993年第2期。
[3] 颜海英:《托勒密埃及神庙中的〈亡灵书〉》,见北京大学历史学系编:《北大史学》,北京大学出版社,2016年;颜海英:《文本、图像与仪式——古埃及神庙中的"冥世之书"》,载《古代文明》2021年第1期。

二

神话是理解神人关系或天人关系、两性关系的原型叙事，是理解一个民族价值伦理、审美情怀和思想观念的最重要材料。古埃及文化亦不例外，它提供了理解古埃及人思想情感、社会构架和宗教观念的第一手材料。①北非、西亚以及南欧等地的考古资料和文献材料都证明，在文字产生之前，神话最初是以图绘的形式被记录、传承的。文字产生以后，以图辅文、以文释图也是一个悠久而丰厚的传统，古埃及文献在这方面尤其突出。从金字塔文献到棺椁文献，再到纸草文献，古埃及人的文献记录往往与图绘并行，如《冥书》《门户之书》《亡灵书》等丧葬文献皆然。图绘是理解古埃及神话，也是理解诸多民族神话的最直观方式。阅读《亡灵书》等古埃及文献，图画是一个绕不过去的问题。

图文一体是古埃及丧葬文献的普遍特色，文字和图像服务于其宗教观念。古埃及人认为无论图像还是文字，都能对现实世界产生直接影响。就文字书写而言，有所谓"残字法"，即将表示魔怪的文字断首、刖足或腰斩，从而使这些对亡灵有害的魔怪不能存活或继续为非作歹。这种残字法的书写形式在古王国、中王国时期的《金字塔铭文》《棺椁文》中普遍存在，并且影响了新王国时期的文献书写。②作为《亡灵书》的重要载体纸草卷，其书写基调通常为墨书，但亦间有朱书。朱书具有提示新的段落开始的功能，也表达对异域世界、陌生之物或神明的恐畏之情。此外，有些情况在思想观念上与残字法的书写传统一脉相承，比如阿尼纸草卷有几处关于阿佩普的例子，在朱书虺形符号之上插上墨书的利刃，这与金字塔文献及棺椁文献中将蛇怪分为数段的写法异曲同工。就纸草绘画来说，其图画相对于墓葬壁饰来说似灵动有余而精工不足，且大部分因循了一定的模式，呈现出程式化的特点。这归因于两点。其一《亡灵书》在绘图方面遵循传统，是绘画者师徒授受的结果。诸如正面律、对称律、网格法、填涂法等绘画手段，是埃及古代绘画者历代总结的结果。因此，恪守这些绘画规范是从业者的"职业操守"。其二，古埃及人忽略现实、追求来世永恒的人

---

① 金寿福：《神生的儿子与神赐的儿子——古代埃及和古代以色列神话反映的神与人之间和男人与女人之间的关系》，载《社会科学战线》2005年第6期。

② James P. Allen, *Middle Egyptian: An Introduction to the Language and Culture of Hieroglyphs*, Cambridge: Cambridge University Press, 2014, pp. 378-379.

生态度从前王朝时期已较为明显①，这自然会体现在作为墓葬文化副产品的丧葬绘画中。《亡灵书》的图绘具有宗教的、信仰的特质，因此必须保证其画面的严谨和纯粹。这使得此类作品的图画庄严肃穆有余而鲜活灵动不足。不过亦有少数图绘具有较高的欣赏性，如阿尼纸草卷亡灵进入冥间乐园——赫泰普之野的章节，其中的耕作场面、刈获场面，具有强烈的生活气息，对耕牛的刻画也极佳。

《亡灵书》等丧葬文献图文一体的呈现形态，对于我们理解华夏上古神话的传承形态不无启发。《左传·宣公三年》记载的"铸鼎象物"、《逸周书·王会篇》所暗含的"王会图"、《山海图》所失落的"山海图"、屈原《天问》所依凭的"天问图"、《搜神记》所载"夏鼎志"等，皆可与古埃及此类图文一体的文献做跨文化比较研究。当然，本书仅止于提出一种比较文化的研究视野，我们并不认为古埃及和中国在采取"图文"或"图书"这种形式方面存在传承关系。本书所瞩目之处是，早期中国神话与神画的关系由"辨识神人"起步，神人关系是理解图文传统的一个切入点。对比古埃及《亡灵书》《冥书》《门户之书》，或许对于理解中国古代的图绘神明传统不无裨益。这些古埃及神话典籍在"少数人"和图像之间建立联系，体现出图像所蕴含的权力诉求，凸显的是"图像的政治"维度。这样图文兼备就不仅仅是一个纯粹的神话呈现，而是"有意味的形式"，即图画本身是为社会价值观、伦理观服务的。以文释图，以图解文，图文互为补充。中国古代政治传统的"左图右史""教象""政象"等观念和长沙子弹库楚墓帛画、马王堆汉墓帛画以及《瑞应图》《白泽图》等一大批与神话有关的图籍，大略皆可由此获得启发，即服务于宗教或政治意图。这一类文献可径直称为神话-政治文献。

当然，我们也不能忽略中国少数民族丧葬礼仪上的文献材料。比如纳西族的辉煌画作《神路图》，亦以亡灵的回归之旅为主要内容。其所折射的丧葬观念其实是可与古埃及《亡灵书》做比较研究的。《神路图》等典籍彰显的是古代东方社会关于灵魂、秩序的观念，构想了一个和今世相对的异质空间"异托邦"。②《亡灵书》也正是类似的"异托邦"观念支配下的产物，它呈现出一个和现实世界既有联系又有区别的冥间世界。

---

① 刘文鹏、刘若翰：《前王朝至早王朝时代埃及墓葬的发展》，载《内蒙古民族师院学报》（社会科学汉文版）1988年第3期。

② 郭建平、李轶南：《中国古代图像艺术中的"异托邦"——以〈神路图〉、汉墓帛画和〈大威德金刚曼荼罗〉为例》，载《东南大学学报》2016年第4期。

围绕奥西里斯和拉神两位大神,《亡灵书》主要呈现出以下内容。一,有关神明和王者的颂诗,比如拉神颂、奥西里斯颂、初月颂、王者颂等等。二,冥间之旅的一些仪式,如心脏之称量、启口仪式等,其中最核心的是对亡灵的审判,这是丧葬文献中最精彩的部分。三,对冥间布局的想象,比如对七重宫殿的描绘、对十扇门的描绘、对赫泰普之野的描绘等。四,一些咒语和祷祠的结集。这些内容中,最重要的自然就是遵循玛阿特之道进行冥间审判。所谓玛阿特,是古埃及人对人世和宇宙秩序的称谓。此词和中国文化的"道"可以比勘,却难以等同。玛阿特代表的是永恒秩序的循环论,是古埃及人存在的价值基础,乃秩序、真理、公平、正义、真实、正直等概念的总和。①

作为一部神话典籍,《亡灵书》是代神明立言的作品,它是关于鬼神之学的学问。此等学问为诸多民族所共有。代言体是世界上重要经典的叙事方式,正如中国经籍的代圣贤立言或代天立言(比如《太平经》)、希伯来文献代上帝立言、希腊诗人代缪斯立言(比如荷马、赫西俄德作品中的吁请叙事)之类。《亡灵书》对话体和独白体交错使用,要旨不出对神明世界所构建的宇宙秩序、人伦制度的申述和宣扬。其中重要的一个关目即冥间审判。这种审判是人间神谕审判的投影,它主要由祭司阶层控制,以维护法老的统治,而后随着祭司权力和王权矛盾的日益突出而崩溃。②祭司号称神明的仆人,《亡灵书》即成于他们之手。祭司阶层是古埃及神话典籍的幕后推动者。冥判法庭不仅针对死者,实则也约束生者,是道德和价值的源泉。冥世平等观念对古埃及政治现实的等级制度有所触动,有利于现世平等氛围的形成。③

冥间审判是通过亡魂自陈清白,同时托特使用天平称量其心脏实现的。称量心脏是《亡灵书》冥判情节的重中之重。在奥西里斯的宫殿,阿努比斯引领亡魂并主司称量。天平一端放置死者心脏,一端放置玛阿特之羽,如羽毛未下沉,天平保持平衡,则死者便被认为是纯洁的;反之,若羽毛下沉,天平失衡,死者便被判决是有罪愆的。天平下方蹲踞一吞噬恶魂心脏的怪物阿米特,形象颇为怪异,它长着鳄鱼首、狮子和河马组合成的躯体,等候吞噬有罪者之心。判决的结果都由书记官托特做好记录。

---

① 李晓东:《"玛阿特"与"道"的哲学思考》,载《东北师大学报》(哲学社会科学版)2000年第4期;史海波:《古代埃及玛阿特简论》,载《史学集刊》2001年第4期;靳玲、李志峰:《古埃及伦理的基本观念——玛阿特》,载《内蒙古民族大学学报》(社会科学版)2007年第6期。

② 王亮、郭丹彤:《论古代埃及的神谕审判》,载《世界宗教研究》2015年第6期。

③ 赵立行:《论古埃及的来世说及其社会意义》,载《复旦学报》(社会科学版)1996年第1期。

心是古埃及人相当重视的一个概念，古埃及词汇中有两个"心"字。第一个词有"心之官则思"的意义，侧重于心的功能，可译为"心思、心念"等；第二个"心盖"谓"心脏之为物"，侧重于心之本体，亦有"胸"之训。《亡灵书》言道：

> 我心即我母，我心即我母，我心在我的形体之中。它在指证中不反对我，在裁断者前不拒斥我，在司衡面前你不要偏差。你是我体内的卡魂，创制并健硕我的四肢。愿你出来，前往佳胜之地，我们去那儿。愿申尼特——令人类正直者，不要让我的名字臭腐。（阿尼纸草卷，第十五帧）

心是灵魂的居所，也是躯体的端点。心存在，人就存在。"生年不满百，常怀千岁忧"，《亡灵书》所忧虑的，不仅止于复活与否，而是"名字臭腐"，这种忧虑存在于荷马史诗之中，存在于《圣经》之中，存在于华夏先贤的经传诸子之中，存在于轴心时代一切经典之中，是人类精神自由、思想革命的嚆矢和萌芽。正是这种对现实道德的忧虑，导致了救赎观念的产生：

> 他会和诸君王一起前行，并在奥西里斯的随扈中，百万次地接近真正的救赎——万－奈夫尔。（阿尼纸草卷，第三十三帧）

"真正的救赎"，从字面意思理解，即"真正的补救"，阿尼纸草卷用为宗教信仰术语。万－奈夫尔为奥西里斯的别号。《亡灵书》除了歌颂神明之外，还大胆地歌颂自我。当然这个自我并非现代意义上的第一人称视角，而是和神明合二为一的、宗教意义上的"我"。《亡灵书》中存在一个看似矛盾的现象，即人称上的含混。这种含混的原因在于，作为亡灵之"我"往往会站在神明的立场上为之"代言"，作为亡灵的"我"往往也会自以为和神明合二为一。这种情况下的"我"俨然就是神明本身。为此，歌颂自我的文字实际脱胎于颂神诗。这是一种宗教意义上的、神话意义上的个人意识之觉醒：

> 我勇武，我会被颂扬，遍及天际。我已躅洁，……我是遂古之初的舒神，我的魁魂是神明，我的魁魂永在。我乃黑暗的造主，设其位于天之涯际——永恒的王子。我是奈布城中的欢悦者。（阿尼纸草卷，第二十八帧）

"我"既是亡灵，又和舒神合为一体。"我"也就是舒神。此段文字颇与《楚辞》气息相似，如《离骚》之驱遣风雷、役使神明，"陟升皇之赫曦兮"；《九歌·涉江》之"与天地兮比寿，与日月兮齐光"；《九章·悲回风》"据青冥而攄虹兮，遂倏忽而扪天"。要言之，此种吞吐宇宙、囊橐万有的气概，是"巫风"

沾溉的最好例证。不过，《亡灵书》之"我"意图在于成为神明中的一员，而《楚辞》之"吾"则是高贵而孤独的心灵在"上下求索"。后者丰富得多、深邃得多，自然也更能令人动容。

三

自20世纪50年代以来，《亡灵书》被陆续译介到我国，近年以来更出版有完善的译文。目前所能见到的最早译本当是1957年由吉林人民出版社出版的锡金《亡灵书》译文，此书系"东方文学丛辑"之一种，译者是学者兼诗人，译笔畅达优美，虽系从英文转译，却不乏古埃及文学的神采，惜为选译，不能窥其全豹。①《亡灵书》之名亦为后来译者所沿用。"亡灵"一词出于前四史中的《后汉书·方术传》，含义至今不变。21世纪以来，出现了四种译文，分别是由京华出版社出版的《埃及〈亡灵书〉》《埃及〈生死之书〉》以及安徽出版社出版的《亡灵书》；②而最重要的译本当是金寿福的《古埃及〈亡灵书〉》③。金先生为古埃及学专家，其译本选择之精当、译文之信实自不待言。此外，尚有若干关于《亡灵书》研究的典籍陆续被译介为汉语，这些译介为了解埃及人精神生活提供了重要参照。

上古典籍年代邈远、内涵丰富，每位阅读者会有不同的理解和阐释，不同学科背景的学者对《亡灵书》的理解亦有不同。笔者因专业研究之需，数年来对古埃及神话亦有所涉猎，陆续翻译了《冥书》《门户之书》《伊普威尔与万物之主》《遇难的水手》《牧人的故事》等古埃及神话和反神话的作品，并发表了部分译文。这些翻译实践，为笔者翻译《亡灵书》积累了一些经验。此次翻译我选择了《亡灵书》最有代表性的阿尼纸草卷，以便展示其作为丧葬文献的本来面貌。本书所采取的是一种变通式的翻译，翻译的过程中尽可能从跨文化角度、比较神话学的视角对《亡灵书》做一番解读。因此行文中不乏中西文献比较的内容。本书试图达到如下意图：一方面通过翻译加深对古埃及神话，尤其是对神话观念的了解；另一方面通过了解西方的文化观念从而更深入地理

---

① 周全波：《古埃及的宗教经典——〈亡灵书〉》，载《世界宗教文化》2004年第2期。
② [英]华里士·布奇：《埃及亡灵书》，罗尘译，京华出版社，2001年；[美]法克伦·雷蒙德：《埃及〈生死之书〉》，罗尘译，京华出版社，2001年；[英]雷蒙德·福克纳：《亡灵书》，文爱艺译，安徽人民出版社，2013年。
③ 金寿福：《古埃及〈亡灵书〉》，商务印书馆，2016年。

解我国固有文化。古人所谓"通天下之志",今人所谓东海西海、心理攸同,实现文化之间的平等沟通和对话,必当深入异质文化的古典传统。《亡灵书》是随着现代考古学的发展而被经典化的,它虽没有华夏六经、希腊荷马史诗以及印度《吠陀》文献那样源远流长的注疏传统,却在古埃及神话史乃至文明史上留下浓墨重彩的一笔。他山之石可以攻玉,对古埃及神话的分析有助于从域外视角更好地理解华夏的民族文化。华夏典籍《山海经》《楚辞》《庄子》《列子》《淮南子》等文献中的神话与古埃及神话文献在字义、概念和故事构架方面不乏可互鉴、互勘之处。丝路两端在长时间、大地域的时空范围内,存在错综复杂的相摩相荡关系。通过对文献的细致解读,可能发现丝路两端(比如中国和古埃及)文化互动的些些痕迹。

笔者所选择的这卷纸草篇幅不及冠名为《亡灵书》的辑本,内容也不及后者丰富,但却为原汁原味的古埃及纸草卷。因其亡灵或者说使用者的名字叫作阿尼,所以被称为"阿尼纸草卷"。为了和通常所谓的《亡灵书》有所区分,我们不妨称之为"阿尼纸草卷《亡灵书》"。但此卷最初并非为阿尼量身定做,根据纸草上的笔触推断,阿尼的名字系后来的抄写者所添补。关于此,瓦里斯·巴奇列出了七处证据指出,从第十五帧以降,抄手在抄写时,有时匆匆填补奥西里斯－阿尼的名字,有时则漏书或多书文字。他指出,前面长达 16 英尺、宽 4 英寸的纸草卷章乃为奥西里斯－阿尼专门制作,而其余则系事先制作好的纸草卷章,这些卷章中预先留出空白以待买主,有了买主后再将主人翁的名字加上。第十五帧以降就属于这样的情况。①巴奇的推断是有道理的。

阿尼纸草卷藏于大英博物馆,此卷由六块纸草拼缀而成,总长 78 英尺(折合约 23.78 米)、宽 1 英尺 5 英寸(折合约 43.18 厘米),比其他同类纸草皆长,比如第十八王朝时期的纳布西尼纸草(大英博物馆,编号 9900,长约 23 米,宽约 0.33 米)、第十九王朝的胡－奈夫尔(Hunefer)纸草(大英博物馆,编号 9601,长约 5.74 米,宽约 0.4 米)等等。此卷据字体风格考察,非一人所写,至少有三名或更多的抄写者参与了文字的抄录。图画则风格相对纯粹,可能为一人所绘。有些场景中画家占据了较多的篇幅,抄写者不得不将文字写得特别紧凑甚或抄写在界格之外(如第十四帧、第十七帧之例),这说明此卷的制作

---

① 巴奇的观点,据本书翻译底本 Ernest A. Wallis Budge, *The Egyptian Book of the Dead: The Papyrus of Ani in the British Museum*(Cosimo Classics, 2011, p. 143)。

流程是先绘图，而后给图画配上文字。① 质言之，与其说此卷《亡灵书》是一部"书"，毋宁说它更像一部图文兼备的纸草长卷。这种书籍的形制，类似于中国古代绘画传统中的"手卷"，比如《清明上河图》《搜山图》之类。当然，中国传统绘画是士大夫阶层趣味的体现，更为讲究，也更富有艺术性；而《亡灵书》毕竟属于丧葬文献，其仪式功能更强一些，欣赏性稍弱。尽管《亡灵书》图像主要为仪式而设，但阿尼纸草卷整体上显得绚烂多姿，体现了一定的图绘水平。同时它是现存此类文献中保存较好、内容最丰富的一卷。

阿尼纸草卷由于篇幅较长、内容丰富，兼之抄写者并非出于一手，因此难免出现衍文、脱文、讹文，这给文献的释读造成一定的障碍。同时，由于书写者、绘画者是不同的人，本卷在具体的书写、绘图安排上并非尽善尽美，有一些瑕疵。不同的释读者会对同一篇章、同一句子甚或同一词语有不同的理解，即便同一个释读者在不同的阅读环境下也会有不同的阐释。因此，提供多个译本，从不同的角度解读《亡灵书》，对于理解古埃及人丧葬传统和神话世界当不无裨益。《亡灵书》中的人名、地名、神名以及祭祀名等是研读者聚讼纷纭的难点，本书尽可能对此提供详细注释。

译义主要根据瓦里斯·巴奇的《古埃及亡灵书：大英博物馆阿尼纸草卷》（Ernest A. Wallis Budge, *The Egyptian Book of the Dead: The Papyrus of Ani in the British Museum*, New York: Cosimo Classics, 2011）翻译。此书初版于1895年，为《亡灵书》重要的刊行本。《亡灵书》乃古埃及学家的赋名，实则埃及古书亦如中国古籍然，初本无书名。阿尼纸草卷本写于六张纸草之上，为一长卷。大英博物馆在入藏此卷之后，将其切割为三十七份，致使同一章节的文字往往在不同篇幅之内。巴奇的整理即依此三十七份为序。本书遵循巴奇的排序，将其分别命名为第一帧、第二帧等。巴奇整理本初版距离现在百余年，其语言风格亦与现在有所差异。学界更推崇福克纳尔（Faulkner）的译本，然巴奇本的价值却不可低估，尽管可能存在这样那样的问题（比如巴奇独家的拉丁转写方式）。但其不仅对阿尼纸草卷做了逐字逐句的释读，还罗列了大量相关的文献材料，首创之功不可泯灭。本书以巴奇本为底本，以詹姆斯·瓦斯曼等人的《埃及亡灵书：白昼现身之书——阿尼纸草卷文字集成及彩图全本》（James Wasserman, et al., *Egyptian Book of the Dead: The Book of Going Forth by Day:*

---

① Ernest A. Wallis Budge, *The Egyptian Book of the Dead: The Papyrus of Ani in the British Museum*, Cosimo Classics, 2011, p. 146.

The Complete Papyrus of Ani Featuring Integrated Text and Full-Color Images, CA: Chronicle Books, 2015）为主要校勘版本，后者以铜版纸较清晰地呈现了阿尼纸草卷的面貌。

  本书的翻译是笔者的一个尝试，每一章节包括如下内容：对图画的文字说明、汉语译文及注释、评述三部分。开始是对大英博物馆藏阿尼纸草卷彩图的解释说明。之后是《亡灵书》文字的汉语译文，阿尼纸草卷原文由黑、红两色书写，译文对此也做了相应呈现；每段译文后提供了尽可能详尽的注释，按每帧从①开始标序，到本帧结束，这些注释视具体情况而定，或对繁难的文字、句意予以解释或考据，或阐明大意，或补充背景，或做理论生发。图画的文字说明与汉语译文是按照大英博物馆藏品编号的顺序进行的，为保存原貌，在行文中标识出"第 × 帧"的字样。帧数和标题并不一一对应。帧数表示的是纸草的切割和篇幅，标题则是主题和内容。一帧可以包含几个内容，也有一个主题写在两帧、三帧及数帧之上。最后评述部分侧重文义的串联和解说，同时酌情阐释神话表达意图和具体背景。另外，书中出现的"（？）"表示该内容在学术界没有明确的解读，仍然存疑；"［……］"表示缺失或省略内容。需要特别提及的是，此书交稿之后，陕西师范大学出版总社慨然允诺购买纸草卷三十七份藏品电子图片，因无法与内文各帧内容一一对应，故将其制成图册，作为赠品附在书后，读者或可据此悬想阿尼纸草卷的原貌。

  翻译《亡灵书》阿尼纸草卷，也是我学习古埃及神话的一个过程，学无止境，不足之处，希海内外学者不吝赐教。

目　录

拉神颂（第一颂）/ 001

奥西里斯颂 / 014

心脏之称量 / 020

白昼现身 / 033

启口 / 041

遂初诸神 / 045

冥间宫殿 / 076

两祭司 / 094

神明的裁决 / 098

为阿尼启口 / 107

冥间咒语 / 110

日出入之颂词 / 151

奥西里斯赞 / 155

诸神连祷文 / 157

拉神颂（第二颂）/ 160

新月之颂 / 165

跻身神明之中 / 175

亡灵变形诸章 / 179

百万年之寿 / 208

洪水 / 210

双玛阿特大厅 / 213

自洁之陈述 / 224

人神交通 / 230

真正的救赎 / 237

金结德诸灵符 / 240

木乃伊之室诸护符 / 245

赫泰普之野 / 253

亡灵致祷 / 257

参考文献 / 262

附录　古埃及故事《兄弟俩》/ 266

拉神颂（第一颂）

第 一 帧

书吏阿尼双臂举起作祷祠之态，其前为供桌，有公牛腿、面包片、酒坛、油罐、水果以及莲花等。着白、橙二色亚麻布服饰，戴假发，佩首饰。他后面为其妻，"奥西里斯，屋宇之女主，阿蒙之女颂赞者，图图"，亦着袍服，冠莲花，右手持叉铃及藤条状之物，左手持琉璃护领①。

> **注释**

① 其形象为🐚，乃琉璃珠项饰，音读为 mnit（门尼特）。此物通常与叉铃一起供奉给神明，或在宴会场合由主人献给客人们，或宗教节日上由女祭司持之。它被戴在颈项或持于左手，象征给佩戴者带来喜乐。以下数例为门尼特上的文字。大英博物馆 17166 号："美好的神明，造物者，双土地之王，太阳之子克奴姆－耶波－拉，雅赫摩斯——西克莫之林的女主哈托尔所爱者"；18109 号："哈托尔，因特耶城之女主人"；20760 号亦标有"西克莫树女主哈托尔"的字样。

赞颂② 拉神，**当他升起于东方**天空**之阿赫特时**③。诸神之神圣供物的书录者，奥西里斯－阿尼④言道：

> **注释**

② 此字以红色书写，表示文辞的开端。这种书写方式可称朱书。

③ "拉神"及"天空"皆墨书，其余文字为红色。红色表示此段为标题；墨书，或为了凸显神明，或为了与下一段进行区分。阿赫特，字作𓈌，3ht，字形中𓈌象日出山巅之形（半圆形音读为 t，乃表示词性的尾音）；也写作𓈌，即在前一字形基础上增加了限定符号。译文尝试诂训为"日出之处"、"熹微处"

或"将旦处"。金字塔文献亦作 🌅，西人诂训为"地平线"，但古埃及人恐未有这样的科学概念，译文不从。此字写法甚多，或径直作 ➖，乃沙衍之象。后文有"阿赫提"等称谓，参第155页注释①。为了概念清晰，本文暂各取称谓出现之处的音译。由于古埃及人有亡灵追随日神旅程的观念，故 🌅 也有"坟茔"之义。

④ 此句原文由红色文字 in（由）引起，乃发语词，与古汉语"夫""惟"等相似，译文略去。奥西里斯－阿尼为死者的称呼，表示死者和奥西里斯合二为一。

致敬于你⑤，你以凯普瑞之象⑥而来——诸神的创造者凯普瑞。你升起，你闪耀，照亮你的母亲⑦，冠而为诸神之王，天母努特⑧展开双手欢迎你。曼努⑨满意地接纳你，玛阿特拥抱你，在双季节⑩。愿他赐予你灵明与力量，言出必验⑪，以鲜活的灵魂出现⑫，以便见到赫拉赫提⑬，以奥西里斯之卡魂⑭，阿尼——因奥西里斯而凯旋者。**他说**⑮：

注释

⑤ 朱书文字，表示段落起始。

⑥ 太阳神拉的化身之一。此名的含义为"出现、滚动、流转"。凯普瑞通常会被冠以"自我创制者"的名号，此神通常取蜣螂首的人形之象，有时也直接取象于蜣螂。此神为宇宙的根本，为众神与万物之源。人类从其眼泪化生，宇宙万象赖其而存在。在第五王朝国王乌纳斯的金字塔铭中，有"乌纳斯如大雁般飞行，如蜣螂般降落"的句子，何以日神和蜣螂有关，古典作家亦感惶惑。希腊作家阿里安（Aelian）、霍拉波罗（Horapollo）等主张此物纯为雄性自我创制，而无雌性参与。蜣螂所团滚的粪团中有卵，古人亦有所察觉，这可能正是自创说的由来。

⑦ 或本解作"于你母亲的背部"。psd（闪耀）与 psd（背部）为同音词。根据定符（兼用日形符号和脊骨符号）推断，似乎两种理解皆可通。后文还会遇到类似情形。原文更可能是利用二词的同音关系，形成一种歧读的形式美感。

⑧ 原文为"母亲努特"，译文略作变动。努特音读为 nwt，天空之神，是大地神埃伯的配偶，神形为俯身弓腰的女巨人，她的腹背即为天宇，双臂及双腿则是撑天柱。中国文献中有"怒特"一词，与其音读相似。《史记·秦本纪》

记载秦文公"二十七年,伐南山大梓",唐张守节《正义》有"怒特祠"的字样。《搜神记》曰:"秦时,武都故道,有怒特祠,祠上生梓树。秦文公二十七年,使人伐之,辄有大风雨,树创随合,经日不断。文公乃益发卒,持斧者至四十人,犹不断。士疲,还息;其一人伤足,不能行,卧树下,闻鬼语树神曰:'劳乎攻战?'其一人曰:'何足为劳?'又曰:'秦公将必不休,如之何?'答曰:'秦公其如予何?'又曰:'秦若使三百人,被发,以朱丝绕树,赭衣,灰坌伐汝,汝得不困耶?'神寂无言。明日,病人语所闻。公于是令人皆衣赭,随斫创,坌以灰,树断。中有一青牛出,走入丰水中。其后,青牛出丰水中,使骑击之,不胜。有骑堕地,复上,髻解,被发,牛畏之,乃入水,不敢出。故秦自是置'旄头骑'。"秦复在西戎之地,故有学者以为其名可能与埃及天空之神努特相关。姑录此以广异闻。但揆"怒特"含义,二者实不侔。《水经注·渭水一》引《列异传》云"神本南山大梓也",当系古籍所谓"神丛"及"大丛"(《战国策·秦策三》《战国策·赵策一》)、"丛位"(《墨子·明鬼下》)、"丛社"(《墨子·耕柱》《吕氏春秋·孟秋纪·怀宠》)、"丛祠"(《史记·陈涉世家》),也就是儒家经传常见的社木之类。《礼记·檀弓下》"斩祀杀厉",祀何以可斩?《礼记·檀弓下》"过祀则下",孔疏:"谓神位有屋、树者",又"虞人致百祀之木"。孙希旦云"盖社木神之所凭,常时不伐,以其岁久而高大也",古人所谓"斩祀",皆谓"社木"。《搜神记》卷三"郭璞筮病"以"伐大树"释"斩祀",亦其一证。由此也就可以理解《战国策·宋卫策》所说的"斩社稷而焚灭之"。由"社木"引申出"公社"(《墨子·迎敌祠》《吕氏春秋·孟冬纪·孟冬》《礼记·月令》)、"社会"等词。怒特固是本土社树崇拜和耕牛崇拜结合之产物,至于是否与埃及神话中的努特相关,尚需更多证据。

⑨ 音读为 m3nw,以山符为定符,指尼罗河西岸的山地,与底比斯遥遥相对,其地矗立着"曼努之山",是墓穴所在的地方,亦系日落之山。"曼努"相当于"西方"的同义语,正如"布赫"(bḥ,山地之名)为"东方"的同义语。这一组山乃日出入之山。曼努似系迎接日神的神明之一,后文还出现"曼努之邦"一词。古人或以山川本身为神明,如《诗经·崧高》"维岳降神,生甫及申"之类,此乃活物论观念的投射。

⑩ "双"表示"全部、所有",如古华夏立论于阴阳然。后文"双土地""双王冠""双玛阿特"皆系这种含义,这反映出一种认识论上的二元观念。

⑪ 字面意思是"真实的言辞",相当于汉语的"言出必验"。神明的灵验通过神迹展示,亦据其行迹之表现而排列名位。《鹖冠子·学问》"神征者,风

采光景，所以序怪也"，正揭示此旨。

⑫《亡灵书》的意图即以灵魂重见天光，此处为点睛之笔。古人对此类文献谓之"语怪"或"杂书""杂记"，如《史通·杂述》："杂记者，若论神仙之道，则服食炼气，可以益寿延年；语魑魅之途，则福善祸淫，可以惩恶劝善，斯则可矣。"《史通·采撰》："其所载或恢谐小辩，或神鬼怪物。其事非圣，扬雄所不观；其言乱神，宣尼所不语。"《亡灵书》论神怪、语魑魅而裁断以玛阿特。其形制内容颇类似汉语文献中的志怪之作，但辨名析理，却充当了经典的功能。其书包含"若存若亡"的"恒道"之所在。在某种意义上，此类文献"事关军国，理涉兴亡，有而书之，以彰灵验"（《史通·书事》）。"汝见蛇首人身者，牛臂鱼鳞者，鬼形禽翼者，汝勿怪。此怪不及梦，梦怪不及觉，有耳有目，有手有臂，怪尤矣。大言不能言，大智不能思。"（《关尹子·七篇》）日常生活的正常所见被视为"怪尤"，而"蛇首人身"以及怪异的梦境之类则"勿怪"，颠倒"语怪""雅驯"的关系，或许这正是《亡灵书》等典籍的"语怪"特色，也是其神话价值的体现。

⑬ 意思为"日升日落处的荷鲁斯"。古埃及人的神话构思中，日出、日落各在一处，原文也翻译为"双地平线"，但地平线为现代科学概念，古埃及时代恐尚未发展出此种观念，故以"日升日落处"译之。此神为白天的太阳，是荷鲁斯最重要的化身之一，正午他被称作拉－赫拉赫提（参附录《兄弟俩》注释），夜间则有特姆－赫拉赫提之称。

⑭ 古埃及人的观念中，人由一体三魂构成。肉身被称作咖，灵魂则包含卡魂、魑魂和阿克三种形式。卡魂相当于希腊文中的 εἴδωλον（魂影），其被视为抽象的人格，人生前它为肉身的一部分，人死后它则变得活跃，能够重新返回肉身而复活。

⑮ 朱书文字表示段落起始。

噫！庙宇⑯的诸神！天地的权衡者——以天平⑰；供给卡魂⑱杰发⑲者。噫，塔图尼恩⑳，——"太一"㉑——南北东西的九神团㉒以及人类的造物者，归美赞讶于拉神吧，天空之主，那位生命、力量与健康的王子，诸神的创制者。你们崇敬于他，因他光彩的形象——他升起于那日行船㉓中时。高峻者当拜你，渊深者当拜你，托特、玛阿特每日为你而书写㉔。你的蛇敌㉕被投于火中，那虺怪㉖已沦没。他双臂已被缚住。拉神除掉了他的诸足㉗，无能为力的怪物㉘的子嗣们永远不复存在。灵庙的长者㉙在庆典中，那些欢呼者的声音㉚出自大庭㉛，诸神也喜悦，当他们见到拉神升起时。他的光芒遍洒所有国土。㉜这位可敬的神明前行，抵达曼努之邦。大地闪耀，因他每日诞生。他抵达其昔日之域。

注释

⑯ 音读为 ḥt-b₃，义为"魄魂之屋宇"，另有 ḥt-nṯr，与之含义相当。古汉语中的"神庐"（《管子·五行》有"治祀之下，以观地位；货賹神庐，合于精气"）、"神房"（《初学记》卷五、《太平御览》卷三九等引《尸子》）、"神屋"（《水经注·漯水》引《魏土地记》"为立神屋于山侧"）、"神庙"（《神仙传》"葛玄"条"有贾人从中国过神庙"）、"神祠"（《搜神记》卷一八"高山君"条"其家有神祠"）皆可移译之。我国古籍亦谓之"厉"，"从事于厉"（《墨子·明鬼下》）即献祭于神庙之谓。

⑰ 天平为埃及神话中的重要意象，是正义、公平、和谐、圆满的象征。《门户之书》第三十三场、《能言善辩的农民》B1 第 179—182 行等文献皆出现天平意象。《鹖冠子》有天权篇。不同之处是，华夏以天为权衡万有的尺度，而埃及则以天平为权衡天地及万有的标准。《亡灵书》中天平的检验方式是，托盘一端放置死者心脏，另一端为一根代表玛阿特的鸵鸟羽毛。如果天平倾向于心脏，则判决其人有罪；反之，则证明其人是清白的。

⑱ 字形作 ⊔ k₃，此词有表示人与他人相区分的精神人格，有"自我、性情"，甚至"地位、尊严"等意义，音兼义可译为"卡魂"，文句似亦可译成"供给卡魂杰发神食者"。有学者将其破读为 ⊔（亦作 ⊔），此词有"给养、养料"的意思，故可翻译为"卡粮"，因此整句的含义是"供给卡粮及杰发者"。经查原件并无长面包形定符，以第一种读法为优。

⑲ 此词音读为 df₃（供养），表示神明的食物，相当于汉语的琼浆玉液之类。本书尝试音译为"杰发"。

⑳ t₃twnn，或作 t₃-tnn，神形作 ，孟斐斯的大地之神，赫利奥波利斯的祭司将其等同于后起的地神垓伯。他与普塔神一起被视为创造之神，是人类与神明的创造者，也是日月之卵的创造者。但此神的另一面是毁灭者。本篇叙事中，这位神给诸神提供食品及人类。人类是诸神的仆人。

㉑ wˤ，意思是"一"，此处表示独一无二，但本篇此神的地位显然不及拉神，如同"诸神之父"之类表达一样，系对神明的夸饰之词，可理解为一种崇拜神明的话术。

㉒ psḏt（九神团），作为集体名词出现，为埃及神话著名神团之一。古埃及人亦以"三""九"表示众多，因之可泛指诸神。《太平经》卷三九《解师策书诀》曰："九者，究也，竟也……德乃究洽天地阴阳万物之心也。"此语正可移作注解。

㉓ 日行船，字作 🛶 或 🛶，音读为 mꜥnḏt（曼杰特），是太阳神白天旅行所乘之舟，金字塔文献中作 🛶。这是日神幽冥之旅的主要交通工具，也是体现埃及神话宇宙观的重要词语。

㉔ 托特为智慧之人格化。据云其自我创生而自我存在，号称"拉神之心"，他发明了书写、文字、艺术、学问等，同时精于天文及数学。他有"玛阿特之主""玛阿特之创制者""玛阿特之生者"等称号。他在奥西里斯及其敌人之间判决，他记述了荷鲁斯与塞特之战。他既是冥间亡魂的引领者，也是心脏称量的裁定者。"托特"一名见于金字塔文献，是古埃及最古老的神祇之一。学界或以为其名字与朱鹭相关，亦有以为其名字与称量、测度（tḥ）有关。他被称为"天宇及列星以及其中所有之物的平衡者"，显然关乎测度。他的雕像为朱鹭之首，持乌加特之眼。后者为日神之目，据说每天由托特在清晨带来而傍晚取走。玛阿特象征正义、公正，这里暗示书写的公正性，唯有真实的言辞才能与宇宙奥赜相适应。因此有"言出必验"之类的提法。

㉕ ḥft.k（你的敌人），"敌人"一词以蛇形为定符，故翻译为"蛇敌"；通常为蛇怪阿佩普或貂克等，文中将随从的魔怪称作 msw bdš（无能为力的后代们）。

㉖ sbiw（恶魔），后文再次出现，亦以蛇形为定符，当指冥府中的蛇形怪，故翻译为"虺怪"。

㉗ 拉神之敌通常取蛇形，此处斫断其双足，表明神话中蛇有手足，《遇难的水手》（64—66）亦提及蛇的四肢。从生物学角度论，蛇无四肢；但本篇乃神话叙事的语境，蛇被拟人化。检《亡灵书》等文献中的图版（如大英博物馆 EA 10002\2-3），蛇赫然绘有手足。《楚辞·天问》："女娲有体，孰制匠之？"《说文解字·骨部》"體"字注"总十二属也"；段玉裁注："十二属许未详言，今以人体及许书覈之。首之属有三：曰顶，曰面，曰颐。身之属三：曰肩，曰脊，曰臀。手之属三：曰厷，曰臂，曰手。足之属三：曰股，曰胫，曰足。合《说文》全书求之，以十二者统之，皆此十二者所分属也。"女娲有人的肢体。《论语·微子》有言"四体不勤，五谷不分"，正谓手足的肢体动作。女娲传为蛇身，而又有四肢等体，故屈原有疑而发问。由此言，蛇之有体，本是神话叙事，不得以自然界实际衡量之。

㉘ 音读为 bdš，定符为身体上插有刀刃的长蛇。其同声的字有 ⌛，定符为歇息之人，含义是"虚弱的、耗尽力气的、无助的"。音符不仅表音，亦揭示语源，故此处的字可诂为"无能为力的怪物"。

㉙ 字义为"长者的宫殿"，此处谓拉神在赫利奥波利斯的庙宇。

㉚ 《礼记·乐记》："凡音者，生于人心者也；乐者，通伦理者也。……是故审声以知音，审音以知乐，审乐以知政，而治道备矣。"声音之道与政通，亦与宗教相通。《乐记》之文，可以移用于对《亡灵书》的理解。

㉛ 字作 ⌛，pr-wr（巨室）。前王朝时期，上埃及赫拉孔波利斯的祠庙。《庄子·胠箧》有"大庭氏"，"大庭"二字正可借用来翻译此词。后文还出现了 ⌛，itrt šmʿ(yt)（南国诸祠），作为集合名词表示上埃及的众神。与其对应者为 ⌛，itrt mḥt（北国诸祠），作为集合名词表示下埃及的众神。其中 ⌛、⌛ 为祠庙的建筑样式，据云前者可能取象于某种动物（大象或犀牛），其前部的丫杈本于该动物的獠牙。

㉜ 字作 ⌛，bʿḥi，或径作 ⌛，取苍鹭栖止于栖木之象，本义为"洪水泛滥"。将日光照射大地比拟为洪水泛滥于所有国土之上，是一种新奇的用法，中文尝试翻译为"遍洒"。

愿你使我宁静，愿我见到你的华彩，愿我行走于大地之上，愿我击打那驴子，愿我碾压那虺怪。㉝ 愿我使阿佩普㉞ 毁灭，在其攻击㉟ 之时。在水域中，㊱ 愿我见到阿布图鱼，在其涌现之时——以及引特鱼和引特鱼之舟。㊲ 愿我见到作为司掌船舵者的荷鲁斯，托特和玛阿特在其两侧。愿我抓住夜行船的船头和日行船的船尾。㊳ 愿他赐（我）阿噢神的照临和月亮神的辉光，日日无间歇。㊴ 愿我的魅魂出来行走于每个地方，随其所欲。愿我的名字被呼告，并被发现于供奉品物的祭桌上。愿陈列供品㊵ 于我面前，如同荷鲁斯的随从一般。㊶ 愿为我设一座位于拉神之舟中，在大神航行之日㊷。愿我被接纳，在奥西里斯面前，于言出必验的国度，以奥西里斯－阿尼之卡魂。

注释

㉝ 本篇第二次出现"虺怪"。虺怪与驴子并举，则驴子亦系拉神的对立面，是阻碍灵魂夜间之旅的敌人。据说阿佩普在冥间幻化为驴子、蛇怪以及鳄鱼等形。驴子的意象，多见于古埃及文献及绘画，有负面、消极意义。中国文化中的驴子形象并不明显，《山海经·中山经·中次二经》载辉诸之山"其兽多闾麋"，

郭璞注："间即羭也。似驴而歧蹄，角如羚羊。一名山驴。"古人亦有以驴为名号者，如《魏书·高间传》传主本名高驴，崔浩改之为"高间"（实只是换了一个字符）；明宗室八大山人朱耷则署"驴""驴屋""个山驴"等款，盖以自嘲自疏。由此而论，驴在中国文化中亦荷载消极、负面的意义。

㉞ 巨蛇怪，是拉神在冥间的主要威胁。在金字塔文献以及棺椁文献中已经出现抵御蛇的咒语，第十八王朝时期的文献中绘有刺杀鳄鱼、屠戮蛇怪的图像，这些文献都是《亡灵书》的来源。冥间还有一个蛇怪貐克，被荷鲁斯之眼击败并吐出其所吞噬之物。

㉟ ⿻，异体为 ⿻，3t。此词既表示"时刻"，也表示"（毒蛇的）突袭"或"攻击之力"。此处当取后一义项，表示"攻击之力"。这一义项也写作 ⿻，其中兼义符号 ⿻ 为河马首之形。

㊱ 莱顿（Leyden）纸草有 sḫpr（使出现，使繁衍）一词，因此其含义是"愿我见……引特鱼，在其滋生之时"。

㊲ 阿布图鱼，神话中的鱼，和下文出现的引特鱼都在拉神之舟前，为之警戒。引特鱼，字作 ⿻ 或 ⿻，int，或以为即尼罗罗非鱼，或以为即布尔特鱼，待考。⿻，int（山谷），与前面的词为同音词（山谷往往为帝王葬所）。3bdw（鱼），具体未详，在第二十一帧亦作 3bdw，今据音译为"阿布图鱼"。在某些棺椁上，这两种鱼类在日神之舟周围游泳，此处便有引特鱼之舟的用法。这里的含义是祈求追随日神的脚步而重新升起，也就是复活。

㊳ 日行船见上文注；夜行船，字作 ⿻ 或 ⿻，音读 msktt（莫斯柯泰特）。日神之舟的意象，使我们思考日之旅是一条水路，从而引发"水浮天而载地"的联想。在《冥书》第七个时次中，日神之舟依靠伊西斯的巫术之力而运行，陆地行舟被视为一种异态。不过，在节日仪式中，舟船正是在陆地上被拖曳而行的。

㊴ m33 itn，字义为"阿暾之所监照"。m33 取鹰眼之象，是目日合一的证据，《吕氏春秋·先识览·知接》"人之目，以照见之也"，人目可照，正以拟日。关于阿暾，参第 278 页注㉓。dgg iḥ，字义为"月亮神的目光"，dgg 为 dgi，"看"的叠音词，与 m33 一样，表示日复一日反复发生的动作。

㊵ 这是从彼岸世界即亡魂的角度来解释祭义，中国文化则立足于此岸世界来理解祭祀行为。《礼记·檀弓下》："唯祭祀之礼，主人自尽焉尔，岂知神之所飨？亦以主人有齐敬之心也。"《礼记·郊特牲》："腥、肆、焰、腍祭，岂知神之所飨也？主人自尽其敬而已矣。"此乃一种"祭如在，祭神如神在"的

态度，所谓"以其恍惚以与神明交"的状态，与《亡灵书》截然不同。然"岂知神之所飨"而犹强调"尽心"，则亦神道设教之表现。

㊶ 除了供品之外，古埃及人亦有所谓明器。《礼记·檀弓上》："其曰明器，神明之也。"埃及人、中国人对待亡魂皆"神明之"，此其相通之处。

㊷ "大神"为埃及神话文献常语，指幽都之主。通常奥西里斯也被认为是王，按《荀子·正论》以为王者"居如大神，动如天帝"，"大神""天帝"连文，儒家恒以王者比拟神明。《战国策·楚策三》中苏秦抱怨"谒者难得如见鬼，王难得如见天帝"，亦以"天帝"比拟楚王，如同埃及视法老为神明一样。

评　述

赞颂拉神为古埃及文献中的经典片段。拉神是《亡灵书》中最重要的神祇之一。拉神之名的含义尚未有定论，他从努神（或者努恩，源始大水）中出现，其崇拜地在赫利奥波利斯，地近现在埃及首都开罗。据考证，从第五王朝开国之始君主便被冠以"拉神之子"的名号，这也成为许多古埃及君主的王衔之一。古埃及法老的王衔分五部分，即荷鲁斯、两女神、金荷鲁斯、登基名和姓名。法老是现实世界和来世的桥梁，他代表神明统治，或者说法老本身就是神明。法老王衔中的神名，是古埃及政治历史演变的一条线索。［Alan H. Gardiner, *Egyptian Grammar: Being an Introdction to the Study of Hieroglyphs*, Oxford: Griffith Institute, 1957, pp.72-74；李晓东：《古埃及王衔与神》，《东北师大学报》（哲学社会科学版）2003年第5期。］"拉神之子"作为王名正是日神在人间政治伦理作用的显示。古埃及神话中的日神根据时段不同展示出不同的形象。白昼时为拉神，日落时为阿图姆，清晨则为凯普瑞。他的冥间之旅乘坐夜行船，白天则乘坐昼行船。他由玛阿特引导而航行，玛阿特乃秩序、正义、法度、永恒等积极的、光明的观念之神格化。

太阳为万物之源，开首即赞颂日神，有推源反本之义。所谓"乐，乐其所自生；礼，不忘其本"（《礼记·檀弓上》），古埃及人以神为本，如华夏以祖先为本，皆其礼乐之所设的基础和起点。因此，关于日神颂诗不外乎生命、光明、永恒，以及由此延伸而出的战胜邪恶、击败病痛等主题。此处的颂赞以太阳清晨升起为开篇，此时其名为凯普瑞；太阳东升西落，故以尼罗河西岸的曼努山迎接之。太阳升起，万象更新，因此日神也往往被视为创世神，昼夜交替的过程也常被比拟为世界成毁的过程。在古埃及神话中，日神在夜间要通过冥间，而冥间乃是一条危机四伏的漫长之旅，其蠢蠢欲动的对手——虺蛇怪阿佩普或貊克——会伺机袭击他，故如何战胜冥间各种凶险，乃是日神之旅的一个重要内容。《亡灵书》继承了前赋丧葬文献的相似主题，比如《冥书》《门户之书》等，直接点明恶怪已被征服，而日神将照耀人间大地。

　　日神的幽冥之旅并不是一个人的天涯孤旅，而是声势浩大的游行或出征。日神的队伍由两组构成。第一组是日神的贴身侍卫，也就是围绕在太阳船（昼行船或夜行船）周围的神明，第二组则是追随拉神的灵魂。这些灵魂需要陪同拉神一起穿越冥府，并在奥西里斯的宫殿通过审判，以便抵达神话中的乐园——赫泰普之野。阿尼当然也是这浩荡的队伍当中的一员，因此在篇章的最后是阿尼的祈愿之词。其祈愿词无非是祈祷见到神明，并像神明一样行事，有足够的供品以便在来世能够过上宁静、富足而自由的生活。

　　颂神诗为古埃及文学之大宗，日神颂诗亦极其丰富。瓦里斯·巴奇在其书中采录了多种异文，今一并译出，以备比较①。其内容如下：

　　　　致敬拉神，由王室的掌书、军队的统帅奈柯特②。他言道：

　　　　侍奉于你，灵明之物、光彩夺目者③、阿图姆－赫拉赫提④。当你从天空阿赫特升起时，万民之口因你而讶叹⑤。光芒万丈者，你变得年轻，正当其时，以阿曈之象在你母亲哈托尔⑥手中。因而于一切地方、所有心灵皆持久地兴奋。双阿特尔⑦因崇敬而趋向你，他们发一声讶叹，在你升起之时。你升起于穹苍的阿赫特，你射向双土地绿松石（之光）。⑧拉神即赫拉赫提⑨，神圣的婴孩，永恒的子嗣。他诞生，他生育自己⑩，大地的王者、冥府的领袖、伊乌戈列特诸峰⑪的首脑，从水中涌出，从鸿渊中拖曳出自身。⑫他哺育自己，使四肢充盈。生命之神、爱之司主⑬，因你之照射而万民出生，冠而为诸神之王。让努特向你敬拜，玛阿特在一切时刻拥抱你。赞颂你，那些追随你者，他们在大地上遇到你时会躬身示敬。苍穹之主、大地之主、玛阿特之王、永恒之主、久特之王、诸神的司命、生命之主、永恒的创制者、苍穹的造主，他使在其中⑭的一切井然有序。

　　　　诸神的团体兴奋了，在你升起时；大地亦欢悦，在见到你的光线时；祖先欢呼而出，以便见到你每日里的神采。你每日在穹苍、在大地行进，使你母亲努特康健。你旅行于上界，胸次阔然；你使迭司迭司⑮之渊归于宁静。凶神已沉沦，他的双手被砍掉，他的关节被刀子研碎。⑯

拉神以真实不虚之美妙而存在。⑰夜行之舟继续前进，并抵达。他行至南北西东以便礼敬你——大地的邃初之神、自我创造者。⑱伊西斯和奈菲提斯致意于你，她们在舟船之中歌唱，而她们的双手在你身后护持。东方众魂灵追随你，西方众魂灵颂赞你。你统御众神，你在神龛之中接纳廓落之心。⑲豖克被处以火刑。⑳你的心灵永远快乐。你的母亲努特被判决给父亲努。㉑

注释

① 本书所用皆为瓦里斯·巴奇所采异文，后文不再一一注出。

② 人名，类似于阿尼纸草卷中的阿尼。他是此段颂诗的叙述者。

③ spd，本义为"尖锐的、敏捷的"，可能形容日光的耀眼夺目。

④ itm-ḥr-ȝḫty，日落之神的名字。

⑤ 字作 [符号]，或体为 [符号]，音 iȝw，意思是"赞叹"，与汉语的"讶"相近，故取其声尝试译作"讶叹"，示尊崇之义。《礼记·祭义》："昔者，圣人建阴阳天地之情，立以为《易》。易抱龟南面，天子卷冕北面，虽有明知之心，必进断其志焉。示不敢专，以尊天也。"古埃及人虽非本"阴阳天地之情"而作颂词，却也是本于"鬼神之情"而"尊天"。当然，古埃及人所尊的"天"就是众神，而拉神为其中之翘楚。《黄帝四经·十大经·三禁》有"天有恒日，民自则之"。

⑥ 字作 [符号]，或体为 [符号]，读作 ḥt-ḥr。根据前者字形，可以判断此字含义为"荷鲁斯之居所"，音译为"哈托尔"，她在句中被视为阿暾神之母。后文还有七位哈托尔的说法。有一种说法，将其视为爱情、美貌之神而等同于希腊女神阿佛洛狄忒。她的圣物主要为母牛，但偶尔亦取母狮之象。

⑦ 取音译，似指上、下埃及的神庙建筑。"双"往往表示全部，这里可能亦包含有上、下埃及所有神明之义。

⑧ 绿松石在埃及文化中为生命的象征，与汉语之"青"相似。这里赋予日光以生命的含义。古埃及人对绿松石的喜爱，犹如中国人之崇拜玉石。

⑨ 拉神在白天的名字。

⑩ 此篇有两处言及拉神为自我创造，而亦有一处言其为哈托尔之子（阿暾），一处言其为努特和努神之子（译文末尾处）。神话思维大率如此，不必强行化为一律。

⑪ 这里指的是地下世界。此名亦见于《冥书》。

⑫ 篇中明确言及拉神出自鸿渊之中，与《冥书》末尾相照。拉神的幽冥之旅是乘船，《冥书》第七时次有其依靠伊西斯和"寿考者"之巫力"罔水行舟"的描写，这些迹象说明拉神是在水路中前进的，从而可以推测，天地之外乃浩瀚的鸿渊。这种观念正是"水浮天而载地"的思想，它可能反映出某种洪水创世的神话因素。附识于此，以便进一步研究。

⑬ 指神明对人类之爱，即对人类欲望的满足。神明之爱更侧重于恩典，与仁者之爱不同。仁者之爱本乎其性，《礼记·三年问》："凡生天地之间者，有血气之属必有知，有知之属莫不知爱其类。""爱其类"是人的妙明本心。

⑭ 谓天空之中。

⑮ 未详。可能类似于中国神话中的虞渊之类，迭司迭司是渊名。

⑯ 凶神，音读为 sbi，定符为背脊插上刀子的怪蛇之象，指阿佩普或貐克之类的蛇怪。文中再次提及砍断了蛇怪的双手，斫碎了关节。因此，蛇有手或足的构思，在埃及神话系统中是常见的。

⑰ 所谓"道之在天者，日也；其在人者，心也"（《管子·枢言》）。拉神为玛阿特的体现，为"总万物之极"（《吕氏春秋·仲夏纪·古乐》）者。

⑱ 再言及日神的自我创制。拉神创制世界和诸神，此乃一种创世神话。古希腊、古印度、希伯来的创世神话皆持此类观点，这一系列创世神话侧重于"一"，并逐渐发展出全知全能神的观念。《春秋繁露·天道无二》说："天之常道，相反之物也。不得两起，故谓之一；一而不二者，天之行也。"《亡灵书》中许多神灵有"一"之称，正是从"一而不二"的玛阿特角度论及之。但古代中国思想迥异，古籍中的宇宙论更看重"三"（参）。这个思想在晚周典籍中尤其凸显。比如，"阴阳三合，何本何化"（《天问》），乃屈原针对宇宙之构成而发问，论者或引《穀梁传·庄公三年》为说："独阴不生，独阳不生，独天不生，三合然后生。"杨士勋疏："阴能成物，阳能生物，天能养物，而总云生者，凡万物初生，必须三气合，四时和，然后得生。""三"指阴、阳、天三者。就社会层面来说，则是天、地、人，《荀子·王制》曰："天地生君子，君子理天地；君子者，天地之参也，万物之总也，民之父母也。"所说"天地之参"，即"人与天地相参"，又见《黄帝内经·灵枢·岁露论》："人与天地相参也，与日月相应也。"《国语·越语》云："夫人事必将与天地相参，然后乃可以成功。"韦昭注："参，三也。天、地、人事三合，乃可以成大功。"此种思想为天人感应说的体现。先秦诸子皆有类似主张，其要点在于一个"和"字，物参则和。比如《道德经》第四十二章："道生一，一生二，二生三，三生万物。

万物负阴而抱阳,冲气以为和。"《管子·枢言》:"凡万物,阴阳两生而参视。"故"凡人之生也,天出其精,地出其形,合此以为人。和乃生,不和不生"(《管子·内业》);人伦制度"上取象于天,下取象于地,中取则于人,人所以群居和一之理尽矣"(《荀子·礼论》);军事上传递机密情报采取"三发而一知"(《六韬·龙韬·阴书》)的手段。至道教哲学则谓"凡事悉皆三相通,乃道可成也"(《太平经》卷四八《三合相通诀》)。

⑲ 廓落之心,音读为 3wt-ib。揆其文义,当指赞颂日神而欢悦的心灵,系文学修辞,指拉神在神龛接纳崇拜者的供奉或崇敬。廓落,大貌,亦有孤高之意。《文选·九辩》曰:"廓落兮羁旅而无友生,惆怅兮而私自怜。"吕延济注:"廓落,空寂也。"物大则罕有匹配,故云空寂。亦作瓠落,《庄子·逍遥游》:"剖之以为瓢,则瓠落无所容。"陆德明《释文》简文云:"'瓠落'犹'廓落'也。"

⑳ 貐克为拉神冥间之旅的大敌,与阿佩普的角色相当。火在冥间是一个重要意象,是光明、驱邪的象征。

㉑ 这是最古老的神话传统之一,由四组配偶神构成的宇宙论模式:努－努特(nw-nwt,象征源始之水)、赫虖－赫虖特(ḥḥw-ḥḥwt,象征旷莽无极的性质)、克奎－克奎特(kky-kkyt,象征幽暗)以及葛瑞赫－葛瑞赫特(grḥ-grḥt)。努特为天空,努为鸿渊。或者是天水一体,同归溟涬,乃混沌的写照。以努特为日神之母,努为其父,此乃另一种说法。

奥西里斯颂

第 二 帧

在表示生命的昂科符上生长有双臂，双臂托举日轮阿瞰。昂科由结德柱支撑，后者乃东方和奥西里斯神的象征。结德柱树立于日出入之丘上。阿瞰两侧各有三只犬首狒狒，为黎明之精灵，他们正扬手拜日。结德柱右侧为奈菲提斯，左侧为伊西斯，两女神作跪跽扬手拜结德柱之态。其上绿色弧形线表示天宇。此像为颂旭日而设。

致敬① 奥西里斯，万－奈夫尔②，在阿拜多斯城中的大神，永恒之王、久特之主③，他的生涯历经百万年，努特腹中的最长子，借王者④ 埃伯而孕育者⑤ 乌尔尔特冠⑥的司主，高耸的白王冠（之主）。诸神和人类的王子。他已继承了父亲的曲柄杖⑦、连枷和势位⑧，心胸廓然，在那西岸山地⑨。你之子荷鲁斯巩固了你的王位。你加冕为桀都之主⑩、阿拜多斯的统御者⑪。大地因你言出必验⑫而生机盎然⑬，在万物之主⑭跟前。他引出那未成形者，以其名"于大地上引出者"⑮；他统领双土地，以其名"索卡尔"⑯；他强壮异常、有大威悚，以其名"奥西里斯"；他亘古、永恒地持存，以其名"万－奈夫尔"⑰。

注释

① 朱书表示段落起始。

② Wnn-nfr，奥西里斯的别号，后文说"他亘古、永恒地持存"，所以得此名。参考彼处对其名字的解释。

③ 古埃及人的永恒有两种，一种称为永恒（nhh），即"反复终始，不知端倪"（《庄子·大宗师》）之意，大略相当于古人对天道的认知。《吕氏春秋·仲夏纪·大乐》："天地车轮，终则复始，极则复反，莫不咸当。日月星辰，或疾

或徐，日月不同，以尽其行。四时代兴，或暑或寒，或短或长，或柔或刚。"《鬼谷子·忤合》："化转环属，各有形势。"一种称为永久（ḏt），指时间的久远，尝试翻译为"久特"，《庄子·逍遥游》有"彭祖乃今以久特闻"。

④ r-pꜥt，此词由 r（司掌）加 pꜥt 组成，后者圣书体作 ![]或 ![]，其中定符中的小椭圆可能源于早期的土块符号，这或许与克奴姆抟土造人的神话相关。该词亦作 ![]，由"宗族、部族"或"人类"组成，因此其含义是"部族领袖"或"人群之首"。此词相当古老，为 swt 之前表示"王者"的词语。这里将王权追溯到神权，与华夏不二。《礼记·表记》："昔三代明王，皆事天地之神明……不敢以其私亵事上帝。"

⑤ 此乃天母地父的神话观念。努特为天母，垓伯为地父。垓伯为大地的人格化，亦有"众神之父"的称谓，这一称谓为许多神明所共享，他的象征物为鹅雁。他被称为"大摩荡者"，据信他躺在大地所由生的巨卵之中。在金字塔文献中，他为死者所安息的大地之象征，因此被视为死亡之神。关于天地生万物的观念，可参葛洪之论："浑茫剖判，清浊以陈，或升而动，或降而静，彼天地犹不知所以然也。万物感气，并亦自然，与彼天地，各为一物，但成有先后，体有巨细耳。有天地之大，故觉万物之小。有万物之小故觉天地之大。……天地虽含囊万物，而万物非天地之所为也。譬犹草木之因山林以萌秀，而山林非有事焉。鱼鳖托水泽以产育，而水泽非有为焉。俗人见天地之大也，以万物之小也，因曰天地为万物之父母，万物为天地之子孙。"（《抱朴子内篇·塞难》）。此言立足于道家理性，亦有参考价值。《礼记·曲礼下》有"儗人必于其伦"，于人如此，于神亦然。此处对神明的描摹，展示其地位之高，神通之大。

⑥ 意思是"大王冠"。

⑦ 此乃权杖，与中国古典传统中"杖"文化的意义侧重有所不同。《礼记·杂记下》有"古者贵贱皆杖"。杖在华夏文化源始期并非权力和身份的象征。

⑧ 奥西里斯为拉神之子、夜间之日神，有时亦持曲柄杖、塞特杖和连枷。根据此篇的描写，奥西里斯之父应当是上面提及的垓伯神，这位神明是一位大地之神，王权或许来自他而非拉神。此处仅提及荷鲁斯为奥西里斯之子。

⑨ st imntt，具体指的是"尼罗河西岸的山岭地带"。

⑩ 桀都被指为下埃及的两个城市，第九州的首府布西里斯（Busiris）和第十六州的首府门德斯（Mendes）。

⑪ 阿拜多斯为上埃及第八州的首府，其名见诸希腊文献及科普特文献。据说奥西里斯的头颅即埋葬于此，因此每年上演奥西里斯神秘剧时，会吸引来自

埃及各地的观众。此地亦被视为拉神白昼之旅的终点，日神由此地佩克（Pḳ）山的罅隙入冥。在第十二王朝时期，这也是亡魂的归魂之所，并被渡到冥世乐园。新王国时期阿拜多斯的肯特（Khent）亡灵被指为奥西里斯的墓葬，吸引了各地的朝圣者。

⑫ ![字形], mꜣꜥ ḫrw，也写作 ![字形] 或 ![字形]，含义是"真实的声音"，冠于死者名号之上，因此相当于汉语的"亡故的"。原本用于奥西里斯确认其王权的裁断场合。奥里西斯的王权被塞特质疑，但在赫利奥波利斯的审判团中他获胜。此词用于荷鲁斯之前有"战胜的"之义，后者为父报仇而赢了。我们根据字面可翻译为"言出必验"，或根据语境翻译为"凯旋的"。

⑬ 原作"绿"，绿色为生命之色，用法如"春风又绿江南岸"之"绿"字，尝试译为"生机盎然"。

⑭ nb-r-ḏr，意思是"终结之主"，亦即"宇宙之主"。奥西里斯被塞特分尸，而伊西斯和奈菲提斯找齐他分散的尸体重新拼合而使其复活。他便得到这个称号。

⑮ stꜣw（拖拉、牵引），这里似可以用"神，天神引出万物者也"（《说文·示部》）中的"引出"二字为注。

⑯ 字作 ![字形]，定符取鹰隼站立于圣船之上，为奥西里斯的神形之一。此神所乘之舟被称作 hnw，字作 ![字形]（恒弩），为孟斐斯城索卡尔神的象征。在其节日中，此舟在日出之前被拖曳着绕行神坛。

⑰ 字形作 ![字形]，Wnn-nfr，各个时代的字形皆加王名环，是复活后的奥西里斯之名。其含义为"他永远善好"；或据其字形之一阐释为"漂亮的兔子"，不可从。《史通·杂说中》："古往今来，名目各异。区分壤隔，称谓不同。……斯并因地而变，随时而革，布在方册，无假推寻。足以知甿俗之有殊，验土风之不类。"奥西里斯名号之繁富，或应当考虑历史、地域以及民俗风土等因素。

致敬于你⑱，万王之王、主中之主，王子中的王子，双国土的所有者——那出自努特之腹者。⑲ 他统治着伊戈尔特⑳诸国土。黄金的四肢、青金石的头部，绿松石在双臂之上㉑。万古的楹神㉒，硕大的身躯，美丽的面庞——出于冥境㉓。赐你灵明于天宇，力量于大地，言出必验于幽都㉔。顺流而下于桀都城，以一个活泼泼的魂灵；而逆流上溯于阿拜多斯，以凤凰㉕之形。出入无碍，于冥府诸门户。唯愿赐予我面包，在洗濯室里；供奉给楹城㉖——来世乐园㉗中的永恒之地——小麦和大麦，于奥西里斯-掌书㉘阿尼之卡魂。

注释

⑱ 朱书表示段落起始。

⑲ 古埃及人持天母地父观念。天亦神明之一。古埃及人关于"神"的概念在"天"之上，与华夏思维不同。《墨子》天鬼往往连文（如《天志》《明鬼》等篇），《后汉书·杨震列传》载王密怀金于夜间行贿于杨震，"密曰：'暮夜无知者。'震曰：'天知，神知，我知，子知，何谓无知！'"天、神并称，且天在神之上。这是神话观念之不同。

⑳ 冥间的常用词语，是王子奥西里斯的领地。常与 stꜣt（冥间）以及 ntr-ḥrt（下冥，神明治下的世界）连用，后二者指尼罗河西岸的幽冥之国。

㉑《遇难的水手》中对大蛇的描述："他的四体装饰着黄金 / 他的双眉乃纯正的青金石。"（第64—66行）以各种宝石作为身体的组成部分，是神灵不朽的标志。汉语以金玉喻人之美，《周易·蒙卦》"六三"云"见金夫"，尚秉和《周易·尚氏学》曰："金夫者，美称。《诗》：'有匪君子，如金如锡，如圭如璧。'《左传》：'思我王度，式如玉，式如金'，皆以金喻人之美。"此处对神明的描述不惟表示其不朽，亦有"美称"之义。

㉒ 字作 ⬚，iwn（楹神），古代埃及城市赫利奥波利斯之神。据其字形尝试译为"楹神"。此神被视为拉神、奥西里斯、月神、荷鲁斯以及荷鲁斯之眼等。

㉓ tꜣ-dsrt，意思是"隔绝的地方""神圣的地方"，指幽冥世界，尝试翻译为"冥境"。

㉔ 字作 ⊗，dwꜣt，取星辰在圆圈中之象，盖寓意众形隐沦之处。此字异体颇多，有 ⊗⬚、★⬚、⬚⬚、⬚⬚ 等形，可音译为"杜瓦特"，指的是冥府，尝试译为汉语的"幽都"一词。《楚辞·招魂》："魂兮归来，君无下此幽都些。"王逸注："幽都，地下后土所治也。地下幽冥，故称幽都。"

㉕ 字作 ⬚，可读为 bnw，⬚（凤凰）；似亦可读为 šnty，⬚（苍鹭）。这两种鸟在神话意象上比较接近。译文取第一说。凤凰被视为奥西里斯的化身。

㉖ 楹城，即希腊文献中的赫利奥波利斯，下埃及第十三州的首府，古埃及人亦称之为"太阳的宫殿"。楹城中对日神的崇拜源远流长，始于史前时期。据云奥西里斯之目被葬于此，此地也被视为乐园中的领土。

㉗ sḫt-irwy，训释为"芦苇之野"。此词本义谓尼罗河三角洲或绿洲，后来用为神话概念，指有福的灵魂刈获和耕作的乐园。在古埃及人的设想中，来世乐园并非坐等吃喝之地，也需要劳作。按照本书后面的描写，芦苇之野乃赫泰

奥西里斯颂 | 017

普之野的一个构成部分。

㉘ 掌书,也译为"书吏、书记"。古埃及的文化阶层,主管书写记事。"掌书"一词始见于《吕氏春秋·恃君览·骄恣》。《新唐书·百官志二》曰:"掌书三人,掌符契、经籍、宣传、启奏、教学、禀赐、纸笔。"

评　　述

奥西里斯是《亡灵书》中和拉神比肩的重要神祇,此神在中国虽谈不上家喻户晓,却可称得上大名鼎鼎。早在20世纪20年代,奥西里斯的故事就被译介到中国,名为《奥色里斯和爱西斯》(黄石:《神话研究》,开明书店,1927年,第82—91页)。书名中奥色里斯,今通译为奥西里斯,是古埃及词wsir的希腊语音译,若按照孔子"名从主人,物从中国"(《穀梁传·桓公二年》)的教诲,当根据古埃及人的称谓译为"乌斯耶尔";他的配偶就是伊西斯(古埃及文谓之"伊斯特",就是黄石译文中的爱西斯)。普鲁塔克(Plutarchus,约46—120年)详细叙述了奥西里斯故事的始末。希腊作家的记录是了解奥西里斯神话最富赡的材料。其故事梗概是:奥西里斯被兄弟塞特谋杀并分尸,其妻伊西斯走遍世界寻找他的尸身,后来奥西里斯的儿子荷鲁斯长大成人,挑战塞特并报了杀父之仇。在《亡灵书》这段颂赞中,对复仇的情节一笔带过,而更多地着墨于对奥西里斯神威之力、主宰之势以及宇宙和谐的歌颂,这是颂诗的特点。

奥西里斯神话正是关于和谐和公正的,古埃及人谓之"玛阿特"。奥西里斯神话发端于金字塔时代,金字塔文献中已屡见其名。第十三王朝中期的一块石碑记载,国王阅读奥西里斯神庙"藏书室"中的"文献",其中当含有与奥西里斯相关的神话。略早于《亡灵书》的丧葬文献《冥书》《门户之书》对其神话亦有较多暗示,但主要着眼点是亡魂如何追随拉神穿越冥府,而穿越冥府最关键的一环便是通过奥西里斯的核验。关于奥西里斯的神话,第十八王朝出现了《奥西里斯颂》及《荷鲁斯与塞特之战》,第二十五王朝时期有《沙巴卡石碑》,这些文献都从不同角度述及奥西里斯的故事,构成一个丰富的奥西里斯叙事传统。在古埃及法老时代,重要的仪式场合有所谓奥西里斯戏剧的上演,奥西里斯剧可被视为世界戏剧史上的开山之作。

普鲁塔克是柏拉图和新毕达哥拉斯主义的信徒,他的著述文字无疑带有时代和个人的色彩,未必和《亡灵书》的思想情感完全一致。试图从神话中寻找真理是希腊思想家们的著述目的之一,以便过上纯洁无瑕的神明一样的生活。(普鲁塔克：《论埃及神学与哲学：伊希斯与俄赛里斯》，段映虹译，华夏出版社，2009年，第2—3页。)这个神话式的乌托邦生活憧憬也恰恰是《亡灵书》的最终目的，奥西里斯便是达到这一生活憧憬的接引人。

此段对奥西里斯的故事虽涉墨不多，但对其和诸神的关系述之颇详。据文本可知，他乃天神努特和大地垓伯的长子，其崇拜地在阿拜多斯，他的儿子即荷鲁斯。他有众多的名字，每个名字都和权柄、威力有关。他既是人间之王，又是冥府之王。他是永恒的、不朽的大神。

阿尼纸草卷在开篇以拉神和奥西里斯的颂诗开端，实则亦有深意。拉神为天空之神，而奥西里斯为冥间之神，二者实笼罩天地两端。《鹖冠子·泰鸿》有："天也者，神明之所根也，醇化四时，陶埏无形，刻镂未萌，离文将然者也；地者，承天之演，备载以宁者也。吾将告汝神明之极，天、地、人事三者复一也。"《亡灵书》虽说的是天地鬼神之事，却并未忽略"人事"，"三者复一"正是此书主旨的最佳注脚。

心脏之称量

第 三 帧

图像中央为称量心脏的情景。阿尼及其妻进入双玛阿特大厅。心脏——作为公义的象征——被放置于天平左托盘上称量,天平另一端的托盘上为羽毛,代表玛阿特。天平上方为十二位神明,每位手持塞特首权杖,端坐于王座之上,面朝右方,最右侧为摆满水果、鲜花等供品的祭桌。这十二位神明的名字分别是"在其舟中的拉神"、阿图姆、舒神、"天之女主"泰芙努特、盖布、"天之女主"努特、奈菲提斯及伊西斯(二女神并排而坐)、"伟大的神明"荷鲁斯、"西冥之女主"哈托尔、忽神及思雅(二神并排而坐)。天平横梁上坐着一犬首狒狒,他与托特相关。① 豺首神阿努比斯则检查秤权及托盘,阿努比斯头部左上方、天平衡木下方的空间有一段说明文字,为"在坟茔中者说:'玛阿特之衡量者,我请求你使衡木定准'"。天平左端,阿努比斯对面,站立着一位男神,上面标出其名字为沙耶②,上方为一种被称作莫斯肯之物,此物被描写为"带有人首之准衡",或与人物诞生有关。天平衡木左下方和沙耶并排者为莫斯肯尼特③和丰饶女神④。莫斯肯尼特执掌产房,而丰饶女神可能与婴儿诞生亦有关联。莫斯肯左端、二女神头侧上方为阿尼的魂灵,取站立于尖顶上的人首鸟之象。天平右端,阿努比斯身后,为书吏神托特,携带芦苇笔及装有黑、红二色墨汁的砚台,以便记录审判结果。托特身后则为母兽阿姆阿姆"吞噬者"或阿玛玛特——"食尸兽"⑤。

注释

① 大英博物馆9901号纸草,坐于天平横梁上者为玛阿特女神。双玛阿特女神有时候也站立于天平旁监督称量结果,同时玛阿特是衡量死者心脏的砝码。在肯纳(Qenna)纸草中,横梁上的是阿努比斯之首和狒狒,头顶阿暾盘和新月。别图作荷鲁斯手持玛阿特,在玛阿特神前称量心脏,而阿努比斯则一手牵引亡者,

一手奉献心脏给奥西里斯。奥西里斯前为两狒狒,乃奈菲提斯和伊西斯的化身。在苏提迷思(Swtimes)纸草中,狒狒被冠以"八城之主,公义之裁断者"的名号。大英博物馆纸草 9900 号则为"托特,天平之主"。

② 有学者以为此神可能即后文之"阿姆阿姆",但后者同时出现于画面之上,未详孰是。沙耶和丰饶女神勒尼努特在此成对出现,拉美西斯二世自称"沙耶之主,勒尼努特的创制者"。

③ Msḫnt,此词含义可能是"栖息之所",谓魂灵休息的地方。图像为一女神之象,因此可能是司掌栖魂之所的神名,意即说明文字里所说的产房神。地名、神名交相为用,古籍中屡见,兹不赘述。此词由ḫni(飞落)而来,盖古埃及人设想魂灵为飞鸟之象,魂灵落下如同鸟之栖息。在韦斯特卡(Westcar)纸草中,此神和伊西斯、奈菲提斯以及青蛙神和公羊神克奴姆一起为助产神。

④ 其头上圣书字为 ⸻ ,Rnnwt(勒尼努特),表示丰饶的虺蛇女神,给诸神提供食物、祭品。但这个名字或许与 rnn(哺乳)有关,因此亦可理解为哺育女神。此图为寻常的女神形象。通常她的形象是蛇首,有时候也戴上哈托尔所有的阿暾盘、双角以及羽毛。

⑤ 阿姆阿姆正是吞咽的声音,因而此神也被称为西冥之吞噬者和沙耶。大英博物馆 9901 号纸草对她的描写:"其前身为鳄鱼,后躯为河马,中部则为狮子。"阿玛玛特盖由阿姆阿姆衍生而来,"特"为阴性词尾,"阿玛玛"即"阿姆阿姆"之疾言。

奥西里斯 – 掌书阿尼所陈词⑥。他说道⑦:
吾心即我母⑧。吾心即我母⑨。我的心有多象⑩。勿拒斥我,于作证时⑪;勿反对我,在审判团前;勿使你我有分歧,于天平的司掌者⑫面前。你是我体内的卡魂,凝聚力量于我的四肢⑬;愿你出现于佳胜之地——我所⑭抵达之处;愿不要厌恶⑮我的名字,对那些环侍者⑯而言;愿勿因我而撒谎,于神明⑰之侧。妙哉!妙哉!你听到……⑱

注释

⑥ 原抄件中"所陈词"置于句首。埃及语言的语序结构为 VSO(谓—主—宾),故动词放置于句首。朱书,有划分段落、提示标题的作用。

⑦ 朱书,提示下文将为其所说的话。

⑧ 在《兄弟俩》的故事中，弟弟巴塔乌借心脏而复活，心复活生命如同母亲孕育，因此乃有此说。古埃及人将心脏视为生命的第一物质，这与中国文化有相似处。因心有长育之功，古人以心为"植"。植者，植物也，置也，志也。《管子·版法解》有"天植"（"天植者，心也"）之说，即上天所设者。"上无固植，下有疑心"（《管子·法法》），"植固而不动"（《管子·任法》），"弱颜固植，謇其有意些"（《楚辞·招魂》）皆先秦之用例。凡植物皆有根荄，故心念亦有根荄之称，如《墨子·修身》云"杀伤人之孩，无存之心"（"孩"通"荄"）。

⑨ 字作󰀀，异体为󰀀，读为 sp sn（两次）。此词用为重文符号，表示对前面句子、词语或文字构件的重复。如󰀀，ꜥš3 2 表示对前面的词语 ꜥš3 的重复，读作 ꜥš3 ꜥš3，义为"常常"（汉语和埃及语表达相似）。早期金文书写中亦有类似表达。这里表示对前面句子"吾心即我母"的重复。该符号中的󰀀为圆形谷场，圆圈中的繁密小点像谷物，在早期的出版物中印刷为 󰀀（圈中两条短斜线），容易与󰀀相混淆。后者为󰀀的异体，乃上埃及的史前建筑，用于地名󰀀（亦作󰀀）或󰀀，nḫn（尼坎），即赫拉孔波利斯。

⑩ 这句中的"心"用词与前文有别，意义亦当区分。前两个"心"为 ib，侧重于心之用；后句中的"心"为 ḥ3ty，盖谓心脏之为物，侧重于心体，因此该词亦有"胸"之训。此句也有学者理解为"我的心脏已经显象"。歧解的原因在于对 ḫprw 的不同理解，译文取"形象"之说，人心时刻变化，故有多象。另参第 113 页注释⑯。

⑪ 此字为󰀀，mtr，似乎是󰀀（证人）之异体，这里指审判时的见证者。冥间的审判团具体有哪些神灵，未详。此词后文中再次出现，彼处翻译为"见证者"。

⑫ 这里指托特神，在冥间由他记录死者的心脏分量，以确定是否纯洁公正。天平是一个含义非常深广的意象。

⑬ 亦有版本读为"克奴姆神创造并赋予我的肢体以力量"。克奴姆神为人类的创制者，亦有传说其创制了诸神、万物。今从一本。力量是理想主义的对应，故古人将道德、智谋放在往昔，而强调力量的现实性，《韩非子·五蠹》有"上古竞于道德，中世逐于智谋，当今争于气力"，这就是以力辅德的道理。《商君书·靳令》亦有"力生强，强生威，威生德，德生于力"。

⑭ 据大英博物馆藏纸草 9901 号有"给予随我而在的幸福"字样。

⑮ 英译者译为"使……厌恶""使……臭名昭著"，字形似未切。"厌恶"

字作 ![glyph], ḥnš，疑当校为其使役动词；或读作 ![glyph]（禁绝者，为荷鲁斯之名）。

⑯ šnyt（环列者），一类侍从神灵的统称。

⑰ 单数，当谓奥西里斯。这里单数"神明"的特指用法蕴含一神论的萌芽，实际在埃赫那吞时期便有过一神论的宗教尝试，但由于传统祭司势力强大，以失败告终。

⑱ 原文自此终止，盖残泐。此段文字在天平左侧，自右而左竖行排列。

托特言曰⑲——在奥西里斯、伟大的九神团中正直的判决者面前：你们聆听此公正的判决，我已称量了奥西里斯之心⑳——其魄魂将为他作证。他的判决㉑公允，凭着伟大的天平㉒。不曾发现他一丁点儿邪恶㉓；他也不曾浪费庙祠中的供品㉔；他不曾败坏已成就者；当其在大地上之时，他不曾口出恶言。

注释

⑲ 朱书，提示托特的发言。

⑳ 称量心脏，是冥府判决的核心步骤。天平一端为羽毛，另一端为心脏。如果心脏重量超过羽毛，则此人有罪；反之，则是纯洁的。

㉑ sp，基本含义为"机会"、"次数"或"发生者"，酌情翻译为"判决"。

㉒ 天平再次出现，作为公允的象征。

㉓ 劝善为《亡灵书》的伦理之一，这是一种宗教伦理或曰神话伦理。《亡灵书》在某种意义上，正是价值的源泉、思想的胚胎。

㉔ 节俭为人类公认的美德，《老子》有"吾有三宝，持而保之：一曰慈，二曰俭，三曰不敢为天下先"，古人谓"俭以养德"。《亡灵书》则将此视为冥间的教条之一。所谓俭以养德，古人深知。《抱朴子外篇·守塉》："造远者莫能兼通于岐路，有为者莫能并举于耕学，体瘁而神豫，亦何病于居约？且又处塉则劳，劳则不学清而清至矣；居沃则逸，逸则不学奢而奢来矣。清者，福之所集也；奢者，祸之所赴也。福集，则虽微可著，虽衰可兴焉；祸赴，则虽强可弱，虽存可亡焉。此不期而必会，不招而自来者也。"但古埃及人多厚葬，"珠玉满体，文绣充棺，黄金充椁，加之以丹矸，重之以曾青，犀象以为树，琅玕龙兹华觐以为实"（《荀子·正论》），实非节俭之道，因此后世盗墓事件屡有发生，所谓"若是其靡也，死不如速朽之愈也"（《礼记·檀弓上》）。

伟大的九神团对"八城"[25]的托特说道：那些出自你口中的话，真确无误。奥西里斯－掌书阿尼正义且诚实，言出必验。他无罪愆，他没有针对我们的恶行。不要让他受制于阿玛玛特[26]。赐予他供呈于奥西里斯面前的祭品，以及赫泰普之野[27]上的恒定田邑，如同荷鲁斯的随扈一般。

注释

[25] 字义为"八城"，后文亦有出现。上埃及第十五州的首府。古希腊文献谓之赫尔莫波利斯，阿拉伯语称之艾尔－阿石木南（El-Ashmunen）。本文尝试意译为"八城"（与神话相关）。

[26] 此词读为ʿmmt（阿玛玛特），乃冥府怪兽的形象，鳄鱼首，狮子与河马组合而成身体。此兽守在天平旁边，吞噬那些有罪者的心脏。

[27] sḫt-ḥtp，"使人安宁的土地"或者"令人满意的土地"，为冥界的乐园。"土地"一词象形字作〇〇〇，象芦苇茂盛之土泽，诂训为"沃野"；其形声形式写作▨▨▨或〇〇〇▨，由此孳乳的文字有〇〇〇▨，sḫty（农夫）。词组含义相当于第二帧所谓的"芦苇之野"。

评　述

称量心脏为进入赫泰普之野的必经之途，是衡量人在世间是否过一种有德性生活的标志——这种德性生活古埃及人谓之"玛阿特"。在教喻文献《卡格门尼的教诲》《普塔赫泰普的教喻》两部作品中，对人生在世应当如何生活做了较为细致的规定，唯有遵循这些规定，人生才是合于玛阿特之道的——遵循玛阿特之道而生存，类似于中国古人所言"克己复礼"，当然玛阿特不仅仅着重于具体生活细节的行为规范，也不仅着眼于道德人伦的制约，同时还是天地自然和谐运转的保证。"玛阿特"一词含义极其丰富，在另一种语言中很难找到与其内涵完全对应的词语。《普塔赫泰普的教喻》（第84—98行）对其描述曰：

大哉玛阿特，久矣耿耿者／其未尝乱，自奥西里斯时代以来／彼逾矩度，将遭惩戒……／最终，玛阿特仍存在。

玛阿特是亘古永存的宇宙大法，似先秦诸子论"道"言"礼"，唯有秉持玛阿特，天地方"彝伦攸叙"（《尚书·洪范》）而不至于混沌。玛阿特是类似希腊人所说"逻格斯"、苏美尔人所说"谟"（ME）、印度人所说"达摩"一类观念。在赫利奥波利斯神学系统中，玛阿特被视为拉神之女。

心脏被视为独立于身体之外的一个物格化的神明。亡灵在走向称量大厅时，需要和心做各种祈祷、交流，大旨不外乎祈求在神明面前多美言，以确保自己顺利通过考核，而抵彼岸乐园。《亡灵书》这里的描绘是一种变体的独白，颇有"自省"的意味。这就提示了宗教文献所内含的伦理质素，尽管古埃及人没有"吾日三省吾身"的圣贤之学，但称量心脏的环节弥补了这一精神上的需求。人类社会之所以繁衍不息，不仅止于食物、衣饰、田产等物质欲望，也因为精神上富足。自省是人类德性升华的重要手段，是"认识你自己"这一伟大哲学思想的先导和发端。

心脏的称量使用天平。天平是古埃及文化的一个贡献，早在第三王朝时期天平已开始被使用。天平是古埃及神话叙事的重要意象，也是玛阿特的象征。言辞的权衡就径直使用"称"来表达。中国文化中的"称说"与之有异曲同工之妙。天平在希腊文化、希伯来文化中也是重要的文化象征，揆其朔，可能系古埃及文化的流衍。在希腊史诗传统中，"宙斯的天平"是衡量人神是否公义的标准，而希伯来文化中的天平亦有此类功能。《圣经·约伯记》（6.2—3）：

> 唯愿我的烦恼称一称，我一切的灾害放在天平里。现今都比海沙
> 更重，所以我的言语急躁。

"天平"与"言语"之间的关联，正是从"心脏之称量"进而"称量言辞"这个观念的推阐。关于心脏的称量，与之相关者则是所谓心形蜣螂印章，以下附录提供了两则材料，可以互参。

古埃及神话中，神明是人之价值意义的源泉和准绳。亡灵的世间生活是否合于玛阿特之道，需要神明认定。在心脏称量场景中，托特是众神的书吏，由他书写审判团的判词。判词是冥间的通关护照，持此判词，亡灵才得以穿越冥府，并最终抵达赫泰普之野，在那儿获得神明的恩赏。

在出土文物中，心脏旁往往置放有所谓心形圣蜣螂印章。圣蜣螂也被泛泛译为圣甲虫，乃古埃及人崇拜的圣物之一，是古埃及人向往永生、追求来世幸福的标志。圣蜣螂印章有护身符之用，滥觞于西元两千年初，至托勒密王朝时仍被普遍使用。流衍所及，至于古迦南地区以及克里特岛等地。圣蜣螂印章上往往有文字说明，内容不外乎标识主人身份、保护死者、驱遣神明，亦可作为断代依据。质言之，其用途如中国丧葬仪式之用玉然。

巴奇附录有帕尔马及巴黎所藏纸草两则，今移译并附于下方。

其一：

> 谈的是绿石圣蜣螂①，环镶②以上佳的黄金，银质的指环印③，

置之于死者④的脖颈之上,这篇言辞被发现于赫尔莫波利斯,在这位神明本尊的双足之下,它被(镌刻)于青铜版上⑤,于南国,以神明本尊的名义而书写,在南北双王门卡拉⑥陛下——那位言出必验者——统治之时,由王子赫尔-迪迪夫⑦在前往诸典藏室⑧检视途中发现。

其二:

知晓这篇言辞会让那人言出必验⑨,在大地之上及冥土之下。他会为其所当为⑩,他所以存活着,即以神明的伟大所有物⑪。这篇被发现于宛努的一片青铜版上,在南国,装饰以青金石⑫,真实不虚,在这位大神双足下,于南北双王门卡拉陛下统治之时,由王子赫尔-迪迪夫——言出必验者,在其检视诸典藏室⑬的旅途之中发现了它。力量与他同在,他孜孜不倦地解读它。⑭他作为异物被带给国王,而国王亦视为伟大的奇迹⑮,见所未见,睹所未睹。⑯这一篇应当被斋戒沐浴⑰的瓦布祭司诵读——他不曾食用野兽和鱼类。瞧,你应当制作一枚绿石圣蜣螂,边缘要洁净,放置于人心之中。它被涂上油膏⑱并完成"启口"仪式⑲。

注释

① 绿色为生命之色,蜣螂字作󰀀,即金字塔文献中的󰀀,ḫprr(蜣螂、金龟子,多以为前者),为埃及神话系统中至关重要的神明意象。《关尹子·符篇》:"蜣螂转丸,丸成而精思之,而有蠕白者存丸中,俄去壳而蝉。彼蜣不思,彼蠕奚白?"从生物学角度来说,蜣螂以粪球为繁殖之所,孵化的幼虫也以粪球为食,成虫后破粪球而出,因有生生不已之象。《关尹子》以为"去壳而蝉"("蝉"读为"禅",谓变化)乃"精思"的结果,这是一种精神产生物质的观点。这与《亡灵书》等埃及神话文献的看法极其相似。按《山海经·西次三经》:"又西三百五十里,曰天山……有神焉,其状如黄囊,赤如丹火,六足四翼,浑沌无面目,是识歌舞,实惟帝江也。""六足四翼,浑沌无面目"等摹状,可移用于埃及圣蜣螂。

② msbb,有"旋转、环绕"之义,句意大概是在圣蜣螂的甲壳周边装饰以黄金。

③ ʿnt.f(其指环),句中代词"其"指的是圣蜣螂。揆上下文义,这一篇描述的大概是圣蜣螂形的指环印章。指环部分系银质,故云然。在古代,印章不仅是身份的凭证,而且也是威权的象征,《鹖冠子·天则》有"节玺相信,如

月应日，此圣人之所以宜世也"。

④ 字作🐾，定符为跪踞的持有象征权柄的连枷杖的贵族之象，故当指的是"贵族的灵魂"，通译为"死者"。

⑤ ḏbt n bi3t（青铜版）。其中ḏbt本义为"砖块"，可能与西亚书于泥版的传统相关。《管子》一书有《版法》，又有《宙合》云"修业不息版"，《战国策·齐策三》孟尝君"书门版"而招贤。《庄子·徐无鬼》"纵说之则以《金版》《六弢》"，注引司马彪、崔譔谓："《金版》《六弢》皆周书篇名，一曰秘谶也。本又作《六韬》……"《群书治要》卷三一引《六韬·武韬》："文王曰：'善，请著之金版。'"当以后一说为是。古书统谓青铜为金，"金版"二字正可移译 ḏbt n bi3t。古人又有所谓"玉版"。《黄帝内经·灵枢·玉版》云针灸之术"著之玉版"而流传。《韩非子·喻老》："周有玉版，纣令胶鬲索之，文王不予；费仲来求，因予之。"《史记·太史公自序》："周道废，秦拨去古文，焚灭《诗》《书》，故明堂石室金匮玉版图籍散乱。"裴骃《集解》引如淳曰："刻玉版以为文字。"则古人亦以版为文书之称。华夏古书有所谓《三坟》《五典》《八索》《九丘》，这可能是先贤"群天下之英杰而告知以大古"（《荀子·非十二子》）的内容之一，属于"上世之传，隐微之说，卒业之辨，暗昏忽之，非君子之道也"（《大戴礼记·五帝德》；如《韩非子·备内》所谓"上古之传言"，显然包括神话传说在内）之类，大略亦记载"鬼神之情状，万物之变化，殊方之奇怪"（《抱朴子外篇·疾谬》），与《亡灵书》等典籍或可互鉴。

⑥ mn-k3w-rꜥ（门卡拉），埃及第四王朝法老，据说为胡夫王之子，在哈夫拉（门卡拉的叔叔或兄长）死后继承王位。其王名的意思是"拉神之力量永恒"。

⑦ 王子可能是这篇言辞的誊写者。

⑧ 典藏室乃收藏文献以及历史遗迹之所，《鹖冠子·王鈇》云："祀以家王，以为神享，礼灵之符，藏之宗庙，以玺正诸。"圣蜣螂印章正有"神享""礼灵"的功用。

⑨ 强调此篇言辞的力量。古人以书籍为神明力量之源泉，并非"讘䛪多诵先古之书"（《韩非子·奸劫弑臣》），而是在灵魂深处认为诵读确实可以获得力量。这是古人虔诚精神的表现之一。书不可轻传，因为"夫古今百姓行儿歌诗者，天变动，使其有言；神书时出者，天传其谈"（《太平经》卷五〇《生物方诀》），故书籍"以传知真识远之士。其系俗之徒、思不经微者，亦不强以示之"（《神仙传·序》）。

⑩ iw.f ir.i irt（他会作活），揆上下文义，这里应当不是指一般的工作，而

是根据神明轨范所践履的言行。

⑪ ḥw m ktw pw ḥrt ʿ3t nt ntr（生活之物，即神明的伟大所有物），这里可能是说，人类赖以生存的物质资料是神明的伟大赐予。这也就是献祭的理由。但华夏先哲则主张"神不可法，故事之。天地不可留，故动，化故从新"（《管子·侈靡》）。鬼神变幻莫测，才是"事"（祭祀）之的根本理由。

⑫ 第二帧出现的青金石，是奥西里斯头部的组成部分。青金石可能有神话意味，即神明力量的体现。

⑬ r prw（文献之屋），当系典藏神谕、文献的专门机构。《墨子·鲁问》中"诵先王知道而求其说，通圣人之言而察其辞"，为古今圣贤之通识，而其中重要的手段就是藏书。

⑭ sdbḥ.n.f（使他勤勉），似可以汉语"盻盻然"（《孟子·滕文公上》有"使民盻盻然"，赵岐注："勤苦不休息之貌。"）移译之，指王子孜孜不倦地理解圣蜣螂上的文字。《酉阳杂俎·物异》载，有一位江淮士人，"遂著神，译神言，断人休咎无差缪"。此类乃神话学中经常会有的现象。读远古之书，宜了解古人作书之意。《史通·叙事》："夫饰言者为文，编文者为句，句积而章立，章积而篇成。……章句之言，有显有晦。显也者，繁词缛说，理尽于篇中；晦也者，省字约文，事溢于句外。然则晦之将显，优劣不同，较可知矣。夫能略小存大，举重明轻，一言而巨细咸该，片语而洪纤靡漏：此皆用晦之道也。"读《亡灵书》，亦当明白其"用晦之道"。

⑮ 王子视为"异物"（bi3w），而国王视为"奇迹"（št3w），反映出父子的不同态度。王子勤勉地理解了圣蜣螂的含义，因其内容而有惊异之感，故曰"异物"。而国王未曾见过，更多流露出陌生感和神秘感，故谓之"奇迹"。这反映出《亡灵书》的作者用字相当严谨。

⑯ m33（见），侧重于看的动作；ptr（睹）侧重于看时的思维活动。

⑰ 献祭神明要求洁净。twr 一词的含义是"洁净的"，不仅指个人卫生上的干净，同时有不食用动物的内涵。尝试以汉语的"斋戒沐浴"移译之。

⑱《亡灵书》虽系丧葬文献，但颇有"教喻而德成"（《礼记·文王世子》）的价值论功能，这是其被视为古埃及文化代表作的原因之一。

⑲ 古埃及宗教的一个重要仪式意图，是赋予死者以开口说话和饮食的能力，以便其能够在冥界继续生活。《鬼谷子·捭阖》："口者，心之门户也。心者，神之主也。志意、喜欲、思虑、智谋，皆由门户出入。"

第 四 帧

　　阿尼通过考验，被带至奥西里斯面前。其左侧为鹰隼首之神荷鲁斯，冠南北双王冠，他领阿尼正走向奥西里斯。奥西里斯的上方，写有"奥西里斯，久特之主"的字样。奥西里斯戴多羽的阿迭夫王冠，一领门尼特挂于胸前。他手持曲柄杖、塞特杖及连枷，这些是主宰和统御的象征。他被层层缠裹，端坐于有靠背的王座之上。其王座上绘有象征坟冢的门户。其身后为两位女神，奈菲提斯在右，伊西斯在左。他的膝下是一朵莲花，上面站立着四位"荷鲁斯（或曰奥西里斯）之子"，乃脏腑之神。四神自右至左分别是：伊姆塞特，人首；赫普，狒狒首；德瓦穆特夫，豺首；克伯森努夫，鹰隼首。莲花左侧悬一物，通常认为是豹裘，但更可能是阉牛皮①。祠庙由刻有莲花柱端的楹柱支撑，两楹间的横楣装饰有众多虺蛇。横楣之上为穹顶，穹顶上卧一鹰隼形象，似持有连枷。②鹰隼神像左右各有六条硕大的虺蛇。

　　在中心位置，阿尼跪在神明面前，膝下为芦苇垫。阿尼右手作颂神之状，左手持一象征力量的赫尔普③。他戴着假发，假发顶端有半球形装饰，含义不详。阿尼项戴缀满宝石的护领。其旁为供桌，奉有肉类、蔬果、鲜花等物。供桌上方为"奥西里斯－掌书阿尼"的字样。阿尼及供物上方相应位置则是酒坛、油罐以及面包、鸭子、花环等供品。

注释

① 阉牛皮，可能是用于缠裹死者或供奉者自身之物。

② 此形象当即 🪨，为 ⛏ （ꜥḥm，神秘形象）之象形文字，亦作限定符号。第十六帧正文出现该词，可参第 133 页注释 ㊄。

③ 其形为 ✝。若非有文字说明，此符号作独体字（借用汉字术语）理解，有三种音读。其一，阿巴（ꜥbꜣ），可能与"高、明"等意义有关；其二，塞科姆（sḫm），表示力量；其三，赫尔普（ḥrp），侧重于掌控、驾驭。

荷鲁斯——伊西斯之子——说道：
我已经到你跟前，万－奈夫尔。我为你领来了奥西里斯－阿尼。他的心

思纯正，由天平所量度。④ 他没有罪愆，于一切男女神明。托特判决之，并依照九神团对他的陈词形诸文字⑤。合于法度、玛阿特之至。⑥ 故赐予他面点和酒水，让他出现于奥西里斯面前。⑦ 愿他永如荷鲁斯的随扈一般。⑧

注释

④ ib.f mꜢꜤ prt m mḫꜢt，字面意思是"他的心正义，出自天平"。mꜢꜤ 所表示的"正义"大概相当于汉语所谓"思无邪"（《论语·为政》），其中包含宗教伦理的意涵。中国学人由此而推衍出"正心诚意""求放心"等修养方法，古埃及人则创造出一系列的丧葬仪轨及与之相关的宗教。天平是冥间的一个重要意象，参本页注释⑧。正文略作转译。

⑤ wḏꜤ（判决、分剖），托特司掌冥间判决，他在诸神做出判决之后宣布判决结果并记录之。

⑥ "合于法度"，是对诸神判决之真确性的确认，玛阿特表示判决的公允。这里包含真与善的思想含义。玛阿特为专门术语，亦是一位神明。这是埃及人将抽象观念神格化、具象化的一个极佳例证。

⑦ 此句亦有学者译为"赐予其出现于奥西里斯面前的面包及酒醴"。二说皆可通。

⑧ 大英博物馆所藏 9901 号纸草所载荷鲁斯之词："荷鲁斯——其父的复仇者，万-奈夫尔的纯正嫡嗣——言曰：'瞧，我到你奥西里斯面前，领来了胡-奈夫尔，他已经接受天平的检验。那秤砣停留在其所在的位置上'。"奥西里斯被弟弟塞特暗害，荷鲁斯和塞特决斗，夺回了王位，故云"其父的复仇者"；"秤锤"，字作 (tḫ)，正是砝码之形，中国古人所谓"权"。此词虽用其本义，但象征意义亦值得重视。中国古代典籍的"权衡"一语可为一个比较背景。所谓"荷鲁斯的随扈"见于金字塔文献中，他们出现在"启口"仪式上（《乌纳斯金字塔铭文》），并诵读"现身的篇章"（《佩皮一世金字塔铭》）。

奥西里斯-阿尼说道：

我在你面前，西冥之主。没有邪恶⑨，在我胸中。我不曾说谎，因知道之故⑩。我不贰过。⑪ 让我像那些在你旁边的蒙恩受祐者们一样吧。⑫ 奥西里斯！⑬ 由这位嘉善的神明大力福佑者，他被两地之主喜爱，名副其实的王室掌书——他所爱者——阿尼。他在奥西里斯面前言出必验。

注释

⑨ isft，和玛阿特对应的一个词语，义为"非""邪恶"，可音译为"耶肆非愿"。另参第59页注释㊸。

⑩ "说谎"是一大恶德，照应前文的"真实不虚"，而"知道"则带有哲学含义。"知道"是区分能否通过冥间裁决的标志，对应俗世的君子、小人之分。这一区分是古典文化的一个根本区分。中国文化有所谓上智下愚的分野。《管子·霸言》："夫权者，神圣之所资也。独明者，天下之利器也。独断者，微密之营垒也。此三者，圣人之所则也。圣人畏微，而愚人畏明。圣人之憎恶也内，愚人之憎恶也外。圣人将动必知，愚人至危易辞。"古埃及人的"知道"，乃是体察玛阿特，犹如古人之体察天道，皆谓通天彻地的学问。《管子·戒》："闻一言以贯万物，谓之知道。多言而不当，不如其寡也；博学而不自反，必有邪。"银雀山汉墓竹简《孙膑兵法·八阵》云："知道者，上知天之道，下知地之理，内得其民之心，外知敌之情。"古埃及文化的"知道"建立在神本－宗教基础之上，而华夏的"知道"建立在天人一贯的圣贤之学基础上，二者又有根本差异。

⑪ nn sp sn，字面意思为"没有第二次"，在这一语境中如何翻译，是一个值得探讨的问题。我暂时翻译为"不贰过"。这几句指向某种伦理内涵。

⑫ 这是宗教的伦理诉求，《抱朴子内篇·微旨》曰："是故非积善阴德，不足以感神明。"

⑬ 可能是呼唤冥神奥西里斯；也可能是阿尼自指，即成为奥西里斯那样的大神。此乃《亡灵书》等文献的宗教目的。中国古人有"人希贤，贤希圣，圣希天"的信念，古埃及人则希望和奥西里斯合二为一。后文对此一思想亦有描述。

评 述

荷鲁斯是从地域性神祇逐渐发展演化为古埃及最为重要的神祇之一的。荷鲁斯既是自然神，又是政治神。荷鲁斯是古埃及鹰隼崇拜的一种形式，而后逐渐和王权结合成为古埃及王权的象征。［郭子林：《古埃及的隼鹰崇拜与王权运作》，《东北师大学报》（哲学社会科学版）2017年第3期。］法老即王位上的荷鲁斯。在法老的五个头衔之中，第一个即荷鲁斯名，第三王衔被称为金色荷鲁斯名。后者植根于古埃及人对金的看法和对荷鲁斯的崇拜。［李晓东：《法老第三王衔研究》，《东北师大学报》（哲学社会科学版）2007年第6期。］

荷鲁斯在《亡灵书》中身份相当复杂。他通常被视为奥西里斯和伊西斯之子，是为父报仇者，也具有日神的特质。早期文献中这显然是两个不同的神格。作为日神的荷鲁斯在不同时期有诸如"伟大者荷鲁斯"、"双目的荷鲁斯"（双目谓日月）、"金色荷鲁斯"、"双阿赫特的荷鲁斯"、"两地统一者荷鲁斯"等称号；而"幼年荷鲁斯"似指的是伊西斯之子。不过这两个神格在很早就被混同为一了，因此《亡灵书》中就只有一个作为奥西里斯之子的、为父报仇的荷鲁斯。

《亡灵书》不仅是一篇神话文献，也是文学文献。它的文风具有丰富的文学性。上面篇章对阿尼的判决中，托特和诸神团对其判词进行确认，构成一组对话。进言之，判决场景中有人物角色、动作、科白，已然有戏剧的质素。正是由于这一特点，有些翻译家在翻译古埃及丧葬文献作品时，直接套用戏剧术语。比如埃里克·霍农格（Erik Horung）及特奥尔多·阿布特（Theodor Abt）的《门户之书》译文，即以"场"或"幕"来区分其场景，将《门户之书》精确地划分为一百个场景。换言之，《门户之书》被译者视为百幕剧。《亡灵书》亦有剧作质素，此处的荷鲁斯和亡灵阿尼一唱一和，正是戏剧中人物对白的先声。

荷鲁斯的发言中，再次提及了天平和玛阿特，这两者之间乃表里相应的关系。天平为玛阿特的意象象征，而玛阿特则是"天道"或"神道"的体现。阿尼的对话照应了荷鲁斯的发言。阿尼说的"没有邪恶"即荷鲁斯所谓"心思纯正"，阿尼之"不说谎""不贰过"也就是荷鲁斯所说的"没有罪愆"。神明和亡魂之间的呼应之词强化了"心脏称量"的主题，阿尼顺利通过考验，进入拉神和奥西里斯的随从之列。

白昼现身

  墓葬的内容，占据了第五帧、第六帧两幅画面。第五帧的中心位置，乃死者木乃伊的棺具，棺具放置于两端装饰有花簇的舟上，四位男子执绋引舟；四男子前方，舟绋分为两股，各由两条公牛拖曳。舟中木乃伊头足处，配有奈菲提斯和伊西斯的偶像。旁边跪者为其妻图图，作举哀之状。舟船之前为塞姆祭司，正在焚香奠醑。祭司穿着标志性装束豹裘。八位哭丧者随行，其中一位染白了头发。哭丧图的后方乃阴沉的墓箧①，置于木橇之上。墓箧上面踆踞阿努比斯之神，并装饰着象征"护佑"的护身符和象征"坚固"的结德柱。四位侍从执绋引橇，后面有两位跟随者。他们上方为持着阿尼笔砚、座椅以及其他用具的侍从。

  第六帧继续向墓葬地进发。中间为十位哭丧女，持花篮、涂膏罐的侍从们随其后。众哭丧女右侧为一上轭的母牛以及摆满鲜花的座椅；有一位剃光头的侍从，手持从丧宴上新切下来的公牛腿；他的上方为一断腿公牛。最右侧一组为丧礼的终曲。画幅最末为尖塔形的白色墓室，墓室之门前为阿尼的木乃伊，背对墓室、面朝供桌，等着接受最后的荣耀；墓葬神阿努比斯从死者身后环抱之；死者脚下为跪拜的图图，向丈夫告别。供桌前有两位祭司：着黑豹裘的塞姆祭司，右持奠酒、左持熏香。另一位祭司右手持一物②，正准备触摸木乃伊的嘴巴和眼睛；其左手则持有"启口"之凿，地面上排列着"启口"仪式的各样用具，诸如尸箱、清洁具、绷带、奠醑杯、鸵鸟羽、凿子、丫形物③等。读经祭司正阅读纸草经卷，其上有关于如何处置死者的丧葬仪式。

注释

  ① 其状如同装有死者四种内脏的罐子，此四罐由四脏神司掌。
  ② 此物名为乌尔－赫卡乌（wr-ḥk3w），乃以曲木制作而成，其首段装饰有公羊头，羊头上盘踞一条虺蛇。
  ③ 或以为棕榈花簇。

第 五 帧

白昼现身篇章之始，颂赞、祷祠及出没于幽冥之域的咒语，于美好的西冥④**。在下葬之日、在出来以后进入时被诵读。**⑤

奥西里斯-阿尼、奥西里斯-掌书阿尼说⑥：**致敬于你，西冥的公牛；经由**⑦**托特，永恒之王，与我同在。吾乃舟中的大神**⑧**，我将为你而战斗。我乃诸神及祖先神中的一员，使奥西里斯克敌制胜**⑨**，在那权衡言辞之日**⑩**。**

注释

④ 后文有"佳胜之地"，与此可互注。中国古籍亦有称冥界为"佳城"者，如《太平御览》卷五五六引《博物志》载汉滕公夏侯婴死，送葬而掘得石椁，铭曰："佳城郁郁，三千年见白日，吁嗟滕公居此室。"

⑤ 此处说明本章的使用场合。故朱书表示。

⑥ 重复死者的名字。

⑦ 原文有 in（通过），可能表示以掌管文字及智慧的托特神为中介。

⑧ "大神"为单数，"中"字原文作"旁边"，可见"大神"为一般修饰之词，乃奥西里斯众多随扈之一。

⑨ "使言辞成真""使言出必验"，有"克敌制胜"的含义。

⑩ wḏ3 mdw（权衡言辞），《门户之书》第三十三场有"称量言辞，以天平"（f3y mdw m mḫ3t）的字样。称量言辞，所以表示公正。言辞可衡量，犹如汉语之"铨言"，《淮南子》以之名篇，而《抱朴子外篇·君道》有"平衡以铨群言"之议。"知言"是古人的修养之一，所谓"诐辞知其所蔽，淫辞知其所陷，邪辞知其所离，遁辞知其所穷"（《孟子·公孙丑上》），故发言需权衡。古人特别提出慎言。《诗经·大雅·抑》有"白圭之玷，尚可磨也；斯言之玷，不可为也"，《诗经·小雅·小旻》有"发言盈庭，谁敢执其咎？"又《庄子·德充符》有"子无乃称"，《吕氏春秋·审应览·重言》有"一称而令（周）成王益重言"。"称"即称量之"称"，其"言说"含义当由权衡言辞而来，言必有中，故格言佳句亦有"称"之名，如《黄帝四经》有《称》篇。

我是你的拥护者，奥西里斯！我乃努特所生诸神之一——奥西里斯各路敌人的屠戮者，他们为了他而拘禁那些敌对者。

我是你的拥护者，荷鲁斯！我为你而战斗。我已以你之名义前来。我乃托特，使奥西里斯克敌制胜，在权衡言辞之日，于楹城中那雄伟的寿考者之宫殿。⑪

我乃橒迪、橒迪之子，我在桀都孕育，并在桀都诞生。我和奥西里斯的哭丧者和哭丧女们在一起，在莱克泰特的双岸⑫，使奥西里斯克敌制胜。拉神命令托特，使奥西里斯克敌制胜；如是之命，托特亦为我而颁布。我与荷鲁斯同在，在特室特施着装之日⑬，打开洗浴乌尔德－耶波⑭的窟室，在乐斯陶打开秘祠之门。⑮

注释

⑪ 寿考者之宫殿，亦可翻译为"王子的宫殿"或"王宫"，指拉神的祭祀庙宇。

⑫ 也有译者根据字义译为"洗衣者之岸"，未详何所。

⑬ 每逢重大节庆日，扮演奥西里斯者被称为特室特施。所谓"装"指在仪式和庆典中的"行头"，包括王冠、连枷及权杖等物。

⑭ wrd-ib，此词因其后一字定符为神明符号，以略卷的胡须、直的假发为标志，可理解为神明的名字，音译为"乌尔德－耶波"。其含义是"心灵疲敝者"，意即"竭心尽力者"，指的是心脏停止跳动者，死者。但此处似有某种崇敬的含义。句中盖谓奥西里斯。

⑮ 乐斯陶（Rst3w），意即"墓穴之门径"，因此转义为冥府、幽冥，尤其特指在孟斐斯的索卡尔守护下的幽都。

我与荷鲁斯同在，于塞科姆⑯，护卫在奥西里斯的左肩侧。我在塞科姆城克敌之日，出没于其队列之中。我与荷鲁斯同在，于楹城⑰，在奥西里斯的节日上供奉祭品，在节庆的第六日及腾奈特节献祭⑱。

注释

⑯ 塞科姆，地点在下埃及第二州的首府，古希腊文献所说的勒托波利斯（勒托为希腊神话中日神阿波罗和月神阿尔忒弥斯之母）。据说奥西里斯被碎尸后，其颈项在此城，故有护卫左肩的说法。荷鲁斯以狮子之象在此城被崇拜。此战一方为奥西里斯和荷鲁斯的追随者，另一方为塞特及其追随者。塞特阵营战败。这里也是"寿考者荷鲁斯"或"长者荷鲁斯"的崇拜中心。

⑰ 阿尼说明自己祭祀的虔诚。《礼记·祭统》曰："外则尽物，内则尽志，

此祭之心也;……诚信之谓尽,尽之谓敬,敬尽然后可以事神明,此祭之道也。"祭祀为神道设教出发点,也是伦理的起始处:"祭者,教之本也已。"不过中国文化更多的是从政治、伦理考量,至于兵、法家更是鲜明地反对鬼神之说,《韩非子·饰邪》曰"龟筴鬼神不足举胜,左右背乡不足以专战。然而恃之,愚莫大焉"。

⑱ 滕奈特节为奥西里斯的节日之一,节庆月第七日举行。

我是桀都的瓦布祭司,奥西里斯神殿中的狮身神,使大地高扬的诸神⑲。
我看见此乐斯陶的隐秘之事⑳**,我阅读桀都的公羊**㉑**的典籍**㉒。
我是称任的塞姆㉓**祭司,我是大艺者**㉔**,在安放索卡尔的恒努之舟入橇之日**㉕。
我手持锹镐,在苏坦-恒恩㉖**破土之日**。

注释

⑲ 此句费解。或可解读为"高踞于大地之上的诸神"抑或"扬起土的诸神"。

⑳ 此处指索卡尔的典礼仪式,在晨昏时分举行。据信此仪式见证昼日之亡、夜日之生。众亡魂亦得随之得以重睹天光。

㉑ 桀都的公羊,"公羊"与"魃魂"同音,故此处亦可理解为桀都的魃魂,奥西里斯的别号。

㉒ 在《乌纳斯金字塔铭文》中,"乌纳斯成为一个有智慧者 / 因据有神圣的典籍 / 在拉神的右侧"(第250辞)。"神圣的典籍"来源于"智慧者",就古埃及来说实则来自祭司阶层,包含有"神道设教"之类的仪轨、神话等。"鬼神之学"是人类早期思想的主要内容。当然,埃及是以祭司为鬼神之学的铃键,而中国则以圣贤为教化之管籥。《礼记·祭义》:"宰我曰:'吾闻鬼神之名,不知其所谓。'子曰:'气也者,神之盛也;魄也者,鬼之盛也;合鬼与神,教之至也。'众生必死,死必归土:此之谓鬼。骨肉毙于下,阴为野土;其气发扬于上,为昭明,焄蒿、凄怆,此百物之精也,神之著也。因物之精,制为之极,明命鬼神,以为黔首则。百众以畏,万民以服。圣人以是为未足也,筑为宫室,设为宗、祧,以别亲疏远迩,教民反古复始,不忘其所由生也。"鬼神之学包含如下几个内容,核心内容是"合鬼与神,教之至也"。这句话不仅适用于中国文化,也适用于《亡灵书》《冥书》《门户之书》等埃及神话文献。何以知鬼神呢?人有生死,死亡之后归于大地。《礼记·祭义》"阴为野土",郑注:"读为'依荫'之'荫',言人之骨肉荫于地中为土壤。"对于古埃及

人而言，是制成木乃伊，要之魂魄有所归依。对神的设定有三种表征，即"昭明，谓其光景之著见也。焄蒿，谓其香臭之发越也。凄怆，谓其感动乎人，而使人为之凄怆也"。所谓昭明，就是神的光辉和灵明；所谓焄蒿，就是祭祀神明时的气味；所谓凄怆，是人对神明的虔敬。鬼神之教"以为黔首则，百众以畏，万民以服"，黔首、百众、万民相当于儒家经传中的小人、庶民等，这是因为"君子道其常，小人道其怪"（《荀子·荣辱》），"君子以为文，百姓以为神"（《荀子·天论》），"智者役使鬼神，而愚者信之"（《管子·轻重丁》），"智者作法，而愚者制焉；贤者更礼，不肖者拘焉"（《商君书·更法》，《战国策·赵策二》"智者作教，而愚者制焉；贤者议俗，不肖者拘焉"袭用之），目的是教化民众不忘所出。而这更是神道设教以牧民的手段，"不明鬼神则陋民不悟，不祗山川则威令不闻，不敬宗庙则民乃上校，不恭祖旧则孝悌不备"（《管子·牧民》）。"明鬼"为古典政教传统之大问题。中国文化强调的是"民为神主"，《鹖冠子·博选》云："君也者，端神明者也；神明者，以人为本者也；人者，以贤圣为本者也；贤圣者，以博选为本者也。"神明以人为本，承接的正是春秋以来"夫民，神之主也"（《左传·桓公六年》）的人文传统。这个传统甚至在宗教中被阐释为"夫人者，乃天地之神统也""人者，天地神明之统也"（《太平经》卷四〇《乐得生天心法》、卷四五《起土出书诀》）的人神观。

㉓ 一读为色塔姆，孟斐斯普塔神之祭司。古埃及文化奠定在神本基础之上，故特重祭司。中国先贤主张"君子也者，道法之总要也，不可少顷旷也"（《荀子·致士》）；古埃及则以祭司为神法之总要，不可须臾离之。

㉔ 字义为"工匠之首"或"掌锤者"，孟斐斯普塔神的高级祭司名。

㉕ 索卡尔节日，庆典从清晨太阳洒下第一缕曙光开始。日神的昼行船被拖着绕神坛一周。

㉖ 苏坦-恒恩，𓇓𓏏𓈖𓎛𓈖𓈖𓀁，读音 swtn ḥnn，现在校正读音为 Nni-nsw。上埃及第二十州的首府，即希腊文献所称的赫拉克勒奥波利斯。

第 六 帧

噫！使各个完美的魅魂进入㉗**奥西里斯的宫殿者们！** 愿你们使掌书阿尼——言出必验者列入奥西里斯的卓杰灵魂，和你们一起。他会听你们之所听，他会见你们之所见。㉘ 他会站立，如你们所站立；他会坐下㉙，如你们之所坐。噫！在奥西里斯的宫殿中赐给那些完美的魅魂们糕点、酒醴者们，愿你们在双季节㉚赐予奥西里斯－阿尼糕点和醴醪。他在阿拜多斯的诸神前，言出必验；在你们面前，也言出必验。噫！为奥西里斯之宫的完美魅魂的导引者和开路者们㉛！你们在前为他打开门阙㉜，你们在前为他开启旅程㉝，为了那奥西里斯、掌书以及诸神神圣祭品的计数者阿尼与你们一起。愿他于奥西里斯的宫殿，自在地进入，平安地出来。愿他不被拒斥，愿他不会折返，愿他乘兴而入，愿他随欲而出。愿他言出必验，愿他需求的在奥西里斯之宫实现。愿他行走，愿他和你们谈话，愿他借你们㉞而灵明。愿他在那里毫无瑕疵。天平已勾销他的行事。㉟

注释

㉗ 文字本在上一帧，为了使句子完整，今下移至此和第六帧连接。

㉘ 所谓"天聪明自我民聪明，天明畏自我民明威"（《尚书·皋陶谟》）；"天视自我民视，天听自我民听"（《尚书·泰誓》）；天、神烛临万民，纤毫毕察，无论王公显贵还是平民百姓，"天屑临文王慈"（《墨子·兼爱中》）而又"览民德焉错辅"（《楚辞·离骚》）。故敬天事鬼不特为西方之教，也是古代中国文化的重要构成，这是古人"究天人之际"的大学问。《韩非子·解老》曰："聪明睿智，天也；动静思虑，人也。人也者，乘于天明以视，寄于天聪以听，托于天智以思虑。"

㉙ 大英博物馆纸草9901号有"在奥西里斯的宫殿"字样。

㉚ "双"有"全"之义，这里可能指所有季节。

㉛ 前者所谓"路"为单数，略去不译。后一"路"为复数，因此前一个可能指的是幽冥之入口，后面指幽冥中的道路。以上三处朱书皆用以表示呼唤神明。

㉜ 单数之"路径"，转译为"门阙"。

㉝ 复数之"路"，转译为"旅程"。

㉞ 指的是"双玛阿特之宫殿"。

㉟ "勾销"原文为"使……空"。在称量心脏的仪式中，古埃及人认为纯洁的灵魂不会重于天平另一端的羽毛，如同空无一物一般。

评　　述

　　《亡灵书》本来的名字就是"白昼现身"之书，古埃及音读为 prt m hrw。对其的阐释，古埃及学家们有不同的意见，或释读为"在光明中显灵"，或释读为"从那日现身"，或释读为"此日之示现"，或释读为"我进入光明"……要之，由于古埃及语言之简古，对此短语（或视为省略第一人称词缀的句子）的阐释可谓众说纷纭。不过，此章章首的这几个词确乎为《亡灵书》主旨和功能之所系。大凡重要词语、关键句子、段落转折以及核心篇章都以红色墨水书写（朱书），至于其功能则或为提示（区分段落的意义），或表驱邪去害（具有巫术功能）等，视具体情况做具体分析。道教有所谓丹书，"丹明耀者，天刻之文字也，可以救非御邪"（《太平经》卷五〇《丹明耀御邪诀》）。丹书或朱书能够"救非御邪"，盖因红色正是火光之色，乃天日之象。"吾道乃丹青之信也。青者生，仁而有心；赤者太阳，天之正色。吾道太阳仁政之道，不欲伤害也。"（《太平经》丁部"阙题五"）道教书籍虽与古埃及经典相距较远，其神话学内涵却是互通的。

　　《亡灵书》此段内容极为丰富。首段红色字体标识出此章的文字功能，诵读此章有助于亡灵出入冥间。设想人死后亡魂可出入冥间，为上古神话观念所共有。此一观念以"灵魂"之存有而且"灵魂不灭"为其关捩。古埃及人设想人在死后，尸体之外仍有三种存在：可以自由出入的魃魂、摄取养分的卡魂以及作为人格存在的阿克。魃魂为人首鸟的形象，鸟的意象揭示了人类与天宇的联系，是人类渴望逍遥自在的内意识折射。中国古典文献传统中亦有人死后化为鸟的叙事，比如王子乔（《楚辞·天问》王逸注引《列仙传》）、王次仲（《水经注》卷一三下"漯水"）。《搜神后记》卷上载会稽剡县县民袁相、根硕二人猎，经深山重岭入赤城，遇二女为室家。思归，二女"乃以一腕囊与根等，语曰：'慎勿开也。'于是乃归。后出行，家人开视其囊，囊如莲花，一重去，一重复至，五盖中有小青鸟飞去。根、远（'袁'字之讹）知此，怅然而已。后根于田中耕，家依常饷之，见在田中不动，就视，但有壳，乃蝉蜕也"。此志怪中的"小青鸟"盖亦灵魂鸟。《搜神记》卷一一"相思树"条则明确说南人谓鸳鸯即"韩凭夫妇之精魂"。此外，马王堆帛画等考古图像资料中亦有人首鸟之类的形象，揆之大概也是灵魂的表征。

　　这一篇章以不少篇幅暗示了神明之战。此战不仅是维护奥西里斯王统的政治之战，也是维护宇宙和谐秩序的神话之战，是政治－神话在《亡灵书》中的精彩体现。《亡灵书》不仅仅是一部丧葬的、宗教的文献，更是一部神话的、政治的典籍。"荷鲁斯""塞科姆"等关键名词提示，篇章中指涉的战争是荷鲁斯针对塞特及其党羽的斗争，是荷鲁斯为父报仇之战。奥西里斯是双土地王权的合法继承者，但其弟塞特为了夺取王位谋杀了奥西里斯，并将其分尸。奥西里斯的妻子伊西斯生下荷鲁斯，荷鲁斯长大成人后为父报仇。塞特是一位复杂的神灵形象。早王朝时期他是红王冠之主。第二中间期社会动荡，外族喜克索斯人入侵，塞特作为主神被崇拜。第十八王朝建立之后，塞特成为恶害之神。随着奥西里斯崇拜和拉神崇拜的崛起，塞特遂成为与荷鲁斯分庭抗礼的神明，乃古埃及王权的对立面。《亡灵书》在叙述这一神话时，人事和天象杂糅在一起，而且将故事拆散嵌入各个篇章。因此荷鲁斯与塞特之争在书中以东鳞西爪的形态呈现，合而观之乃可得其完璧。此处提及奥西里斯的丧葬，提及奥西里斯尸身之一的藏地塞科姆。

代入感是《亡灵书》及其他古埃及丧葬文献的特色之一，叙述者往往以第一人称的视角宣称参与了荷鲁斯与塞特之战，也往往自称在奥西里斯或拉神的随从队伍之中。这不仅仅是一种广泛而高度的宗教参与意识，同时暗示了《亡灵书》这类文献在宗教态度上的包容性和普泛性。如果说《金字塔铭》《棺椁文》等仅限于王室及少数贵族使用，则《亡灵书》的适用范围要大得多，尽管本卷的使用者阿尼是一位地位较高的人，但大量《亡灵书》的出土显示出"冥间的民主化"特征。从《亡灵书》开始，冥间不再属于特权阶层，而是向着一切众庶敞开，"礼不下庶人"的宗教知识垄断被打破了。文字风格也从庄严肃穆、堂皇正大的气象变得更加自由，更加有生机，也更接地气。第五帧末尾出现的几个角色不同的人物，瓦布祭司、读经祭司（由"阅读桀都的公羊的典籍"一语可推断）、塞姆祭司、大艺者，不只是交代丧葬仪式，也构成一曲众音杂沓的交响乐章，从而使叙述角度显得自由而活泼。

此后的内容（第六帧）便是对诸神和相关执事者的祈求和祷告，主要意图是证明奥西里斯-阿尼的清白，以便其能顺利通过冥间。这里的呼吁者应当是为阿尼主持丧葬仪式的祭司而非阿尼本人。古埃及典籍书写中没有现代标点符号之类，除了以朱书对段落、发言者有所提示之外，其他文字大多书写在一起，因此在阅读中需分辨叙事主角为谁，是亡灵、祭司、神明还是阅读者？这在一定程度上也造成了阅读的困难，但也是其魅力所在。这种情况和中国古典文化传统中的《楚辞·九歌》异曲同工。

启　口

　　赐予阿尼以口——掌书奥西里斯及众神神圣祭品的计数者的辞章。愿他在幽冥言出必验，其词曰①：

　　我从隐奥的大地之卵②中升起，愿赐予我口舌，以便我能借之谈吐，在幽冥之主、伟大的神明面前。③愿我的恳求④不被诸神的审判团拒绝。我乃乐斯陶之主奥西里斯，分有⑤奥西里斯、掌书阿尼，言出必验，与那在阶梯顶端者同在。⑥我随我心之所欲而来，自那为我扑灭的双火焰之池。向你致敬，光耀之主，巨室中的大冥⑦之首。

注释

　　① 纳布西尼纸草此处插图有一"司衡"（掌管天平者）触摸死者的嘴。其他插图则是死者自己摸自己的嘴唇。

　　② "大地之卵"乃是一个创世意象，神话学谓之"宇宙卵"。

　　③ 幽冥之主为奥西里斯。古代中国人将冥间之主称为"冥伯"（《庄子·至乐》）、"鬼伯"（《乐府诗集·相和歌辞二·蒿里》），正可挹注之。

　　④ 原文为"手臂"，作转译，此乃名词用为动词之例，恳求乃手之动作。《管子·地员》"立后而手实"，谓取之；《诗经·小雅·宾之初筵》有"宾载手仇"，传曰"手，取也"；《公羊传·庄公十三年》有"庄公升坛，曹子手剑而从之"，谓持剑。以上皆可与本篇用例互相发覆。推而广之，耳目等身体器官用为动词，含义与其功能对应。如"耳而目之"（《韩非子·外储说左上》），耳目之用为听视，"耳而目之"即听说并且见到。

　　⑤ 原词基本含义为"划分、分割"，尝试翻译为"分有"。句意可能是指奥西里斯和死者之间的关系，本书数次言及亡者进入奥西里斯的随扈者之列；也可能暗示奥西里斯被分尸这一神话。

　　⑥ 纳布西尼纸草作"奥西里斯，乐斯陶之主，乃阶梯顶端之上者"。阿尼纸草误作"在他之上"。

　　⑦ ⸻, kkw sm3, 字义为"统一的黑暗"，为幽都最核心的地方。

尝试译为"大冥"。

我已走向灵明的你⑧，我是纯净的。我双手拥抱你。你注定⑨与你的前辈一起。**愿你赐予我口舌，以便我能借之谈吐。愿我随心所欲，在光明和幽暗的时刻**。⑩

此书若被地上知晓，且被书写于棺椁之上——我所说之辞。那他就会在白昼出行，以他所愿望的一切形象，他会就其位而不被拒斥。他会在奥西里斯的祭坛之上，被赐予糕点、醴醪、大块的肉。他会安然无恙地进入芦苇乐园，从而懂得这位桀都之主的计划。在那儿他会被赐予小麦与大麦，那儿他会生机焕发⑪，**如同在大地上一般**。⑫**他会随欲而行，就像在那幽冥中的九神团**⑬。**真正的救赎**⑭，**万古不泯**⑮，奥西里斯-**掌书**阿尼。

> [!注释]
> ⑧ 或译为"我已走向你，我有灵明"，然"灵明"后的词缀似为"你"字。
> ⑨ dni，含义是"筑坝截流"，亦有"限制、框定"之义，随语境转译为"注定"。
> ⑩ 或理解为"在暗夜的光焰中"，亦通。
> ⑪ 原文为"绿"，引申而有"繁荣""生机勃勃"等义。
> ⑫《礼记·王制》曰："中国戎夷五方之民，皆有其性也，不可推移。……五方之民，言语不通，嗜欲不同。达其志，通其欲，东方曰寄，南方曰象，西方曰狄鞮，北方曰译。"《司马法·严位》："人方有性。性州异，教成俗；俗州异，道化俗。"乐园是人性最后的皈依，没有"不可推移"，"言语不通，嗜欲不同"等现实羁绊。进入乐园，自然能够"达其志，通其欲"。性情因地域差别而有差异（所谓"州异"，即各州之不同），但化民成俗，终究能达到天下为公的境界。
> ⑬ 原文是"九神"，九表示多。或者亦指九神团。
> ⑭ sš-m3ˁ，义为"真正的关切"，宗教术语。[sš(r)]或作，含义是"情况、关切"，古王国时期也写作，其定符为装物的亚麻布包，ḥḥ（关切）的概念或由此而来。文中翻译为"真正的救赎"，这里突出的是奥西里斯对于亡灵的补救之功。第三十三帧亦出现该词。
> ⑮ 万古不泯，原文为"百万次"，第三十三帧亦出现之，盖表示亘古不变的意思。《管子·形势》："疑今者察之古，不知来者视之往。万事之生也，异

趣而同归，古今一也。"古今一如，所以能够由今知古、以古知今。是否有此远见，是划分圣人和俗人的标尺之一。《吕氏春秋·仲冬纪·长见》："今之于古也，犹古之于后世也；今之于后世，亦犹今之于古也。故审知今则可知古，知古则可知后，古今前后一也。故圣人上知千岁，下知千岁也。"古今永恒的具体内容，则是天地之奥，是神明的学问。《管子·形势解》有"天覆万物而制之，地载万物而养之，四时生长万物而收藏之，古以至今，不更其道"，落实到社会，则"故千人万人之情，一人之情也。天地始者，今日是也。百王之道，后王是也"(《荀子·不苟》)，故"年载诚眇，人情则近"(《水经注·泗水》)，古今一理。古今一理，为与时俱进的思想开启了可能性，《吕氏春秋·慎大览·察今》："凡先王之法，有要于时也，时不与法俱至。法虽今而至，犹若不可法。故择先王之成法，而法其所以为法。先王之所以为法者，何也？先王之所以为法者，人也。而己亦人也，故察己则可以知人，察今则可以知古，古今一也，人与我同耳。有道之士，贵以近知远，以今知古，以益所见，知所不见。"

评　　述

启口仪式为古埃及丧葬仪式中极有特色的仪式之一。此处是从理论而非具体仪轨的角度谈论启口，故后文还有一段"为阿尼启口"的文字。口不仅是饮食的器官，也是言辞之具。后者的功能在神话中似乎显得更重要。在古埃及人看来，言辞是沟通天人、连接物我的津梁。世界因言辞而显象，万物因言辞而出现，人类赖言辞而生存，口则是出言辞之具。因此，在进入幽冥之后，在由死亡而复活的历程中，重新获得口的能力（饮食和言谈）是能否在彼岸世界过得幸福美满的关键。

本章所列的内容分为两部分，第一部分为阿尼的祈愿和陈词，其中关键一句话是他自称"纯净"，纯净表示远离污秽，是《亡灵书》以及诸多丧葬文献的经典表达。这一观念为希腊经典、《圣经》（如《旧约·利未记》）以及婆罗门教诸多经典所共有。第二部分则是对此章功能的介绍。要之不外乎两点。其一，希望能够在白昼出现，这是《亡灵书》反复申述的主题；其二，希望能够进入冥间乐土，此处所说芦苇乐园，属于后文赫泰普之野的一部分。在古埃及人的神话构想中，冥间乃"神明治下之地"，与永恒、富足相联系。

这里出现了一个极其重要的术语"真正的救赎"，实则凸显出对奥西里斯的崇拜，有秘教特征。究竟何为真正的救赎，《亡灵书》引而不发，并没有具体的条款和指点,所谓"隐微之言"是也。葛洪论道家秘旨,"然率多教诫之言,不肯善为人开显大向之指归也。其至真之诀,或但口传,或不过寻尺之素,在领带之中,非随师经久,累勤历试者,不能得也"(《抱朴子内篇·勤求》)。此论虽针对道教,于《亡灵书》亦有一定的参照意义。

遂初诸神

这一系列从第七帧到第十帧，画面的内容包括以下主题。

第七帧：

1. 阿尼及其妻子在冥间大厅，阿尼在下赛奈特棋。

2. 阿尼及其妻的魂灵在门拱形台之上，皆作人首鸟之形，戴半球形冠饰。阿尼旁边的古埃及文字为"奥西里斯的魃魂"。

3. 高脚细腰的供桌上摆满酒坛、植物以及鲜花，可能系阿尼贡献给双狮神的。

4. 双狮神相背而蹲踞，托起日出入之丘，丘上为天宇。右侧为"昔日"，左侧为"明日"。这里也体现了古埃及人对方位的神话观念，即左东（日出的方向）、右西（日落的方向）、面南、背北。

5. 凤鸟[①]及高脚细腰的供桌。

6. 阿尼的木乃伊躺在棺具内的停尸床上，棺具的头尾两侧分别为鹰隼形的奈菲提斯和伊西斯。停尸床下是模仿斑驳的大理石或琉璃而画成的器皿，葬具，以及阿尼的砚等物。

第八帧：

1. 赫赫之神（"百万年"）[②]，冠有"年岁"之象征物，右手亦持此物。他跪跽于地上，左手伸向一椭圆形的有鹰眼符号的水池（？）。此神全身肤色涂为蓝色，表示生命。

2. "巨绿"（表示海洋）之神，双臂各伸向一方形的湖，右手的名为"钠之湖"，左手的名为"盐之湖"。湖水以蓝色表示。

3. 一门廊，名为乐斯陶（丧亡之门）。

4. 门阙之上，文字"乌加特"与乌加特之目相对应。

5. 母牛"漠海－乌尔特[③]，拉神之目"，携有连枷，双牛角之间为阿暾盘，项戴护领及门尼特。

6. 一圆丘形坟茔，拉神从其中露头，其双手持生命符号。葬地名为"阿拜多斯之丘坟"，丘坟上绘有荷鲁斯四子：德瓦穆特夫及克伯森努夫在右侧，而伊姆塞特和赫普（在第九帧左首）在左侧。他们保护奥西里斯或死者的四脏（肝、肺、胃、肠）。

第九帧：

1. 三位神明，与荷鲁斯四子合称七精灵。这三位神明为玛阿耶特夫、赫里贝科夫、荷鲁－肯提－玛阿。关于他们含义的推测，可参考正文。

2. 豺首神阿努比斯。

3. 七位精灵，他们的名字为涅杰赫－涅杰赫、伊阿科德科德、肯提－赫赫夫、阿迷－文努特夫、迪舍尔－玛阿、玛阿－莫－格莱赫、引－尼夫－莫－荷鲁。④

4. 冠阿瞰盘的拉神之魈魂以及戴王冠的奥西里斯之魈魂，魈魂为人首鸟之象。他们伫立于两根结德柱之间，面面相对。

第十帧：

1. 一只猫在松柏树之下，猫爪持刃正砍下一条"几"字形巨蛇的头，蛇颈有血流出。猫可能代表日神，蛇为冥怪阿佩普的象征。

2. 三位手持利刃的神明端坐。他们可能系萨乌、塞科姆的荷鲁斯和奈夫尔－阿图姆。

3. 阿尼及其妻图图，手持叉铃，跪跽于凯普瑞面前作崇拜之态，凯普瑞坐于正在升起的昼行船之中。

4. 昼行船右侧，有两只狒狒，作扬手敬拜乌加特之眼状。狒狒为伊西斯和奈菲提斯的象征物。

5. 阿图姆神，在夜行船的阿瞰盘之中，面对供桌而坐，桌上供奉有硕大的莲花。

6. 勒忽之神，以狮子形象出现。

7. 瓦吉特之蛇，火焰之女主，乃拉神之目的象征，项戴花环。最右端为火焰符号。

注释

① ![glyph], bnw, 此鸟希腊人称之为芬尼克斯, 移译为"凤鸟", 古埃及人视为奥西里斯的象征之一。他的圣地为凤鸟居（ḥt-bnw）。据说他能自我创制。他在上埃及的迪奥斯波利斯－帕瓦（Diospolis Parva）亦被崇拜。据说奥西里斯被分尸后，其左大腿和阳物分别在他的两个圣地。

② Ḥḥ, 可音译为"赫赫"，表示数字"百万"，也是一位古老的神祇，见于金字塔时代。

③ 或译为"大洪水",暗示水浮天载地的宇宙观。另参第 57 页注⑩。

④ 肯提－赫赫夫,义为"居于火中者";阿迷－文努特夫,义为"在其时次者";迪舍尔－玛阿,义为"双目赤色者";玛阿－莫－格莱赫,义为"夜间照监者";引－尼夫－莫－荷鲁,义为"带来天光者"。图旁的题名与正文略有出入。这也说明图文之间未必完全吻合,可能并非出自一人之手。类似图文出入之处,亦见于《冥书》等文献。

第 七 帧

出入幽都的赞词与颂语之开端:有益于美妙的西冥者⑤;有关以其所欲的一切形象在白昼出现者;有关高坐厅堂之上弈棋者⑥;有关以栩栩如生的魅魂出入者。奥西里斯－掌书阿尼**言曰**:

注释

⑤ 有些版本作"成为奥西里斯之随扈,饱饫万－奈夫尔之食物,在白昼出行";或作"愿我饮用泉流中的水,愿我成为万－奈夫尔的随扈,愿我见到每日的阿暾"。

⑥ 埃及棋古称赛奈特。赛奈特棋由棋盘、两组棋子以及骰子组成。棋盘或骨制,或象牙制;棋子材质则或木,或石,或骨,或象牙,不一而足,有时也做成狮首、豺首等形象。它不仅为娱乐之具,亦为丧葬礼仪中的重要明器;它沟通今生与来世,是冥间之路的重要娱乐。古埃及有所谓《赛奈特文书》。关于此,参见李雷的《古埃及赛奈特棋研究——兼论〈赛奈特文书〉》(东北师范大学 2018 年硕士学位论文)。中国古人有所谓"塞",其音相近,是否与埃及赛奈特有关,待考。《吕氏春秋·察贤》:"今夫塞者,勇力、时日、卜筮、祷祠无事焉,善者必胜。"此即所谓"博塞"(《管子·四时》《庄子·骈拇》)之戏。下棋是古埃及人精神生活的重要构成。《论语·阳货》:"子曰:'饱食终日,无所用心,难矣哉!不有博奕者乎?为之,犹贤乎已。'"古人有六博,"成枭而牟,呼五白些"(《楚辞·招魂》),《战国策·楚策三》有"夫枭棋之所以能为者,以散棋佐之也。夫一枭之不胜五散亦明矣"。鲍彪注:"《正义》云,博头有刻枭鸟形者。"枭棋即刻有枭鸟图案的棋子,《韩非子·外储说左下》

说"博贵枭，胜者必杀枭"者，即此枭棋。散棋即"五白"，没有图案者，即《列子·说符》所谓"明琼"。此古人之六博棋。棋制上可与古埃及赛奈特相比较。

在其驻泊之后，如其在大地之上那般灵明，于大地上颂⑦之者有益。阿图姆的一切言语是⑧：我乃升起中的阿图姆，我乃唯一之神，我显象为努恩之神。我乃旭初的拉神，于遂初即为主宰。⑨

> **注释**
>
> ⑦ 原文是"为、作"，揆上下语境，当指诵读，由阿尼所陈说此卷。
> ⑧ 字义为"出现、呈现"，转译为"是"。
> ⑨ 阿图姆为最古老的神祇之一，被视为日落时的太阳神。在佩皮一世的金字塔铭文中，阿图姆在"天地未成形，人类未创制，诸神未诞生，尚无死亡"的情形下即已存在。他被视为自创者、人神的创造者、"以双睛照耀幽都者"。据后文的说法，他存在于遂初的虚空之中。他乃赫利奥波利斯神学中的众神之首，以语言创制世界。

其人伊谁？⑩其人乃拉神，遂初即升起于苏坦－恒恩，如同国王般烛临⑪。舒神的楹柱尚未形成⑫，他在那"八城"的高丘之上。我乃伟大的神明，依自身而显象者——努恩是也。他创造了他的名字"诸神之九神团"而为神。⑬

> **注释**
>
> ⑩ 此乃设问之词，据语境或问事或问人，因随文翻译为"其人伊谁？""其地唯何？"。
> ⑪《管子·版法解》："凡人君者，覆载万民而兼有之，烛临万族而事使之。"这是由"天高明……烛临万物"（《尸子·明堂》）以及"日月之所烛"（《吕氏春秋·审分览·知度》及《离俗览·上德》）的观念推阐而来，以人君比天地、比日月。《六韬·文韬·盈虚》有"百姓戴其君如日月"，《尸子·神明》有"圣人之身犹日也。夫日圆尺，光盈天地。圣人之身小，其所烛远"，此点为古今中外所共有，要之是神圣叙事。古人因此有"人主……烛察其臣"（《韩非子·孤愤》）、"明主……明照四海之内"（《韩非子·奸劫弑臣》）等比喻用法。
> ⑫ 据此书，舒神为拉神和哈托尔之子，泰芙努特的孪生兄弟，他分离天地，并以四根天柱支撑天空。这是一种神创论，《淮南子·精神训》："有二神混生，

经天营地。"《关尹子·柱篇》:"天非自天,有为天者;地非自地,有为地者。譬如屋宇舟车,待人而成,彼不自成。"皆类似观念。天地为创造之物,乃从"屋宇舟车"的比拟类推而来,故本书亦以屋宇、楹柱比拟天地构造。当然,创造的手段是通过言辞或思想,这就与唯物论背道而驰。

⑬ psḏt m nṯr,前一"九神团"为集合名词,后者为单数的神。问题在于对词组中 𓊖𓏥 的理解上,此词最显然的含义就是 psḏt(九神团)。但"神明中的九神团"似乎语义悖论。若考虑源始大水努恩涵育诸神,则九神团虽为集体名称,出于单数的神也是可以说得通的。或将 𓊖 视为 𓇳𓊖(p3t)之异体字,后者的含义是"上古时代,远古时代",因此被释为 p3t nṯrw(诸神之初),然此读隐晦曲折,今不从。该术语包含一与多的辩证思想,有哲学的意味。凡事追溯其源始,所谓"必则古昔,称先王"(《礼记·曲礼上》)之义,但古今不可分为两截,天人不能离为两端,"故善言古者必有节于今,善言天者必有征于人"(《荀子·性恶》)。

其人伊谁? 其人乃拉神,其四肢之名的创制者。他们以九神团形象而显象,在拉神的队列中。我没有遭拒于诸神之外。

其人伊谁? 其人乃阿图姆,在其阿暾盘之中;一曰⑭,正是拉神在苍穹东方的 阿赫特 ⑮ 升起。我乃昔日是也,但我知晓明朝。

> 注释

⑭ 一曰,该词展示了朱书的另一用途,即保存异说。《墨子·贵义》:"同归之物,信有误者;然而民听不钧,是以书多也。"

⑮ 此处朱书,可能强调地名。

其人伊谁? 即昨日之奥西里斯,明朝之拉神。在那位万物主的诸敌毁灭之日,以使其子荷鲁斯为主宰。**一曰**:在设定为会葬举行的节庆之日——其父拉神为奥西里斯所为之事。(此日即)诸神战斗时,即奥西里斯作为西冥之主命令我们之时。⑯

> 注释

⑯ 关于时日,古人亦秉持一种虔诚态度。中国人有刚日、柔日之分,所谓"外事以刚日,内事以柔日。……卜筮者,先圣王之所以使民信时日、敬鬼神、畏

法令也；所以使民决嫌疑、定犹与也。……日而行事，则必践之"（《礼记·曲礼上》），治国讲究"不违农时"（《孟子·梁惠王上》）、兵法讲究"师不越时"（《荀子·议兵》）。故中国典籍中有《日书》（睡虎地秦简）、《月令》（《礼记》《逸周书》《四民月令》）、《时则》（《淮南子》）、《四时》（湖南长沙子弹库所出土楚帛书）、《夏小正》（《大戴礼记》），希腊赫西俄德有《工作与时日》，古罗马诗人维吉尔亦仿作。时日对于古人而言是具有宗教意义和神话意义的，于今人亦然。

其地唯何？ 西冥是也。因为诸神的魂灵被创制出，依照冥漠[17]之主奥西里斯的命令。**一曰**：西冥是也，拉神使一切神明陨落之地[18]，以便起而为之战斗。我知晓那里的神明是谁。

注释

[17] ⛰ ~~~（smt），亦写作 ⛰、⛰、⛰ 或 ~~~ 等形，~~~ 本谓绿洲之外的沙陵，故此词含义为"沙漠"，亦指"冥府"，取其荒漠无生命之义，可翻译为"冥漠"。据云此乃坐落于尼罗河西岸的幽冥世界。《史通·采撰》："逝者不作，冥漠九泉。"今借用其词。《庄子·天运》云"北面而不见冥山"，"冥山"或即此字字面含义。

[18] 北欧神话中，奥丁的女武士亦在冥界与恶魔作战，情节可与此互注。

其神伊谁？ 奥西里斯是也。一曰：拉神也是他的名字。或谓拉神之阳物，其与自身合二为一[19]。我乃苍鹭，那在楹城中者。我司掌过往和将来的记录。[20]

注释

[19] mk.f im.f ḏs.f（他自相配偶），这里可能反映阴阳同体的观念。中国古籍中不乏自为牝牡的记载，文物中亦有阴阳人出土，自然现象中也不少见。

[20] 或解作"我正是那食物秩序的主宰者"。也有学者（Birch）读作"万物和存在的创造者"。拉神被称作 nb nti（万物之主，出自《管子·国蓄》，此借用之），或者 iri nti（现有万物之创造者），或 iri wnntw（将有的万物之创制者）。《列子·汤问》说"天地亦物也"，万物相生相克，顺应自然之道。此乃道家思想的提示，与"主宰"观念恰相反。《列子·说符》："天地万物与我

并生，类也。类无贵贱，徒以小大智力而相制，迭相食；非相为而生之。人取可食者而食之，岂天本为人生之？且蚊蚋嘬肤，虎狼食肉，非天本为蚊蚋生人、虎狼生肉者哉？"有学者以为 nti 指无生命之物。姑录以备一说。

其人伊谁？ 奥西里斯是也。一曰：其尸身是也。一曰：其现在和将来的排泄物——其尸身也。一曰：循环与久特。循环就是白昼，而久特则为夜晚。㉑ 我就是出行的敏神㉒，我将其㉓双羽冠戴在我头上。

> **注释**

㉑ 此句反映了古埃及人的时间观念，它更多是宗教意义上的，而非宇宙论意义上的。古埃及人以夜晚为永恒，以白昼为循环，这是重夜轻昼的思想，与中国阴阳相推的观念不同，但亦有相通点，即昼夜合而为天道。《礼记·哀公问》："公曰：'敢问君子何贵乎天道也？'孔子对曰：'贵其不已'。如日月东西相从而不已也，是天道也；不闭其久，是天道也；无为而物成，是天道也；已成而明，是天道也"。循环、永恒正是"不已"的天道，古埃及人的表达是玛阿特。只是古埃及人表达得更丰满，而中国人思考得更深邃。天道者，不言之教。《礼记·孔子闲居》："天有四时，春秋冬夏，风雨霜露，无非教也。地载神气，神气风霆，风霆流行，庶物露生，无非教也。"

㉒ 此神名字作 𓏠𓀭、𓏠，或径用象征符号 ⬖⬗（两箭石？），金字塔文献作 𓌳𓀾，曾被读作"科姆"，随后又读作"敏"，但亦有学者读作"阿姆苏"。该神与阿蒙-拉相关，代表创生能力。他的崇拜地希腊人谓之潘诺波利斯。他乃埃及最古老的神明之一，代表丰饶和繁殖之力，有诸如"他生身之母的父亲"的称号。在造像中，他通常被塑造为生殖器勃起的神形。

㉓ 以第三人称自指，文中类例较多。

其人伊谁？ 敏神-荷鲁斯是也——其父之复仇者。他出现时即其诞生之时。他的双羽冠在头上，伊西斯和奈菲提斯前来，置她们自身㉔于其头上。她们是其女保护神㉕。她们济其头上之不足。一曰：那两条异常伟大的蛇㉖正是她们父亲阿图姆㉗头上的。

> **注释**

㉔ 二女神作为护佑神的面目出现。

㉕ 双数专名。

㉖ 蛇为神明之象。在古埃及文字中，蛇形符号与女神符号通用。如奈菲提斯的两种写法𓎛𓏏𓆗𓁩和𓎛𓏏𓆗𓁐即其明证。蛇有灵性，为中外共有的设想。如《搜神记》卷二〇载"随侯珠"的故事、《水经注·浊漳水》担生"疑其有灵"而使"邑沦为湖，县长及吏咸为鱼"，皆中国文献中灵蛇之证，其证甚夥，不赘。

㉗ "阿图姆"原在第八帧，今移动至此处。

第 八 帧

一曰：其双目乃头顶的双羽冠㉘，正是奥西里斯、那为一切神明供奉的掌书阿尼、在此土言出必验者。他进入其城市㉙。

其城伊何？ 正乃其父阿图姆的阿赫特，我已终结我的失误，我已经除掉我的患害。㉚

其事唯何？ 是为奥西里斯-掌书阿尼，诸神之前言出必验者切断脐带㉛，驱赶那属于他的一切患害。

其事唯何？ 在他诞生之日洗沐，我已洁净，在我那异常伟大的双巢㉜之中，位于苏坦-恒恩者，在民众献祭其中的大神之日。

注释

㉘ 此数字朱书，与前例有所出入，原因不详。

㉙ 朱书，可能表示有利之所，亦可表示危险处境。要之，有特定的提示功能。大英博物馆纸草9900号有"我在我的土地上升起，我出自我之目"字样，肯纳纸草、莱顿纸草和阿尼纸草相同。

㉚ 此词为 dwt（缺点、遗憾），所谓"视履考祥"（《周易·履》），"敬䰠以取羊"（《墨子·明鬼下》）。䰠，谓威灵；羊，通"祥"。

㉛ ḥp3（脐带）。此句含义未详；肯纳纸草作 ḥpdw（双臀）。

㉜ 双数为古埃及文化表达统一性、完整性之恒语。

巢名伊何？ "万古"㉝是其中一个之名，"巨绿"㉞是另一个的名字。一个含碱之湖，一个含盐之湖。**一曰**："万古的随者"是其一之名，"巨绿是另一个的名字。一曰："万古的生父"是其一之名，"巨绿"是另一个的名字，在其中的大神正是拉神本身。我经过其途，我知晓玛阿阿塔之屿㉟的众源头㊱。

> **注释**

㉝ ḥḥ（百万）的复数，表示年代之古远。赫赫也是一位神明，其头冠棕榈枝，双臂上扬作礼赞之态。金字塔文献中有一位赫赫（ ）之神，即此神见诸文献之最古者。

㉞ "巨绿"为赫拉克里奥波利斯两个圣湖之一的名称。古埃及人亦用之称呼大海。

㉟ 古埃及的一个地名，取义于"双玛阿特"。或以为湖名，据图版校其字形，当以作"屿"为是。

㊱ 字面为"诸头"。以上诸名，所谓"随事立号，谅无恒规"（《史通·题目》）者是也。

其地伊何？ 正是乐斯陶㊲，冥府是也，在纳伊尔夫㊳的南部，坟丘的北门。它与玛阿阿塔之屿㊴有关，即阿拜多斯是也。一曰：此乃其父阿图姆前往芦苇乐园所经之途。㊵那乐园产出杰发食物㊶，为在神祠后面的诸神。那圣洁之门，即舒神诸柱之门㊷。北方之门也即冥府之门。㊸一曰：那两扇门正是阿图姆神所穿越者，在他从东方天宇阿赫特经过时。噫！在者诸神㊹，你们以双臂保护我。我也是位神明，我会成为你们中的一员。

> **注释**

㊲ 乐斯陶，参第35页注释⑮，字义"坟茔之门径"。《水经注·浪水》引《交广春秋》所谓"死有秘奥神密之墓"是也，"秘奥神密"四字正暗合一问一答的语境。

㊳ 地名，为赫拉克利奥波利斯之冥府的构成部分，字面含义为"寸草不生之地"。

㊴ 再次出现该词，意思是"双玛阿特之屿"。

㊵ 大英博物馆纸草9900号此后尚有"我出于……之地，我从圣洁之门出来。其物唯何？"字样。

㊶ mst df₃（生产杰发）。杰发是供养的意思。"生产"使用的是与人的

诞生相同的词语。这可能反映出有机宇宙论的观念,即食物也是诞生的,食物也有某种灵性。《礼记·郊特牲》:"不敢亵味而贵多品,所以交于旦明之义也。"郑玄据后文以为"旦明"当作"神明",是也。孔疏:"神道与人既异,故不敢用人之食味,神以多大为功,故贵多品。"交神之义,中外理趣并无二致。荷马史诗中神明的饮食与凡人不同,这种现象具有普遍性。

㊷ 舒神诸柱,参第 48 页注释⑫。"柱"表示撑天柱,《冥书》《伊普威尔与万物之主》中都有舒神开辟天地的说法,这里暗示其开天地之后以楹柱支撑天宇。古埃及字符中有天宇之下以四柱撑天的字形。

㊸ 鬼神性喜幽暗,《墨子·明鬼下》:"深谿博林、幽涧毋人之所……见有鬼神视之。"北面为幽暗之处,故冥府之门在北。所谓"北面,求诸幽之义也。……葬于北方,北首,三代之达礼也,之幽之故也"(《礼记·檀弓下》)。《水经注·洛水》引《地说》曰"熊耳之山,地门也",则大地之有门户,为古神话观念通义。

㊹ imyw b3ḥ〔在面前的那些(神灵们)〕,可能是一种呼吁、祈求的口吻,是直接与神明交谈。或作"那些追随者们"。

其物唯何?血滴是也㊺,出自拉神的阳物,在他实施自戕之后㊻。他们显象为拉神随扈中的神明呼和思雅㊼,他们追随于阿图姆身后,在每日的日程之中。我,奥西里斯-掌书阿尼,言出必验者——已治愈**你乌加特之眼**㊽,在它黯淡之后㊾,于那对**怨家**㊿相斗之日。

> **注释**

㊺ 血为和神明沟通之巫术或礼仪行为的媒介。《礼记·杂记下》:"衅屋者,交神明之道也。"《搜神记》卷一三:"由拳县,秦时长水县也。始皇时童谣曰:'城门有血,城当陷没为湖'。有妪闻之,朝朝往窥。门将欲缚之。妪言其故。后门将以犬血涂门,妪见血,便走去。忽有大水,欲没县。主簿令干入白令,令曰:'何忽作鱼?'干曰:'明府亦作鱼。'遂沦为湖。""犬血涂门"导致陆沉为湖的后果,也说明血在神话中的象征意义。古有歃血之仪,盟约往往以丹书。血为红色,因此有生命之象,亦引申为天命之象征。古代有所谓"丹书",或为纳命之书(《左传·襄公二十三年》),或为天命之书(《吕氏春秋·应同》)。要之不出通神、盟誓二端。此义中国、埃及并无二致,殆古老思想的遗存。《乌纳斯金字塔铭文》第 244 辞的仪轨"二个红色的坛子碎裂",象征着一切敌人被消灭。"红色的坛子"正是生命的象征,"二"表示所有、一切。

⑯ 类似的情节也出现在《兄弟俩》的故事中，弟弟巴塔乌自宫、拉神自戕的细节，文中并未详述。

⑰ 呼神为权威谈吐之神格化。思雅神为理解力和洞察力的神格化。这两位神明亦见于《门户之书》结尾，彼处作为守门之神，与地神垓伯、空气之神舒神并列。

⑱ 朱书可能表示吉祥、永恒、健康、寿考等期待，寄寓了永远圆满的美好希望。𓂀，wḏ3t（乌加特之眼），意思是"治愈的眼睛"。据云恶神塞特将荷鲁斯一目弄碎，而托特神通过高明的医术使之恢复。或径作𓂀。由于这个神话，数学上"乌加特之眼"的各个部分表示分数，如图所示𓂀。"治愈"原文是"充满、圆满"，谓使其恢复原状。

⑲ "它"指乌加特之目，即拉神之眼。h3b.s（它退却），动词作𓎛𓃀，h3b，定符为表示"卑微、怯懦、式微"等含义的麻雀形，酌情译为"黯淡"；异文或作𓎛𓃀𓈏，含"穿透"之义，音读相同，双定符为斜坡及刀子，似可理解为"荷鲁斯之目被伤害"。两读皆通，译文取前说。

⑳ 字作𓄿𓃀𓃀，音读为 Rḥwy（勒忽）。最初用于荷鲁斯和塞特，后泛指一切决斗对手。《荀子·王制》曰："夫两贵之不能相事，两贱之不能相使，是天数也。势位齐，而欲恶同，物不能澹则必争。争则必乱，乱则穷矣。"《吕氏春秋·不苟论·博志》："冬与夏不能两刑，草与稼不能两成，新谷熟而陈谷亏，凡有角者无上齿，果实繁者木必庳，用智褊者无遂功，天之数也……先王知物之不可两大，故择务，当而处之。"荷鲁斯和塞特正是"两贵之不能相事"、"两大"而争的典型。大英博物馆藏纸草 10184 号指出，荷鲁斯与塞特之战发生在托特月（西历十月）二十六日。

其日唯何？正是荷鲁斯与塞特决战之时，塞特投掷粪秽到荷鲁斯的脸上，而荷鲁斯则扯下塞特的睾丸。托特亲手所为之事。[51]**而我则托举云层**[52]**，在此雷霆万钧之时。**[53]

注释

⑤ 语义不甚明朗。可能是荷鲁斯在托特的帮助下对付塞特，更可能承上文，指托特治愈乌加特之目。亲手，原文是"以他的手指，亲身地"。

⑤ 抄者省略了"从乌加特之目中"字样。原文作𓈙𓏲 šny，本义为"头发"。此处指遮蔽拉神之目的云层，盖比喻用法。或作𓈙𓏲𓈗，šnyt（暴风雨），

似不甚贴合原文。也有译者译为“在其发怒时，我托举乌加特之眼眉”，可两存之。托举云层者为阿尼，此乃神话叙事的常用手法。“我”作为神圣事件的参与者甚至主人翁，构成身临其境的格调。比如《楚辞·离骚》的叙事主人翁驱遣日月、役使百神，即此类。埃及神话文献类例极多，从《金字塔铭文》到《亡灵书》，其例不胜枚举。中国文献则相对罕见，除《太平经》等宗教文献外，最有神话参与意识的可能是《说苑·敬慎》：“昔者吾尝见天雨金石与血；吾尝见四月、十日并出，有与天滑；吾尝见高山之崩、深谷之窒、大都王宫之破、大国之灭；吾尝见高山之为裂、深渊之沙竭、贵人之车裂；吾尝见稠林之无木、平原为溪谷、君子为御仆；吾尝见江河干为坑，正冬采榆桑、仲夏雨雪霜；千乘之君、万乘之主，死而不葬。是故君子敬以成其名，小人敬以除其刑，奈何无戒而不慎五本哉！”篇中天雨金石、雨血，四月、十日并出，与天滑落等意象，皆与天崩地坏的神话情景相关。其余则表现为族群推源神话，例如《周书·突厥传》载突厥之先泥师都“能征召风雨，娶二妻，云是夏神、冬神之女也”。凡人假托神明或将祖先视为神明，乃古人神道设教思想的体现。不过华夏文献强调的是神话叙事的伦理底色，而埃及人似更重视对神明的信仰与虔诚。

㊼ 雷霆万钧，读作 nšn（暴风雨），其定符为四柱撑天而其中一柱断折之象。这令人想起颛顼与共工之战，《淮南子·天文》说“（共工）怒而触不周之山，天柱折，地维绝”，于是遂成天倾西北、地不满东南的天象地形。

其物唯何？正是拉神的右目㊾，它对他怒目圆睁㊿，当他夺目之时㊶。

注释

㊾ 原文是“西目”。古埃及人的方向观，左东右西，面南背北。

㊿ 此词（nšn）与上文之“雷霆万钧”谐音，唯定符不同。直译为“它的愤怒”，指拉神之眼的愤怒，也就是前文所说的“乌加特之目”。他，指塞特。《水经注·沫水》载：“蜀郡太守李冰发卒凿平溷崖，河神赑怒。”“赑怒”二字用于移译 nšn，正切。

㊶ “夺目之时”原在下一帧，移动至此。原句是“他送走它”，指塞特摘走荷鲁斯之目。

第 九 帧

托特头发竖起，他使这只眼睛[57] **灵活、寿考而且健康，没有任何缺憾**[58]。**一曰：正是那只病患之目，当它为其伴侣**[59]**哭泣时，托特起身洗濯之。我见到拉神昨日之诞生，从漠海－乌尔特**[60]**的双股之间**[61]**。他强健，则我强健；反之亦然。**[62]

注释

[57] 原文作"它"。

[58] bg3，与前文之 dw 为近义词，此词当与"完美无缺"含义相反。荷鲁斯之眼或说拉神之眼，相当于中国古籍中的"天之视"（《管子·白心》"天之视而精"）或"天监"（《诗经·大雅·大明》有"天监在下，有命既集"）。古人以"天"为一神格（或称"帝"），经传云"天聪明自我民聪明"（《尚书·皋陶谟》）、"乃眷西顾"（《诗经·大雅·文王》）。天帝之使者，古人谓之"天使"（《左传》宣三年及成五年、《太平经·解师策诸诀》）。

[59] sn.f，可理解为"他的同伴"，指另一只眼睛，谓月。或译为"第二次"，不从。洗涤日月的神话见于《山海经》（《大荒南经》"羲和浴日"、《大荒西经》"常羲浴月"）以及日本典籍《古事记》（"神代卷"男神伊邪那岐命涤身而生日月）等，可互参。

[60] 漠海－乌尔特，音读 Mḥ-wrt，母牛神。此神名见于金字塔文献，乃裁判者之一。晚出文献则将其视为托特审判亡魂之地，或为天空的象征，或以为是源始大水之象。这里可能包含另一个宇宙论，即除了以努特女神为天空的象征外，古埃及人还以神牛为天空的象征。亦有以漠海－乌尔特为拉神的乌加特之眼的说法，不可据。

[61] 在《冥书》第十二时次，太阳神拉"闪现于努特的双股之间"。本句是描写太阳诞生的场景。

[62] ⋈⊐，此符号表示反转。译为"反之亦然"，即"我强健，他亦强健"。朱书表示对强健的希冀。

其物唯何？正是天宇之水。[63] **一曰：此是拉神之目在每日晨曦诞生的形象。**

漠海－乌尔特、乌加特之目正与拉神相关[64]。而奥西里斯－掌书阿尼、言出必验者，是那些荷鲁斯的随从诸神中最伟大者之一，在他面前谈论其主所欲之辞。[65]

注释

[63] 太阳是从水中诞生的，在《冥书》末尾有“大溢流”（ꜣgb-wr）字样，彼书第九时次门名“洪水之守卫”，亦用ꜣgb一词。此句不甚明了其含义。推测之，盖天地皆为大水笼罩，其情形类似于所谓汰沃之汜然，《淮南子·道应》“犹有汰沃之汜”，注谓“四海与天之际水流声也”（《论衡·道虚》引作天地之外“犹有状”，乃有“象外之象”的意味；《神仙传》“卢敖”条引作“沃沃之汜”，亦水流浩大之貌）。古人以为“天在地外，水在天外。水，浮天而载地者也”（《晋书·天文志》引《黄帝书》），所谓“天河与海通”（《博物志·杂说下》），正是此种观念的反映。《鹖冠子·泰录》云“天有九鸿，地有九州”，鸿、洪二字古通，此语暗示上天亦为洪水茫茫的所在。古埃及人有“源始大水”（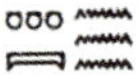，nw）的观念。古埃及词汇中有（šn-wr）一词，为神话中环绕大地的大瀛海。进言之，这里以神话方式触及宇宙的始源问题：“大小相含，无穷极也。含万物者，亦如含天地。含万物也故不穷，含天地也故无极。……焉知天地之表不有大天地者乎？”（《列子·汤问》）。《论衡·谈天》谓“九州之外，更有瀛海”观念正相应。

[64] 或以为此句以漠海－乌尔特为拉神的乌加特之目，恐非。

[65] 此句句读不同，歧义纷呈。可理解为“言辞出乎其主之外的随扈们”，亦可理解为“出于其头脑中的言辞为他的主人所喜”。

其人伊谁？伊姆塞特、赫普、德瓦穆特夫和克伯森努夫。[66]向你们致敬，玛阿特的主人们，环侍奥西里斯的审判团！以杀戮为罪恶之众！[67]在赫泰普－塞库斯[68]身后的队列者们，庇佑我走到你们之中。你们泯除那属于我的所有患害，如同你们为那七精灵所为者[69]，而他们则是其主人塞帕[70]的随扈，阿努比斯[71]使他们各就其位，在那“那就来吧”之日[72]。

注释

[66] 这一组神被称作荷鲁斯四子。他们为死者带走饥渴，并守护死者。有时他们也被视为荷鲁斯的四个精魂（阿克），代表支撑天穹的四根撑天柱。在丧

葬语境中，他们分主肝、肺、胃及肠，不妨谓之四脏神。在古埃及墓葬中，四脏神与四方相配，伊姆塞特在南，由伊西斯守护；赫普在北，由奈菲提斯守护；德瓦穆特夫在东，由奈特守护；克伯森努夫在西，由蝎女神瑟尔克守护。《冥书》第六时次下篇出现过此四位神明。

㊻ isft，此词与玛阿特为反义词，本文有时取音译"耶肆非恶"。在《门户之书》第四十三场、《能言善辩的农民》中都使用过该词。

㊼ 一女神之名，含义为"和平及护佑的女神"。

㊽ 七精灵，后文有解释。这里指的是随从者对神明的保卫。精灵，读作 3ḥ（阿克），本指人的三魂之一（阿克、魁魂和卡魂），因后文有具体指谓，故酌情译为"精灵"。《兄弟俩》中有七位哈托尔之说，"七"表示圆满和轮转的圣数。所谓"七日来复"，可能与复活的意图相关。

㊾ 字形作 𓊃𓊪𓄿𓀭，乃以神明符号为限定符。𓊃𓊪𓄿𓏤（sp3）一词出现于金字塔文献中，意思是"蜈蚣"。此处的"塞帕"可能表示蜈蚣之神，类似塞尔克为蝎子神。根据定符推断，乃一位男性神明。《抱朴子内篇·登涉》记载："又南人入山，皆以竹管盛活蜈蚣。蜈蚣知有蛇之地，便动作于管中，如此则详视草中必见蛇也。大蛇丈余，身出一围者，蜈蚣见之，而能以气禁之，蛇即死矣。蛇见蜈蚣在涯岸间，大蛇走入川谷深水底逃，其蜈蚣但浮水上禁，人见有物正青，大如綖者，直下入水至蛇处，须臾蛇浮出而死。"这是关于蜈蚣杀蛇的传说。《庄子·齐物论》："蝍蛆甘带，鸱鸦耆鼠。"郭庆藩集释："李云：'蝍蛆，虫名也。'《广雅》云：'蜈公也。'《尔雅》云：'蒺藜，蝍蛆。'"郭璞注云："似蝗，大腹，长角，能食蛇脑。"又云："带，如字。崔云：'蛇也。'司马彪云：'带，小蛇也，蝍蛆好食其眼。'"按郭璞注释，则《尔雅》以蝍蛆为蛔蛔，但《广雅·释虫》等皆以之为蜈蚣，似以后者为是。《亡灵书》冥路多蛇怪，蜈蚣之神可能也是一位"甘带"的除恶之神。

㊿ 此神写法颇多，或作 𓃢𓃣𓃛，或作 𓃢𓃣𓃛（inpw），或径作 𓃢（卧犬之象），或作 𓃣（卧于祠龛上的犬象），或作 𓃛（犬首神像），他有时也被冠名 ḥry sšt3（司掌秘奥者）。这位神明即希腊文献之阿努比斯，掌坟茔、引魂等，与赫尔墨斯的职能有重合处。

㊷ mʿy irk im（来吧，就是那儿），当指死亡的不期而至。

其人伊谁？这些玛阿特的主人们正是托特和耶斯德斯㊸**，西冥之主。环侍奥西里斯的审判团**㊹**，伊姆塞特、赫普、德瓦穆特夫和克伯森努夫，他们

遂初诸神 | 059

亦在北方天幕上的北斗星⑦⑤之后，以杀戮为罪恶之众⑦⑥，在赫泰普－塞库斯的队列中。鳄鱼神在水中⑦⑦，现在赫泰普－塞库斯为拉神之目⑦⑧。一曰：其为奥西里斯身后的火焰，她会使其诸敌的魅魂以及关于诸神供奉者－掌书阿尼，那言出必验者的所有患害化为灰烬。因他进入其母亲的子宫⑦⑨。至于那七位精灵则是⑧⑩：伊姆塞特、赫普、德瓦穆特夫、克伯森努夫、玛阿耶特夫⑧①、赫里贝科夫⑧②、荷鲁－肯提－玛阿⑧③，阿努比斯以他们为奥西里斯葬所的保护者⑧④。一曰：在奥西里斯的洗沐室之后⑧⑤。

注释

⑦③ isds，定符中有心形，应当是与心灵有关的神明，"西冥之主"殆其同位语。

⑦④ 朱书文字，表示永恒者，有"吉祥"之义。

⑦⑤ 古埃及人称北斗为"牛股星、牛大腿星"（Mshtyw），盖取其与公牛大腿相似之象。

⑦⑥ 朱书，表示对患害的祛除。

⑦⑦ [象形文字], sbk（鳄鱼神），未详其定符何以出现圣牛形象，可能是一种有关天界神明的联想。或写作[象形文字]，在《冥书》第七时次下篇的文字介绍中，鳄鱼会吞噬冥府的旅行者，因此这里的鳄鱼神应当是危险的信号。

⑦⑧ 这是本篇第三次出现赫泰普－塞库斯的名字。她保证太阳神的安全。

⑦⑨ 以大地为子宫，乃古埃及人关于冥府的认识论。

⑧⑩ 朱书，表示精灵为守护之神。

⑧① m33-it.f，意即"其父恒监者"，或以为"见其父亲者"。

⑧② ḥr-bḳ.f，bḳ 以树木为限定符号，或是与树木相关的一个神明。未详。或解读为"在辣木下者"，然辣木为印度原产，待考。

⑧③ ḥr-ḫnty-m33，词义或为"荷鲁斯－肯提恒监者"。或读为"无目的荷鲁斯"。纳布西尼纸草还有"荷鲁斯即肯提－因－玛阿（ḫnty-n-m33）"字样。

⑧④ [象形文字]（z3），意即"保护"，此处用为"护法"之义。金字塔文献有[象形文字]，为其早期写法。

⑧⑤ 谓圣地，亦有护持的含义。

一曰：七位精灵是，涅杰赫－涅杰赫⑧⑥、伊阿科德科德⑧⑦、尼－拉蒂尼夫－布斯夫－肯提－赫赫夫⑧⑧、阿克－赫尔－阿迷－文努特夫⑧⑨、迪舍尔－玛阿－阿迷－赫特·伊涅斯⑨⑩（后接第十帧）。

> **注释**
>
> ⑧⑥ Ndḫ-ndḫ，未详。
> ⑧⑦ I₃ḳdḳd，未详。
> ⑧⑧ In-rdi.n.f-bs.f-ḫnti-hh.f，意思为"他不会赐予其光焰，他居于火之中"。
> ⑧⑨ ʿḳ-ḥr-immy-wnnt.f，意思是"他进入其时次"。
> ⑨⑩ Dšr-m₃₃-immy-ḥt-ins，意思是"那位有红色双目者，在赫特·伊涅斯之中者"。赫特·伊涅斯是上埃及赫拉克里奥波利斯的地区之一，文中称之为苏坦－恒恩。ḥt-ins 的字面意思是"布料之屋"。

第 十 帧

乌布斯－赫尔－普尔－莫－科特科特⑨①、玛阿－莫－格莱赫－引－尼夫－莫－荷鲁⑨②。**而其庭中那些审判团的首领为荷鲁斯，为其父报仇者。至于"那就来吧"之日，**拉神在西冥对奥西里斯说的正是："那就来吧，以便见到你。"我正是其⑨③魄魂，在两位阗非⑨④之中。

> **注释**
>
> ⑨① wbs-ḥr-pr-m-ḫtḫt，意思是"光焰之面出现，于后方"。
> ⑨② m₃₃-m-grḥ-in.n.f-m-hrw，意思是"在夜间观察、在白昼引领者"。
> ⑨③ "其"当指奥西里斯。
> ⑨④ t₃.fy，字面含义似当训释为"他俩的雏儿"。音译为"阗非"。《山海经·海内北经》有"阗非"之兽，译文借用其音。

其人伊谁？ 奥西里斯是也，正是那位进入桀都者。他在那儿发现了拉神的魄魂，就互相拥抱⑨⑤。他们就在两位阗非中显象为魄魂⑨⑥。{至若那两位阗非，即荷鲁斯－为父报仇者、赫尔－莫－肯提－玛阿⑨⑦。一曰：即阗非中的两个魂灵——拉神之魂和奥西里斯之魂，那在舒神中之魂和在泰芙努特中之魂⑨⑧；其双魂即在桀都城中。我乃猫，那位在伊施德树⑨⑨旁的斗士，那位居于楹城者身边之人——在那万物之主摧毁诸敌之夜。

其人伊谁？ 正是那只雄性的猫，拉神本人。他被称作猫，乃因为褥神⑩⑩对他的谈论：他貌似那些他的造物，故而猫就是他的名字。⁹⁹ 一曰：正是舒神使垓伯的室产传到奥西里斯手中。至于在楹城、他身边的伊施德树¹⁰⁰旁之战（？），疲敝的诸子因他们之所为而受审判。至于那战斗之夜，则在他们进入天穹东部时，随即在天空和整个大地上都发生了战斗。致敬，于其卵中¹⁰¹，自其阿暾盘发光，在阿赫特升起，熠耀于天宇之上。¹⁰² 诸神中无其俦匹，划向¹⁰³舒神之柱。给予风，自其口中的火焰。¹⁰⁴ 他以其灵明使两地光明。你从恍惚其形¹⁰⁵的神明处带走纳布西尼、那位尊者¹⁰⁶。他的双眉会成为天平的双臂，在阿瓦瓦女神¹⁰⁷的清算之夕。

其人伊谁？因特夫¹⁰⁸是也。至若阿瓦瓦女神的清算之夕，正是诸敌的焚尽之夜，将导致在其朣次¹⁰⁹内的邪恶之徒们的灭亡，以及众魃魂之遭戮。¹¹⁰

其人伊谁？涅穆是也。杀害奥西里斯者。一曰：阿佩普是也，他的一个头上¹¹¹戴着玛阿特而出现。一曰：荷鲁斯是也。他以双首（形象）出现，其一为玛阿特，其一为耶肆非慝。¹¹² 他赐予耶肆非慝于那为非者，赐予玛阿特于那行善者¹¹³。一曰：伟大的荷鲁斯是也，塞科姆城之首。一曰：托特是也。一曰：奈芙尔-阿图姆或塞普图是也，抵御那万物之主诸敌之所行事。带走你［……］，从那些操刀的屠夫们¹¹⁴处，［……］磨砺令人苦痛的手指，杀害那些奥西里斯的随扈们。别让他们制服我，别让我倒在他们的烹具¹¹⁵中。

其人伊谁？阿努比斯是也。荷鲁斯即肯提-因-玛阿¹¹⁶。一曰：审判团是也，抵御他们［……］¹¹⁷所行事者。一曰：绅尼屋的王子（？）¹¹⁸，别让他们的刀子制服我［……］别让我倒在他们的烹具¹¹⁹中，为了我。我知晓其名，我知晓那个施害者，他在他们之中，在那奥西里斯的宫殿中。他眼中放光，本身却不可见。¹²⁰ 他周章于天宇之上，口中（喷着）火焰。尼罗河神知会之¹²¹，本身亦不可见。我是强健的，于大地之上，拉神之下。愿我幸运地驻泊于奥西里斯跟前。你们的供物¹²²，不当拒我于外——那些在祭坛之上者。因我乃万物之主的随扈，根据关于凯普瑞的书录¹²³。我翱翔，作为鹰隼；我嘎嘎叫，作为鹅。¹²⁴ 我施戮永如尼赫伯-卡乌。

其物唯何？那些正是在其祭坛上之物、拉神之目之象，荷鲁斯之目之象。¹²⁵ 噫！拉-阿图姆，巨室之主，一切诸神中寿、禄、福的王者，其采取那如同狗脸孔之神像，他眉毛如人，借诸敌而生存。他掌管火湖之湾，噬尸、吞心，清除秽物，本身却不可得见。¹²⁶

其人伊谁？"万有的吞噬者"乃其名，他即在数中。至如那火数¹²⁷则在因鲁特夫¹²⁸之内，临近绅尼屋¹²⁹。任何不洁的冒犯者都会倒在其刀下。一曰：玛德斯¹³⁰乃其名字，西冥门户的守卫。一曰：斯科特乃其名字，他守卫西冥四周。

一曰：赫里塞伯夫⑬是其名字。噫，恐怖之主，双土地的领袖，沙漠的主人，躔域内的诛戮者⑮，靠着内脏而生存者。

其人伊谁？西冥四周的守卫。

其物唯何？奥西里斯的心脏。此心为一切屠戮行为的吞噬者。他被授予乌尔尔特冠和廓落之心，作为苏坦－恒恩的领袖。

其事如何？他被授予大王冠和廓落之心，作为苏坦－恒恩的领袖。奥西里斯是也。他受命统治诸神，在万物之主面前，在那双土地统一之日。

其事如何？他已受命统治诸神，荷鲁斯是也。伊西斯之子，他命定继承⑯其父奥西里斯的王位。现在是双土地统一的日子，双土地的结合在奥西里斯的石棺上⑰，（那位）苏坦－恒恩的魃魂，赐予食物者，消灭耶肆非匿者。他所指引的是恒道。⑱

其人伊谁？拉神本人是也。你取走［……］，在摄取诸魃魂的大神前，秽物的吞噬者，靠着臭腐而生存者。幽暗的守卫，他在那光芒之中。那些怠惰之徒会害怕他。

其人伊谁？⑲}

注释

⑨⑤ 原文作"就拥抱另一个"。

⑨⑥ 此下据纳布西尼版补充，以大括号"{}"区分之。

⑨⑦ ḥr-m-ḫnty-m33，大略是"荷鲁斯在前方监察"。

⑨⑧ 舒神和泰芙努特为空气的象征，空间、物质也被高度神格化。

⑨⑨ 冥间的神树，类似于中国神话的扶桑、若木、桃都。篇中描述解释了树木和丧葬之间的关系，树木自然暗示生命，冥间是生命的起源地。华夏葬制"不封不树"，《周易·系辞传下》："古之葬者，厚衣之以薪，葬之中野，不封不树。"此本古礼通义，后演变为等级制度。《商君书·境内》有"墓树"之制，乃计功而设。《礼记·王制》有"庶人县封，葬不为雨止，不封不树，丧不贰事"，孔颖达疏："庶人既卑小，不须显异，不积土为封，不标墓以树。"显异者有封且有树，如金字塔则为大封。

⑩⓪ 可能是护法神，待考。

⑩① 猫，字作𓃠；貌似，字作𓃟。两词都读作 miw，唯定符不同。此处使用了谐音修辞，也为神话的语言疾病说提供了佐证。类似的例证还有《门户之书》第三○场："你们乃我灵目的眼泪，得你们的名字'人民'。""眼泪"

和"人民"亦谐音关系。语言是神话形成的酵素之一，此点值得重视。就修辞而言，中国古籍独多，如《汉书·王莽传》载："遣使坏渭陵、延陵园门罘罳，曰：毋使民复思也。"其义郦道元在《水经注·穀水》释之云："罘罳在门外。罘，复也。臣将入请事，于此复重思之也。汉末兵起，坏园陵罘罳，曰：无使民复思汉也。"

⑩② ［字符］，išd，冥间树木，不确定为何树，仅知其所结果为伊施德果，作［字符］。

⑩③ 再一次提到卵，参第41页注释②。"其卵中"当照应前文的"大地之卵"。

⑩④ 天空通常使用神格化的努特（nwt）。此处古埃及文字作［字符］，bi3，乃从"青铜"一词而派生，指天空的物理属性。参第167页注释⑭。文献记载董安于治晋阳，"公宫之室皆以炼铜为柱质"（《战国策·赵策一》），则铜在战国早期已用于建筑。天为屋宇之推广，其字由"铜"派生，可能表明天宇的固体性质。《淮南子·览冥》中女娲"炼五色石以补苍天"，极可能为炼铜补天，这也从侧面反映了天宇的固体特征。

⑩⑤ skdd（划船，在水中行），此词表明，天宇是一片汪洋，与前文"天宇之水"亦相呼应。日神之舟主要还是在水中航行。

⑩⑥ 这也是"风自火出"的观念。

⑩⑦ 神明的形象是隐秘的、不可得见的，故曰"恍惚其形"。

⑩⑧ ［字符］或［字符］，im3ḫ，表示受尊重的地位，乃死者之称。它不仅反映死者为大的观念，而且表示死者被视为神明。

⑩⑨ 阿瓦瓦女神，司掌毁灭的神明。

⑩⑩ 待考。

⑩⑪ nmtt.f（他所履之处），在句中指的是太阳神的旅程，故译为"躔次"。

⑩⑫ 阿瓦瓦女神似乎并没有鉴别善恶，而是悉数毁灭。

⑩⑬ 玛阿特似当与奥西里斯相关。但文中仅说阿佩普之名，未交代其形象。故颇疑此句当指阿佩普。玛阿特为天道之象，"一头"似暗示多头，属之阿佩普于文义似更畅达。

⑩⑭ 二者乃对立关系，玛阿特为秩序、正义的象征，耶肆非噁则表示罪恶、邪祟。

⑩⑮ ddi.f isft n iry.s|m3ʿt n šms ḥr.s，字面直译为"他给予耶肆非噁于那为之者，（给予）玛阿特于那随之者"，两个后缀代词s皆就近指称，分别指的是耶肆非噁和玛阿特。因此酌情将二者译为"为非"和"行善"。

⑯ 字作☐☐☐☐，imnḥyw，复数名词。此词定符当受前面的词"司掌者"之同化，谓"屠刀"。

⑰ 音读为 ktwt，此词与以铜铸块为定符的词同音，后者的含义为"鼎"。因此这里可能是一种烹煮器皿，非寻常刀具。此词后文再次出现。

⑱ 阿尼纸草卷有神名与之相似，参第 60 页注 ⑧。

⑲ 佚其名，当指拉神的敌人。

⑳ šnyw，绅尼屋。含义不详。或可理解为"层层环绕的殿宇"。

㉑ 此节照应上文。

㉒ 指神明的惟恍惟惚，神灵是隐藏的，故不可得见。文中类似表达甚多。《水经注·淹水》："县有禹同山，其山神有金马、碧鸡，光景倏忽，民多见之。""光景倏忽"正是神明的特性，"阴阳不测谓之神"是也。

㉓ smi ḥ'py，可能是说尼罗河神能让人感到其存在。

㉔ 字作☐☐，即☐☐☐☐☐的省写，音读为 ʿ3bt。☐取象芦苇叶与棍棒之间堆积面点之象，乃供奉神明的祭品。故此词移译为"供物"。

㉕ 这类书籍包括《亡灵书》《冥书》《门户之书》《苍穹之书》《舆地之书》，乃至金字塔文献、《棺椁文》等。

㉖ 鹰隼为荷鲁斯的化身；鹅为大地垓伯的化身。这句话的意思是，亡魂在苍穹和大地之上皆无拘束。所谓"参天地"之义。

㉗ 神目之象作为祭品，此在考古文物上多有发现。

㉘ ḥr.f m ṯsm（其脸孔是狗），"狗"字作 ṯsm，指猎犬。它与通常的"狗"（iw）不同，猎犬的攻击性暗示此神的攻击特点。

㉙ 言此神的神秘特质，"取象于神明之效"（《鹖冠子·泰录》）之谓，"因其来而与来，因其往而与往，不设形象"（《吕氏春秋·慎大览·顺说》）者是也。

㉚ 此词与前文火湖不同。火湖是 š n št，而火薮则是 i3t nšt。虽一字之差，含义却不同。i3t 字作☐，乃☐☐☐☐的简体，该词本指"高垄、积聚"，其含义植根于象形义符☐，即"灌木丛所在之地"。故此，火湖强调的是火的地点和形制，如同一个湖一样；而火薮强调的是火的强度和规模。

㉛ 地名。

㉜ 此词系第二次出现。

㉝ mds，大概可以拆分为 m ds 二词，直译为："瞧！刀子！"

㉞ ḥri-sp.f（在其机会之中），意即"在其地盘之上"。

㉟ w3ḏ nmmtw，字面的意思是"在旅程中的幸运儿"，但其以刀子为限定

遂初诸神 | 065

符号，含义当是"在日神旅程中的诛戮者"。

⑬⑥ sḥk 为 ḥk（统治）的使役动词。统治者不会被使役，因此其使役动词当译为"受命继承"或"命定统治"。

⑬⑦ 图像表现为莲花、纸草的结合，象征上、下埃及的统一。此图案多见于石棺以及各类明器。

⑬⑧ sšm-ntf wȝt nḥḥ（他带领的是永恒之路），《孟子·告子下》有"夫道若大路然，岂难知哉？""永恒之路"指康庄大道。康庄为四通八达的大路，见于先秦典籍。《晏子春秋·内篇谏上·第五》有"驱及之康内"，同书《内篇问下·第二》有"君过于康庄"。nḥḥ 所指涉的永恒是可以被反复实践的。《周易·彖下传》："天地之道恒久而不已也……日月得天而能久照，四时变化而能久成。圣人久于其道而天下化成。观其所恒，而天地万物之情可见矣。"《亡灵书》的永恒之路正是一条"久照""久成"之路，是"天道寿寿"，"无形无名，先天地生，至今未成"（《黄帝四经·十大经·三禁》及《黄帝四经·十大经·行守》）的循环不已之路。

⑬⑨ 纳布西尼纸草补充文字至此，后文接续阿尼纸草。

至若那些在阗非中的魃魂，和那位摄取魃魂的神明一道。他们吞噬心脏且以臭腐⑭⓪为生。他乃冥暗的守卫，在索卡尔之舟中。那些无良之辈害怕他。
其人伊谁？苏提⑭①**是也。一曰：伟大的斯玛目**⑭②，垓伯的魃魂。噫！凯普瑞，在灵舟中者，双神团⑭③在其体内。**你带走**⑭④奥西里斯－阿尼吧，从那些司命者之处⑭⑤，带走那位言出必验者。万物之主**使他们**荣耀于他，并使其诸敌受缚。他们展开杀戮，在诛戮之室。没人从他们的禁锢中出来，但他们不会持刀向我。我不会进入诛戮之室。我也不会在其酷刑室内受难。那些仇视诸神的事情，不会加之于我。**因我涤濯于天河**⑭⑥**之中。从塔提尼恩那**⑭⑦**给他带来琉璃的**⑭⑧**晚餐。**

> **注释**

⑭⓪ ḥwȝw 出于及物动词 ḥwȝ（腐化、败坏）。本句当指腐烂之物，如猛禽食用动物尸体，影射鹰隼的形象。《亡灵书》等神话中，荷鲁斯等大神常有鹰隼的化身。

⑭① 即塞特。纳布西尼本正作"塞特"。塞特为天地之子，奈菲提斯的丈夫，奥西里斯的兄弟。在金字塔文献中他已被视为荷鲁斯及其他众神的对手，但在

乐园中他对死者却是有助的。早期文献中塞特曾是一位善神，至晚在第十九王朝时期国王尚自称"为塞特所爱者"。奥西里斯崇拜崛起之后，塞特遂逐渐成为众恶魔之首。塞特通常被刻画为人形神，但亦被刻画为塞特首的不明物之象，塞特杖即以此象得名。

⑭² sm3m，亦有读为 sm3，圣书字作 🐂（斗牛）。或本译为"雄强的野牛"，可存。

⑭³ 读 p3wt，未详。或读为 p3wty，源于 p3t，𓉐（遂初、上古），因此可译为"遂初之神"。

⑭⁴ 此处及后文"使他们"朱书，可能凸显上文神明的威权。

⑭⁵ Iri sip（裁验的司掌者），可译为"司命"，后文指伊西斯和奈菲提斯。但此处可能系泛指，即通过衡量人生在世的功过而决定其是否进入来世乐园。《抱朴子内篇·微旨》有"司过之神"根据人类的功过"夺其算"（"司过"为古代官职，见《晏子春秋·问上》《吕氏春秋·不苟论·自知》）。"算"的观念可与 sip 互相发皇。

⑭⁶ Mskt，音译为"迈泹瀗特"。天河想象与太阳由水中诞生的神话相应。"涤濯于天河"也反映了洁净的宗教观念。

⑭⁷ T3-ṯnn，大地之神，丰腴土壤的神明，音译为"塔提尼恩"。此神与前面的塔图尼恩为同一位神灵。

⑭⁸ 字作 𓎛𓏏𓏥，或写为 𓏥𓏏𓏲𓏲，古王国时期作 𓈗𓃭𓏥，义为"费昂斯、玻璃"。其中 𓏥 为陶制或玻璃之类（与今日玻璃有别）的饰品，即中国文献所谓琉璃、水精。《抱朴子内篇·论仙》："外国作水精碗，实是合五种灰以作之。今交广多有得其法而铸作之者。"用于形容晚餐，大略类似于汉语语境中的"食玉英"（《楚辞·涉江》）之类，表示永寿的含义。

其人伊谁？正是在其灵舟中心的凯普瑞，拉神本人是也。至于那些司命者，那些狒狒⑭⁹，正是伊西斯和奈菲提斯⑮⁰。那些诸神厌憎的恶行都灰飞烟灭⑮¹。**而今天河沐浴室**⑮²**中的轮值者**⑮³是阿努比斯，他在那盛有奥西里斯的内脏的木箱后面。至于那位赐予塔提尼恩的琉璃餐之人，正是奥西里斯。**一曰：塔提尼恩的琉璃餐，天地之谓也。**⑮⁴**一曰：双土地的分离者**⑮⁵舒神在苏坦－恒恩，**而琉璃餐即荷鲁斯之眼**；塔提尼恩即奥西里斯的葬所。⑮⁶阿图姆已建成你之屋宇，獾提⑮⁷已筑造你之居所，药水已经携来。荷鲁斯已经洁身，塞特已然扬灵。⑮⁸**反之亦如是**⑮⁹。他来到此壤，他以双足而至，奥西里斯－

掌书阿尼、在奥西里斯前言出必验者，他就是阿图姆，他在你的城市中。

注释

⑭ 司命者和狒狒当为同位语，狒狒在神话中为陪审团之象。图像只有两位狒狒神，但正文使用的却是复数而非双数，故应当理解为整个陪审团。

⑮ 她们化身为两位狒狒。但如前所指，狒狒为复数形式而非双数。复数用为双数的这种可能性存在。但从全文的习惯表述看，陪审团（司命者）有多位，故句中更可能是以"双"狒狒表示全部。

⑯ gr，字面意思是"谎言"，意思是虚幻不实。古埃及人重视言辞对现实世界的影响，"言出必验"对世界有切实的影响，"谎言"则对世界不会产生实际影响，是虚幻的。

⑰ 洗、沐是一种宗教行为。《水经注·潍水》记琅琊台神渊，"渊至灵焉，人污之则竭，斋洁则通"。沐浴之意，亦有通灵功效。

⑱ 朱书，可能凸显阿努比斯的守护之功。"轮值"原文是"过客"，揆其含义，当指守卫、护持。

⑲ 《管子·宙合》："天地，万物之橐，宙合有橐天地。"天地为一切的囊橐，宇宙则包裹天地。此古人之宇宙观。

⑳ 舒神分离天地，此处谓之"两地的分离者"，当指上、下埃及。按《水经注·河水四》引《国语》（今本无）："华岳本一山当河，河水过而曲行。河神巨灵，手荡脚踏，开而为两。"该处含义，或亦"开而为两"之类。

㉑ 直译的意思是"大地神和奥西里斯是个统一体"，所谓"托体同山阿"之意。重视丧葬习俗乃人类文化的共性，《荀子·礼论》曰："丧礼者，以生者饰死者也，大象其生，以送其死也。故如死如生，如存如亡，终始一也。……故丧礼者无它焉，明死生之义，送以哀敬而终周藏也。故葬埋，敬藏其形也；祭祀，敬事其神也；其铭诔系世，敬传其名也。"人类丧葬的动机主要是"象其生"，即对死者生前的回忆。丧礼的目的主要是辨明生死，向死者致爱致敬并使之入土为安。埋葬、祭祀以及由此而衍生的文学样式皆围绕上述目的而来。

㉒ Rwṯi，字作 𓃭𓅱𓏏𓃭, 神名。此字颇疑即 𓃭𓏏𓏭 之异写，含义为"双狮之神"。

㉓ nṯrti，当系显示神威之意，《楚辞·离骚》有"皇剡剡其扬灵兮"，"扬灵"二字正可移译该词。整个句子也可以翻译为"荷鲁斯已洗濯塞特使之扬灵"。

㉔ 表示句子的翻转，与表示重文的符号功能相似。这里意味着将前文的句

子颠倒。此处的意思是"塞特也已洗濯荷鲁斯使之扬灵"。

你回转吧,勒忽⑯⁰,**灼灼**⑯¹**其口,摇摇**⑯²**其首者,你则从其威慑下回转**⑯³。**一曰:从那守卫处回转,他不会被看到**。奥西里斯-阿尼被守卫着,他就是伊西斯⑯⁴,他本人被发现散开头发在其脸上⑯⁵。我披散在他的前额⑯⁶。他使伊西斯受孕,他使奈菲提斯生育。⑯⁷她们止息了混乱。畏惧随你之后,其双臂令人敬畏。你被她们⑯⁹的双臂拥抱百万年。庶民⑰⁰环绕着你。你使你之敌人的拥护者倒戈⑰¹,你按住幽暗神⑰²的手臂。两姐妹和你分享甜蜜。你创造了赫尔-阿哈⑰³及楹城之内者。每位神明都畏惧你,你伟大而令人敬畏:那神会遭(报复),若谁诅咒于他。你放出光箭⑰³。你随心所欲而存在⑰⁵。你就是瓦吉特⑰⁶,光焰的女主宰。那些反对你的,罪愆⑰⁷会落在他们身上。

注释

⑯⁰ 字形为 𓊃𓏏𓀐, 当即第九帧之 𓊃𓏏𓀐, 音译为"勒忽"。初谓塞特,后泛指斗争者。此处应当指的是为患的塞特神。

⑯¹ 《诗经·桃夭》"灼灼其华",为光明耀艳之貌,本句移用为对勒忽之口的形容。

⑯² 《大戴礼记·武王践阼》有"若风将至,先必摇摇",此处借用其词。

⑯³ 从"摇摇其首"等字面推测,当指护卫拉神的冥蛇,若烛龙之类。后文乃谓为奥西里斯的阳物。古圣先贤对于蛇的态度甚为复杂,要之为神话意象,但也被用为未开化的象征。《晏子春秋·内篇谏下·第十五》载,齐景公为宫殿,以龙蛇装饰,晏子讥曰:"维翟人与龙蛇比,今君横木龙蛇,立木鸟兽,……万乘之君,而壹心于邪,君之魂魄亡矣。"

⑯⁴ 此句怪异,从后文看,似暗示与女神合体。

⑯⁵ kmt.n.f sw psḥ.f šny n ḥr.f, 似亦可移译为"他被发现,他披散开其头发在他脸上"。šny n ḥr.f 可理解为"他脸上的头发",但这头发显然并非属于"他",而当是伊西斯的。这里可能暗示两性关系。神明行事莫测高深,《太平寰宇记》龙蹊引《道家杂记》:"张鲁女尝浣于山下,有雾蒙身,遂孕……后有龙子,数来游母墓"(《水经注·沔水一》杨守敬注疏"女郎庙"引)。"有雾蒙身"与"披散头发"皆象征神明的莫测。头发在古埃及文化中亦与性相关,《牧人的故事》有"她散开她的头发",乃谓抛弃礼仪,施展引诱。此点与中国文化并无二致。

⑯ tḥtḥ.i r wpt.f，动词作 ![符号]，以头发为限定符号，其含义为"打乱"，本义当为"披头散发"。故此句将头发披散在其前额，亦当系两性关系之暗示。但本句之"我"则略显突兀，人称突然转换，乃第一叙事者参与的表示，可能隐晦地表达与奥西里斯同体。

⑯ 生命由多位神明合作而授予，这在神话中是常见的表达。

⑱ 原文为 bḥnn.sn ḥnnw.f，后一字作 ![符号]，当是 ![符号]（或写作 ![符号]）之异体，诂训为"暴动、纷扰"。此句字面含义是"她们（指两位女神）斩断了他（当指塞特）的暴乱"，意即"她们止息了混乱"。乱者，乃因违背了玛阿特，所谓"恭逊、敬爱、辞让、除怨、无争"之道，"中国、诸夏、蛮夷之国，以及禽兽、昆虫，皆待此而为治乱"（《管子·小称》）者。

⑲ 从上下文含义推测，后缀代词应当解释为"她们"，指伊西斯和奈菲提斯。但更可能以"二"表示多，为泛指。双臂有护持之象。伊西斯为奥西里斯的配偶，荷鲁斯之母。她的象征物为奶牛，有时候也被混同于蝎子女神塞尔克。在文物中有许多她为幼年荷鲁斯哺乳的雕像。奈菲提斯为塞特之妻，但在奥西里斯被塞特谋杀之后，她与伊西斯一起哀悼奥西里斯。根据普鲁塔克《伊西斯和奥西里斯》记载，她被视为阿努比斯之母。

⑳ pḥr.n.k rḥty，义为"你被庶民围绕"。庶民，古埃及社会阶层之一。字作 ![符号] 或 ![符号]，rḥty，后一字形径取鸟象（![符号] 为麦鸡，后加 t 及复数符号）。按《左传·昭公十七年》载"以鸟名官"之制，《魏书·官氏志》载道武帝拓跋珪"欲法古纯质，每于制定官号，多不依周汉旧名。或取诸身，或取诸物，或以民事：皆拟远古云鸟之义。诸曹走使谓之凫鸭，取飞之迅疾；以伺察者为候官，谓之白鹭，取其延颈远望。自余之官，义皆类此，咸有比况"。古埃及文字以鸟虫表地位阶层，亦可类推。

㉑ 字面直译为"你包围你的敌人们的服从者"。

㉒ 此神未详，可能是奥西里斯。

㉓ 未详。从后面"在楹城之内者"的线索来看，这里应当用为神名。

㉔ 此句可能有残泐，所指未详。推测之，可能是日神发出光芒之箭，所谓"举长矢兮射天狼"（《楚辞·九歌·东君》）。

㉕ 字面直译是"你存在，以你喜欢的（方式）"。

㉖ 蛇女神，她乃三角洲地区布托（Buto）最原始的女神之一。

㉗ 原文本义为"少"。引申之，物不足则少，德行不足则渺小；再引申之，则有"过误、罪愆"之义。

其物伊何？ "秘奥其状，濛鸿⑱所授"⑲，即石棺之名⑱。"视诸其掌"为祠庙⑱之名。**一曰：** 此乃禁地之名。灼灼其口、摇摇其首者，为奥西里斯之阳物⑱。**一曰：** 是拉神的阳物。而你披散你的头发⑱，我披散在他的前额，指的是伊西斯。她就隐身其中⑱。她在那已膏沐⑱其发。而瓦吉特，光焰的女主宰，指的是拉神之目。

> **注释**

⑱ 𓎛𓃀𓅱, 此神未详。埃及神话文献中有 𓏠𓈖𓏏𓅱, Mn<u>t</u>w, 音"孟涂"，与其一音之差。此神与《山海经·海内南经》"司神于巴"的夏后启之臣孟涂语音相近，二者一音之差，录此供进一步研究。孟涂通译为孟图神，初为底比斯的地方神，在第十一王朝时其信仰达到巅峰。新王国时期由于对外用兵频仍，而赋予其战神性质。

⑲ 所谓"妖灾著象，而福禄来钟，愚智不能知，晦明莫之测"（《史通·书志》）。

⑱ 《水经注·泗水》载桓魋冢，"山枕泗水，西上尽石，凿而为冢，今人谓之石郭者也。郭有二重，石作精巧。夫子以为不如死之速朽也"。古埃及人所谓永恒乃基于宗教观念的复活，而中国人则从人伦政治角度论及三不朽，《左传·襄公二十四年》："太上有立德，其次有立功，其次有立言，虽久不废，此之谓不朽。"石棺于不朽，有何相干？这是中国人、古埃及人对待死亡的不同态度。

⑱ 其字音为 kriw，作 𓂝𓃀𓅱, 颇疑即 𓂝𓃀𓅱 之异写，后者为"云层、风暴"，此处盖谓棺椁之外层。

⑱ 点明上文之所指。

⑱ 人称与上面不同，此处为第二人称，似直接对话之意。

⑱ 后缀代词为阴性名词，故"其"当指"前额"（wpt）。这里可能也暗示神灵附体，《国语·周语上》："昔昭王娶于房，曰房后，实有爽德，协于丹朱。丹朱凭身以仪之，生穆王焉。"韦昭注："丹朱凭依其身而匹偶焉。"《搜神记》卷四"戴文谋疑神"条有神对戴文谋言曰："我天帝使者，欲下凭君。""凭"，今言附体。神人偶合，亦古人与神灵交通的方式之一。

⑱ sin 一词本义指"玷污"。头发为两性关系的隐喻，古籍中多用于女神与凡间男子相会的语境。类似情节亦见于《牧人的故事》。《楚辞·离骚》有"夕归次于穷石兮，朝濯发乎洧盘"句。

评　　述

　　这段内容为《亡灵书》中较长的篇章，篇章以设问句式组成。每一情节的开首皆有简短提问。古埃及文本中使用的句子大略相同，因此也有区分段落的功能，汉语翻译根据其后面的具体内容（人物、地点或事件）酌情翻译为"其人伊谁？""其物为何？"。这些设问短句带有鲜明的"释图"功能。

　　篇章开端由奥西里斯转述阿图姆的发言，阿图姆为夜间的太阳神，因此也象征进入幽冥之始。但阿图姆与凯普瑞、拉神又是三位一体的，因此也象征着复活之初。复活是《亡灵书》等丧葬文献的核心内容，与之配套的复活仪式滥觞于金字塔文献。古埃及复活仪式不仅在丧葬场合呈现，也是新王国神庙日常礼拜中的重要仪式。（黄庆娇、颜海英：《〈金字塔铭文〉与古埃及复活仪式》，《古代文明》2016年第4期。）开端似乎是一篇作品的序言，而后即进入对诸神的赞颂内容。

　　赞颂的对象涉及拉神、阿图姆、奥西里斯、敏神、荷鲁斯及其四子以及七精灵等。篇章的赞颂并不板滞，将地点、人物穿插在一起，并与相关事件串联，从而使这一部分如五彩夺目的琉璃护领、如沙沙作响的叉铃。

　　篇章的开端对拉神－阿图姆－奥西里斯的赞颂连续使用了四个设问段落。这些段落描写了不同角度、不同场合的拉神形象，由洪水中初升到烛临高丘、到再入幽冥。此处首次揭橥了奥西里斯和拉神的同一性，"昨日之奥西里斯、明朝之拉神"，此语承续上文"真正的救赎"，再次暗示了经由奥西里斯而复活乃至永生的主题，当然这需要通过和敌人之战来争取，战斗的地点正是冥间。故下文紧接着就有一个关于冥间的设问句——"其地唯何"。

　　后续三个设问句是关于奥西里斯和荷鲁斯的，也是关于荷鲁斯与塞特之战的。行文的侧重点不是故事本身，而是这一神话所荷载的价值和意义，即奥西里斯与拉神所确保的宇宙秩序，以及荷鲁斯重新获取王权。阿尼作为随从者，也作为《亡灵书》的使用者，自然要在这一大事件中占据一席之地，因此文中说他进入阿图姆的城市，实际指的就是日落之处。行文再次以"其城唯何"过渡。下面便是关于阿尼的丧葬仪轨和冥府的情况。

　　篇章使用了两个设问句"其事唯何"交代仪轨，并首次出现了"双巢"字样，文字是图像的说明和注释，与此相关的图像乃是两个巨大的湖泊，所谓"巢"者即湖泊之谓。它不仅万古长存，而且还有创生的力量。巢乃鸟之居，这里有将神明隐喻为水鸟的思想。从后文关于天空的设想来看，此处还伏下一个线索，即天地为浩漫的洪水之渊所环绕,水鸟正是神明的重要化身。从神话学意义上看,这可能包含有水鸟创世抑或潜水创世型神话的底层逻辑。

双巢之后即进入乐斯陶,乐斯陶是幽都的名称之一,含义是"冥界入口"。古埃及神话关于幽冥的称呼特别丰富,诸如幽都("在幽冥之地")、下界("神明治下之地")、西冥("西方之地")、冥漠("沙衍之地")、圣境("悬绝圣洁之地")、伊戈尔特("静阒之地")等等,每个称呼都侧重于冥府的一部分特质。这是古埃及丧葬文化异常发达的一个投影。乐斯陶是进入乐园的必经之路,死者必经由此才能列入奥西里斯或拉神的队列。故阿尼再次请求神明的保护。

由乐斯陶进入神明的队列之后,篇章又使用了三个设问句回到神明之战的主题,阿尼成为此一战役的直接参与者和见证者。"血滴"一词将篇章引入战争的阴惨氛围,拉神自戕是一费解的细节。从上下行文判断,自戕应当是自宫行为,这个行为通常指向世界秩序的重新确立,其核心内容可能是男根崇拜。与之相同或类似的情节如赫西俄德《神谱》中乌拉诺斯被克洛诺斯阉割,日本神话《古事记》阴阳二神伊邪那岐命与伊邪那美命创造世界,印度的林伽(湿婆神之阳物的象征)崇拜,等等。更有甚者,日本江户时代还出现了肉笔浮世绘《阳具涅槃图》(仿《佛祖涅槃图》,藏于大英博物馆),将男根崇拜推阐到一个新境地。这是生殖崇拜和祖先崇拜融合的折射。《亡灵书》以逆向思维的方式表达了男根崇拜的主题,即太阳神自戕后出于其阳物的血滴亦能化为神,就如同出于天神乌拉诺斯阳物的血滴化为神明一样。不同之处是,拉神阳物的血滴似乎更充满理性和秩序,化出的两位神明代表了语言的威力(呼神)和审慎的思考(思雅),而出于乌拉诺斯阳物之血的神明则是激情的化身,她们是古老的复仇神。

行文中再次呈现了荷鲁斯和塞特之争,并且补充了两神战斗的细节。两位神明的战斗显示出较为古朴的特质。塞特的作战方式是投掷,而且是相当原始的投掷物——粪秽,而荷鲁斯似乎采取的是肉搏手段,他扯下了对方的睾丸,让敌手从此不再繁衍后嗣。不过荷鲁斯也付出了代价,他丧失了一只眼睛。这只眼睛还被视为拉神之目,最终会被治愈。此处的行文语义并不甚明晰,唯其含混才愈加有吸引力。这是古埃及神话叙事天象与人事交融的绝佳范例。就其人事角度论,两位神明的战争是政治恩怨,是为了解决王储之争;就其天象角度论,两位神明之战又是宇宙秩序之战,是混沌与有序的代谢之争。据研究,乌加特之眼为月亮的象征,它被视为拉神的右眼或西眼,古埃及人亦有尚左传统,左、东为积极的、光明的一方,而右、西为消极的、幽微的一方。损害和治愈这只拉神之眼,隐喻的是月相变化的天文现象。但行文中"我"与托特、荷鲁斯与拉神若合若离,这也正是神话文学的特点,叙事人既想成为神话故事的角色,又不得不抽身与叙事本身保持距离。对此,不宜做细究,也难以细究其详。战争的结束、神目的治愈预示着秩序的恢复,因此又再次进入天宇和冥间之旅的环节。

作品由"天宇之水"过渡到荷鲁斯四子和七精灵,并再次指涉幽冥中的谋划。随后又一次提及奥西里斯和拉神的合二为一。阿尼纸草卷和纳布西尼纸草在这里存在较大出入,后者还有伊施德树旁之战,阿瓦瓦女神的清算,以及阿努比斯、荷鲁斯重登王位等情节。本书以大括号揽入阿尼纸草卷。当然,就具体情节看,阿尼纸草本身也是完整的,加入纳布西尼纸草的内容,只是为了使内容更为丰富,而不是为了否定阿尼纸草自身的完整性。以下的内容便是阿尼继续前行和日神的重生。他现在的名字是凯普瑞,清晨的太阳神。敌手已经覆灭,天宇得以澄清,太阳又一次出现。

最后三个设问段落有两处新奇的表达。第一是所谓琉璃晚餐的说法。所谓琉璃,亦有译为"费昂斯"者,乃是对陶件施以彩釉。(陈健、董金鑫、王琼:《"古埃及费昂斯"衍生初探:建筑琉璃构件釉面技艺的文化地理传播》,《建筑与文化》2020年第10期。)此种技艺在古埃及源远流长,但究竟如何移译,尚未有定论。按照"物从中国"的惯例,此物似可比拟为汉语之琉璃,战国时代中国文物亦有以烧陶代替自然玉石的。再则,不能否认古埃及人能制作玻璃即琉璃,琉璃一词恰恰为中国与古埃及文化的连接点。故我们将此词仍翻译为琉璃。无论是琉璃晚餐,还是费昂斯晚餐,都是极其新异的想法,它可能反映出某种食-物同构的巫术原则,犹如中国文献餐石髓(《列仙传》邛疏"煮石髓而服之"以延生;《晋书·嵇康传》及《神仙传》"王烈"条有王烈"得石髓"以遗嵇康)、服石脂(《列仙传》卷下陵阳子明"采五石脂")、食玉华(《真诰·运题象》《酉阳杂俎·玉格》有"鹿皮公吞玉华而流虫出尸")之类的说法,乃是对永恒、坚固的理想表达。第二便是此篇结尾处对伊西斯的描述,行文显得迷离惝恍,"他"、"我"和伊西斯之间难解难分,究竟是神人合二为一,还是另有其他原因?这是本篇一个难解的谜题。伊西斯是奥西里斯之妻,在赫利奥波利斯九神系占有举足轻重的地位。她最初是一位古埃及神明,但随着波斯、希腊以及罗马对古埃及的征服,伊西斯的信仰逐渐跨越国界,成为环地中海范围内跨文化的神祇。她的影响直到基督教时期。〔颜海英:《伊西斯女神的追随者——木乃伊肖像画再解读》,《首都师范大学学报》(社会科学版) 2022 年第 3 期;詹瑜松:《国外伊西斯研究概论——兼谈基督教对希腊罗马宗教研究的影响》,《基督教学术》2020 年第 2 期。] 在《亡灵书》中,伊西斯是王权的保护者也是生育之神,同时她还是死者的护法神。她最初被比拟为古埃及的爱情女神阿佛洛狄忒,基督教兴起之后又被视为圣母玛利亚式的女神。这里的描绘充满谜团,不过,考虑中外都有"求女""遇仙"之类的叙事,此处可能也是类似故事的较早尝试。在古埃及文献中,《牧人的故事》最接近这里所描述的神话氛围。

篇中大量使用了"一曰"字样,或保存异说,或补充资料。这种情况可能是由于杂集诸说所致,"古今圣人有优劣,各长于一事,俱为天谈地语,而所作殊异。是故众圣前后出者,所为各异也。俱乐得天心地意,去恶而致善,而辞不尽同,壹合壹不,大类相似"(《太平经》卷九一《拘校三古文法》)。"一曰"正是"所为各异"的产物,援此可窥见古埃及文献形成及传抄之一斑。若将其与华夏典籍《山海经》(多用"一曰"以存异文)比较,是一个相当有趣的课题。当然,除了文献层面的表层相似之外,后者极可能包含西方文化的因素。(周运中:《〈山海经〉的南亚知识与塞人作者》,《暨南史学》2021 年第 2 期。)《亡灵书》等西方文献正为我们提供了重审华夏文献的一个重要参照。

冥 间 宫 殿

第 十 一 帧

第十一及第十二帧前半部分为宫殿和门阙，分上下两层呈现。上层为七宫殿，下层为十重门。上下画面皆以阿尼及其妻图图前行为画幅开端。

以下为七宫殿的图像。

第一宫殿门楣上装饰有象征权力、生命以及完坚的符号。入口处端坐三位神明，分别是兔首、蛇首和鳄鱼首。兔首神手持禾颖（？），其余二神持刃。

第二宫殿由三位神明守卫，形象为狮首、人首及犬首神。各持刀刃。

第三宫殿由三位神明守卫，形象为豺首、犬首及蛇首神。豺首神持禾颖（？），余二神各持刀刃。

第四宫殿由三位神明守卫，形象为人首、鹰首及狮首神。人首神持禾颖（？），余二神各持刀刃。

第五宫殿由三位神明守卫，形象为鹰首、人首及蛇首神。鹰首神持禾颖（？），其余二神各持刀刃。

第六宫殿由三位神明守卫，第一神形象为豺首，余二神为犬首神。豺首神持禾颖（？），二犬首神各持刀刃。

第七宫殿由三位神明守卫，形象为兔首、狮首及人首神。前二神各持刀刃，人首神持禾颖（？）。

七宫殿的文字叙述格式为，首先列出守门人、宫殿护卫及送信人之名，这些次序和图绘中次序一一对应。其次为奥西里斯－阿尼的祷词。

第一宫殿。守门人之名为司客特－赫尔－阿沙－耶颇[①]，宫殿护卫之名为迈提－赫赫[②]，其胪传者的**名字**是哈－词录。[③]言出必验者阿尼而今来至**第一宫殿，言曰：**

我乃大神，施光明者。我已走向你，奥西里斯。我崇拜你，从你之秽物中清洁。④前行吧，你不要施乐斯陶之名于他。⑤ 致敬于你，奥西里斯，因你之力量及你之神威，于乐斯陶。你起身，你掌控，阿拜多斯的奥西里斯。你周章⑥于天宇，你航行⑦于拉神面前。你监察一切庶民。噫！拉神巡游于其⑧中。瞧！我说，奥西里斯，我乃神圣的显贵。⑨ 我说⑩，不要逼迫我入其中——那墙垣为焦炭之地。为我启路于乐斯陶，以缓解奥西里斯的痛楚，拥抱那位准衡所量度者⑪，使其旅程在涧谷⑫之中——那至大者⑬、照耀奥西里斯者所行之路。

注释

① Sḥt-ḥr-ꜥšꜣ-irw，字义为"颠倒其面，莘莘其像"。关于面孔的颠倒，究竟为上下颠倒，还是内外翻转，尚难决断。本句当指兔首之神。

② Mtti-hh，未详。或以为"窃听者"，未详所据。

③ Hꜣ-ḫrw，意思是"声音传输者"。异文或作ḳꜣ-ḫrw，义为"声音高亢者"。这正是传递音讯者的特点。

④ 或译"我已清洁你的秽物"。

⑤ 此处人称转换，由第一人称转为第三人称。原因待考。但古籍以第三人称自我指谓，亦有可能。《孟子·滕文公上》："今也父兄百官不我足也，恐其不能尽于大事。""其"（第三人称）即指前文之"我"（杨伯峻曰："古人本有借第三人称代词自指之例"），《亡灵书》或亦当如此解释。

⑥ pḫr（转圈、翻转），该语境中指的是周而复始的天道运动。借用古语"周章"译之。《鹖冠子·环流》："美恶相饰，命曰复周；物极则反，命曰环流。"此正天道"环流"之义。"终则有始，天行也"（《周易·蛊卦》），人亦当效法之，"观天之神道"（《周易·观》）、"观象"（《周易·剥卦》），从而能够顺应天道而为。

⑦ 字作 🚣 (ḥn)，义为"划船、航行"，一般作 🚣。该词定符为 🛶（wiꜣ），义为"圣船、灵舸"，因此表示神明船只的行进，从而再次暗示天宇中亦有水流可以航船。

⑧ 其，谓天空。

⑨ 字作 𓇋𓂝𓎛，音读为 sꜥḥ（萨赫），或作 𓇋𓂝，定符 𓃙 为佩戴滚印的山羊之象，表示权贵、爵位、显宦，意即统治阶层。此词与木乃伊为同音词。

⑩ 不断使用"我说"，强调的是言辞的威力，所谓"言出必验"之意。

⑪ nty iꜣt wḏꜥ，义为"准衡的量度"。准衡本指供奉神明形象的T形支架，

本书翻译为"灵樞",有"标准、规则"等含义。"准衡的量度者"为众神的委婉表达。

⑫ 涧谷，𓈘𓈎，音读为 int（垔特），和前面的"墙垣"𓈎𓊖（inb，垔卜）构成头韵的谐音关系，从而表明两条不同的幽冥之旅。《韩非子·内储说上》说"董阏于为赵上地守，行石邑山中，见深涧峭如墙"。深涧如墙，或正是二词谐音的物理依据。

⑬ wr，可音译为"乌尔"（至大之域。"乌"犹如"无"也，有"大"的意思）。死者为大，《冥书》第一时次称冥府为"伟大之城"（niwt wrt），亦称为乌尔。这个观念与中国古人称坟茔为冢、宰相似。《春秋公羊传·僖公三十三年》秦伯责蹇叔"宰上之木拱矣"，何休注："宰，冢也。"冢有大义，正可挹注此语境。

第二宫殿。守门人之名为闻-哈特⑭，宫殿护卫之名为司客德-赫尔⑮，其胪传者的名字是乌斯德。奥西里斯-阿尼言曰：

他坐而行其所欲之事⑯，称量言辞的第二个托特。托特之明鉴⑰，使隐奥的玛阿特诸神不偏不倚⑱。他们靠玛阿特而存在，多历年所。我献祭，在其⑲行进之时。我会踏上那条路，愿你佑我穿行，以便我能沐浴⑳拉神之光，和那些献祭品者们一道。

注释

⑭ Wn-ḥ3t，字义为"在前面开启者"，意即"开门者"。

⑮ Sḳd-ḥr，意即"游弋其面者"，凡守卫者必东张西望，故有此称谓。

⑯ 此句难读，或译为"他起身，于此三位之前行事"，可两存之。

⑰ 一作"奥西里斯之监，即托特之监"。

⑱ 即遵循正道，遵循公理，合乎玛阿特之道。"玛阿特"一词的含义，相当于古人所谓"道""天道""天当"（《黄帝四经·经法·道法》《皇帝四经·经法·国次》），以及"天理"、"理义"、"规矩"、"准绳"、"大常"（《关尹子·鉴篇》"吾心有大常者存"）、"正"（《管子·法法》云："正也者，所以正定万物之命也。……所以止过而逮不及也"）。所谓"公道通义"（《荀子·强国》《荀子·臣道》）者，要之，其用无穷，弥纶天壤。

⑲ 句中人称和前面的"他"一样，应当指奥西里斯。

⑳ 原文作"照耀"，谓拉神之光照耀亡灵。

第三宫殿。守门人之名为克克-哈瓦图-因特-普秽[21],宫殿护卫之名为司栗斯-赫尔[22],其胪传者的名字是阿阿。[23] 奥西里斯-阿尼言曰:

我潜藏于深渊[24]之中,勒忽[25]的裁决者,我已来到,我已为奥西里斯扫灭患害。我加固他所束缚者,出于大王冠者[26]。我已在阿拜多斯立法[27]。我已开启去乐斯陶之路。我已缓解奥西里斯的痛楚。我已平衡那横杆[28]。我已启程。他[29]在乐斯陶闪耀。

注释

[21] Kk-ḥw3tw-int-pḥwy,意即"食用其粪秽者"。

[22] Srs-ḥr,意即"使面部保持警觉者"。

[23] 阿阿,当为拟声词,效传递音讯者的大声喊叫。所谓"制名之枢要",《荀子·正名》云:"凡同类同情者,其天官之意物也同;故比方之疑似而通,是所以共其约名以相期也。……心有征知。征知,则缘耳而知声可也,缘目而知形可也,然而征知必将待天官之当簿其类然后可也。"

[24] Gb,与大地谐音,盖指源始大水。句中是阿尼以入于源始大水的凯普瑞或阿图姆自拟。

[25] 指塞特和荷鲁斯。

[26] ,wnḫ(覆盖、加固),考虑后文有"大王冠"语境,试译为"束紧"。定符 为头上饰带之象,该词或与 (sšd,束带)有关,中国古人谓之抹额、眉勒等,其形虽相似,而制度不同。中国之抹额或谓源于頍,《说文·页部》桂馥《义证》引《仪礼·士冠礼》"缁布冠缺项青组",《注》曰:"缺读如有頍者弁之頍……頍围发际,结项中隅,为四缀以固冠也。……今未冠笄者著卷幘,頍象之所生也。"

[27] 字面是"行事",谓建立制度。

[28] 横杆,i3t,参第 77 页注[11]。

[29] 奥西里斯。

第四宫殿。守门人之名为科斯夫-赫尔-阿沙-诃录[30],宫殿护卫之名为司栗斯-泰普[31],其胪传者的名字是科斯夫-阿德[32]。言出必验者、奥西里斯-掌书阿尼言曰:

我乃公牛[33]。奥西里斯的女祖之子。愿你[34],其父,为他作证——其神明般的同伴之主。[35]我在那儿已权衡罪愆。我为他带来生命,入其永恒的鼻孔。

我乃奥西里斯之子。为我启程，以便我穿越冥府。

注释

㉚ Ḫsf-ḥr-ꜥš3-ḫrw，字义为"冷峻其面，河汉其词"。

㉛ Srs-tp，意即"使头部保持警惕者"。

㉜ Ḫsf-3d，意即"驱逐鳄鱼者"。

㉝ 公牛，含义与萨赫相同。皆自明身份之高。

㉞ 此处原文为复数人称"你们"，盖用为单数，当指后面的"其父"。单数、复数混用，古文献并不罕见，如《冥书》第一时次中篇说明文字"此神越过这道入口"，"这道入口"为单数，而文中使用ḥr.sn（sn为复数形式）；又如 nn n sḫti（这些农民，出自《能言善辩的农民》B106），其中 nn 中性形式，乃单数，而表复数意义。另如，赫西俄德《神谱》第 26 行 Ποιμένες（牧羊人）为复数。此处语境为缪斯对赫西俄德一人讲话，诗人却采用复数形式。同诗第 240 行 τέκνα θεάων 即女神们的诸女，第 241 行说"诸女"全部是道瑞斯所生，因此这里的 θεάων（女神们的）是个难题；类似的困难亦见《神谱》第 366 行，俄刻阿诺斯和忒丢斯之女被称为 θεάων ἀγλαὰ τέκνα（诸女神光辉的女儿们）。这一现象可有两种理解：一是一种特殊表达方法，以复数人称表示单数含义，比如荷马史诗《伊利亚特》6.127、21.151 的例子；二是复数 θεάων 的形式由其形容词限定，形容词是复数，其所形容的名词词形也采用复数。换言之，这纯然是一种形式上的趋同。犹如古埃及语中，rdwi.f（他的双足）写作 rdwj.fi，ꜥwi.s（她的双臂）写作 ꜥwi.si，fi 与 si 皆应前面的双数词尾 i 同化。这是一种形式上的复数。此外，《梨俱吠陀》卷四第 51 曲第 6 颂也出现类似情形，ushas（乌莎女神）本只用单数，然此颂用复数 ushasas。注者以为乌莎一日一现（黎明或黄昏），逐日累积，以迄无穷，故用复数。而究其本相，则无多无少，始终如一，故为单数（巫白慧：《吠陀经与奥义书》，中国社会科学出版社，2014 年，第 44 页）。这种情况，类似于《圣经·创世记》1.26 神说按照"我们"的样式造人，实可以单复数混用的语法现象为释（《圣经》学者牵连所谓"三位一体"，甚无谓）。不过，此处"你的诸象"用如复数，于义亦通。当然，还有一种可能性是将复数视为集合名词，如 nswtyw s3.t(i) m irt n.sn，义为"诸位贵戚满意于为他们所做之事"（Adm.9，1—2）。此句的 nswtyw 派生自 nswt（王），表示王室的成员，而静态动词 s3.t(i) 为第三人称单数（阳性）形式。这里是将王室成员视为一集合体。

㉟ 可能是要求奥西里斯为亡灵作证，"其"是以第三人称自指。

第五宫殿。 守门人之名为安珂夫－莫－盼特㊱，宫殿护卫之名为沙卜㊲，其胪传者的名字是德卜－赫尔科－哈－科夫特。㊳ 言出必验者、奥西里斯－掌书阿尼言曰：

我已（为你）带来在乐斯陶的双颌骨。我已为你携来楹城的脊柱㊴。在那儿缀合其众多残骨㊵，我已为你抵御阿佩普。我已重创之㊶。我就在你们之中启程。我乃诸神中的寿考者。㊷ 我已献祭于奥西里斯，并对他施以援手，言出必验：拼合其诸骨，连缀其肢体。㊸

注释

㊱ ꜥnḫ-f-m-fnt，即"以诸虫为生者"。

㊲ 其字为 [象形], 音为 šꜣbw，文献中另有词 [象形] 与之同音。后一字中的 ꜣ 音有时或脱落，作 [象形]，此字来源于 wšb（吃）。从古文的角度看，一般从某音即有某义。由此推测，文中"沙卜"的含义或亦当与食物相关。该字定符从火，古埃及文献常将火焚比喻为吞噬。

㊳ Db-ḥr.k-h3-ḫft，含义待确定。似可训诂为"遮蔽你的脸，敌人退下"；亦有学者译为"河马面孔，退敌者"，然图画中此神并非河马面孔。不过考虑到图文不一致的情形，可两存之。

㊴ 脊柱，字作 [象形]，为 [象形] 之同音假借字。若读本字，似亦可通，即"我已为你带来光耀"。

㊵ ꜥšꜣ.f，字面当诂为"他之所多"，即谓上文的颌骨和脊柱之类。

㊶ 原文是"切开许多创口"。"阿佩普"之名朱书，然其蛇形定符上，以细微的墨划表示刀刃。由此推测，朱书和墨书的功能相对而言。朱书有时表示吉祥永恒，有时可能表示邪祟。因此在很多朱书段落中，神名往往以墨书区分。

㊷ 寿考者，字作 [象形]，[象形] 象为拄杖弓腰的老者，全形为 [象形]，iꜣw，当指拥有权柄者，乃古埃及人尊老传统的体现。《门户之书》第六十六、六十七场有"寿考者拒斥你""他们守护寿考者的绳索"的字样，其用字相同。《冥书》第七时次有"寿考者（smsw）之巫力"的说法，smsw 亦当即此处的 iꜣw。古人重视老年人的智慧，《庄子·寓言》："重言十七，所以已言也，是为耆艾。"王先谦集解："此为长老之言，则称引之。"故"竖年（犹老者）之言"往往与"先王之书"并举（《墨子·尚贤下》）。商王有"无侮老成人，无弱孤有幼"（《尚书·盘庚》）之教，荀子称"耆艾而信，可以为师；……而博习不与焉"（《荀子·致士》），"先耆艾，奉高年，古之道也"（《汉书·武帝纪》）。《抱朴子内篇·对俗》

曰：“然物之老者多智，率皆深藏邃处，故人少有见之耳。”后文神明谓之“百万年”，又谓之处于“幽隐之地”，亦可为寿考者作注。

㊸ 奥西里斯被杀害后，肢体散落各处，故有此说。

第六宫殿。守门人之名为特克－塔乌－克哈科－诃录㊹**，宫殿护卫之名为因－赫尔**㊺**，其胪传者的名字是阿德斯－赫尔。**㊻ **奥西里斯－掌书阿尼言曰：**

我白昼而来，我白昼而来。㊼ **我已经启程，我已追随阿努比斯所创制者。我乃大王冠之主，不需巫语**㊽**，玛阿特之救援者，我已救治其目，我为他**㊾ **包扎奥西里斯之目。启程了，奥西里斯－阿尼和你们一起行走在［……］**

注释

㊹ Tk-tɜw-khɜk-ḫrw，含义不详。

㊺ In-ḥr，意即“脸孔所带来者”，含义可能是“笑脸相迎”。

㊻ 待考。

㊼ 原文为重文符号，表示该句重复两次。

㊽ ḥkɜ，含义为“法术、巫术”。根据《冥书》等判断，巫术是诸神的重要手段之一，故此句当有阙文。

㊾ 当指奥西里斯。

第七宫殿。守门人之名为斯科姆－迈德奴－森㊿**，宫殿护卫之名为阿－诃录**(51)**，其胪传者的名字是斯科夫－科迷。**(52) **奥西里斯－掌书阿尼言曰：**

我已走向你，奥西里斯，涤除粪秽。你周章于天宇，你看到拉神，你监察众庶。太一(53)**！瞧，你在灵舸之中。你盘桓于天宇之阿赫特。我将言说我之所想，对其显贵：他将强壮，他将显象为其所言那般。你翻转他的脸孔。你为我立一切繁荣之途，在你面前。**(54)

注释

㊿ 未详。

(51) ʿɜ-ḫrw，义为“声音洪亮者”。

(52) Sḫm-ḫmy，未详。

(53) wʿ，表示独一无二，极言此神地位之重要。

㊹ 别本作："我强壮。我说：显象，如他所说那样。转过你的脸庞。我已启程并经过。我已清洁奥西里斯。我援助奥西里斯，言出必验。我为他拼接骨头，我为他缀合肢体。你们赐予面包、酒水、一切美好和蠲洁之物，献上杰发。"注意此版"骨头"字作单数，而阿尼纸草为复数形式𓃀𓃀𓃀，自当以复数形式为正（奥西里斯的骨头散落，非仅一处）。但这里单数亦不能遽断为误，乃古文献单复数混用之常例。

评　　述

　　冥间非尽为阴惨的荒漠之地，而是现实世界的倒影。人世间所有的，也照例会在冥府中出现。在《亡灵书》的设想中，灵魂在追随奥西里斯或拉神的旅程中，除了和幽冥的恶魔斗争之外，阿尼还要知晓冥间的山川河流、亭台楼阁以及主司或执事的神明。古埃及人是建筑大师，神庙与金字塔、方尖碑等建筑一起见证了古埃及建筑业的发达。［令狐若明：《古埃及的建筑形式及其对后世的影响》，《史学集刊》2000年第1期；令狐若明：《古埃及的神庙建筑》，《内蒙古民族大学学报》（社会科学版）2009年第6期。］世间宫阙也被挪移到冥府之中。七重宫殿的构思令人联想到中国佛教神话的十八层地狱（《法苑珠林·六道篇》之"地狱部"），当然学者更为熟知的西方关于地狱的作品可能是但丁的《神曲·地狱篇》，不过，无论在时代上还是在思想情感上更接近《亡灵书》的可能是苏美尔的《印南娜入冥记》以及巴比伦的《伊士塔尔入冥记》，这两首诗作的内容涉及两河流域对冥间的构想，后者所设想的冥间构造恰恰也是七重门，似乎可以比勘此处的七宫殿。《亡灵书》除了逐层叙述宫殿之外，还要专门介绍门户的内容。门户在亡魂穿越幽都的过程中占有重要地位。

　　冥间神话是了解一个民族精神维度的窗口，世界上大多数神话中都有冥间神话的内容。在中国传统的"怪力乱神"叙事体系中，关于冥间的记载是相对稀缺的，这也是华夏文化在世界文化格局中独树一帜的特色之一。在佛教的地狱神话传入中国之前，只有零散的冥间神话保留下来，即《楚辞·招魂》中的"土伯九约"，此句难解，不过"九"字可能也暗示楚地冥府有九重宫殿，如世间居住环境。马王堆汉墓所出土T形帛画也被学者视为中国冥间神话的重要资料，甚至有学者将其与记载中国冥间神话的经典著述《楚辞·招魂》相提并论。此件文物，研究成果甚多。关于其名称，有金景芳《关于长沙马王堆一号汉墓帛画的名称问题》（《社会科学战线》1978年第1期）等。神话学是其中最重要的学术观察视角，如刘敦愿《马王堆西汉帛画中的若干神话问题》（《文史哲》1978年第4期）、马鸿增《论汉初帛画的人首蛇身像及天界图》［《南京艺术学院学报》（美术与设计版）1980年第2期］、韩自强《西汉帛画与屈原〈招魂〉》（《安徽省考古学会会刊》，1979年，第19—27页）等。中国虽乏冥间的直接叙事，然三代以来，却并不罕见关于丧葬的仪轨，对死者的尊重乃全世界共有的现象，因此冥间的思想在华夏文化中根深蒂固。"厚葬""薄葬"乃思想史上聚讼不已的话题，也因此催生了大量与冥间相关的文学。冥间也是一个终审之所，与《亡灵书》等典籍并无二致，《乐府诗集·相和歌辞二·蒿里》："鬼伯一何相催促，人命不得少踟蹰。"流传到口头，便是"阎王叫你三更死，谁敢留你到五更"。

《亡灵书》此处的情景没有佛教地狱的阴森惨怖，没有基督教－但丁地狱的压抑畏慑，也不似《招魂》中的幽都那样古朴简净，它是宁静而关乎道德考量的、理智而又充满期待的。阿尼在向冥间宫殿的行进途中，不忘对自己的清白和功业进行申述，同时不停地赞颂神明，甚至有媚神、谀神的嫌疑，可见神明亦如人类，都喜欢听顺耳之言。在阿尼的言辞中，人与神之间的言辞难以清晰划分，这种情况是整部作品的普遍现象。比如，进入第一宫殿，"我乃大神，施光明者"似乎是指阿尼之外还有另一神明。这极易使人考虑其为对话体，但我们放弃此一假设。因前文"言曰"二字已清晰提示此下为阿尼之辞。人以神的身份自我称扬在巫语文献中并非罕见，它通过话语的威力来实现人神合一。"我乃大神"也就意味着阿尼有成为大神的愿望，并且期待此一愿望实现。不想当元帅的士兵不是好士兵，不想成神的亡灵算不得好鬼。这种人神合一的观念为中外巫语类文献所恒有，多为夸饰之词。如《庄子》塑造的大量"真人""神人"形象以及《楚辞》中屈原之自我称扬，"与天地兮比寿，与日月兮齐光"（《九歌·涉江》），"吾令羲和弭节兮，望崦嵫而勿迫。路漫漫其修远兮，吾将上下而求索"（《离骚》），则径以日神自比。但古埃及丧葬文献为祭司集团的集体意识之产物，而《庄子》、屈原赋则经过了伟大心灵的过滤，因此其格调与境界迥乎不同。后世之"大人""真人"意象，率皆与庄、屈有传承关系。《淮南子·俶真篇》："若夫真人，则动溶于至虚，而游于灭亡之野，骑蜚廉而从敦圄，驰於方外，休乎宇内。烛十日而使风雨，臣雷公，役夸父，妾宓妃，妻织女，天地之间何足以留其志！"中国文献此类形象是要"神驰天外"，突破两间的牵绊，而《亡灵书》等文献则意在长生，要像大地上的人们一样在死后享受。因此前者是一套人生哲学，而后者仍是宗教信仰。

阿尼之所以有成神的底气，在于其高贵的身份和冥间之旅的显赫业绩。以他称写己和自我称扬，是中国辞赋乃至古典文学的传统（力之：《论以他称写己与自我称扬——兼论屈宋某些作品之真伪问题》，《云梦学刊》2000 年第 5 期），这一观点移用到古埃及《亡灵书》亦是贴切的。阿尼自称为"大神""第二个托特""裁决者""公牛"，这些都是神明或国王的身份，通过自称为国王或神明，他俨然就是神明，就是国王。他的功业主要就是在荷鲁斯-塞特之战中救助奥西里斯，他为奥西里斯缓解痛楚，并带来其分散的肢体拼合之，他治愈了荷鲁斯的伤目。这些行为不止于语言层面，而且更是神话-仪式意义上的。它应当是奥西里斯神秘剧的组成部分。阿尼是一位亡灵，同时是一位奥西里斯剧中的演员。通过言说、表演奥西里斯的神话，阿尼就能实现《亡灵书》最核心的诉求——"真正的救赎"。

以下为走向十扇门的图像。

第一扇门。阿尼及其妻图图，双手举起作祈祷状，走向门廊。门廊由鹰首神守卫，此神坐于由尖钉物 装潢的祠龛之中。

第二扇门。由坐于祠龛中的狮首神守卫，神持禾颖状之物，门廊上端是一条蛇。

第三扇门。由坐于祠龛中的人首神守卫，上端装饰一符号，符号中央为水纹、两端为乌加特之眼，上为表示日神循环的旦形纹 ，水纹下方为一梯形杯状符号 。

第四扇门。由坐于祠龛中的母牛首神守卫，其入口装饰有戴阿暾盘的众虺蛇。

第五扇门。由坐于祠龛中的河马首神守卫，其前足踩踏在一 形护符之上，入口处装饰有火焰及莲花符号。

第六扇门。由坐于祠龛中的人首神守卫，持刃、执莴苣（？），上端为蛇。

第七扇门。由坐于祠龛中的公羊首神守卫，执莴苣（？）[⑤]，入口处以尖钉物装饰。

第八扇门。由冠有南北双王冠的鹰隼守卫，坐于一密封的箱箧之上。前为莴苣（？），鹰首后为乌加特之目。上端为 与 两符号，表示拉神和奥西里斯的生命永存。

第九扇门。由坐于祠龛中的狮首神守卫，冠阿暾盘、持莴苣（？），其入口处装潢有顶戴阿暾盘的众虺。

第十扇门。由坐于祠龛中的公羊首神守卫，戴阿迭夫冠、持莴苣（？），其上端为两条蛇。

> **注释**
> ㉟ 莴苣有巫术功效。

走近第一扇门㊺**所说的话**。**言出必验者、奥西里斯 – 掌书阿尼说道**㊻：
令人生畏的女主宰，有高峻的墙垣者，女中魁首，毁灭的女主宰，发话驱赶怨怒者㊼，带走旅程中的困厄吧。其守门人的名字是奈鲁伊特㊽。

> **注释**
> ㊺ 《亡灵书》共计七宫殿，十扇门。"门"字音读为 sbḫt，乃 sbḫ（包围、围绕）的关联词，揆其字形，当谓宫阙或建筑之门户（其定符之一上端为众虺，系护卫之象）。据后文，这里指的是奥西里斯的宫殿之门。
> ㊻ "说道""其辞曰"等朱书文字，表示后文为说话的内容，其功能类似于现代标点中的冒号及引号。
> ㊼ 字作 ▭▭ ▭，nšn，当即 ▭▭▭ 之或体，用如及物动词和名词，这里用作名词。含义为"愤怒、雷霆"等。
> ㊽ 此字音符为 ▭▭▭，当出于 ▭▭▭（或体作 ▭▭▭，音读 nrw，义为"恐怖"）。本段第四扇门又使用到 nrw（恐怖者）。

走近第二扇门所说的话。**言出必验者、奥西里斯 – 掌书阿尼说道**：
天空的女主宰，双土地的女主人㉠，吞噬者，一切众生㉡的女主宰。伟哉其人！胜于一切庶民㉢。其守门人的名字是迈斯 – 普塔㉣。

> **注释**
> ㉠ ▭，或写作 ▭▭（ḥnt），即 ▭▭（ḥnwt）的或体。含义为"对……有掌控力的女主"。"两地的女主宰"含义等同于世界的女主人，修辞意义大于实际意义。
> ㉡ ▭▭▭，itmtw，此字可能与 ▭▭（itm，阿图姆）有关，指一切太阳下的人类。
> ㉢ "一切庶民"（nbw）与前面的"一切众生"含义相当，构成语义上的回还复指关系。

(63) 意思为“普塔所生者”。

走近奥西里斯的宫殿[64]第三扇门所说的话。言出必验者、奥西里斯–掌书阿尼说道：[65]

祭坛[66]的女主宰，祭品的元女[67]，被一切神灵喜爱者，逆流而上去往阿拜多斯吧。其守门人的名字是斯巴克[68]。

注释

(64) 点明此门为奥西里斯的宫殿所有。

(65) 有一空格，可能系抄写者预留的书写空间，但后未书写。

(66) 祭坛，圣书字为，当即（音读为 ḫ3wt）之或体，意思为“摆放有祭品的祭桌”“供桌”。此字尚有（音读为 ḫ3y）、或（音读为 ḫ3t）等写法。后二形或直接使用意符、表示。

(67) ʿ3t ʿbt（祭品的女伟人）。《左传·襄公二十五年》有“元女大姬”一词，注谓“武王之长女”。ʿ3t 可译为“元女”，“元”有大、长的意思，取其本原、始源之义。

(68) 未详。或释读为“辉光者”，恐未然。

走近第四扇门所说的话。奥西里斯–掌书阿尼说道：

操刀刃者，双土地的女主人，乌尔德–耶波的歼敌者，运用谋虑[69]避免失误者。其守门人的名字是奈嘎乌[70]。

注释

(69) s3rt 出自 s3i，表示“悟性、智慧”。本处语境指神明的审慎。谨慎是人类珍贵的德性之一，这也是《亡灵书》所提及的神明之德。

(70) ，此词音读 ng3w，为神灵名。揆其字形，当即（公牛）之神格化（-3w 之 -3 为元音，-w 为阳性名词词尾）。或可意译为“公牛神”。公牛在古埃及文化中为国王或神明的象征。

走近第五扇门所说的话。奥西里斯–掌书阿尼说道：

炽焰！鼻息的女主宰，没人会临近去祈求她。没人会进入她的口中，其首为[71]。其守门人的名字是恒特提–阿尔克耶乌[72]。

> **注释**
>
> ㉛ 当有逸文，依据图像似可补充"河马"一词。哈托尔及塔－沃尔特（T3-wrt）皆有河马之象。前者本书多次出现，后者有"百灵的女主人""众神的生母"等称号，被刻画为蹲踞而裸露双乳的母河马形象，是女性繁殖能力的象征。
>
> ㉜ Ḥtty-ꜥrkyw，或可诂训为"两面皆知晓者"。

走近第六扇门所说的话。奥西里斯－掌书阿尼说道：

光明的女主宰㉝，咆哮之元女。其长其宽无从知晓，亦未发现其端倪如何㉞。众虺在其上面，不可测度㉟。它们诞生在乌尔德－耶波面前。**其守门人的名字是塞玛提㊱。**

> **注释**
>
> ㉝ 也有学者理解为"黑暗的女主宰"，此乃反义为训之例。
>
> ㉞ 由于不知晓其长宽，所以此门的起始之处也无从知晓。极言此门之巨、存在之久。
>
> ㉟ 此句可能残泐，当指蛇形之巨大，或行动之迅速。蛇是埃及神话中出现频次较高的意象。此处名词有复数限定符号，"知晓""诞生"等亦用复数。如根据字面，当译为"有许多蛇在其上……它们诞生……"。不过图像上仅有一条蛇。文字中的复数，当然也可理解为单复数混用，即以复数形式表达单数含义。故有些翻译即取单数意义："有一条蛇在其上……它诞生于……"但符号中有▨，像门楣之上有众虺护卫之象（"门"字作▨、▨等形）。以蛇为护卫，乃神话常见的叙事情节。故根据文字直译亦无不可。古埃及丧葬文献中，文图往往未必完全吻合。
>
> ㊱ Sm3ty，或可理解为"使一统者"。

走近第七扇门所说的话。奥西里斯－掌书阿尼说道：

穿在荼弱者㊲身上的服装，为其㊳所爱者和隐藏者哭泣吧。其守门人的名字是斯耶克提夫㊴。

> **注释**
>
> ㊲ 谓死者。
>
> ㊳ "其"指服装。

⑦⑨ Sikty.f，未详。

走近第八扇门所说的话。言出必验者奥西里斯－掌书阿尼说道：

熊熊之火⑧⑩，燃烧勿⑧①熄！煽炽其光焰⑧②。手臂⑧③长舒者，施戮而不可预知者⑧④。没有谁能穿越其上，因畏惧它的伤害。其守门人的名字是胡－久特夫⑧⑤。

注释

⑧⑩ rkḥt bs 字义当理解为"喷薄而出的热浪"。这一段多次使用"火"字，且含义各有侧重。第五扇门的"火焰"为常用字 ⚙️，乃一般意义称谓。这里使用的是 ⚙️，音读为 bs，与表示"大量出现，流溢"的字 ⚙️（古王国时期作 ⚙️，ibz，即词头有衬音 i）同音。音符不仅表音，亦揭示语源。故此字亦当有"大量出现"的含义，据其定符，当即"火光熊熊"之义。

⑧① 原句作 ʿmḫ ḏȝft（熄灭其光焰），没有"勿"字。此处语境似有"使火焰燃烧不熄"之义，故有的学者补"勿"字。但 ḏȝft 与 ⚙️（钻燧）有语义关联，当谓"燧木之火"，可能是钻燧取火后熄灭燧木之火。或可译为"熄灭燧火"。姑备一说。

⑧② 字作 ⚙️，音读为 pʿt，亦表示火光。此词与 ⚙️（民众）音符相同。故亦当有"众"义，于火则谓之盛、谓之炽。

⑧③ 单数，为"火舌"的隐喻。

⑧④ 极言火势之不可阻挡。

⑧⑤ Ḥw-ḏt.f，意即"保护自身者"。

走近第九扇门所说的话。奥西里斯－掌书阿尼说道：

在前方者，力量的女主宰，满足其主人莫萨特⑧⑥之心者。其周为三五〇赫特⑧⑦，点缀以南方的宝石⑧⑧。她托起神秘之象⑧⑨，穿戴那茶弱者，食者，一切人之女主⑨⓪。其守门人的名字是耶尔－苏－久特夫⑨①。

注释

⑧⑥ Msȝt，可能与 ms（诞生）有关，亦有译作"后代们""子女们"者。

⑧⑦ ḫt，本谓树枝、杖，句中用为长度单位。

⑧⑧ 金玉前标名方位，实有夸尚之义。如《诗经·鲁颂·泮水》的"元龟象齿，

冥间宫殿 | 089

大赂南金",《抱朴子外篇·博喻》的"百炼而南金不亏其真"。

㉘ 𓃀𓊃𓆟,音读 bs,此词与动词 bs(流溢、进入、引进)相关。本句中含义为"神秘形象",或以其为流溢物、引出物,其实也就是对死者的一种称谓。鱼形定符在神话中往往与死亡相关,古埃及文字"尸身"即以俄克喜林库斯鱼形符为定符。《淮南子·地形篇》:"后稷垅在建木西,其人死复苏,其半鱼在其间。"《山海经·大荒西经》:"颛顼死即复苏。风道北来,天及大水泉,蛇乃化为鱼,是为鱼妇。颛顼死即复苏。"文字现象可能隐含有特定的神话内涵,姑列于此,以备进一步研究。

⑨⓪ kk nbt ḥr nb,此句或以 nbt 修饰 kk,译为"一切食物、一切脸庞";似于句法不甚通畅,不从。今从一本,以 kk 为句,则为"食者;一切脸孔的女主人","脸孔"可以代指人。

⑨① ir-sw-ḏt.f,意即"他创造了自身"。

走近第十㉜扇门所说的话。**奥西里斯 – 掌书阿尼说道:**

声音高亢者,被求祈人呼告而警醒者,她的威严令人畏葸者,但在她之内的人则不惧她。其守门人的名字是斯科恩 – 乌尔㉝。

注释

㉜ "第十"墨书,如同夹杂于朱书段落或句子中的墨书一样,表示圆满或神力。

㉝ Sḫn-wr,意即"伟大的拥抱者"。

评　述

"门户"是《亡灵书》的重要意象。此处共计十扇门,与前面的七重宫殿构成冥府中的主要建筑群落。这十扇门是七重宫殿之门还是单独的门户?根据上下文语境和古埃及用词推测,此处应当视为单独的门户,当即门径、出入口。汉语典籍则罕见,《山海经》逸文(《论衡·订鬼》引)有所谓"鬼门"的记载:"度朔山上有大桃木,其曲蟠三千里。其之间东北曰鬼门,万鬼所出入也。"《神异经·中荒经》之"东北有鬼屋石室,三百户共一门,石榜题曰鬼门","鬼门"大概类似于《门户之书》中的冥府之门,然仅存梗概,不及后者细腻丰赡。

冥府之门的意象,是亡灵在冥间之旅中的坐标,这是古埃及文化独特的表达。

冥府之"门户"在古埃及文化中源远流长。在考古发掘中，古埃及墓葬中往往有所谓"假门"来表示魂灵的出入口。假门不为古埃及特有，亦见于中国汉代墓葬文物。[杨孝鸿：《汉代墓葬画像中"假门"现象之探讨——兼论灵魂升天还是回归》，见《中国汉画学会第十二届年会论文集》，2010年，第95—100页；杨孝鸿：《汉代墓葬画像中"假门"现象之探讨——兼谈墓葬空间的性质问题》，《南京艺术学院学报》（美术与设计版）2013年第1期。]假门是来世观念和今生沟通的象征，它连接着墓冢世界和地上世界，是天人相反相成、神民互依互存的见证。古埃及的假门是拉神、奥西里斯神崇拜和复活之间的桥梁。假门上的图案传达出祭祀的神圣与庄严。门户的意象在早于《亡灵书》的丧葬文献《金字塔铭文》《棺椁文》《冥书》《门户之书》中皆有涉及，例如《门户之书》径直以冥府中的门户为神话叙事的贯穿线索。全书根据时辰划分为十二门户，每个门户对应一个小时。亡灵追随拉神在冥间穿门过户而抵达终点。《门户之书》将民族起源的政治神话和日神幽冥之旅的经典叙事糅合在"门户"这一意象中，从而赋予其不同寻常的政治神学内涵。

《亡灵书》于前面七重宫殿之外，又再次叙述了十扇门，尽管其不同于《门户之书》的十二门的含义，但却自有其意义在。七、十、十二皆可视为表达圆满含义的圣数，其与玛阿特或曰天道相关。尽管阿尼纸草卷的"门户"数仅止于十，但相关文献却超过此数，为广异闻，摘录如下①：

第十一重门。屠戮之因袭者，焚杀恶魔者。她令人畏恐②，于一切门户。她发出欢呼③，在薄暮之时。她掌管有关裹缠荼弱者的筹划。

第十二重门。两地的恳求者。她伤害那些趁黎明和朗日④而来的人们，灵明的女主宰，每日聆听其主人（之命）。她掌管有关裹缠荼弱者的筹划。

第十三重门。伊西斯伸展其双臂在她⑤之上。她让在隐奥之处的哈皮神闪耀⑥。她掌管有关裹缠荼弱者的筹划。

第十四重门。刀子的女主宰，血泊中的舞者，她乃为哈克节⑦，在聆听罪行的日子。她掌管有关裹缠荼弱者的筹划。

第十五重门。血污中的众魃魂，监察者和验看者，在夜间出现。绑缚那恶魔⑧于其巢穴之中。愿她施援手于乌尔德－耶波，在其时刻。愿她使其前行，随她而往。她掌管有关裹缠荼弱者的筹划。

第十六重门。奥西里斯说道，当他走近这扇门时：畏恐之神，暴雨的女主，她植入莲花⑨于人类的魃魂之中。人类尸骨的沃壤。她预言、她出现，她创造了杀戮。她掌管有关裹缠荼弱者的筹划。

第十七重门。血泊中的碎尸者，［……］，套索的女主。她掌管有关裹缠荼弱者的筹划。

第十八重门。喜火光者，涤荡罪孽者。她渴望杀戮，众位尊者之首⑩。祠庙之主，在夜间⑪杀敌者。她掌管有关裹缠荼弱者的筹划。

第十九重门。在她的职司上预告黎明者，消遣炽热度日者，力量的女主宰，托特亲笔的女主宰。她掌管有关裹缠普尔－因⑫的筹划。

第二十重门。她在主人的洞穴中，其名为"穿戴者"。她藏匿其创造之物。她取走心脏，啜饮她的水流。⑬她掌管有关裹缠普尔－因的筹划。

第二十一重门。提及她，会有刀具之难。她施行杀戮，对那临近其火光者。她拥有秘密之谋划。⑭她掌管有关裹缠普尔－因的筹划。

注释

① 以下为第十一重门到第二十一重门的叙述，据巴奇本补录。

② 字作 ⚬ (ḥr)，含义当为"准备"。或体亦写作 ⚬∩𓀀，其首定符 ∩ 未详，与 𓉐 （牛之桎梏）不同。此句的含义可能是"她在一切门户准备好"。此词也可能理解为 ⚬𓏭𓏤 (ḥryt)，"令人生畏的"之残，英文即据此翻译，可从。

③ 欢呼，拟声词，字作 𓏞𓀀，拟音为 iḥḥy（耶嚛嗨）。

④ 𓈇𓏭𓏤⊙，k3yt，此字未详何意，当与 𓈇𓀀（k3i，高）、𓈇𓏭𓈅（k3y，高地）等有关，既然其以日符为限定符号，推测其含义应是"艳阳高照"之类。

⑤ 谓门。

⑥ 所谓"闪耀"，大概是反射阳光。

⑦ 𓎛𓂝𓈎𓀀，ḥ3k，阿尼纸草卷第十三帧有 𓎛𓂝𓈎𓀀 (ḥ3kr) 一词，不知是否和该词有关。待考。

⑧ Sbyw，后文的词缀代词 f 即指称之。此乃单复数混用的又一例证。

⑨ 𓎛𓏺𓏺，ḥ3w（莲属植物），句中当取此义。在《奥德赛》中，莲花乃忘记的象征。本篇或亦此类。其前一词当即动词 ḥ3ˁ（投入、摒弃）。这个动词似有消极含义，故此推测篇中涉及的莲花恐亦非善好意象。

⑩ "尊者"为单数，"首"为复数。此乃单复数混用之证。

⑪ 音读为 mšrw，句中表示第十九重门，因此为入夜极深之处。所谓"大昏也，博夜也"（《管子·侈靡》）。这意味着进入冥间的深处。

⑫ 称谓变作 pr-in，似可理解为"门户所携来者"。

⑬ 在《兄弟俩》故事中，心脏吸水之后，巴塔乌复活而得以报仇。

⑭ 亦出现于《冥书》中，这里包括对天地秩序的规划。所谓"不识不知，顺帝之则"（《诗经·皇矣》）。

两 祭 司

第 十 二 帧

本帧右半幅祭司楹－穆特夫之象，为幼年荷鲁斯之发饰（在头部右侧），着花豹裘，并向诸神引荐阿尼及其妻。诸神之名参第十三、十四帧。

楹－穆特夫①**之辞，他说：**
我已走近你们，天地以及冥间的伟大裁断者。我为你们带来了奥西里斯－阿尼，他在一切神明面前没有罪愆，愿他每日能与你们同在。

赞颂奥西里斯、乐斯陶之主，以及冥界中伟大的九神团。奥西里斯－掌书阿尼**说道**：
致敬于你，西冥之首，在阿拜多斯中心的万－奈夫尔。我已走向你，我心拥有玛阿特，我胸中没有耶肆非愿。② 我不曾有意说谎。③ 我不贰过。④ 愿你赐予我面点，并让我在所有玛阿特主人们的供桌前出现，让我在西冥出入，我的魊魂在阿暾照耀和月神监察下⑤不受约束，永远、永远⑥。

> **注释**
> ① 意思是"其母亲的楹柱"，奥西里斯也有这样的名称。
> ② 玛阿特与耶肆非愿（isft）为反义词。此处又一次出现。
> ③ 此句 m rḫ（出于知道），可以有两种理解。第一种如译文，即"我不曾有意说谎"，也就是说我即便说谎，也非出于主观意图。第二种译文是，"我不曾说谎，因为有知"。这种理解强调的是个人的灵明，因为拥有知识而不曾说谎。两义皆可通。要之，其对立面乃所谓"訾謷之人"（《管子·形势》），也就是逸侅之徒，《管子·形势解》有"毁訾贤者之谓訾，推誉不肖之谓謷"。是否有"知"是能否通过冥府考验的关键环节。《荀子·解蔽》："圣人知心术之患，见蔽塞之祸，故无欲无恶，无始无终，无近无远，无博无浅，无古无

今，兼陈万物而中县衡焉。是故众异不得相蔽以乱其伦也。何谓衡？曰：道。故心不可以不知道。"众亡灵所"知"者应合乎玛阿特，即所谓"衡"。这是权衡亡魂能否通过冥府、进入芦苇之野的标尺。上古之言，惟恍惟惚，正如《韩非子·外储说左上》所说："先王之言，有其所为小，而世意之大者，有其所为大，而世意之小者，未可必知也。"

④ nn iri.i sp.sn，意即"我不曾行动两次"。这与古人"不贰过"的思想相似，前文出现数次，可能表示灵魂之机敏，即凡事一蹴而就，不需重头再来。但人非圣贤，孰能无过？故此处谨翻译为"贰过"。仅备一说。

⑤ m33 itn dgg iḥ，日神阿暾，参第8页注释㊴。月神，𓇳𓏤，与月亮一词相关，月亮字作𓇼𓏤，或体作𓇼𓏏）、𓇼𓏤，音读为iʽḥ，限定符号为弯月之象，因月相有上弦月、下弦月等象，故限定符号作正、反以及倾斜之象皆可。或径用𓇼、𓇼、𓇼、𓇼等形。但月份字作𓇼𓏤，读为3bd，音符为月星和手，实可理解为兼义现象。星、月是时间的尺度，而手则用以计数，数符合在一起，会"月"之意以表时间，示时间之"月"之义。此符与它符有混淆，如𓄹（肋骨）、𓇼二形因相似而混用，可比拟汉语月、肉二偏旁混用之例。古埃及日、月神皆只一位，与中国神话中有多位神明不同。中国文献"多日"的记载屡有所见，尤为著名者为十日（《左传·昭公七年》《山海经·大荒东经》《山海经·海外东经》《竹书纪年》《庄子·齐物论》《吕氏春秋·慎行论·求人》《文心雕龙·诸子》《楚辞·招魂》《淮南子·本经》《淮南子·地形》等），其次有九日（《楚辞·远游》"夕晞余身兮九阳"，《吕氏春秋·审分览·知度》"若何而治青丘、化九阳奇怪之所际"，《慎行论·求人》有"九阳之山"。或亦"九阳"，为地名，九者数之极，九阳之地亦当得名于九日），"众日并出"（《吕氏春秋·季夏纪·明理》），"三日出东方"（《太平经》卷一），"两日相与斗"（《吕氏春秋·慎大览·慎大》），"夜梦与二日斗"（《晏子春秋·内篇杂下》）等，而多个月亮的记载古籍罕见，《吕氏春秋·孟夏纪·明理》有"四月并出"之说。多日、多月为华夏神话较为特殊的一个情节。m33和dgg皆含"见"义。但太阳之"见"为一览无余的明察，而月神之见则有"空中流霜不觉飞，汀上白沙看不见"（张若虚《春江花月夜》）的朦胧之感。故二字不同。前者以鹰隼之目表示，后者限定符号为人之目。人在天神注视之下，所谓"天聪明，自我民聪明；天明畏，自我民明威"（《尚书·皋陶谟》），"天监在下，有命既集"（《诗经·大雅·大明》），"彼天监之孔明兮，用棐忱而佑仁"（张衡《思玄赋》），"天神鉴人甚近，人不知耳"（《抱朴子内篇·金丹》）。此类观念，华夏典籍不绝于书。从跨文化角度，正可与埃

两祭司 | 095

及神话开展比较研究。

⑥ 重文符号，表示强调。

祭司萨－摩特夫。幼年荷鲁斯之发饰（在头部右侧），着花豹裘，并向诸神引荐阿尼及其妻。诸神之名参第十三、十四帧。

萨－摩特夫⑦之辞，他说：

我已走向你们，在乐斯陶的裁断者们⑧，我为你们带来了奥西里斯－阿尼。愿赐予其水源、风息以及在赫泰普之野⑨上的财产，如荷鲁斯的随扈们一般。

赞颂永恒之主奥西里斯以及乐斯陶的一切裁断者们。奥西里斯－阿尼说道：

向你致敬，西冥之王、伊戈尔特⑩之君。我走向你，你知晓你的谋划⑪。我具备你在幽都的诸形象。⑫愿你在下冥⑬赐我一席之地，就挨着那些玛阿特之主们。愿我的田产⑭永恒，在赫泰普之野。愿我在你面前领取糕点。

注释

⑦ 意思是"他的爱子"。

⑧ dȝdȝt，乃一集合名词。此字源于 dȝdȝ（头），表示行政长官和祖先。根据上下文，翻译为"裁断者们"。

⑨ 赫泰普之野，ḥtp sḫt，含义为"和平丰饶之壤"，是冥间的理想乐土，是"芦苇之野"所在的地方。

⑩ 冥间的又一称谓，字作 🝑（igrt）。或体作 🝒（iwgrt），此字源于 🝓（gr，沉默、噤声），表示"没有声音的地方"。

⑪ 原文中"你"似当校改为"我"，但读作"你"亦可通，表示神明自知其谋划。后文有"秘密之谋划"。"谋划"为《冥书》《门户之书》的关键词，要之为杀死敌人，保证冥间旅途之顺利，即遏恶扬善之意。

⑫ 奥西里斯在幽冥有各种化身，故有此语。

⑬ 🝔，ḥr-nṯr，含义是"在神明治理下"，谓冥间。尝试译为"下冥"，此词亦幽冥的术语之一。

⑭ sȝḥ，表示作为赏赐的土地，类似于中国古代制度中的汤沐邑、食邑之类，故尝试译为"田产"。

评　　述

在前现代和古典社会，沟通人神是少数人的权柄，天人交通需要特殊的中介，这不仅是古埃及、希腊等神权社会的特性，也是华夏文明的特点之一。尽管华夏文明"敬鬼神而远之"，但作为王道的辅弼，"怪力乱神"是神道设教的重要内容。神人之间的中介或曰祭司，或曰巫师，或曰毕摩，或曰天使，名号虽有万种不同，思维方式却殊途同归。《亡灵书》不仅是赞颂神明的一部典籍，也涉及许多祭祀场合的仪轨。这里便是一个案例。

祭司活跃于古埃及社会的政治、宗教、经济、外交以及文化各领域，为古埃及政治体制的重要阶层。（李模：《游刃于宗教和世俗两个社会的神仆们——〈古代埃及文献〉中的祭司职能》，《阿拉伯世界》2001年第1期。）比如，了解古埃及的历史，重建古埃及的年代学和王表，除了地下的文献和文物材料之外（比如编年体的《帕勒摩石碑》），最重要的一部典籍便是《古埃及史》（已散佚，有辑本），其作者曼涅托正是一位祭司。（孙厚生：《古代埃及年代学和王表》，《东疆学刊》1986年第1期。）前文曾出现若干祭司，比如读经祭司、瓦布祭司等，祭司不仅是国王、民众精神生活的形塑者，是文化知识的创造者和传承者，同时是世俗生活的参与者。他们赋予法老的统治以合法性，也在民众的婚丧嫁娶、生老病死中扮演重要角色。此处祭司的职能大概是引领神魂，文中"为你们引来了阿尼"等词句显然表明其引魂功能。古埃及人对丧葬相当重视，这有点类似于中国人所说的"慎终追远"。祭司将奥西里斯-阿尼引领到奥西里斯面前，看来地位相当尊崇。阿尼的言辞是具有普遍意义的套语，表达的是贵族及一般民众的普遍愿望，即进入赫泰普之野而获得永生。

神明的裁决

第十三帧、第十四帧及第十五帧开始部分主要内容为神明图像,四四结组,共计十组四十位神明。

第 十 三 帧

上方各有一门廊,其上装饰有玛阿特之羽以及冠阿腌盘的虺蛇;下方门廊上则是阿努比斯和乌加特之眼。

图像为阿图姆、舒神、泰菲努特、奥西里斯和托特。

(甲)**于今楹城里的伟大裁断者们是阿图姆、舒、泰菲努特**[①]。**而塞布乌遭禁锢**[②],意即塞特之魔军被剪除,实乃其再次作恶。[③]**噫**[④]!**托特!使奥西里斯克敌制胜,使奥西里斯-阿尼克敌制胜,借着桀都中的伟大裁断者们;在桀都城竖起结德柱**[⑤]**的夜晚。**

> **注释**
>
> ① 泰菲努特与舒神为对偶神。泰菲努特是一位女神,代表雾气;舒神是空气的人格化。泰菲努将通常头戴狮或虺,或兼戴二者。据云此神出于努比亚,有嗜血的特质,火焰出于她的双眸,而她亦能吞噬火焰。此神和舒神都出现于金字塔文献中。
>
> ② 朱书,表示禁锢的力量。Sbyw,字作 𓌃𓈖𓏏𓀒 (最后一符号为敌人双手被反缚之象 𓀒)。𓀒 为复数形式,定符或取击打的棍棒,或象反剪双手的敌人,其含义为"反叛者"。句中指和拉伸作对的恶魔,如阿佩普、貂克等。
>
> ③ 第一次为恶即杀害奥西里斯。塞特的魔军和塞布乌并列,当系不同的两支反抗力量。但也可理解为同位关系。要之为阻挠冥间之旅的恶魔。
>
> ④ 此处以及后文的"噫"字皆为语气词,使用朱书,似有禁咒功能。

⑤ ⸺，效仿花束捆绑在一起的柱子，象征恒定、稳固。故金字塔文献中以其为定符的词有 ḏd（稳固的）。"桀都"字作 ⸺，音读为 ḏdw。

图像为奥西里斯、伊西斯、奈菲提斯和荷鲁斯。

（乙）于今桀都里的伟大裁断者们是奥西里斯、伊西斯、奈菲提斯及为父报仇者荷鲁斯。于今竖起结德柱于桀都，即谓塞科姆之领袖荷鲁斯的肩膀⑥。它们在奥西里斯身后，仿佛裹缠的绷带。⑦噫！托特！使奥西里斯克敌制胜，使言出必验者奥西里斯-阿尼克敌制胜，借着塞科姆城中的伟大裁断者们；于塞科姆，在夤夜之物⑧的夜晚。

> 注释

⑥ 纳布西尼本作"双肩和双臂"。

⑦ ⸺，作为动词读为 mr（绑缚），名词读为 mrw（绷带），当指裹缠木乃伊的布条。音符不仅表音，亦揭示语源。mr 音符有 ⸺、⸺、⸺，为犁锄、钻凿、沟渠之象。其取义有两端，一为缠绕，一为穿刺。故 ⸺，mrt，义为"仆从、奴隶"（被束缚者）；⸺，mrwt，义为"喜欢、期待"（心有所系，《庄子·外物》谓六官为"六凿"，《荀子·哀公》以五官为"五凿"，以"凿"为欲恶，意义有相通处）；⸺，mr，义为"朋友、国民"（有义务和情感联络者）；⸺，义为"病痛"（为病所刺激）；⸺，义为"运河"（由开凿而来）；⸺，mryt，义为"河岸、港湾"（与川流有关）；⸺，mrw，义为"沙漠"（沙漠号为流沙，与川流意象相当）；⸺，mrrt，义为"街道"（可穿越之途）；⸺，mrḥ，义为"腐败"（物穿则败）；⸺，mrḥt，义为"油膏"（所以润滑之物，与川流意象相若）。聊举此数例，以见古埃及文字字理与汉字有可通之处。其他例子甚多，不一一列举。

⑧ 所谓"夤夜之物"，即"奥西里斯的石棺"。夤夜，字作 ⸺（ḫ3wy，深夜、夤夜），或体作 ⸺。其字或径用意符 ⸺（有楹柱的大厅，亦作定符）。神明隐藏，所谓"图弗能载，名弗能举。……鬼见，不能为人业，故圣人贵夜行"（《鹖冠子·夜行》）。神明"夜行"，表现的正是微妙莫测的特点。

图像为奥西里斯及荷鲁斯、两只在拱门上的乌加特之眼和托特。

（丙）**于今塞科姆城里的伟大裁断者们**是荷鲁斯－肯提－因－玛阿⑨、托特——在纳耶尔尔夫的裁断者们之中。**贪夜之物的晚间庆典，**⑩即在破晓时奥西里斯的节葬礼。⑪噫！托特！使奥西里斯克敌制胜，使奥西里斯－掌书阿尼克敌制胜，凭着佩特和德佩特⑫的伟大裁断者们；在竖起荷鲁斯柱饰⑬的夜晚，他被确立为其父奥西里斯之物的继承人。

> 注释

⑨ Ḥr-ḫnty-in-m₃₃，此词有不同理解，或诂为"领袖荷鲁斯，他无所见"，或"荷鲁斯，不可见的前行者"，或释为"荷鲁斯，前额无眼者"。

⑩ 朱书，表示此庆典的现实指向功能。

⑪ 此句解释了上文"贪夜之物"，其中可能有某种宗教仪式。

⑫ 第十九王朝时期下埃及的两个地名。

⑬ 两根柱子之间的连缀装饰，象征稳固、安定，用于国王登基庆典。

图像为荷鲁斯、伊西斯、伊姆塞特和赫普。

（丁）**于今佩特、德佩特城里的伟大裁断者们**是荷鲁斯、伊西斯、伊姆塞特和赫普。在竖起荷鲁斯诸柱时，塞特和他的追随者们⑭说："竖起诸柱，因它之故⑮。"噫！托特！使奥西里斯克敌制胜，使言出必验者、奥西里斯－掌书阿尼克敌制胜，凭着泰乌－莱克特⑯中的伟大裁断者们；伊西斯彻夜难眠⑰的夜晚，为她的兄长奥西里斯致哀。

> 注释

⑭ 塞特为荷鲁斯的对手。此句可能是争夺奥西里斯之物继承权。文句中的"它"可能是奥西里斯的石棺。既然荷鲁斯竖起诸柱宣示了继承权，塞特及其追随者可能亦如法炮制。

⑮ 它，应当指葬礼。这里可能表示对继承权的争夺。

⑯ 地名，有学者释读为"洗衣工之岸"。

⑰ 文句中的 sḏr 既有"睡下"之意，也有"度过……夜晚"之意，因后文有 rs.tw（保持警醒）字样，故当取后一义。

图像为伊西斯、荷鲁斯、阿努比斯、伊姆塞特和托特。

（戊）于今泰乌–莱克特中的伟大裁断者们是伊西斯、荷鲁斯和伊姆塞特。噫！托特！使奥西里斯克敌制胜，使言出必验者、奥西里斯–掌书阿尼克敌制胜，凭着阿拜多斯中的伟大裁断者们；在哈克尔神[18]之夜，清算亡灵、甄别精魂，并在特尼城[19]中发出欢呼之声。

> **注释**

⑱ 𓎛𓂝𓂋𓀭，h3kr，从限定符号推测，当谓神明。另有𓎛𓂝𓂋𓇳（h3kr）一词，当系与此神有关的宗教节日之名。

⑲ 地名，上埃及第八州郡的首府。

图像为奥西里斯、伊西斯、威普瓦威特、奥西里斯和结德柱。

（己）于今阿拜多斯城里的伟大裁断者们是奥西里斯、伊西斯和威普瓦威特[20]。噫！托特！使奥西里斯克敌制胜，使奥西里斯–掌书阿尼——诸神供物的盘点者[21]——克敌制胜，凭着分判死者的裁断者们[22]：给亡魂算账[23]。

> **注释**

⑳ 其神形𓃥为灵柩上的胡狼之象。神名写作𓎡𓊪𓏏𓃥或𓎡𓊪𓏏𓃥，wp-w3wt，字义为"开路者"。此神见金字塔文献，在丧葬语境中常和阿努比斯相混淆。

㉑ 此处为掌书阿尼的职务，照应前文所说。

㉒ 此句"裁断者们"无"伟大"一词修饰之。

㉓ sipt mwt，sipt 为 ip（计算，考虑，审视）的使役动词被动形式，sip 有"监察、评估"之义。句中含义是对死者平生功过的盖棺定论。《太平经》卷四〇《努力为善法》曰："地下得新死之人，悉问其生时所作为、所更，以是生时所为，定名籍，因其事而责之"；《太平经》卷一一二《有过死谪作河梁诫》又曰："太阴法曹，计所承负，除算减年，算尽之后，召地阴神，并召土府，收取形骸，考其魂神"。"悉问""除算减年""考其魂神"语境与之相当。

神明的裁决 | 101

第 十 四 帧

图像为托特、奥西里斯、阿努比斯和耶斯登。

（庚）**于今分判死者的伟大的裁断者们**㉔是托特、奥西里斯、阿努比斯和耶斯登㉕。**给亡魂总账，**㉖即叛乱之贼㉗后裔的魃魂所监禁之物。**噫！**托特！使奥西里斯克敌制胜，使言出必验者、奥西里斯－掌书阿尼克敌制胜，凭着桀都中的伟大裁断者们，在桀都犁开大地时㉘；在那以他们㉙的血流犁开大地之夜，奥西里斯克敌制胜。

注释

㉔ 表述与以上文句略异。别本或作"在死者之途中"。
㉕ 神明之名。此神被视为托特的随从之一，亦被看作托特本身。
㉖ 朱书，表示此事带有终极关怀的意义。
㉗ ![hieroglyph], Bdšt, 魖形定符表示怪物、魔鬼，取 ![hieroglyph]（bdš, 衰弱者、屠夫）之义。
㉘ 可能为宗教仪式，后文有敌人之血的暗示。
㉙ 他们，指奥西里斯的敌人。

图像为桀都城犁开大地的三位神明。

（辛）**于今桀都城里的犁开大地的伟大裁断者们中，**来了塞特的同盟，他们化身为野兽㉚。他们就在那些神明前被屠宰，他们被击倒，血从身上流下。这事在那些桀都城中者们意料㉛之中。㉜**噫！**托特！使奥西里斯克敌制胜，使奥西里斯－阿尼克敌制胜，借着纳耶尔尔夫中的伟大裁断者们；在那"诸象潜藏"的夜晚。㉝

注释

㉚ 或本作"山羊"，"野兽"于语义更足。
㉛ sipt，或译"监察"，并通。

㉜ 这里照应文中出现的"秘密之谋划"。
㉝ 暗示的是奥西里斯。

图像为拉、奥西里斯、舒和犬首神波比。

（壬）**于今纳耶尔尔夫的伟大裁断者们**是拉、奥西里斯、舒和波比㉞。于今是伟大的"诸象潜藏"㉟之夜。奥西里斯－万－奈夫尔的股、踝和腿被放入石棺。噫！托特！使奥西里斯克敌制胜，使言出必验者、奥西里斯－阿尼在奥西里斯面前克敌制胜，借着乐斯陶的伟大裁断者们；在阿努比斯横放㊱双臂于奥西里斯身后之物上的夜晚，使荷鲁斯克敌制胜。

注释
㉞ 亦被称作巴巴、毕毕，或巴巴阿、毕波。
㉟ 承上文而来，或本无"伟大"二字。所谓"诸象"即后文奥西里斯的肢体。
㊱ sḏr，本义为"躺下"，句中根据上下文翻译为"横放"。或译为"阿努比斯度过一晚，双臂在奥西里斯之物上"，亦通。

图像为荷鲁斯、奥西里斯、伊西斯以及另一位不可辨识者。

（癸）**于今乐斯陶的伟大裁断者们**是荷鲁斯、奥西里斯和伊西斯。奥西里斯之心快乐，而荷鲁斯之心则豪放。㊲伊特尔提㊳皆因之㊴而和平。噫！托特！使奥西里斯克敌制胜，使言出必验者、诸神供物的盘点者、奥西里斯－掌书阿尼克敌制胜，在十城中㊵的伟大裁断者们，以及拉神和奥西里斯、一切男神、一切女神，乃至万物之主面前㊶。他歼灭其敌，他消除他的一切灾难。

注释
㊲ iw wsir ib.f nḏm|iw ḥr ib.f ꜣwi。nḏm 本义为"甜蜜"，指心旷神怡之快乐。ꜣwi，本义指"变长大，扩展"，尝试翻译为"豪放"。
㊳ itrty，取音译，有特定含义。该词来源于（itrt），指在塞德节庆中上、下埃及神庙群中的神明们。下文中的神灵清单是对此的进一步说明。
㊴ 之，谓仪式。
㊵ 以上共计十城。

神明的裁决 | 103

㊶ 万物之主与拉神、奥西里斯等并列，可能另有所指。有待进一步研究。

诵读此篇，纯洁者将在白昼出现㊷，在其驻泊㊸之后，以随其心所欲的形象。若此篇全部为他诵读，则他会在大地上强大有力。他会从火中㊹抽身，不会被一切事物、一切患难纠缠。关乎他的是真正的救赎，万古不泯。㊺

> **注释**

㊷ 这里可能表明《亡灵书》的最初名字，即"在白昼出现之书"。

㊸ [hieroglyph]，mni，死亡的隐晦表达。其以船只为定符，本义即"靠岸、停泊"。或体为[hieroglyph]，亦径直作[hieroglyph]、[hieroglyph]两形，取象于死者。古埃及人认为人死后随日神经过冥间之旅，而日神的旅途多取水路（《冥书》第七时次有依靠巫术旱地行舟的记载）。故人死以船只靠岸为喻。另参《兄弟俩》结尾部分。

㊹ 火是冥府中最大的患害之一。

㊺ 《太平经》卷五〇《天文诀》："故古诗人之作，皆天流气，使其言不空也。……天所以使后世有书记者，先生之人知且寿，知自然，入虚静之道，故知天道周终意，若春秋冬夏有常也。后生气流久，其学浅，与要道文相远，忘前令之道，非神圣之人，不能豫知周竟，故天更生文书，使记之相传，前后可相因，乐欲使其知之以自安也。""言不空"正是《亡灵书》等神话文献的功用所在，所以"豫知周竟"，即知晓且合乎玛阿特。

评　　述

本篇共有十章，每章的行文风格大略相同，涉及十个城市或地方。古埃及城市与中国一样，也有一逐渐发展演化的过程。（周启迪：《试论早期埃及城市的性质和作用》，《北京师范大学学报》1993年第3期。）《亡灵书》时期，城市当然已经形成一定规模。此十城是否皆然难以定论，却无关宏旨。本篇叙事的格式是：某地的裁断者是哪些神灵，此时发生的神话事件以及阿尼的祈愿。裁断之地的神灵不是固定不变和一一对应的，有些神明会出现在多个城市之中充当裁断者，比如奥西里斯、荷鲁斯等。这也反映出古埃及神权的某些特点，即有些神灵是可以"走穴"的。

判决是《亡灵书》的一个重要内容，冥间判决是世俗司法制度的投影。古埃及词汇表中有"法律"（hp）这个词，这也是古埃及文明对人类司法制度的贡献。尽管在古埃及文献中没有类似于西亚《乌尔纳姆法典》《汉谟拉比法典》那样条文明晰、内容丰富的法典系列，但古埃及的司法内容却保存在诸如王室敕令、自传体文献以及丧葬文献等丰富的文献材料中，比如著名的古埃及故事《能言善辩的农民》即属此例。（相关中文专著有王海利：《失落的玛阿特——古代埃及文献〈能言善辩的农民〉研究》，北京大学出版社，2013年。）由于神明在古埃及具有举足轻重的地位，神谕审判便成为凌驾于世俗法律之上的监督制度。此段文辞，可推测古埃及司法制度之一斑。

《亡灵书》中最核心的判决当然是称量心脏，决定亡灵是否能够进入来世乐园——赫泰普之野。这个判决和荷鲁斯-塞特之战纠结在一起。塞特与荷鲁斯的斗争散见于金字塔文献，《亡灵书》时期则集其大成。亡灵必须表明立场，宣称作为奥西里斯或拉神的随扈，才能走上复活之路。而这正是亡灵之旅的最核心步骤。

十地与前面的十扇门有某种呼应关系，即象征着神话的圆满。《说文解字·十部》："十，数之具也。一为东西，丨为南北，则四方中央备矣。""数之具"移用于《亡灵书》语境，义相通。"十"乃是时空的圆满，表示地理上的完整。如《太平经》卷四〇《分解本末法》说："夫天道生物，当周流俱具，睹天地四时五行之气，乃而成也。一气不足，即辄有不足也。故本之于天地，周流八方也，凡数适十也。"《太平经》虽为中国道教典籍，其对"十"的阐释亦可用于对《亡灵书》中圣数的解释，时空正是此篇的核心问题。此书还重视"七""四十二""二十一"等数字，《冥书》《门户之书》则重视"十二"，这归根结底是一种数字崇拜的反映。

十地裁决的内容围绕一个核心事件，即奥西里斯言出必验，而恶魔会被彻底消灭。行文使用互现法、鳞爪法不断重现奥西里斯被塞特谋杀而荷鲁斯为之复仇的神话，营造出一种悲壮而严肃的审判氛围。这几处文字提及塞特盟军被剪除，荷鲁斯被确立为继承人，伊西斯为丈夫举哀，亡魂被核验，叛军后裔不服东山再起，奥西里斯的残躯被安葬等情节。神民关系在此篇得到淋漓尽致的展示。

最后则是关于诵读此段的功能，并再次出现"真正的救赎"这一术语。巧合的是，上一次出现是在"启口"章的朱书文字中，紧承此语之后则是阿尼的启口仪式。

巴奇整理本第一章之前有一段补充文字，是关于奥西里斯在楹城的，抄录如下：

噫！托特！使奥西里斯克敌制胜。使奥西里斯克敌制胜：就如奥西里斯所说那般，就如在众裁断者前一般。他们和拉神同在、和奥西里斯同在，在榅城之中。在禽夜之物的晚上，在战斗的晚上，那对塞卜乌施以禁锢之夜，以及万物之主的敌人们被剪除的日子。

为阿尼启口

第 十 五 帧

画面开端呈现的是由塞姆祭司为阿尼主持启口仪式。阿尼取坐姿,祭司着标志性的服饰——豹裘,右手持一名曰乌尔-赫卡(巫力强大之物)的工具。此坐像前方为棺椁及若干仪式用物。

关于开启① 奥西里斯-阿尼之口之辞。其辞曰:
我的口由普塔神开启。② 解开③ 束缚,那属于我之口的束缚④,由我城中的神明。来吧,托特,备足咒语,解开束缚,那塞特禁锢我之口的束缚。愿阿图姆击退并射杀那些禁锢者。⑤ 开启我的口,分开⑥ 我的口,由舒神⑦,以他的金属⑧凿具,他借之分开众神之口。

我乃塞赫迈特,我坐于苍穹的大风中,伊米特-乌尔⑨;我乃楹城众魃魂中伟大的萨赫女神。⑩

这些针对我的咒语和言辞,诸神都会反对,即九神团的一干众神。⑪

注释

① ⌇⏋,wn,基本含义即"门户(⌐,ʿ3)之开启"。有时此词限定符号亦加⌇⎯(像持有短棍的手臂),强化动作意味。此词与后文"分开"的侧重点不同。它更强调的是由关闭而开启的过程。

② 启口仪式为核心仪式,故此段文字涉及此仪式者皆以朱书。

③ ⌇⏋,wḥʿ,此词音符亦兼有意义,⌒为有网的渔舟,其下为手,会撒网之意。凡撒网必松手,故含义为"松开",引申而有"停工"等义。另同音字有⌇⏋(渔民)。木乃伊以布条层层裹缠,如网络束缚,原文选用该词甚为贴切,可诂训为"解开缠束"。渔网可撒,亦可缠束,故汉语有"渔民""渔百姓"(《商君书·修权》),表"搜刮"之义。从比较角度来谈,这是中国与

古埃及不同的渔猎生活经验和文化心理在语言文字上的投射。

④ "束缚"二字为重文符号,表示前面的词重复一遍。

⑤ 此句难解,可能有错讹。今从一本翻译之。

⑥ wpi,与前文的"开启"为同义词,但可能侧重点略有不同。本句强调的是上下嘴唇分开,而前者侧重于解开束缚而开启。

⑦ 本节第三次使用朱书文字,表示对其兑现言辞的强调。舒神为赫利奥波利斯神系的成员,为空气的象征,他与泰菲努特为对偶神。他双手撑起天空努特,双足站立于大地垓伯身上。他曾将登天之阶 🪜 放置于"八城"(赫尔莫波利斯),他在分离天地之后将阿暾盘送上天宇。四根撑天柱是他的标志之物,当然他亦有神明通常所持的塞特杖等。在古典学家的记载中,他被类比为阿塔拉斯。

⑧ 原文为"天空之金属"。

⑨ Imt-wr,可能为地名。待考。

⑩ 𓇼,音读为 sꜣḫ,猎户座之神。此词通常写作 𓇼。两词使用了不同的限定符号。使用蛇形符,该符表示女性神,表明在《亡灵书》的设想中这是一位女神。

⑪ 既然提及诸神反对,则所谓咒语和言辞当指塞特等敌人对亡灵的禁锢之辞。

评　　述

这是《亡灵书》第二次出现启口的篇章,这一章尽管短小,内涵却丰富。行文中提及的普塔神,是孟斐斯的创世神,是生命的赐予者。对他的信仰贯穿从早王朝到托勒密时期的古埃及历史,随着古埃及的开疆拓土或外族征服,普塔信仰也逐渐扩张到古埃及全境以及地中海东岸地区。他有时也等同于拉神、阿图姆神,被称为"遂初的伟大存在者""众甫之甫""日月之卵的造主""玛阿特之主"等等,据说他不仅是世界万物的设计者,还是人类的创造者。他有一系列与之相关的名号,诸如普塔-努恩或普塔-哈皮(天域之水)、普塔-索卡尔(表示普塔与索卡尔的合体)以及三联神普塔-索卡尔-奥西里斯等等。《亡灵书》中他主持启口仪式,也就是赋予亡灵以生命。他的形象是被裹缠的、站立的木乃伊,有编须,携启口之具。他项戴门尼特,手持象征权柄的塞特杖、象征生命的符号以及象征坚固或健康的结德柱。其配偶即下文的塞赫迈特,其子为奈夫尔-阿图姆,也就是少年阿图姆。

由于普塔是生命的赐予者，所以后文又有舒神开启阿尼之口的说法。这里反映出古埃及神话的多神论特点，启口仪式被看成是集体合作的产物，但核心技术却掌握在普塔神手中。

塞赫迈特为普塔神的配偶，她是一位狮头之神，也是一位与瘟疫相关的女神。（郭丹彤：《古代埃及瘟疫的传播和影响》，《史学集刊》2022年第1期。）奈夫尔－阿图姆是她与普塔之子，他们还有一子伊姆赫泰普，后者其实是真实的历史人物，乃第三王朝最有作为的一位法老左塞尔王的维西尔（相当于汉语中的令尹、宰相）。这位伊姆赫泰普因在孟斐斯附近建造了人类第一座石头建筑——阶梯式金字塔而闻名于世，因此被视为智慧的象征。他还制定了祭祀礼仪并开启了制作木乃伊的先河。塞赫迈特是拉神和奥西里斯之敌的征服者，有一则神话说，她为了报复人类对神明的蔑视，在人间制造杀戮，造成哀鸿遍野的局面，众神最后利用红酒将其制服才得以延续人类的烟火。此段"坐于苍穹的大风中"盖即隐喻此萧飒之境。而她同时是保护神，其形象通常为狮首、冠阿暾盘，其名字的含义是"有力者"。塞赫迈特呼应阿尼的发言，大概也是为了回应其夫君普塔，即承担起对阿尼的保护之责。

托特是咒语的准备者，在金字塔文献中他是一位月神，后来成为语言、文化、科学之神。（刘金虎、郭丹彤：《论古代埃及〈金字塔铭文〉中的早期托特神崇拜》，《史学集刊》2016年第2期。）近年来，有学者将其有关的文献辑录为《托特之书》。（相关研究参见刘金虎：《〈托特之书〉整理研究》，东北师范大学2016年博士学位论文。）当然，咒语也被纳入托特的职司范围。古埃及人认为咒语是具有实际力量的，篇末没有忘记再提一句，那些施害的咒语对"我"（阿尼）无效，但下文紧接着就涉及"我"搜集咒语的内容。

冥 间 咒 语

关于带给奥西里斯－阿尼的咒语之辞。

我乃阿图姆－凯普瑞,自我显象于其母腿间者。那些在努神①中者,众豺狼②;那些在裁断者中者,鬣狗③。

噫嘻!我采辑咒语,从其存在的各处④,从其持有的各人。迅疾⑤犹如灵缇,倏忽胜似电光⑥。噫!携来拉神的玛恒特之舟者⑦,你的缆绳在北风中绷直,你会航越冥界的火湖⑧。

噫嘻!我采辑咒语,⑨从其存在的各处,从其持有的各人。迅疾犹如灵缇,倏忽胜似电光。⑩它们显化于母神的腿股间⑪,并从虚寂中创造众神⑫,母神则给予众神生气⑬。

噫嘻!我采辑咒语,从其存在的各处⑭,从其持有的各人。迅疾犹如灵缇,倏忽胜似电光。一曰,倏忽胜似阴影。⑮

注释

① ▭▭▭, nw,源始大水的神格化。此处代表天空,因天宇为浩漫的大水。此神号称"诸神之父"(这个称号为许多神明所共有)、"伟大的神明团之诞生者"。在神话叙事中,环绕冥间的水源即为此,它也是尼罗河之源。

② ▭▭, wnš,豺狼一类的动物。以豺狼首为装饰的滑橇写作 ▭▭▭,与前读音相同(最后符号为 ▭,埃及的滑橇)。

③ 前后两句之间可能表示所属关系,即豺狼属于努神中者,鬣狗属于裁断者。

④ 原文有缺失,据后文补译。

⑤ 朱书至"迅疾"二字,是抄写者疏忽还是另有含义,未详。

⑥ ▭▭, ḥзḥ,含"行动迅速"之义。从 ▭ 之字亦兼有"播散、开布"之义。如 ▭▭▭,义为"议政厅"(发布命令、播散意见之处);▭▭▭, ḥзi,义为"度量"(凡度量,必由此及彼,有播散之意);▭▭▭, ḥзi,义为"检查(疾病)"(全身搜索症状,有散发之意)。由此而引申有 ▭▭▭▭, ḥзyt,义为"疾

病"（异体作 ◦𓐝𓄿-𓊃）；𓐝𓄿𓏭𓊪, h3y，义为"供桌"（陈列祭品的桌子）；𓐝𓄿𓏭𓇳𓏏, h3wy，义为"黉夜"（光线收束，暝色散布。意义相反，所谓反义为训）；𓐝𓄿-𓂝𓏭, h3ʿ，义为"投掷"（亦散布之意）；𓐝𓏝𓏥, h3.b3.s，义为"星空"（盖谓众魅魂散播之地）。此为汉字"右文说"可普遍应用又一例证。《庄子·盗跖》有"心如涌泉，意如飘风"之言，此段咒语之"迅疾""倏忽"或亦指其言辞汩汩滔滔、层出不穷。

⑦ 灵舸之一。掌管此舟的神灵名为"赫尔夫－哈夫"（ḥr.f ḥ3.f，脸孔朝后者），他负责摆渡亡灵。

⑧ 火湖，冥界构想中的危险之地。

⑨ 这里的朱书文字与上文有所不同。

⑩ 《六韬·龙韬·军势》有"疾雷不及掩耳，迅电不及瞑目"，以雷电比喻迅速，与此相若；电光亦可翻译为"电影"（《六韬·虎韬·军用》旗帜之名，或以为"矢之迅疾者"，要之以电光为喻）。

⑪ 或读为"它们显化为母亲神"，"它们"当谓咒语。此处直接说明了咒语的创造力量。《太平经》卷五〇《神祝文诀》曰："天上有常神圣要语，时下授人以言，用使神吏应气而往来也。人民得之，谓为神祝也。"咒语正有"用使神吏应气往来"之功。

⑫ 这里是一处关于创世的神话，即从寂静、沉默中创世，折射出语言创世的痕迹。《门户之书》亦言及拉神创世，但更详细。第一时次第一场云："民萌、诸神‖与夫一切畜群、一切灵介，这大神所创造者‖这位大神，他乃创设制度‖在他靠近之后，于大地上——他为其右眼创造者"，第五时次第三〇场则谓拉神创制了"人民、叙利亚人、努比亚人、利比亚人"。其中"人民"出于拉神的眼泪，指埃及人（"人民""眼泪"为谐音词）。此段表示世间万物皆拉神之造物，大略不出"以磨为日月星辰，以昭道之；制为四时春秋冬夏，以纪纲之；雷降雪霜雨露，以长遂五谷麻丝，使民得而财利之；列为山川溪谷，播赋百事，以临司善否；为王公侯伯，使之赏贤而罚暴；赋金木鸟兽，从事乎五谷麻丝，以为民衣食之财"（《墨子·天志中》）之类。

⑬ 此词原文为"火热"，可能指人身温暖而不僵冷等生命体征。此句也有学者译为"众神被创造，使之静默"，似不甚畅达。存以备考。

⑭ 原文"采辑"一词缺失，据上下文补译。朱书仅止于"我"一词，又较上文有所减少。要之，三处采辑咒语的表述皆用朱书，但朱书文字呈递减趋势，这是有意为之，还是无心之失？值得研究。

⑮ 阴影，šwyt，与前文"电光"为同音词，唯定符不同（定符为屋宇）。结尾部分纳布西尼本作："一曰：倏忽赛过舒神，他创制了众神，从虚寂之中。众神靡弱无力，他赐予诸神的头颅以热力。嘻嘻！我采辑咒语，从其存在的各处，从其持有的各人。迅疾犹如灵缇，倏忽胜似电光。"据此本，则诸神乃舒神由虚寂中创制。句中或亦表示咒语之不可捉摸。《关尹子·宇篇》曰："言之如吹影，思之如镂尘。圣智造迷，鬼神不识。"

评　　述

此章的叙述者是阿图姆－凯普瑞，行文中的"我"皆应视为大神自述之辞。阿图姆为日落时的拉神，而凯普瑞为日出时的拉神。行文使用了三个排比段落，叙述者"我"从六合之中采集咒语。"迅疾""倏忽"有可能指"我"行动之迅速，也可能指咒语的有效性，即刻应验。三次采辑咒语对应于三个功能。第一次是顺利穿越冥间的火湖。第二次似乎带有创世意味——可能影射日神再次从冥间升起。第三次没有对应的施咒对象，有可能是对采集咒语的总结。

本篇包含阿图姆创世和语言创世的痕迹。人、猿相揖别，人在劳动过程中逐渐成为语言的动物，语言成为人与自然分离的标志。"鹦鹉能言，不离飞鸟；猩猩能言，不离走兽"（《礼记·曲礼上》），语言是人类感知世界、确立人伦规范的工具，是探究天人之际、神民之辩的重要媒介。人类对语言的膜拜和珍视，在早期神话中每有反映。语言创世神话即其最重要的例证，希伯来文献、婆罗门文献等都有反映。本篇即保留有语言创世的神话面影。

以下即是对这些咒语内容和功能的介绍，包括给予亡灵心脏、不使亡灵之心和躯体分离、不取走魃魂、给予亡魂呼吸、不被摄取心念、不取走心脏、在冥间呼吸及饮水、不再死亡而生存于冥间、不进入屠场、不返回东方、不被割取头颅、使灵肉合一、不被拒斥于冥间、白昼出现、返回大地等共计二十三章。

自第十五帧中部开始至第十八帧结束，画卷表现为阿尼的一系列冥间活动。画卷上面共计二十一个小画幅，分为二十三章内容。第一章、第二章合用一幅画面，第二十章没有对应的图像。

第一章　阿尼着白色衣服，右手持其心脏，他正对阿努比斯发言。他们之间则为一珠饰项链，其搭扣为门廊之形，它所连接者则为表示日神之舟的胸饰，其中有代表日神的圣甲虫。

在冥间给予奥西里斯－阿尼心脏之辞：

愿我的心从藏心室中归我，愿我之心⑯从藏心室中归我，它安然于我身。否则⑰我将不能在花海⑱东岸享用奥西里斯的面点；你运舟顺流而下、逆流而上，我却不能到你舟中和你一起。愿我的嘴归于我，我将以之谈吐。愿我双腿可以行走，双臂可以拒敌。愿天门⑲为我而开，愿众神之王⑳垓伯为我松弛其颌骨，愿他使我紧闭的双目睁开。愿他使我僵直的双腿舒展，愿阿努比斯使我的双股强健，以便迈步㉑。愿女神塞赫迈特升举㉒我到天宇之中。愿我所令者在孟斐斯㉓得以实施。我知晓我的心，我掌握着我的心㉔，我的双臂有力，我的双腿强健，我有能力㉕作我的卡魂所欲为之事。我的魅魂不会被禁锢在尸身内，于西冥诸门户。㉖我安然无恙而入，我安然无恙而出。

> **注释**

⑯ 这两个"心"用词有别，意义亦当区分。第一个为 𓄣（金字塔文献作 𓄂𓏤），ib，有"心之官则思"（《孟子·告子上》）的意义，侧重于心的功能，可酌情翻译为"心思、心念"等；第二个写作 𓄂𓏤，ḥ3ty，异文写作 𓄂𓏤𓄣，来自 𓄂，ḥ3t（前），盖谓心脏之为物，乃"形之君也，而神明之主也，出令而无所受令"（《荀子·解蔽》），侧重于心之本体，因此该词亦有"胸"之训。二者析言如上，浑言无别。文献亦常通用。心亦为中国古人所重视。《管子·内业》："心以藏心，心之中又有心焉。彼心之心，音以先言。音然后形，形然后言。"此段文字，前一心谓心脏，后一心谓心灵，正可与古埃及人论心相参考。

⑰ 据上下文义，当补充"否则"二字。

⑱ 神话中的地名，东岸为日出之地，象征生命。这里应当是对东岸的向往，故所谓"花海"大略类似于"赫泰普之野"等。

⑲ 《楚辞·九歌·大司命》中有"广开兮天门"，天门的设想中外共有。

⑳ pꜥt，本义为"嫡子"，此处转译为"王"。

㉑ 原文是"举起、抬起"。

㉒ 原文是"舒展、伸开（双臂）"。伸开双臂有推举、提升之象，故译文如上。

㉓ 含义为"普塔卡魂之宫"。

㉔ 两"心"不同，参本页注释⑯。

㉕ 以上"有力""强健""有能力"皆使用同一词 sḫm，义为"掌握、控制""使……有力量"。

㉖ "门户"为阴间之旅的一个重要意象，另有专门讲述门户的神话文

冥间咒语

献《门户之书》。

评　　述

咒语首章即用于取回心脏，心脏在古埃及人的精神世界中占据核心地位，是生命之源、观养之本。这个看法和古代中国人的观点相似，古人云"心者，五脏六腑之大主也，精神之所舍也"（《黄帝内经·灵枢·邪客》），心为身之主。当然，心有体用之别，在汉语中使用相同的汉字"心"字表示，但古埃及文字中作为本体的"心脏"和作为功能的"心思"是不同的，此不同本书已随文注释。

制作木乃伊时，包括心脏在内的脏腑被取出保存在储罐中，并由荷鲁斯四子守护之，即所谓"四脏神"。在入冥之后，若亡灵通过诸神的考验之后，心脏会被从罐子中取出并安放在胸腔之内，亡魂因此得以复活。关于其具体的过程，可参考本书附录部分《兄弟俩》的故事中弟弟复活的描写。

阿尼所使用的咒语不外乎祈求成为奥西里斯的随从，自由谈吐、自由行动这些老生常谈。较为新奇的句子是祈祷"埃伯松弛其颔骨"。埃伯乃大地之神，松弛颔骨是张开嘴的曲折表达。这里运用了神话式的思维方式，即将冥府的入口视为神明的嘴巴。它揭示了地狱与口之间的关联。从比较神话学的立场看，世界上各大文明的巨口容器（比如中国殷商的猛虎食人卣）等皆可以从这一角度来阐释。（叶舒宪：《虎食人卣与妇好圈足觥的图像叙事——殷周青铜器的神话学解读》，《民族艺术》2010年第2期。）

第二章　图像为阿尼与阿努比斯相对而立，中间为一曲形护领，阿努比斯持塞特杖及生命环。

有关一切神明之供物的记录者奥西里斯－阿尼、言出必验者之心不被从冥间驱离于身之辞。其辞曰：

我心即我母，我心即我母[27]，我心在我诸形[28]之中。它在指证中不会反对我，在裁断者前不拒斥我。在司衡[29]面前你不要倾斜。你是我体内的卡魂，创制并健硕我的四肢[30]。愿你出来，前往佳胜之地[31]，我们去那儿。愿申尼特[32]——为人类树碑立传者[33]，不要让我的名字臭腐[34]。

注释

㉗ 后一句以重文符号表示前一句话的重复。或理解为"我心出于我母亲",亦通。

㉘ 复数,指人一生婴幼儿、少年、青年、中年以及老年等不同阶段。

㉙ 即掌管天平者。

㉚ 创制字作 [象形字], hnm,此词本义指第一瀑布的创造大神克奴姆。据说他曾创造人类。用为大神之名,还有可单独使用 [象形字],或者写作 [象形字]。句中用为动词,表示创制、制造。一般从此音者有组合、创制之意,如 [象形字], hnmw,义为"同居者"; [象形字], hnmt,义为"井"(在沙漠中的井,有生命创制之功)。若该词理解为克奴姆之神,此句译为"克奴姆使我四肢健硕",亦通。

㉛ bw nfr,义为"好地方",应当指涉的是"赫泰普之野"。前文有"美好的西冥",与之可互发覆。

㉜ 一组神灵之名,似司人类的名声。

㉝ imyw rmṯw ꜥḥ3w。此句关键在于对最后一词的解读。此词若读为 [象形字],ꜥḥ3w(碑铭)或 [象形字](立场,碑铭),则似乎可译为"人类碑铭的制作者,人类的树碑立传者";但此词也不能排除是 [象形字](ꜥḥ3w,单数 [象形字],ꜥḥ3,义为"积蓄")之讹误,此则可译为"使人类富有者"。不过从后文"使名字臭腐"等表达来看,这里更可能表示的是健康或德性方面的意义,而非经济意义。因此似以前解于义为长,即"使人类拥有碑铭者"或"有正直的声誉者",所谓"人之生也直,罔之生也幸而免"(《论语·雍也》)。

㉞ 以下据胡-奈弗尔本(大英博物馆 9901 号纸草):"我等幸甚,闻之幸甚。权衡话语,其心欢悦。不要在神明面前——西冥之主,那位大神面前——撒谎反对我。确实,你甚伟大,因言出必验而立身。"

评 述

此处之心乃心之用,即心思、心念。开宗明义第一句"我心即我母",颇有后人"我思故我在"的神韵。人因心而存活,这是宗教信仰的核心问题。行文中创制四肢云云,与上文心脏章互为表里,反映出心在人之存在中的重要意义。此段其他本子作:

"有关不使心脏从冥间驱离其人之辞:我心即我母,我心即我母。①我心即我在大地上之所以在。②在审判中不要拒斥我,在执事者③面前。谈及我所为时莫说："他所作为有悖于正道"，在西冥大神面前莫让逆我之事出现。致敬于你，我之心念。致敬于你，我的心脏。致敬于你们，那些职掌圣云④的诸神，他们以嘉木杖⑤悬绝之。你们对拉神美言，你们使我神采奕奕⑥于尼赫伯-卡乌⑦面前。瞧他，他已进入大地的最深处⑧。在大地上磨砺，在西冥不死，西冥中的灵明。"

人生在世不仅仅是为了饮食，还为了博取好名声。此章最后提出不要让名字臭腐的观念，恰恰是"我心即我母"的内涵，所谓"念兹在兹"（《尚书·大禹谟》）、不"失其本心"（《孟子·告子上》）之谓。关于名声，纳布西尼纸草亦有相似章，录之如下：

> 使其人在冥间记得他的名字之辞。唯愿我的名字在双大殿⑨之中，愿我在火宅⑩中记得我的名字，于那长年累月⑪的夜晚。我在那些位⑫之中，我坐于天之东极。任何神走到我面前，我都会立即说出他的名字。

注释

① 原文为重文符号。

② 我有心，故我在。此乃笛卡尔式的"我思故我在"。

③ 原文为 nb ḥt（事务之主），即司掌某事的神明，尝试译为"执事者"。《尚书·盘庚下》："呜呼！邦伯师长百执事之人，尚有隐哉。"孔疏："其百执事谓大夫以下，诸有职事之官皆是也。""有职事之官"正与该词字义相照。

④ 云之神化，埃及文献似较罕见。《乌纳斯金字塔铭文》第285辞："斯莎乌，雨哟 ‖ 那条蛇会心力衰竭，而我的心口可久特 ‖ 云层散开，那狮子将沉浸于水中 ‖ 而王者的心口则宽阔、宽阔"。这是将云视为驱蛇的手段（狮子为蛇之隐喻）。中国文学作品中有"云中君"（《楚辞·九歌·云中君》）、"云师"（《左传·昭公十七年》），古印度文学有迦梨陀娑《云使》，古希腊文学有阿里斯托芬《云》，这些都是专门以"云"为题材的创作。这可能是地理环境之异导致了不同的文学趋向。

⑤ 𓌀，dˤm，杖名，音译兼意译为"嘉木杖"。象形字作𓌀，其形制为塞特（？）杖首，曲柄。但在定符使用上通常与瓦斯杖相混。瓦斯杖形制为塞特（？）杖首，但杖柄则甚直，字作𓌁。又作𓌀𓏌，定符即混用为瓦斯杖。在金字塔文献中出现过𓌀𓏌（wꜣs），即瓦斯杖，异文为𓌁𓏌、𓌁。音符不仅表音，亦揭示语源。由于杖有击打功能，因此 wꜣsi 表示破坏、败坏的动作。

⑥ 原文作"使绿，使茂盛"。绿色、红色皆有生命昌盛之象，故译为"神

采奕奕"。

⑦ 尼赫伯-卡乌，字作 [象形字]，nḥb-k3w，含义为"诸卡魂的系联者"。[象形字]，nḥb，义为"系联、套轭"等。在神话中，尼赫伯-卡（Nḥb-k3）是一位女神的名字，通常取蛇首之象，亡灵将自身与之等同。

⑧ r imt 3ʿt，意即"入于大深处，进入最里面"。

⑨ 可能谓奥西里斯的宫殿。

⑩ 原文是"火之屋宇"。"火宅"为佛教恒语，借用之。

⑪ 原文是"计算年数，录其月数"。

⑫ Pwy，神灵的隐语，后文有"那人"的说法。

第三章　图像为阿尼手持代表其魂灵的人首鸟。

有关不要从冥间取走人的魅魂之辞。奥西里斯-掌书阿尼言曰：

我即其人㉟，我从鸿渊㊱中出现，他赐予我洪泛㊲，以便像河流一样神威赫赫㊳。

注释

㉟ Pw，照应前文的 Pwy（那些）。"我"是"那些位"中的一员，因此可自称为"那人""其人"，意即神明。

㊱ 谓源始大水。水有含蕴之功，古人以为"水者，万物之准也，诸生之淡也，违非得失之质也。是以无不满、无不居也。集于天地而藏于万物。产于金石，集于诸生，故曰水神"；"万物之本原也，诸生之宗室也，美恶贤不肖愚俊之所产也"（《管子·水地》）。

㊲ [象形字]，bʿḥi，定符为水流和 [象形字]（苍鹭立于栖木之象）。"洪泛"为丰穰意象。

㊳ 字面含义为"掌控着"。

评　述

此章内容简洁，然意义幽深。魅魂为古埃及人三魂之一，文辞中并未直接言及魅魂，却描绘了水源和河流。究竟何以如此，尚有待进一步研究。巴奇所录标题为"有关在冥间饮水之辞"的章节，其内容与之有几处相似，皆自陈高贵出身，皆自称强壮如河流。颇疑此节乃后文"控制水源"章之错落于此。今抄录如下：

> 我即其人，我出自埃伯；赐予他洪泛，他因而强盛如哈皮神。我，正是我，开启天之双门。天的孪生子托特和哈皮为我开泄天渊①，炜炜煌煌②。愿我掌控水流，如同对付其敌塞特一样，在那双土地③震颤的日子。
>
> 我越过诸伟大者，肩挨着肩，如同他们越过那位大神——灵明、具足而莫知其名。我将个越过那些寿考者之肩。我将开启奥西里斯的大洪水，我将打开托特－哈皮－阿图姆之鸿渊——那位阿赫特之主——以其名字"划分大地者托特"。愿我掌控水流，如同对付其敌塞特一样，我航行于天宇。我乃拉神、我乃狮神、我乃公牛神，我已享用牛大腿，我已食肉，我遨游于芦苇原野之湖中，我已万寿无疆。噫嘻！我乃永恒之子，赐予久特者。

注释

① ꜣ𓈗, kbḥ, 含义为"天空"。此词与 ꜣ𓈗（酹酒）同音，意义亦相关。𓈗𓈖 为第一瀑布之名。瀑布倾泻而下，正与酹酒之象相若。故句中表示天空之水顺流而下的情景（天空被设想为躬身的努特）。在《乌纳斯金字塔铭文》（第246、268、303辞）有类似用法，亦见于佩皮一世的金字塔铭文（§1266）。

② 原文作"伟大啊，在黎明"。此处含义可能形容黎明太阳出现的情景。"大"在中国文化中被赋予伦理含义，如《孟子·尽心下》说："可欲之谓善，有诸己之谓信，充实之谓美，充实而有光辉之谓大，大而化之之谓圣，圣而不可知之谓神"。虽则语境不同，但"充实而有光辉"一语正可移用于解释句中的"伟大"。

③ 双土地，表示整个大地。

第四章　图像为阿尼持一象征呼吸和空气的风帆。

有关在冥间给以呼吸之辞。奥西里斯－阿尼说㊴：
我乃大摩荡㊵中之卵㊶。我守卫伟大之所——埃伯在地上所划分者。㊷我存活，它即存活。我青春焕发，我活了，我呼吸空气。我乃乌加－阿阿伯㊸，我徜徉于其卵周围。我摧毁了塞特的猛击和强力。噫！甘美哉！双土地，在

杰发中者，居于青金石者！你们照顾那襁褓中㊹的婴儿，当他到你们跟前时。

> **注释**

㊴ 此一节未用朱书，可能系抄写者疏忽。

㊵ Ngg-wr，神名。Ngg 当即 ngi（破裂）的过去未完成时，其含义因此为"自古以来不停地分化"，正是宇宙万物不断创生的意象，有"生生不已"之义，所谓"宇徟久"（《墨子·经说下》）。故 Ngg-wr 尝试译为"大摩荡"，取《易经》"刚柔相摩，八卦相荡"之意。

㊶ 一本作"我乃卵，獹提"。"獹提"字作 𓃭𓃭𓂝𓏭𓏛，即 𓃭𓃭𓀭，义为"双狮神"。参第 68 页注释㊾。

㊷ 或本作"我守卫者伟大之物——垓伯所初分大地者"。"伟大之座"也有本子作"巨卵"，义更切。

㊸ Wḏ₃-ₛʿb，或取义为"离析金属者""采择金属者"，《墨子·耕柱》所谓"折金于山川"，"折金"二字正切此词含义。

㊹ 原文作"巢穴"，略作转译。

评　　述

大摩荡之卵的意象，类似于古语中的"混沌"，为宇宙卵之最初状态，后世叙盘古所居"天地混沌如鸡子"气象似之。不过盘古是中国晚出的创世神话，乃志怪范畴。（李存山：《盘古传说不能作为中国哲学的萌芽》，《中国哲学史》2013 年第 4 期。）而《亡灵书》却是古埃及重要的经典，是人伦价值和宇宙轨范的源泉。二者功能和地位不同。但此卵并非静止不动，而是孕育着生命、包含着创造质素。垓伯划分一句可能隐含舒神开天辟地。舒神开辟天地的神话，不仅见于本书，也见于《冥书》《伊普威尔与万物主的对话》。舒神为空气之神，只有天地分开之后，呼吸才成为可能。天地开辟，神人不扰，宇宙秩序得以恢复，自然以击败塞特的无序和混乱为其前提。这样，后文对双土地的赞美、对婴儿的祈愿才有可能。

《亡灵书》多以"双"表达整全的含义，双玛阿特、双土地等词语为此卷恒语。"双"类似于汉语中的阴阳观念。但古埃及人"双"的观念更多地来自对地理环境和历史文化的体认。古埃及文明乃本土发生的原生文明，却又糅合了来自古埃及南北两方的文化影响，正是这种内生与杂糅的双重性造就了古埃及文明既分又合的矛盾趋势（金寿福：《内生与杂糅视野下的古埃及文明起源》，《中国社会科学》2012 年第 12 期），也影响了其以"双"表达统一和整全观念的形成。

第五章　图像为阿尼站立，左手持杖。

有关不让从冥间**摄夺其**人心念之辞㊺。奥西里斯－阿尼言出必验者**言曰**：你回转，诸神的使者。你因我这颗当活之心而来吗？我这颗活的心不会给你。我前行，诸神会因我之供物而倾听。他们会服从㊻，在他们自己的土地上。

> **注释**

㊺ "有关不让""摄夺其"使用朱书，其余文字墨书。朱书文字有兑现祈祷、祛除不祥等功能。地名、人名、物品若非邪祟，通常不用朱书。
㊻ 原文为"他们倾倒在他们的脸上"。

评　　述

摄取心念以及下一章取走心脏两章和上文给予心脏两章呼应。心的取予是亡魂是否安然无恙之大节所在。阿尼说诸神会听从，因心之活；阿尼会继续前行，因心所存。下一章因此就言及凯旋。

第 十 六 帧

第六章　阿尼扬手作祈祷状，前面是端坐于玛阿特符号之上的四位神明；在他前方是其心脏，放置于灵椟之上。

有关不让从冥间**取走其**人心脏之辞㊼。奥西里斯－阿尼说：
噫！取心者！碎心者！你们之所行！㊽致意你们，永恒之主！致意你们，久特之拥有者！不要以你们的手指取走奥西里斯－阿尼此心。

他的心脏在此，不要让反对他的恶语出现，因为这心脏属于奥西里斯－阿尼，这心脏属于伟大的诸名字——那大力者。他所言即其所成[49]，他遣其心驻扎于其胸腔之中。[50] 他的心因诸神而更新——奥西里斯－阿尼之心——它属于他，他掌控着它。它[51]不会数落他之行事。他本人身强体健[52]，他的心听命于他。

　　他是你的主人[53]，你在他腹中，你不要背叛。

　　我已命你在冥间听命于我[54]——奥西里斯－阿尼、从美妙的西冥、永恒之冥漠平安凯旋者，言出必验。

注释

[47] 朱书、墨书格式同上一章。
[48] 或作"据其人之所行，使其心呈先其象，无遗患于他，在你们面前"。
[49] 原文是"他的言辞即其肢体"。
[50] "他"谓伟大者，"其"谓奥西里斯－阿尼。
[51] "它"谓心脏。
[52] 原文是"四肢有力"。
[53] 人称转换，为第三者对心脏陈词。可能为托特的指令。
[54] 转换为第一人称，呼应第三人称的陈词。

评　述

　　此章叙述角度多变，不过仍有脉络可循。根据语气可分为四个层次。第一层次应是阿尼对诸神的陈词，他祈求他们不要取走奥西里斯－阿尼之心，奥西里斯－阿尼系他称指己和自我称扬现象，即叙事者以第三人称自称其名，此例中外文献不乏。如《楚辞·卜居》称"屈原既放"（作者和叙述者皆屈原），《乾元中寓居同谷县，作歌七首》"有客有客字子美，白头乱发垂过耳"（作者杜甫字子美），《襄阳歌》"李白与尔同死生"（作者李白自名）等。《山海经》更记载了诸多动物"其名自呼""其名自号"等二十五例。《伊利亚特》阿喀琉斯自云："终有一天你们全体亚该亚的儿孙会期盼阿喀琉斯。"（卷一，第240行）《神谱》赫西俄德自称"她们曾经传授过赫西俄德妙不可言的歌艺"（《神谱》第22行）。类例极夥，不赘述。故不宜因其出现第三人称即遽断此非阿尼之词。

　　第二层次当然也可理解为阿尼的陈说，理由如上。不过这里也可以理解为诸神的言辞,即诸神对掌管心脏者传达大力者的命令。这位大力者、这位"所言即其所成"者当即言出必验者奥西里斯,也就是冥间秩序的整顿者奥西里斯。故在阿尼的祈愿之后,诸神随即给予阿尼回应。这回应一方面是针对取心诸神,另一方面也是针对阿尼之心。因此在第三层次便出现人称从"他"而"你"的转换。

第三层次中的"你"无疑指奥西里斯之心,是诸神对心的谆谆叮咛,也可能是奥西里斯－阿尼的自我独白。

第四层次回到常规的叙事视角,即重回奥西里斯－阿尼的口吻。

要之,这一章尽管叙事角度多变,浑言之,皆可视为奥西里斯－阿尼一人的多角色发言,也可视为奥西里斯和诸神的对话。两种解读角度可并存。

其异文存录如下:

> 有关在西冥不让取走心脏之辞:
>
> 噫!狮神,我乃存有。我厌恶渎神,我此心没被从我身取走,因榅城的勇武者。噫!奥西里斯之伤害者,他曾见过塞特。噫!从其袭击和毁灭中回转之人,占有此心。他①自己在奥西里斯面前哭泣。他手握其杖②,他向他祈求。他会赐予我,因他注定检验我心之神思③,在乌斯廓－赫瑞④面前。从八(?)口⑤供给他食物,不要取走我这心脏,不要取走我这心脏⑥。我让你们宅居其所,加入诸心脏之列,在赫泰普之野之中。岁岁昌盛,处处安康。你逢时⑦则摄取营养,借你之力取食⑧。这心脏将入于阿图姆的谱录⑨之中,他引领我入于塞特之窟,他⑩赐予我心脏,在冥间的裁断者们遂其志愿⑪。他们发现了他们所埋葬的腿和裹尸布。⑫

另一本则作:

> 有关在冥间不让心脏被取走之辞。他说:我的心脏归我,它不会被取走。我乃众心之主,割取心脏者⑬。我凭玛阿特而存在,我在它之中。我乃荷鲁斯,其心在其胸腔之中。⑭我凭言辞而活着,我心存在。我的心不会被取走,愿它不⑮发怒⑯,在我这没有屈辱和屠戮,不被取走。愿我在我父垓伯和我母怒特腹中。我于众神无亵渎之举⑰,我没有僭越,因我乃言出必验者。

注释

① 后文数个"他"皆谓心脏。心脏被拟人化、神格化。

② 杖,ht,侧重于杖之材质,另有瓦斯杖、嘉木杖侧重于杖之形制。此字

亦可用于 ẖt-t3w（风浪之杖），即"桅杆"的缩写。

③ 原文为"心（ib）之秘密"。

④ 乌斯廓－赫瑞，Wsh-hry，神名，可以诂训为"脸面宽阔者"。

⑤ 或作"八城"，即赫尔莫波利斯。

⑥ 重文符号。

⑦ 原文是"在你的时刻"。"时刻"是《亡灵书》中比较重要的概念。引申之，"时"不仅是纯粹意义上的时间，且具有伦理神学意义。汉语有"时中"（《礼记·中庸》）之说，《周易·随》："大亨贞，无咎，而天下随时，随时之义大矣哉！"王弼注："得时，则天下随之矣。随之所施，唯在于时也，时异而不随，否之道也。"随时之义，即"与时往矣"（《管子·侈靡》）、"与世沉浮"（《史记·游侠列传》）之谓。"时"为中国古人所重视的核心词汇，古人论述比比皆是，不待一一繁举。《周易·乾·文言》："先天而天弗违，后天而奉天时，天且弗违。而况于人乎？况于鬼神乎？"孔子被认为是"圣之时者也"（《孟子·万章下》），乃是最高的评价。《国语·越语下》说："夫圣人随时以行，是谓守时。"韦昭注："时行则行，时止则止。"即用舍行藏、与时俱进，是行动的先导。《国语·越语下》："得时无怠，时不再来；天予不取，反为之灾。"《黄帝四经·十大经·观》："当天时，与之皆断；当断不断，反受其乱。""当天时"，同书《兵容》篇作"因天时"。《列子·说符》："凡得时者昌，失时者亡。……且天下理无常是，事无常非。先日所用，今或弃之；今之所弃，后或用之。此用与不用，无定是非也。投隙抵时，应事无方，属乎智。""时"根植于古人法天象地的思想，天覆地载，且与军事、伦理有直接关系。"战道：不违时……所以兼爱民也"（《司马法·仁本》）；"天者，阴阳、寒暑、时制也"（《孙子兵法·计篇》），战争要"顺天，奉时"（《司马法·定爵》）、"抚时而战"（《孙膑兵法·月战》）。由此而发展出"时势"（《庄子·秋水》）的思想，所谓"圣人之见时，若步之与影不可离"（《吕氏春秋·孝行览·首时》），"圣人从事，必藉于权而务兴于时。夫权藉者万物之率也，而时势者百事之长也"（《战国策·齐策五》）。古埃及文化虽不及华夏先贤对"时"思考深入，然引而不发，或亦可互相援引发明。

⑧ ☒，ḥf，亦作☒，义为"抓住、攫取"。以 ḥf 为声符的字有"糕点""食物"等词，知该词可能与抓取食物有关。限定符号☒象握紧的拳头，以之为限定符号的近义词还有 ☒☒☒（3mm，掌握），都是与手部姿势相关的动作。

⑨ 原文是"编年、年表"，本文译为"谱录"。"阿图姆的谱录"暗示了

典籍或智慧载体的神圣性质。

⑩ 当谓塞特。

⑪ 其志愿，原为 ib.f，即 ib n ḥȝty（心脏之志），后缀代词 f 指的就是 ḥȝty（心脏）。

⑫ 此句突兀。

⑬ 凡言"某某之主"，即对某物有支配能力和驾驭能力。此言我取其他心脏，而我的心脏不会被取走。

⑭ "心"为复数，用如单数。此处亦单复数混用之例。或译为"纯粹之心在纯粹之身体中"，乃转译。

⑮ "不"字当补。

⑯ [字符], ȝd, 含义是"富于攻击性的，发怒的"。从定符推测，其取义于鳄鱼的突击性爆发力。

⑰ 此字当校勘为 [字符]，bwt，用为名词，义为"亵渎、玷污"。

第七章　阿尼及其妻图图，左手各持一象征空气的船帆，他们正从右侧的湖泊中饮水，湖泊岸上则为硕果累累的棕榈树。

有关在冥间⑤⑤**呼吸空气和控制水流之辞**。奥西里斯－阿尼说：

为我开启，你是谁？你所行⑤⑥何事？你姓甚名谁？我是你们之中的一员，和你一起的是谁？正是莫尔提⑤⑦，你和他分开，头离开头，在你进入莫斯肯⑤⑧之时。他⑤⑨佑我航行至"发现众脸庞的神明"之庙。"魅魂收集者"为我的船员⑥⑩之名，"使毛发被梳理"⑥⑪为船桨名，"刺棒"为扳手⑥⑫之名，"沿中流直行"⑥⑬为船橹之名——如同为那在湖中安葬的打磨雕像。⑥⑭在阿努比斯的神庙之中，你们赐予我一壶奶、糕点⑥⑤、切片面食、饮料以及一大块肉。

知晓此章，他会从冥间出来之后进入。⑥⑥

注释

⑤⑤ 与前面"从冥间"二词墨书不同，这里的"在"字朱书，仅有"冥间"一词墨书，以下数章与此同一条例。

⑤⑥ sbi，既谓"行走"，亦谓"行事"。事犹迹也。

⑤⑦ mrty，凡言"提"（-ty）多表示"二"。古埃及人极崇尚二元，如双王、双土地、双玛阿特等。篇中可能是伊西斯和哈托尔之合称，即 mrt-sgrt（爱好静

谐者），其崇拜地在底比斯西部，有时被描绘成头戴阿曈盘的双牛角女神；或以为"颂歌双蛇神"，待考。

㉘ 参第三帧图像说明及其注释。

㉙ 可能是前文的莫斯肯，也可能是奥西里斯或其他神灵。

㉚ 原文是"那些在我舟中的"。

㉛ 船桨划水，如同梳篦头发。这是一种比喻。

㉜ 船桨的扳手。

㉝ 原文作"使其正直而准确"。

㉞ 此句可能是对整个船只航行状态的比喻。使用桨、橹让船只航行水面，就像用工具抛光雕像一样。

㉟ šns，从 šn 得音的词有"圆、环"之义。故此词当谓圆形（不一定是球形）的糕点。

㊱ 原文为"进入"，谓魂魄再次返回坟墓。

评　　述

　　船只是理解古埃及文明的重要交通工具，它是古埃及文明的象征物之一。陶器、木具、牙雕、壁绘等建筑材料或明器上多能见到船只的图像，文字材料则俯拾即是。其中，胡夫太阳船更是声名赫赫。这一章描摹多用比喻，从而增强了行文的文学色彩。比如将船桨比喻为毛发被梳理者，显得清新别致。开篇使用反问句，有先声夺人之势。这也是《亡灵书》数次使用的修辞手法。"你是谁？你所行何事？你姓甚名谁？"这种串珠式的诘问，在荷马史诗中也不乏回响；它同时是哲学的开篇，只需转换一个角度，就成为永恒的哲学问题"我是谁？我从哪里来？我到哪里去？"神话、宗教往往为哲学、思辨之先导。

　　此篇《亡灵书》最后提及阿努比斯神庙，阿努比斯是一位豺首神（或译为胡狼首）。古埃及墓葬中多有犬类木乃伊被发现，便寄托了对阿努比斯的信仰。阿努比斯在引领亡灵、木乃伊制作、称量心脏、启口仪式等场景中皆充当重要角色，是冥间最为活跃的神明之一。

其他本子或作：

　　有关给以呼吸的其他辞。我乃司伯-司布。我乃舒神。我在呼吸中移动，在灵明的神面前，至于天之涯、至于地之极、至于空中舒神的尽头。我赐予那些孩童们呼吸。我张开嘴，我睁眼观看。

第八章　阿尼跪跽于一湖泊之旁，湖旁长有一西克莫无花果树。努特女神从树中现身，她手持净瓶向阿尼手中洒水。

有关在冥间**呼吸空气和控制水流之辞**。奥西里斯－阿尼说：

努特之无花果树㊻，**赐予我其中的呼吸。我拥抱这赫尔莫波利斯之座。我守护那在大摩荡中的卵。它坚韧，我亦坚韧**㊽。**它生存，我亦生存。他呼吸，我亦呼吸。奥西里斯－阿尼，言出必验者。**

注释

㊻ 𓈖𓉔𓏏, nht, 指西克莫（sycamore）无花果树，亦作为"树木"的通称。其复数形式通常写作 𓈖𓉔𓏏𓏥（nhwt）、𓏠𓈖𓅱𓏥（mnw），义为"丛树"，此处为生命树意象。《管子·宙合》说："天淯阳，无计量；地化生，无法崖。""淯阳"犹言育养，"法崖"犹言边界。天地生生不已，无花果树亦有"无计量""无法崖"的创生之力。

㊽ 𓂋𓊃𓂧𓏏, rwd, 义为"坚固的、强硬的"。该词所从定符之一 𓏌 为弓弦之象，读如 𓂋𓊃𓂧, rwd, 义为"弓弦""绷紧的绳索""弦"。金字塔文献有 𓂋𓊃𓂧, rwḏ（d、ḏ 音近通用），用如名词时也写作 𓏌，表示"弓弦"；用如形容词时和 𓂋𓊃𓂧𓏏 相当。这里语境表示卵坚硬而有韧性，不易破裂。

评　　述

无花果树是古埃及神话中的生命树，犹如汉语神话中的扶桑、北欧神话中的世界树尤克特拉希尔（Yggdrasil，含义为"奥丁之马"）。树是人类与自然沟通的媒介之一，人类通过与树木建立联系，得以升天、复活以及永恒。努特是天母，努特的树是天柱的象征，此树因此便是宇宙树。宇宙树和宇宙山一样，都是世界范围内曾流行的萨满教宇宙观的反映。（汤惠生：《神话中之昆仑山考述》，《中国社会科学》1996年第5期。）

此节再次出现卵的意象，有回归遂古之初之义。不过，行文仅有呼吸而并未提及水流，当视为舛误。若将上文勿取走魃魂一章中"我即其人，我从鸿渊中出现，他赐予我洪泛，以便像河流一样神威赫赫"数句移至此处，则文完意足。关于其异文抄录如下：

关于在大地上呼吸空气之辞。①他说：噫！阿图姆，你赐予我甘美的呼吸，从你双鼻息之中。我拥抱那宛怒中的伟大之所。我守卫那大摩荡之卵。我坚韧，则它坚韧。反之亦然。我存活，则它存活。我呼吸空气，它亦呼吸空气。

巴奇本还录有两段关于饮水的文字，抄录如下：

有关饮水不受火灼之辞。他说：噫！西冥的公牛，我被带到你这里，我是拉神之桨②，诸寿考者③借之而航行。愿我不受火灼，愿我不被焚毁。我乃毕波④，奥西里斯的长子。他清洁⑤每位神明，在他楹城之目中。我乃那伟大者的嫡嗣⑥，乌尔德－耶波。我已经置立名字，我已经取下名字，你让他在我身存活，就在今日。

有关不被沸水烫伤⑦之辞。他说：我是那支准备航行的桨，拉神借之携带诸寿考者⑧。我托起奥西里斯的排泄物到湖中。从那不可航渡的烈焰中⑨，他得以渡过而不被烫伤。我躺在阳光下⑩，我进入⑪猫穴⑫，以杀戮和捆缚⑬。我随其所出之路径而前行。

注释

① 采自纳布西尼纸草。

② 桨，或可理解为桨手。华夏先贤所谓"君子之度己则以绳，接人则用抴。度己以绳，故足以为天下法则矣；接人用抴，故能宽容，因众以成天下之大事矣"（《荀子·非相》）。抴，即船桨。中国古人更侧重于此一比喻的道德内涵，而古埃及人侧重于其宗教信仰内涵。

③ 寿考者，参第 81 页注释㊷。此处为复数用法，略有不同。

④ 神名，当即巴巴神。

⑤ 该词本义为"杯子"，由杯子洒水的功能引申而有"清洁"之义。

⑥ 字作 [象形文字]，即 [象形文字]，kfꜣ，义为"（器皿等的）底座"，定符为 [象形文字]，读为ꜥrt，含义是"狮子或豹子的尾部"。狮、豹等猛兽蹲踞，稳如泰山。故所谓"底座"，实暗含有"稳固的底盘"的意思。此词加 [符号] 表示抽象含义，在这一语境中有"正宗后裔"的意思，也就是"坚定的后代，不折不扣的后代"。合成词 [象形文字]，kfꜣ-ib（可信赖的、细心的），即"稳固的心，坚定的心"。

⑦ wbd，含义是"灼烧"。wbd m mw（烧于水中），意即"被水烫伤"，这里可能指冥间的火湖。

⑧ 指神明或死者。

⑨ ꜣsbyw，源自 ꜣsb（灼热、热烈、暴烈），诂训为"烈焰"，谓火湖。

⑩ 字作🔣🔣，即🔣🔣（ȝḥw）之异文，含义为"光照"，语义盖类似于"玉烛"之照。《尔雅·释天》："四气和谓之玉烛。"郭璞注："道光照。"邢昺疏："道光照者，道，言也；言四时和气，温润明照，故曰玉烛。"故《尸子·仁意》曰："烛以玉烛，……四气和，正光照，此之谓玉烛。"

⑪ hnm，含义为"加入"，这里的含义应当表示"成为其中的一员"。猫在冥间是拉神的护持之神或拉神之化身，是魔怪的强有力对手。篇中"进入猫穴"，寓意成为拉神强大的随扈之一。

⑫ 字作🔣🔣，miw，与之同音符的字有🔣🔣，义为"猫"。定符不同，前者定符为母牛皮革，一般兽类以此谓定符。二词含义是否相当，待考。

⑬ 指的是杀戮和捆缚阻碍日神行程的魔怪。

第九章　阿尼坐在一祭桌旁的椅子上，右手持赫尔普，左手持杖。

有关在冥间不再死亡之辞。⑩奥西里斯－阿尼**说：**

我之窟开启，我之窟开启⑩。光明⑪倾泻于冥暗之中。荷鲁斯之目令我圣洁。威普瓦威特照料⑫我。我隐身⑬于你们——不灭的列星——之中。愿我眉弓如拉神而面容舒展⑭。愿我之心脏得其所⑮。我的头和嘴，我懂得⑯。

"我实乃拉神本人，我不会遭蔑视，我不会被挟持。""你父亲因你而存在，努特之子⑰。"

"我乃你之长子，我常见⑱你的秘密。""我会升起⑲为诸神之王，在冥间我不再死亡。"

注释

⑩ 人死为鬼，鬼死为聻。"聻"字亦作"瀳"。据唐张读《宣室志》，裴渐隐伊上，李道士曰："当今制鬼无如渐耳，时朝士书瀳于门。"则所谓"瀳"实为"渐耳"二字之合。渐指的是裴渐。要之，这是有关鬼死的观念。《管子·轻重丁》曰"泉源有竭，鬼神有歇"，鬼神亦非永恒，此乃中外神话之共性。但中国文化的主流是"死者，无有所以知，复其未生也"（《吕氏春秋·仲春纪·贵生》），故以死为归，即回归于天地之间，从而勘破对生之执念。"昔者上帝以人之死为善，仁者息焉，不仁者伏焉"（《晏子春秋·内篇谏上·第十八》），则死亡为"上帝"之制度。

⑦ 重文符号，重复前一句。

⑦ ꜣḫw 一词有两读，亦可诂训为"精灵"，则文句的意思为"众精灵倾倒于冥暗中"，亦通。

⑦ ▨，rnn，定符▨象产妇坐在椅子上哺乳。此词诂训为"养育、护理"。另有一符▨，为婴儿吮吸母乳之象，其所派生的词▨，mnꜥt，含义是"乳母、女看护"。

⑦ 阴阳不测谓之神，隐身于列星之中，表示自己与神明同列。古埃及人将列星视为神明的象征，对列星的信仰是宗教的、神话学意义上的。但儒家则赋予"列星日月"以伦理意义，并以"天""帝"为之统领，是礼仪的、政治的理解。如《荀子·天论》："列星随旋，日月递炤，四时代御，阴阳大化，风雨博施，万物各得其和以生，各得其养以成，不见其事而见其功，夫是之谓神。皆知其所以成，莫知其无形，夫是之谓天。"

⑦ 原文是"打开"，转译为"舒展"。

⑦ 原文作"在它的位置上"。心脏被视为神明，故以▨为限定符号。

⑦ "懂得"省略了其第一人称词缀，句子殆谓我知晓如何控制思想和言辞。

⑦ 努特之子的父亲是努特的丈夫，即大地之神垓伯。

⑦ "看见"的过去未完成时，词干重叠，表示动作反复，故译为"常见"。汉语中表达这层意思往往使用叠词。如《诗经·周南·卷耳》有"采采卷耳"，言采的动作反复；《管子·兵法》"危危而无害，穷穷而无难"，言常能逢凶化吉，变险为夷；同篇又云"尽尽而不意"，言至于极限，而难以意料。

⑦ ▨，ḫꜥi，▨为晨光洒耀于山巅之象。此字音符兼有意义，诂训为"光荣地出现"。

评　　述

窟室开启意味着可以出入，光明、荷鲁斯之目等意象也指向生机盎然的世界。荷鲁斯之目即乌加特之眼，此处语境可理解为月光的隐喻。月亮与夜晚相联系，然月光也是冥暗中的亮色，与圣洁的品格相关。阿尼祈祷自己能够成为天上的星宿，这是追求永恒的最普通表达。

古埃及人关于死亡的态度是矛盾的，尽管有来世乐园在招手，但他们并不会坦然赴死。中王国时期（第十一王朝至第十二王朝之交）有一篇纸草文献《人魂辩》，"人"与"灵魂"之间的四组对话即围绕死亡展开激辩。但这是人自身冲突的反映，人与魂互相辩难，人欲走向死亡，而魂灵则劝诫人不要轻生。（James P. Allan, *The Debate between a man and His Soul: A Masterpiece of Ancient Egyptian Literature,* Koninklijke Brill NV, 2011；James P. Allen, *Middle Egyptian Literature: Eight Literary Works of the Middle Kingdom,* Cambridge: Cambridge University Press, 2015.）这份文献说明古埃及人关于死亡的宗教，实际更是有关现世如何更好生存、更好生活的教诲。

后两段似乎为拉神现身说法，与阿尼对话。后面数句大概是一出小型的戏剧对话，尝试复原如下。

日神拉（对诸神及随扈）：我实乃拉神本人，我不会遭蔑视，我不会被挟持。

阿尼等随扈者（对拉神）：你父亲因你而存在，努特之子。

荷鲁斯（对父亲奥西里斯）：我乃你之长子，我常见你的秘密。

奥西里斯：我会升起为诸神之王，在冥间我不再死亡。

不过正如上文所说，后面数语亦可视为奥西里斯－阿尼以拉神自比。这在神话文献中并非罕例。

第十章　图像为死神阿努比斯迎接阿尼。

有关在冥间不腐之辞。**奥西里斯－阿尼说：**

"乌尔德，乌尔德⑧，正如奥西里斯㊶。乌尔德有奥西里斯一般的四肢，它们不会衰竭、它们不会腐烂、它们不会消散、它们不会摧折。对我所行，如我即是奥西里斯。

若知晓此章，他在冥间不会腐烂。㊷奥西里斯。

> **注释**

⑧ 参第35页注释⑭，指死者的疲软状态。第二个"乌尔德"使用重文符号。
㊶ 只有一座椅形符号，盖有讹夺。有学者修复为 wsir（奥西里斯），甚是。
㊷ "若知晓此章"云云，是对本章功能的再次提示和总结。

评　　述

乌尔德是死者丧失知觉的状态，奥西里斯具有神话原型的意义，死者皆仿效他。此处短短数句三次言及奥西里斯。最后一个词"奥西里斯"可能是衍文，也可能是呼格:"奥西里斯啊"。

第十一章　图像为一门廊,廊柱一端为阿尼的魂灵,取象为人首鸟;另一端为苍鹭。

有关不在冥间⑧³ **消亡而存活之辞。奥西里斯–阿尼说:**

噫!舒神诸子!在黎明之处者!于诸太阳族⑧⁴ **之中掌握其抹额**⑧⁵ **者!愿我疾驱,如同奥西里斯般神游**⑧⁶ **。**

注释

⑧³ 这里介词"在"又重新使用了墨书。关于朱书、墨书的功用,乃一复杂的书写现象。

⑧⁴ 𓎛𓏌𓏇, ḥnmmt, 或作 𓎛𓈖𓅓𓅓𓏏𓀀。此字见于金字塔文献,作 𓎛𓈖𓅓𓅓𓏏𓀀,谓赫利奥波利斯的"太阳之族"。其含义类似于汉语之"天民"(《礼记·王制》《墨子·非攻下》《墨子·非命下》《孟子·万章》《列子·杨朱》),《孟子·尽心上》有"天民者"(系另一含义)或"天人"(《列子·杨朱》)。古人以为"知天子之与己,皆天之所子"(《庄子·人间世》),《尚书·召诰》"皇天上帝改厥元子"孔疏引郑康成:"言首子者,凡人皆云天之子,天子为之首耳"。所谓"天子",只是天之首子,"帝之元子"(《墨子·尚贤中》),由此"人民"被称作"元元之民"(《鹖冠子·近迭》)。以此观念对比"太阳之族",则人民或皆可被视为太阳之子,此乃神学论意义上的平等观。"天民"虽出身平等,而觉悟有先后,伊尹所谓"天之生此民也,使先知觉后知,使先觉觉后觉也。予,天民之先觉者也;予将以斯道觉斯民也。非予觉之而谁也?"(《孟子·万章上》)由此而有"子元元""子临百姓"(《战国策·秦策一》《战国策·齐策六》),"子民""莅国子民"(《晏子春秋·内篇谏上》《晏子春秋·内篇谏下》)等观念。

⑧⁵ 𓋴𓋴𓆓, sšd, 试译为"抹额"。𓆓 为头上饰带之象,中国古人谓之抹额、眉勒等,其形虽相似,而制度不同。中国之抹额或谓源自頍,《说文·页部》桂馥《义证》引《仪礼·士冠礼》"缁布冠缺项"据《注》:"缺读如有頍者弁之頍……頍围发际,结项中隅,为四缀以固冠也。……今未冠笄者著卷帻,頍象之所生也。"古埃及的抹额则仅以束冠,为贵族所用。

⑧⁶ wn.n.i wnwn wsir, 此句使用了同根词。动词 wnwn 写作 𓃹𓈖𓃹𓈖𓂻,盖即前文之 𓃹𓈖𓂻(wni, 大步越过)的叠词,似可诂训为"漫游"或"汗漫游",乃

神明遵循玛阿特而畅游的状态。

评　　述

存在的最大价值在谈吐自由、行动自由，篇中于此义屡屡发之，而此处则更加酣畅淋漓地表达了这个意思。古埃及人并非个个都是纵浪大化中不喜亦不惧的圣贤，他们对待死亡的态度和其他民族并没有什么本质区别，都会心生畏惧。只是，他们在丧葬仪轨方面创制了登峰造极的奇迹。其中的标志之一便是木乃伊的制作。古埃及人珍视现世生活，把死亡看作可怕但同时可以战胜的敌人，木乃伊的制作是他们为征服死亡这个敌人而进行的重大和长期战役的重要组成部分。（金寿福：《征服死亡的尝试——论古代埃及人制作木乃伊的动机和目的》，《社会科学战线》2002年第4期。）这里一再重复对生命、对光明、对谈吐（掌握话语权）的渴望，其功能也是相同的，是征服死亡而渴求永生的尝试。

第十二章　图像为阿尼背对砧板和刀刃而立。

有关不进入神明[87]**的屠场**[88]**之辞。奥西里斯－阿尼说道：**
愿在天上为我连接头项和脊背[89]，大地之守护者——因拉神之故。日子定下来，我就从双股[90]疲弱中站起。

在那割发举哀[91]之日，塞特和九神团已联结我头背之肯綮，完好如初[92]、有条不紊[93]。你们使我刚强，以应对我父之凶手。

我已统领双土地，努特已联结我之肯綮，它视之如初，察之有序[94]，诸神未生，神秘莫测[95]。

我即此人，我乃各大神的嫡派，奥西里斯－掌书阿尼，言出必验者。

注释

⑧⑦　神明为拯救之主，故未用朱书。

⑧⑧　𓌪𓏤，nmt. 异体作𓌪𓏭。定符框定词义，音符则表示语音或揭示语源。𓌪为刀刃，𓏤与砧板𓎼之合，因含"宰杀"之义。故𓌪𓏤𓀐𓏥为"牺牲被宰杀的地点"，即屠场。《吴子·治兵》有所谓"立尸之地……如坐漏船之中，伏烧屋之下"，其情景可移用于理解此处。

⑧⑨　纳布西尼本作"四骨相连"，即躯体完整。

⑩ 双股，也可以训诂为"臀部"。

⑪ s3mt（哀悼），另有i3kb一词，含义相同。古埃及人的哀悼方式通常会割下发绺，故尝试译为"割发举哀"。

⑫ 原文作"以其原初之力量"，"其"谓肯綮。

⑬ 原文作"没有出现混乱"。混乱，字作ḫnnw，其定符有与塞特有关的象征物，因此这种混乱是神话意义上的混沌无序。

⑭ mꜤ3t mꜤ3t，此处使用了叠音修辞。

⑮ 𓈙𓏃，šm，表示神秘的形象，亦写作 𓍢𓈙（Ꜥḥm）或 𓈙𓏃𓍢（Ꜥḥm），定符为鹰隼的古老形象。神明不可轻易得见，故特设专词表示之。在第三十六帧该词亦出现。此即中国古人"设象以为民纪"（《国语·齐语》《管子·小匡》）。但埃及侧重于鬼神的神秘莫测，而中国侧重于经世致用，有"上天甚神，无自瘵也"（《战国策·楚策四》），"天降灾布祥，并有其职"（《吕氏春秋·有始览·应同》引《商箴》），"鬼神不明，橐橐之食无报……先立象而定期，则民从之"（《管子·侈靡》）。立神像祭祀的动机并非为了得到神明的回报，而在于经世济民。

评　　述

三次联结侧重点不同，而且层层递进。第一次指恢复生机，第二次则不仅恢复生机，而且有复仇之力；第三次则完好如初。

阿尼在这个语境中和神明合二为一，他似乎将自己视为荷鲁斯的代言者或径直自视为荷鲁斯本人。文中"塞特和九神团"相助的情节看似费解，因塞特通常被视为荷鲁斯的杀父仇人，乃十恶不赦的魔君。不过，从《乌纳斯金字塔铭文》（第217辞）开始，他就是对死者有助的神祇。他被视为恶神乃后来神话叙事的衍化所致，这里大概保留了一点古老传说的痕迹。中国神话亦有此种歧义纷呈的现象，比如《山海经》《黄帝四经》《史记·五帝本纪》等文献皆记载蚩尤作兵伐黄帝，而《韩非子·十过》云："昔者黄帝合鬼神于泰山之上，驾象车而六蛟龙，毕方并辖，蚩尤居前，风伯进扫，雨师洒道……"则蚩尤俨然为黄帝之开路先锋。化敌为友为人类社会中的常见现象，神话或亦如此。此处塞特襄助阿尼，或亦可做如此阐释。

第 十 七 帧

第十三章　阿尼敬拜三位神明，每位神明左手皆持塞特杖，右手持生命符。

有关在冥间不使人被渡到东方之辞。奥西里斯-阿尼说道：

噫！拉神之阳物，周旋[96]而消除混乱者[97]！静寂之物已存在千万年，由比毕神[98]而显象。我乃强者中的强者、勇士中的勇士；我不会被渡过去，也不会被劫持到东方过魔怪节。我不会被残忍分尸，也不会折返[99]，不受兽角抵触[100]，不会沉水为鱼所食，我不会被抵触[101]。

另章[102]：魔怪不会作任何对我有害之事，不受兽角抵触，拉神的阳物、奥西里斯之首也不会被吞噬[103]。噫嘻！我来至我的田地中收割，我之诸神允诺与我同在。你不会被抵触，[104]拉-凯普瑞！阿图姆之目亦无恙，它不会被毁坏。我不会被绝灭，我不会遭殃而被渡到东方庆祝魔怪节，我不会罹患而被碎尸，我不会被渡到东方。掌书、诸神供品的清点者，幸福的凯旋者，言出必验、尊者之主。

注释

96　nwd，此词表示"转弯而行"，是太阳东升西降运行轨迹的写照。

97　对混乱的描述承接前文，由人体之有条不紊而推阐到宇宙秩序之无混乱。

98　未详，前文有比伯神。是否即此？待考。

99　ḥs（折返），乃一不及物动词或反身动词，意即朝自己家乡的方向而行。

100　可单独使用（所谓"独体为文，合体为字"），有两种读法：其一为ꜥb；其二为db（或写作）。含义分别为"角（角之体）""与抵触（角之用）"。在表示"角之体"这一含义时，还有一词为ḥnt，义为"（牛或兽之）角"。

101　此句不甚可读，略校勘。或解读为"我不会沉水为鱼所食——那特本神所造之物"。

102　据其他纸草，此二章当为一章，其划分盖掌书之误。

103　或以为吞噬的是我。吞噬者为拉神之阳物、奥西里斯之首。

⑭ ⼋, db（抵触），定符为动物的犄角，参第134页注释⑩。角亦有解释之用，《说文·角部》："觿，佩角，锐耑可以解结。"段玉裁注："《周礼·视祲》'十煇，三曰镌'，郑云'镌读如童子佩觿之觿，谓日旁气刺日者。'""镌"同"觿"，"锐耑""刺"等含义相当，音符巂，所以揭示其语源；"角""钅"表示其材质之用。要之，角与金属皆有"刺"之功能。故 db 一词，亦可表示"穿透"，古汉语"角人之府库"（《墨子·天志下》）正其用例。本句用法大概与段注所引《周礼》"日旁气刺日者"含义有近似之处。

评　述

此处的东方与太阳东升西入的"东方阿赫特"可能并非同一地，后者乃吉祥光明之地，而文中的东方则是死地、群魔乱舞的走兽场。这或者不仅仅是地理环境因素的考量，也是社会人文因素的投影。东方以及东北方向乃沙衍横亘之地。同时历史上古埃及所遭受的外敌入侵，就其大概方位而言皆可谓之"东方"，因此该段描述可能亦反映了某种历史的面影，尽管图特摩斯三世时期古埃及人曾征服西亚。（关于第十八王朝及图特摩斯三世，参见李晓东：《阿蒙尼姆哈伯铭文译注》，《古代文明》2011年第4期。）但东方被视为凶患、战乱之地而西方乃安宁之所这个观念根深蒂固，如同中国人看待中原和四裔的关系一样。《亡灵书》说不愿到东方，如同我们说不想被"投之四裔"。行文列举了在东方的数种死法，皆非善终。要言之，不到东方即躲过横死之祸。

文中"拉神的阳物"造语新奇，这也是将太阳和阳物相联系的最直接的文字证据，对于理解古人的生殖崇拜具有较高的参考价值。与此相似的其他文献转录如下：

> 我厌恶东方之地，愿我不要入坑穴。愿那些诸神所厌之事不施于我身，因我实已渡过①，在银河之中。愿万物主赐予他灵明②，在双土地统一之日，在执事者面前。知晓此章，他会成为冥间杰出的阿克。

注释

① 𓊃, 即 𓈖𓂝𓏏 (sw3i，经过)之会意字，或作 ⨯。X为两短棍相交之象，类似于汉字中的"乂"，《说文》："芟艸也。从丿从乀，相交。刈，乂或从刀。"段玉裁注："《周颂》曰：奄观铚艾。艾者，乂之假借字。铚者，所以乂也。禾部曰：获，乂谷也。是则芟草获谷总谓之乂。……'𠬲'为正字。从丿乀相交。

象左右去之会意也。"凡切割需刀刃与被切割之物相交，故 ✂ 会以刀刃切割之意，可诂训为"刈"（正是从乂从刀，与古埃及文字字形相同）。其含义为"切割"。该字正是 ✂ 的同源字。✂ 也可写作形声形式，为 🔣×，sw3，义为"切割"。经过、切割皆有划分之象，故 ×🔣× 所以会意，而 sw3 所以表示其语源。因此此处的含义是"我"经过银河，意即完成对银河的"分割"（凡物入水，水则被分割）。

② 灵明相当于汉语的"精"，表现出寻求宇宙统一性的倾向。《管子·内业》："凡物之精，此则为生。下生五谷，上为列星。流于天地之间，谓之鬼神。藏于胸中，谓之圣人。"《鹖冠子·天权》："连万物、领天地、合膊同根，命曰宇宙"。《亡灵书》中的神灵、灵明正有"连万物、领天地"之功。

第十四章　阿尼敬拜一位舟中之神，那神背对着他，转过脸和他交谈。

不让从冥间割取人头之辞。奥西里斯－阿尼说：

我乃伟大者，伟大者之子。我乃火舌，火舌之子。他的头会给予他，在他被杀之后。奥西里斯之头不会被取走，奥西里斯－阿尼之头也不会被取走。我联结上肢体⑤，我真实⑯，我朝气蓬勃，我乃奥西里斯——那永恒之主。

注释

⑤ 原句只作"我联结上了"。

⑯ 此词有"真实存在，正义"等含义。死者只有"言辞真实可信"，才能通过法庭的最终审判从而进入冥间乐园。

评　述

无论宗教信仰还是哲学思想都预设一终极目标。此一终极目标涵盖万有、包裹宇宙、笼罩古今，有"究天人之际、通古今之变"的大气象。故印度思想，以"梵我合一"为其鹄的；华夏哲学，以"参赞天地"为其指归；两希、波斯无不有其信仰的皈依。明乎此，或能理解《亡灵书》中忽而"我"、忽而神明、忽而奥西里斯的叙述笔法。盖《亡灵书》之教，要以奥西里斯为极高准则，如汉语所谓"希圣希天"之比。故阿尼每每以奥西里斯自称，亦每每以大神自指，原因即在于此。

理解了这一层关系，则开篇"伟大者、伟大者之子"以及"火舌、火舌之子"皆可视为二而一的关系，他既是奥西里斯，也是阿尼。成为奥西里斯，进入奥西里斯，原是每位追随者的理想，因这是"真正的救赎"。

第十五章　阿尼躺在一尸床上，其上方为人首鸟的魂灵，魂灵爪握旦形环"Ω"——永恒的象征；手足旁各有一高脚香薰。

有关在冥间使[107]魅魂和躯壳合二为一之辞。奥西里斯-阿尼说道：

噫！引尼图神[108]。噫！在其宫中的健行者[109]，大神！你确保我的魅魂入躯壳，从其所在的任何地方。若有延宕，你将我之魅魂从其所在的一切地方带来给我。你会找到我，荷鲁斯之目站在你旁侧，如同那些奥西里斯们一样。[110]他们不会僵卧，言出必验者奥西里斯-阿尼也不会僵卧——赛过那楹城中的僵卧之徒，于那千回百转[111]之地。他[112]已取来我的魅魂给我，我的阿克、我之复生[113]与其同在，无论其在何处。[114]

天宇的守卫者们！看护我的魅魂。若有延宕，你确保我的躯壳看见我的魅魂。你会找到我，荷鲁斯之目站在你旁侧，如同那些位[115]一样。

噫！拖曳万古[116]主之舟的诸神、将其[117]从天宇引入幽都的诸神、使之行走于宁特[118]之路的诸神、使魅魂进入木乃伊[119]的诸神。你们双手引绋直行[120]，你们紧握武杖，驱走敌人。灵舸悦乐，大神满意地渡越。噫嘻！你们确保奥西里斯-阿尼——诸神之前言出必验者、你们身后[121]亦言出必验者——的魅魂出现，于天之东极阿赫特，而至于昨日所到的任何地方。平安地、平安地[122]，在西冥。愿他看到他的躯壳，愿他栖息于其木乃伊之上。他不会消散，他的躯体永不毁灭。[123]

颂此章之人，以饰满宝石的金魅魂[124]置于奥西里斯的胸前[125]。

注释

[107] 这句"在冥间"罕见地使用了朱书。如何解释这一篇中的朱书现象，实乃一相当复杂的问题。

[108] 义为"引领者"。

[109] Pḥrri，出自 pḥrr（跑）。奔跑为健康的标志，国王每三十年会围绕广场奔跑，此乃一种仪式，或亦效仿日神之旋转。

[110] Nf₃y，出于 nf₃（那），为死者讳称。

冥间咒语　｜　137

⑪ 原文是"千次结合的"，揆其义，当谓灵魂入壳，意即还魂。尝试将其译为"千回百转"，回、转谓还魂。

⑫ 当谓"荷鲁斯之目"。

⑬ 原文作"言出必验"，指兑现灵魂入壳之说。

⑭ "他"指大神奥西里斯，"其"谓我的魃魂。

⑮ 死者讳称。

⑯ 神明赫赫（ ），双手作托举苍穹之象，头上装饰有（棕榈枝，纪年之物），音读 ḥḥ（百万、许多）。金字塔文献亦出现此神，作 形，末一符号仅有头部及托举的双臂。参第 53 页注释㉝。

⑰ 当为"舟"。

⑱ 宁特，是否努特？待考。

⑲ （sʿḥ，木乃伊）与 （贵族）为同源词。这反映出木乃伊制作最初属于贵族阶层，是古埃及礼制的折射。此词与 （wi）为同义词。

⑳ 原文作"双手满盈而准确"。

㉑ 原文是"臀部"。

㉒ 重文。

㉓ in ḥtm.f n ḏt n ḏt，意即"他不会毁灭，于身体，而久长"。"身体"和"久长"使用了谐音修辞（同为 ḏt）。

㉔ "金"表示精纯不杂，《管子·心术下》"金心在中不可匿，外在于形容，可知于颜色"。"金心""金魂魄"含义可互相发明。

㉕ ，šnbt（胸部）。该词定符使用肉块表示，侧重于胸肌的构成质料。

评　　述

灵魂入窍乃复活的先决条件，这是中外共有的构思。古埃及人的灵魂包含所谓魃魂、卡魂和阿克三者，只有三者具备，亡灵才能复活并在冥间继续生存。亡魂有众神守护，篇中三次吁请众神，一次较一次阵容强大。在最后一次召唤神明的行文中，显然有大神的气象。

文末是此章的诵读仪式。

第十六章　图像为阿尼以人首鸟之象站立于拱门前。⑫⑥

有关不使人的魅魂在冥间吃闭门羹⑫⑦**之辞**。奥西里斯-阿尼**说道：**

噫！高高在上者，受崇拜者，魅魂中之伟大者，令人敬畏的公羊⑫⑧大神，使诸神恐惧者，从他雄伟的坐上升起，他为奥西里斯-阿尼的阿克和魅魂设置了行程。我有准备，我是有备的阿克，我已启程到拉神和哈托尔所在之处。

若知晓此章，他将成为冥间有准备的阿克，不会被西冥的任何门户闭门不纳，以便出入。真正的救赎⑫⑨。

注释

⑫⑥ 此象有三种不同的画法。或作人首鸟从坟墓中飞出进入死者躯体之态；或作人首鸟与死者相伴站立在坟茔前之态；或作人首鸟在死者上方与死者相悖而行之态，死者背对坟冢，坟冢上则为一轮光耀的太阳。

⑫⑦ 原文作 （ḫni），或作 ［ḫn(r)i，限制］。句中当指"关在门外"，也可以理解为"幽禁"。冥间之旅需要穿越多重门户，另有《门户之书》以日神在冥间通过门户为主线，可参。

⑫⑧ ，b3（公羊）。公羊首神即 ，ḫnm（克奴姆）。此词亦与魅魂为同音词。

⑫⑨ 最末二词或读为"在大地之上"，或读为"于天宇"。细查，最末当为 形符号（表示大理石等坚固的建筑底座），而非沙碛符 或地形符 ，其上面的文字有学者读为 ，实乃 （补救）。 符上文粘连而成一短横，形近而易误认。此句乃本书恒语。

评　述

阿克和魅魂的功能不同，魅魂是亡灵的先锋，而阿克则是亡魂的督粮官。冥间之旅对于日神而言，仅有昼夜之隔，而于追随他的众亡魂来说，却是一场艰难跋涉的远足之旅。灵魂的旅途呼唤神明，并且有神明为其冥间之旅做准备，这也正是一路平安的保障。

公羊神即克奴姆大神，为第一瀑布所崇拜的三联神之首。他的崇拜地在象岛，象岛是研究古埃及文明起源的重要遗址。公羊神被视为创世之神，是日月和人类的造主。他有时也被视为尼罗河之神。其称号有"遂初之父""万有之造主""众甫之甫""诸母之母"等，他亦被称作"男女众神的父亲之父、以其自身创制者、天地幽冥及山水的造主"，他还被视为"天之四极的支撑者"，等等。公羊神被惊动，也就意味着通过冥间之旅更加顺利。

此章再次言及"真正的救赎"。

第 十 八 帧

第十七章　图像为阿尼站在坟茔入口，其魃魂和阴影相伴。

为魃魂和阴影⑬打开坟茔㉛，白昼出现而健走之辞。奥西里斯、言出必验者、掌书阿尼说道：

启其所启，闭其所闭。㉜仰卧者，启其所启，为我其㉝中的魃魂。荷鲁斯之目已释放我㉞，并装饰㉟置于拉神的额角之间。迈开脚步，举起双腿㊱，我已开启冥间㊲之路。我的肌肉结实，我即为父报仇者荷鲁斯，即将乌尔尔特王冠安放于其王杖㊳之上者。魃魂之途已开启，我的魃魂看见拉神之舟中的大神，在众魃魂的日子里。就计算年数㊴论，我的魃魂靠前。为我释放我的魃魂，荷鲁斯之目！——并作为装饰置于拉神前额。

曛辉㊵洒于那些奥西里斯肢体中㊶的众人的脸庞上。你们不要禁锢我的魃魂，你们不要羁縻我的影子。我的魃魂和影子之路已经开启。审判㊷魃魂之日，他会瞧见神龛中㊸的大神。

愿他复述奥西里斯的命令：各坐上的隐藏者们、奥西里斯肢体中的羁縻者们、众魃魂和众阿克的羁縻者们、那些封印死者影子的、那些为害我的——他们不能对我作恶。你们回避我的旅程。

你的心㊹和你同在，我的魃魂、阿克已有准备㊺，他们引领你。愿我坐在那些有座的伟人前列，愿你㊻不被羁縻——不受制于那奥西里斯肢体的羁縻者、众魃魂的羁縻者以及那些封印亡人之影者。你所牢牢控制的不是天宇吗㊼？

知晓此章，他会在白天出现，他的魃魂不会被拘系。

注释

⑬ 𓋴𓏏, šwt（阴影、影子），此词出现于金字塔文献，作 𓈙𓏏𓋴, 当

诂训为"形影神"之"影"。《庄子·渔父》:"处阴以休影,处静以宁迹。"

⑬ [hieroglyph],isy(坟冢、卧室),古王国时期作 [hieroglyph],iz,乃一音之转。

⑬ wni wni.ti ḫtm ḫtm.ti,意即"开启那被开启的,关闭那被关闭的"。同根词各种形式连用,古埃及人极擅长。"关闭"一词与印章相关,盖由封泥制度引申。《墨子·备城门》曰"封以守印",《吕氏春秋·孟冬纪·孟冬》云"慎关籥,固封玺",《黄帝四经·称》有"涂其门"["涂"读如《吕氏春秋·离俗览·适威》"若玺之于涂也"之"涂"(封泥)。"涂其门"即以封泥封门],《列仙传》载夏启宦士方回"以泥作印掩封其户"。上引资料皆可作中西文化互鉴之比较。

⑬ 谓冥间被开启之地,也即被关闭之地。

⑭ 或理解为"我已释放荷鲁斯之目",亦通。句意似乎是"将我安置于拉神前额为装饰"。

⑮ [hieroglyph],ḥkrw(装饰品、饰物),来自 [hieroglyph],ḥkr(被装饰)。[hieroglyph]本为城墙上装饰物,大概有防御功效。

⑯ 原文作"大腿"。

⑰ 原文是"大",参第 78 页注释⑬。

⑱ [hieroglyph](mdw),金字塔时代作 [hieroglyph],义为"拄杖、权杖"。埃及人表示讲话的字作 [hieroglyph] 或 [hieroglyph](mwdw,后辞见金字塔文献),这使我们联想希腊文化中在广场上持杖演说的场景,"杖"表达的是权威话语。

⑲ 盖谓寿命。ip rnpwt(计算年数)是对前文 sip(清算)的解释,类似于中国古代功过格一类,对人生的"结账"或盖棺定论。

⑭ [hieroglyph],iḫḫw(傍晚、黄昏),亦作 [hieroglyph],ḫḫw,一声之转。其相关词语为 [hieroglyph],kkw,义为"黑暗"(可能有语源关系);[hieroglyph],wḫ,义为"夜晚"(为 ḫw 音之颠倒)。限定符号 [hieroglyph] 为天宇下有一折断的瓦斯杖之象,此符亦用为意符,乃 [hieroglyph] 的同义词,形声字写成 [hieroglyph],grḥ(夜晚)。

⑭ 奥西里斯为冥王,追随他可得永生。在其肢体中,谓随其顺利通过冥间;亦可能读为"在其肢体中者",指其守卫者。

⑭ 原文是"计算"(ip),参第 101 页注释㉓。此词带有清点功过的意味。《冥书》第九时次有"大稽"(ḥsbt ꜥꜣw)一词,指在冥间对个人行为的汇总和裁断。依照古埃及的冥判思想,冥界有审判庭,判定个人灵魂是否纯洁,以便经过检验而获得来世。篇中"大稽"含义不甚明晰,是对个体生前的审判,还是类似于基督教的所谓"末日审判",其实是语焉不详的,不过一般倾向于对个体的

审判。然下一"大"字，则不能不对此有所发挥。即便古埃及人没有末日审判的观念，这种冥判思想也是极有宗教启发意义的，在某种意义上堪称《圣经》思想之滥觞。故彼处借用了《管子·乘马》"秋曰大稽"一词移译之，也可以移用《吴越春秋·无余外传》"禹……等茅山，乃大会计"中的"大会计"来翻译此词。当然《管子》《吴越春秋》说的是统计税收、考绩功劳，而彼处说的是审判灵魂。统而言之，《亡灵书》和《冥书》都有对亡魂进行最终核算的思想。

⑭ ，k3r（祠堂，神龛），亦作象形文字 。祠堂为祭司阶层的活动场所。这种祭祀场景可以古人"清庙"（《诗经·周颂》篇名，亦见《战国策·齐策三》）挹注。"诸名大祠，灵巫或祷焉"，"巫必近公社，必敬神之"（《墨子·迎敌祠》"巫"，《墨子·号令》作"巫舍"，语义更切）。古典文化中，祠庙为重要场所，中外皆然。"冯谖诚孟尝君曰：'愿请先王之祭器，立宗庙于薛。'"（《战国策·齐策四》）秦王给赵"二社之地，以奉祭祀"（《战国策·秦策三》），即"祭地"之谓，祭地必有祠庙。二社地不广，但地位重要。此古人神道设教观念的折射。

⑭ "心"使用了复数形式，用为单数含义。

⑭ ʿpr（配备），这里指顺利通过冥间的准备，包括粮食以及咒语等物质、精神两手准备，古语"口满用，手满钱"（《管子·轻重甲》）之谓。

⑭ 谓自己的魄魂。

⑭ 此句或译为"天宇也不会抓住你"，亦通。

评　　述

阿尼的陈词是一篇精彩的告喻檄文，文风骨力清健，和"健走"的题目颇相契合。此章是取得心脏并获得呼吸、水源之后，故能一扫乌尔德的疲弱之态，而呈现虎跃龙腾之姿。《亡灵书》为祭司的集体产物，这些祭司不仅是仪轨的制定者、主持者，同时是辞令的编纂者。他们虽非现代意义上的文学家，写就的句子却具有欣赏性。古埃及人谓之"清词丽句"抑或"嘉言"是也。《普塔霍太普的训谕》（55—59）曰："艺无止境 ‖ 没那个学艺人臻于尽善尽美 ‖ 嘉言妙语藏得比孔雀石还深 ‖ 却能在石磨旁的仆妇手中找到。"这段无论在修辞上还是在思想内容上都具有"嘉言"的特质。如开篇同根词的使用，造成一种音韵铿锵的效果。对荷鲁斯之目和释放魄魂的强调，形成一种回环的结构之美。当然，《亡灵书》中类似可圈可点之处所在多有，此处仅举一二例以表明此一文学特质而已。

荷鲁斯之目为大明之象，是月亮的神话意象，篇中所谓装饰于拉神前额，可能暗示月亮的升起，也就是光明的出现，从而烛幽显隐。与前面相反相成的情节是，在前文的陈述中，"我"治愈了荷鲁斯之目，而此处则是"荷鲁斯之目释放我"，这两说并不矛盾。通过荷鲁斯之目的纽带，"我"又与荷鲁斯本人合二为一，我成了父报仇者荷鲁斯，成了王权的继承人。这里既是荷鲁斯的发言，也是阿尼的陈词。

此章第一次出现"奥西里斯肢体中的众人"的意象，明确了奥西里斯作为冥神，也作为空间之神的特质。《亡灵书》等古埃及神话文献中，对天地时空草木飞禽走兽游鱼往往人格化或神格化；反之，对人类和神明也往往非人格化或物格化。奥西里斯本来是一位死去的王者，作为冥王他变成"幽冥"这一空间的化身。因此，《亡灵书》中既有"奥西里斯的宫殿"这一人格化的表达，也有"奥西里斯肢体中"这一空间化的表达。

人称的变换亦系此章的难点之一。在整理中，古埃及学家往往将文句整理通畅，我们更尊重"从难原则"，在没有确切文献证据或实在不可解释的情形下，一般不径改原文或判断原文讹误。

本章第一段的"我"显然是陈词者阿尼，这是阿尼的自白之词。第二段由"我"而转化为"你们"，当指那些试图拘禁阿尼魃魂和影子的阻路者，是阿尼对这些阻路者面对面的发言。第三段中瞧见神龛中的大神的"他"和复述奥西里斯命令的"他"应当系同一人，从上下文义推断，这里应当指阿尼。这里使用第三人称口吻，可以理解为旁白者的插入语，也可以理解为阿尼以他称自指——这种语体现代多有之，如现代画家吴冠中《他和她》一文，"他"实为作者自指。奥西里斯命令中的"我"当系奥西里斯自谓。阿尼既然在奥西里斯之中，以奥西里斯的继承人自居，则"你们回避我的旅程"自是其发言。以下可视为阿尼与阻路者、引领者、魃魂的简短对话：

阿尼对众阻路者：你们回避我的旅程。

引领神对阿尼：你的心和你同在。

阿尼对自己之心：我的魃魂、阿克已有准备，他们引领你。

阿尼对诸神：愿我坐在那些有座的伟人前列，愿你不被羁縻——不受制于那奥西里斯肢体的羁縻者、众魃魂的羁縻者以及那些封印亡人之影者。

阿尼对魃魂：你所牢牢控制的不是天宇吗？

"王杖"是一个值得重视的文化意象，它与王冠一起构成权柄的象征物。在中国传统文化中，权杖虽偶有出现，却不及西亚、北非等广。揆之，中国使用权杖受西方影响，可备一说。权杖乃经由西亚、中亚东渐到中原，或从安纳托利亚高原、黑海沿岸、高加索、俄罗斯南部等地区沿欧亚草原之路传入夏土，并在三代与斧钺、鼎彝等构成王权和身份等级的礼器。［杨琳、井中伟：《中国古代权杖头渊源与演变研究》，《考古与文物》2017 年第 3 期；李水城：《中原所见三代权杖（头）及相关问题的思考》，《中原文物》2020 年第 1 期；刘卫鹏、牛翰淳：《古代中国和两河权杖的传播与迁移——从新亚述时期的浮雕说起》，《西北美术》2019 年第 1 期；等等。］

第十八章　阿尼跪拜，扬手作礼敬之态，其旁为滑橇上的索卡尔之舟，舟以羚羊羊首为装饰。羚羊首意象见于《门户之书》第五时次第三十三场，在奥西里斯审判大厅，四只羚羊首从天花板上伸出，作为高贵威严的象征。

有关抬腿走路并在大地上现身之辞。奥西里斯 – 阿尼**说道：**

为你所欲为，索卡尔！为你所欲为，索卡尔！⑭⁸在其洞窟之中，在我双腿之内，于西冥。⑭⁹我闪耀于天宇的一条腿上⑮⁰，我出自天宇，我坐在耀灵⑮¹之下。噫！我尚荏弱，我尚荏弱⑮²。我能行走，但尚荏弱，在冥间那些攫噬者面前。奥西里斯 – 掌书阿尼，平安凯旋者。

注释

⑭⁸ 后一句以重文符号表示。索卡尔为最古老的神祇之一，其职司是封存死尸，他的圣地在尼罗河左岸，孟斐斯城偏南一点的位置。

⑭⁹ "我的双腿"，盖承接上文"在奥西里斯的肢体内"而言。

⑮⁰ 星座之名。因古埃及人以努特为天空之神，其象为躬身的女身，故有天之双腿之说。

⑮¹ 𓇳𓏤𓀭（3ḥw），亦作 𓇳𓏤𓀭 或 𓇳𓏤。此处以神明符号为定符，因此有神格化的意味，尝试移译为"耀灵"。《天问》："曜灵安藏？"《远游》："耀灵晔而西征"，《后汉书·张衡传》"淹栖迟以恣欲兮，燿灵忽其西藏"。李贤注："燿灵，日也。"参第 128 页注释⑩。

⑮² 重文。

评　　述

索卡尔为孟斐斯最古老、最重要的幽冥神祇之一，他被塑造成无生气的、端坐于冥暗中的木乃伊形象，有时以鹰隼之首呈现。他被称作"栖身于幽冥尽头的大神"，至若他究竟为死神还是黑暗神，难以明确。与其直接关联者为索卡尔之舟，在其节庆日由大神祭司主持绕神坛的仪式，掌管此舟者号称"大艺者"。

天宇为努特，闪耀于天宇的一条腿上的意象极其光彩照人。努特在古埃及神话绘画中为天母之像，她双腿、双臂直伸并弓腰构成天穹，手足和大地垓伯衔接，因此努特的双腿就是由大地通往天穹的支柱，而其双手则是由天穹下降到大地的津梁。

这里天宇的形象是高度拟人化的，天是人类在宇宙观层面的扩展和夸大，神话往往为哲学之前导。在中国古典文化传统中，神民关系被概括为"天人相副"（董仲舒《春秋繁露》），其说实本于上古医学经典《灵枢·邪客》，曰：

> 天圆地方，人头圆足方以应之。天有日月，人有两目。地有九州，人有九窍。天有风雨，人有喜怒。天有雷电，人有音声。天有四时，人有四肢。天有五音，人有五脏。天有六律，人有六腑。天有冬夏，人有寒热。天有十日，人有手十指。辰有十二，人有足十趾，茎、垂以应之，女子不足二节，以抱人形。天有阴阳，人有夫妻。岁有三百六十五日，人有三百六十五节。地有高山，人有肩膝。地有深谷，人有腋腘。地有十二经水，人有十二经脉。地有泉脉，人有卫气。地有草蓂，人有毫毛。天有昼夜，人有卧起。天有列星，人有牙齿。地有小山，人有小节。地有山石，人有高骨。地有林木，人有募筋。地有聚邑，人有䐃肉。岁有十二月，人有十二节。地有四时不生草，人有无子。此人与天地相应者也。

唯《内经》乃从神话宇宙观推阐出的一套中医哲学，而《亡灵书》则仍为象征式、神话式的表达。从地下出来，经由天母之腿上行到天上见到天光为《亡灵书》的主旨所在。

第十九章　图像为阿尼左手持杖而立于象征西冥的符号前。

有关白昼穿越⑬西冥之辞。奥西里斯–阿尼说：
赫尔莫波利斯已经开启，托特已封印⑭我之首，荷鲁斯之目卓荦不群，

我已释放荷鲁斯之目，我的饰物闪耀于诸神之父拉神的前额⑮。我就是那西冥中的同一个奥西里斯。奥西里斯知晓其日，他不会存在于彼处⑯，我也不会在彼处存在。我就是诸神中的月神，我不会消亡。那么，站起来吧，荷鲁斯。他已视⑰你为诸神中的一员。

> **注释**

⑬ 𓍲𓏺𓏲，wb3，义为"开启、打开"，或作𓍲𓏲。此词见于金字塔时代，写作𓍲𓏲𓏺，其中定符𓍲表示给珠子穿孔的工具，第十八王朝写作𓏲。这个符号也暗示词义有"穿越"的含义。在后一种写法中，它不仅表示读音（后面两符号视为音补，有提示读音的作用），也揭示了该词的语源。

⑭ 未详其含义。

⑮ "我的饰物"盖即指荷鲁斯之目。

⑯ 谓冥间。

⑰ "视"原文为"算……入内"（ip），"他"当谓奥西里斯。

评　述

此章再次出现了"我已释放荷鲁斯之目"的语句，是对前文的呼应。叙述者自述和奥西里斯合二为一，这就是所谓神人合一的宗教观念。月神和荷鲁斯之目为复指关系。月亮盈亏，有死而复生之象。《天问》云"夜光何德，死则又育"，以月神自比，正照应亡灵再生的主题，故下文说不会消亡。

第二十章　承接上章，无图像。

有关白昼现身并在死后存活之辞。⑱ 奥西里斯-阿尼说道：

嘘！太一！借月神而升起者；嘘！太一！借月神而辉耀者：让这位奥西里斯-阿尼出现于外出之众⑲中，让他沐浴⑳于耀灵之中。幽都为他开启。嘘嘻！奥西里斯㉑！奥西里斯-阿尼将会在白昼出现，并在大地上行其欲为之事，他就在活人中。

> **注释**

⑱ 此乃宗教构想，与思想家看待生死不同。《庄子·知北游》："不以生生死，

不以死死生。死生有待邪？皆有所一体。"《庄子·大宗师》："孰能以无为为首，以生为脊，以死为尻，孰知死生存亡之一体者，吾与之为友矣。"此乃道家式的逍遥。

⑮⑨ 原文为"你之众多者"，即奥西里斯的信徒。从冥间出来，所谓"白昼出现"之意。

⑯⑩ 字作 ▨▨，wḥꜥ，义为"纾解，中断工作"。此词与撒网的动作有关。句中为一形象比喻：日光照在冥间，如同渔船朝水中撒网。这也纾解了幽都的阴暗。

⑯⑪ 或以为此词为衍文，但作为呼格，似亦可通。

评　述

"太一"字面意思是"唯一者"，是对神明的敬辞。塔图尼恩（第一帧）、奥西里斯（"第七宫殿"处）皆有此称谓。此处可能指奥西里斯。主旨仍是祈求神明开启幽都，让阿尼复活。

第二十一章　阿尼扬手作礼敬之态，其所拜者为戴着双羽阿暾冠的公羊神。公羊神前方为一祭桌，祭桌上摆放有酒醴及莲花。

穿越阴间⑯⑫之后在白昼出现之辞。奥西里斯－阿尼说道：

噫！伟大而令人敬畏的魅魂！我正在此，我已来至，我已见到你，我穿越了幽都，我见到了父亲奥西里斯。我已驱散⑯⑬幽暗。我是他所钟爱的，我已来至并见到了父亲奥西里斯。我剖取苏提⑯⑭之心，为我父奥西里斯而行事。我已打开天地一切道路，我是那父亲奥西里斯钟爱之子。我是一位高贵者，我也是一个精灵。我有备而来。噫！一切神明、一切精灵，为我开路。奥西里斯、掌书阿尼，言出必验者。

注释

⑯⑫ ▨▨▨，imḥt（阴间）。古埃及人关于冥府的称谓独多，此又一种称谓。其语根当为 mḥ，此音有"湮没、满盈"之义，如 ▨（充满的）或 ▨▨（异体 ▨▨，义为"焦虑的、添堵的"；▨▨ 或 ▨▨，义为"亚麻"，取乱蓬蓬之义；▨▨，义为"淹没、启程"。由此派生出 ▨▨，mḥt（杯盘碗盏，

以其圆满为义）；🪶，mḥt（北方，取其植被茂盛）；🪶，mhw（纸草丛）；🪶，mhw（鱼群）；🪶，mḥnyt（那蜷曲者，意即日神或国王头上的眼镜蛇）。imḥt 可能取义于🪶，即乘船渡越而过，凸显冥间的泽国特质。

⑯ 🪶，通作🪶，sḥr（驱赶），乃🪶（遥远的）的使动用法，即"使之远离"。与之相关的词有🪶，ḥryt（可怕的）。其原因在于荒远之地被设想为可怕的事物所在之处，或是魔怪被驱逐之地，所谓"投诸四裔，以御魑魅"（《左传·文公十八年》）。

⑯ 即塞特。

评　述

穿越幽都之后，呈现在亡灵面前的是一派光明景象，所谓柳暗花明之境。亡灵仍以荷鲁斯自拟，称呼奥西里斯为父亲，并宣称已经为父报仇——报仇的手段是血腥的、残酷无情的，剖取了对手塞特之心。在《亡灵书》的设计中，剖取一人之心如同使其永远消亡。曙光在前，意味着冥暗和无序的终结。因此对此章剖心之说不妨从神话寓意的角度来理解。

第二十二章　阿尼左手持杖站立在一门前。

使人⑯返还⑯并在大地上见到其居室之辞。奥西里斯－阿尼说道：
我乃狮神，大步而出。我已射箭，我已捕获，我已捕获⑯。
我乃荷鲁斯之目，我已圆睁⑯荷鲁斯之目，在此季节。我已靠岸⑯，让奥西里斯－阿尼平安前行。

> **注释**

⑯ 与前例不同，"人"字使用了朱书。

⑯ pḥr（回转，轮转），同义词有dbn（流转，绕圈）。这里既指灵魂回到故居（《招魂》所谓"反故居些"），也可能指灵魂返回躯壳。天地之间亦是一个大圆，从冥府折回也是一个轮回之路。此词一语双关。

⑯ 后句以重文符号表示。

⑯ sš（分散、扩张）。此词有"使之相距很远"的意涵，窥上下文义，盖谓张大荷鲁斯之目。

⑯ w(з)dbw（岸）。此词即暗示冥间之旅通过水路而行，故人死亦称"驻泊"。

评　述

塞赫迈特、哈托尔及双狮神皆有狮子之象，此处紧承穿越幽都之后，因此狮神最可能指守护阿赫特的神明。荷鲁斯之目圆睁表示光明的盈满。此处语境显然指太阳升起，清晨来至。

第二十三章　图像为阿尼刺杀巨蛇怪。

人在冥间拒敌而白昼出现的另一辞章：

我已划定⑰**天宇，我已冲破阿赫特。我行走在大地上，随其步伐。我将被列入灵明而伟大之众，因为我——噫嘻！——准备有其千万种咒语。**⑰**我用嘴就食**⑰**，我以腭骨咀嚼。噫嘻！我是神，幽都之主。愿赐予我——奥西里斯－阿尼——那些恒久之物，我被纳入其曦耀。**

> 注释

⑰ ꜥd（切割），句中有"历象"之义，即划分天宇。

⑰ 其，当谓与神明有关，此处具体指何神？从"天宇""阿赫特"等用词推断，当谓拉神。咒之功用多样，《关尹子·釜篇》云："有诵祝者，有事神者，有墨字者，有变指者，皆可以役神御炁，变化万物。"本篇中"咒"之功用在于"役神"或"变化"，后文将有更具体的描述。

⑰ 𓃹𓈖𓅓（wnm，吃），或作 𓏏𓃹𓈖𓅓。此词见于金字塔文献，作 𓃹𓂝，用于表意符号和定符，如 𓃹𓏲𓃀𓂝（wšb，吃）中的定符（定符或作 𓂝）。其中 𓏐 为面包的象形，在古王国以后，与表示地貌的 𓈋（沙质斜坡）常常混淆。《荀子·王霸》："夫人之情，目欲綦色，耳欲綦声，口欲綦味，鼻欲綦臭，心欲綦佚。此五綦者，人情之所必不免也。养五綦者有具。无其具，则五綦者不可得而致也。"《亡灵书》此处所讲的正是"养五綦（字通'极'）者"之具，但此篇乃以"可得而致"为其目的，格调不免卑下，不可以先王之道要求之。

评　述

　　图文之间并无直接关系，但图文可互相补足。蛇怪是拉神幽冥之旅的强劲对手，阿尼刺蛇的图像表明其战胜冥间邪怪而顺利抵达。篇章中的描述因此是生机盎然的、激情澎湃的。冲破阿赫特、行走在大地上、备足咒语、自由饮食，正是复活之后的情形。但此复活不复为以前那般，而是成为永恒的神明，和日神合德。最后"纳入其曦耀"句，有《楚辞·离骚》"陟升皇之赫戏兮，忽临睨夫旧乡"的风致。

第 十 九 帧

日出入之颂词

阿尼双手扬起作礼敬拉神之态，拉神为鹰隼首并坐于日舟中在天宇上航行。船舷装饰有玛阿特之羽及乌加特之眼。船桨的柄手及桨架作鹰隼首形，桨叶上装饰着荷鲁斯之双眼。

礼敬拉神，**在他升起于**阿赫特、**直至其栖憩之时，于生命中**。奥西里斯－掌书阿尼**说道**：①

礼敬你，拉神。在其②升起时，阿图姆－赫拉赫提礼赞你——当你艳耀于我的双目、光华于我的胸前时。在夜行船中，你平安地渡越。在昼行船中，你心胸豁然，顺风而行；而它的③心也愉悦，你平静地跨越④天宇，并击败你的敌人们。永不灭的众星礼赞你，恒闪耀的诸极星⑤崇拜你，当你栖息于曼努的阿赫特之时。美哉！双时辰⑥！漫澜生命⑦之主！久特啊⑧！以为我之主。

注释

① 此节文字在第十八帧，今移于此。
② 人称从第二人称"你"转换为第三人称"其"。
③ 指"昼行船"。
④ 𓈖𓏇𓂻，nmi，义为"穿越"；亦作 𓈖𓏇𓂻，金字塔时代有 𓈖𓏇𓂻（nmi）。其中 𓊖 为蜿蜒的城墙之象。故 𓈖𓏇𓂻 有"穿城而过"的语义。
⑤ 𓇼𓋴𓎡 或 𓇼𓋴𓎡𓇼，iḥm sk，义为"那不磨灭的"（字面是"不知晓磨灭的"），南北极星之名。

⑥ 书写为两个并排的日形符，凡"双"皆有整全、圆满的含义，这里可能表示一切日子。或以为之晨昏二时，恐失之泥。

⑦ 借用《鬼谷子·中经》"可以观漫澜之命"一语，表示生机勃勃。

⑧ 𓊪𓊪，可能读为 𓊪，ddi，义为"恒固、坚确"，即金字塔文献之 𓊪𓊪，双符连写，表示"坚固恒定之极"。

致敬于你，拉神，在你升起时；阿图姆神，在你落下时。美哉⑨，你升起来！你闪耀于你母亲的脊背上⑩，并被加冕为诸神之王。努特致敬于你，玛阿特在双季节⑪拥抱你。你跨越天宇，心胸豁然，德斯德斯湖⑫也变得宁静。那魔怪已经失败，他的双臂被切断，刀刃割开了他的筋骨。

注释

⑨ 语气相当于"美哉弗弗"（《管子·白心》），言其盛。

⑩ psḏ.k ḥr psḏ mt.k，此句使用了谐音和双关修辞。第一个 𓊪𓊪𓇳（psḏ）为 𓊪𓏏（闪耀）之异文，第二个 𓊪𓊪（背部）即为首词之音符。二者不仅构成一种形式上的关联，而且意涵相关。因天宇被设想为躬身的女巨人，其背部即天之中央，正是日照最盛之处。

⑪ 犹如上文"双时辰"，表示所有季节。

⑫ ds 为刀子，dsds 为双刀。古埃及文字常以双表示全部，所以亦可译为"万刃湖"，比喻凶险之境。

拉神好风凭借力⑬，夜行船顺风而行，他被运载而至。南北西东都礼赞你，双源始神团⑭显圣，你已经传讯，大地静静地泛滥了。太一！当平衍和丘陵尚未形成时，就现身于天宇。牧者⑮！唯一的主！存有之创制者！他已冶铸⑯九神团之舌，并蓄息洪水中之物——你亦从其中出现，并临于荷鲁斯之海⑰的沃壤上。我呼吸源于你鼻窦的气息，以及源于你母亲的风⑱。你使我的精魂灵明⑲，奥西里斯啊，——并使我的魂魄有神。

注释

⑬ 原文是"以美好的风"。

⑭ P3wt，出自 𓇳𓊪，p3t，义为"古时、源始时代"，当指邃古之初的诸神。《列子·杨朱》："太古之事灭矣，孰志之哉？三皇之事若存若亡，五帝之事若觉若梦，

三王之事或隐或显，亿不识一；当身之事，或闻或见，万不识一；目前之事或存或废，千不识一。太古至于今日，年数固不可胜纪。"源始是起点，也是整全。《管子·宙合》曰："是以圣人明乎物之性者，必以其类来也，故君子绳绳乎慎其所先"，"宙合之意，上通于天之上，下泉于地之下，外出于四海之外，合络天地以为一裹"。《亡灵书》追溯源始，正有"宙合"之意，体现的是神话式的对绝对真理的把握。

⑮ 字作 [象形]，其中 [象形] 作为意符可单独使用，象荷杖携垫的牧人。此处亦为 [象形]（牧人），其异体字亦见于金字塔文献。或作 [象形]，其中 [象形] 正取牧人披斗篷、持牧杖之象，乃另一形象。此词在此处作为宗教术语出现，后来逐渐衍化为政治术语，表示统治者。

⑯ nbi，义为"冶铸、塑造"。此处显示大神之力，《庄子·大宗师》"今一犯人之形"，贾谊《鵩鸟赋》"天地为炉兮，造化为工；阴阳为炭兮，万物为铜"，皆与之遣词相似。

⑰ 可能为创世海。待考。

⑱ 原文为"北风"，此处当以北风泛指一般的风。

⑲ sȝḫ.k ȝḫ.i，意即"你灵明我之灵明"。这里使用了同根词修辞，类似例子在古埃及文献中多见。

崇礼你，万神之主！仰慕你，因你之奇迹⑳。在白昼时，你射出光线在我身上㉑。

奥西里斯、一切众神之供品的清点者和记录者、监管阿拜多斯主人们的谷仓者、皇室掌书、颇蒙宠者、阿尼、平安凯旋者。

注释

⑳ [象形]，biȝt（奇迹），或体作 [象形]，词根当源于金字塔时代的 [象形]，biȝi（和铜相关的），展现的是冶炼的奇迹。

㉑ 原文是"颈项"，应理解为借代手法，以局部代整体。"射出""光线"亦使用了同根词，直译为"射出射线"。

评　　述

《吕氏春秋·不苟论·当赏》："民无道知天，民以四时寒暑日月星辰之行知天。四时寒暑日月星辰之行当，则诸生有血气之类皆为得其处而安其产。""日出入"所以为"知天"之道。日出入的颂词置于阿尼穿越幽冥之后，在叙事逻辑和时间顺序上展现出某种一贯性。此处赞颂的是拉神不同时段的形态。太阳穿越夜间在黎明升起（阿图姆－赫拉赫提）、降落（阿图姆）和日盛中天（拉神）的各种形态都一一触及。拉神的重现也是一次创世的过程，因此这篇颂赞充满欣喜之情。日神有诸多名号，这篇也罗列了一些，其中"万神之主"令人想起"万物之主"，这里显然包含一个太阳创世的神话底层。太阳在第二天能否照常升起在今天不成为问题，对于神话时代的人来说，却是个相当重要的问题。它关系到宇宙是否恒定有序，关系到人伦政治是否有条不紊，甚至也关系到每个人。中国古人有出日、纳日之礼，中美洲则根据太阳的升降制定了血腥祭祀礼仪。古埃及人关于日神的赞文并不少见，中国古典文献中亦有《楚辞·九歌·东君》、汉乐府《日出入》等颂日之章。今录其后者，以窥见中埃文化颂日作品之一斑。

　　日出入安穷？时世不与人同。故春非我春，夏非我夏，秋非我秋，冬非我冬。泊如四海之池，遍观是邪谓何？吾知所乐，独乐六龙，六龙之调，使我心若。訾，黄其何不徕下！

奥西里斯赞

第十九帧中间、第二十帧开始共同构成一个场景。第十九帧的图像为阿尼双手作礼敬之态，后面为其妻，手持叉铃以及鲜花等；她头顶上方的字迹为"奥西里斯，屋宇的女主人，阿蒙的女祭司图图"；阿尼上方的字是"奥西里斯、忠诚的王室书吏、他所钟爱者、诸神供物的清点者、言出必验的阿尼"。第二十帧开始图像为祠龛中的奥西里斯和伊西斯，祠龛上装饰"神秘形象"，奥西里斯戴白王冠，持连枷、权杖以及塞特杖，伊西斯从身后护持之。

敬拜奥西里斯，久特之主，万-奈夫尔、阿赫提的荷鲁斯①、具万相者②、有大形者、居楹城的普塔-索卡尔提-阿图姆、实提耶特③之主、孟斐斯诸神的创制者、幽都的引领者：当你栖灵于天宇时，他们保护④你；伊西斯满意地拥抱你，她驱散那在你路径之入口处的恶魔⑤。你让脸庞冲着西冥，以便金躯⑥照耀双土地。那僵卧者起身看见你，他们就呼吸；当阿暾在阿赫特升起时，他们因你所为而心灵安宁⑦。你永恒而久特。

> **注释**

① ，ḥr-ȝḫty，义为"阿赫提的荷鲁斯"，金字塔时代作 。阿赫提即双阿赫特；荷鲁斯头侧的符号为 （两沙衍并置之象，为日出之处），或写作 。参第1页注释③。

② 字义是"有许多变身的"。

③ šṯyt，孟斐斯的索卡尔神庙。

④ 字作 ，ḫwi。该词的基本含义是"扇"，因此可能是 （保护）之讹误；但扇子亦有避障功能，用为定符，或亦可与后一词通假。

⑤ （ḏȝy）与 （ḏȝyt）[或作 （ḏȝt）]为同源词，义为"僭越、错误"。后者衍生的合成词有 （ḏȝy ḥr）或 （ḏȝy ḥr，义为"自娱自乐"，字面意思当是"使脸部有不正经的表情的"）。这类观念皆由 （ḏȝi，渡越）而派生。凡事过犹不及，过则误，故引申有"错误"

之义。此处限定符号，暗示其为有错误者、为祸患者，即恶魔。

⑥ m dˤm，义为"以精金……"。"精金"字作 [hieroglyphs]（dˤm），义为"精金、高质量的金属"，或写作 [hieroglyphs]、[hieroglyphs]、[hieroglyphs]、[hieroglyphs] 等形。此处可能反映出古埃及人对太阳的认识，即其照耀乃出于金属，可能源于对金属镜子的类比认识，同时与古埃及人的宗教观念有关，即神明因与金石建立联系而不朽。如《遇难的水手》（64—66）中对蛇的描述（四体以黄金为装饰，双眉则为青金石）、《冥书》（第十二时次上篇）中有"绿松石诸神"等描写。句中可译为"金躯"。其义如仙家之用金丹。《抱朴子内篇·金丹》："夫金丹之为物，烧之愈久，变化愈妙。黄金入火，百炼不消，埋之，毕天不朽。服此二物，炼人身体，故能令人不老不死。此盖假求于外物以自坚固，有如脂之养火而不可灭，铜青涂脚，入水不腐，此是借铜之劲以扞其肉也。金丹入身中，沾洽荣卫，非但铜青之外傅矣。"

⑦ 一译"他们心悦，因见到你"，亦通。

评　述

在日出入的颂词之后，对奥西里斯进行赞颂。奥西里斯是《亡灵书》中最核心的神明，其地位甚或在拉神之上。因此在开始罗列了其诸多名号，其中有"具万相者""孟斐斯诸神的创制者"等称号，显露出其融合诸神的痕迹。神明的融合和分化是宗教崇拜合流和演化的折射。这反映出《亡灵书》较为复杂的思想文化内涵。不过，其方向却是相对清晰的，即朝向对奥西里斯的崇拜——"真正的救赎"发展。

诸神连祷文

向你致敬！① 柱上列宿及科尔－阿巴的太阳族裔之主！你乃万提②，灵明胜过隐匿于楹城的诸神。③

向你致敬！ 耶万德斯④的楹柱神！伟大者！阔步前行的赫尔－阿赫提！他穿越天宇，他就是赫尔－阿赫提。

向你致敬！ 永恒的公羊！居于桀都的公羊神！万－奈夫尔，努特之子！他就是伊戈尔特之主。

向你致敬！ 于你治理下的桀都。乌尔尔特王冠已经戴在你头上，你就是太一，施力自卫者，你栖灵于桀都。

向你致敬！ 你为纳尔特木⑤之主，使索卡尔之舟在其乘橇⑥上，你击败敌人——那作恶者，以让乌加特之目栖息于其座。

向你致敬！ 攻击⑦的大力者！长者！大者！奈尔特夫之首！永恒之主，久特之创造者！你乃苏坦－恒恩之主。

向你致敬！ 栖身于玛阿特之上者！你乃阿拜多斯之主，你的躯体与冥境⑧合一，你是那厌恶虚假者。

向你致敬！ 居于其灵舸之中者！从其源泉引来哈皮神者⑨！阳光照临在其躯体上者！他乃尼坎城⑩的居民。

向你致敬！ 诸神的造主！上下埃及之王！言出必验者奥西里斯⑪！在其盛年环理⑫双土地，他就是两岸⑬之主。

愿你示我道路，使我平安穿越。我就是尺度⑭。我不曾说谎，因知道之故，我不贰过。⑮

注释

① 共有九处，皆以朱书提示。唯诸"你"字朱书之后又重新以墨色描画，是抄者疏忽还是抄者为未谙体例的新手，不得其详。

② ▨▨, wnty，即 ▨▨, wnn-nfr，"那位永恒快乐之神"之异称。-y 为二、偶之词尾，古埃及词语中以此结尾的可译为"双某某"，而通常有完善、

圆满、整全、笼罩等意涵，如"双土地"表示统一，"双玛阿特"表示正义的纯粹性，此亦当然。所谓"物生有两，皆有陪贰"（《左传·昭公三十二年》史墨之语），中国与古埃及在思想观念上或可做比较研究。

③ 句中使用比较级，"胜过"为虚词 m，和古汉语的"于"相当。《墨子·耕柱》巫马子对墨子言："我与子异，我不能兼爱。我爱邹人于越人，爱鲁人于邹人，爱我乡人于鲁人，爱我家人于乡人，爱我亲于我家人，爱我身于吾亲，以为近我也"；《荀子·富国》云："国安于磐石，寿于旗（读为"箕"）翼"。诸"于"字可与此互相发覆。

④ iwn-ds，地名。

⑤ nꜥrt，当系造船或橹的材料。或金合欢树，或刺槐。具体何指，待考。

⑥ tmt，橹。这里表明此船乃陆上行舟。

⑦ 3t 既表"时刻"，也表示"攻击力"。二说皆可通，以后一含义为优。若采前一义，可译为"当令"或"适时"，约略等同于"时机"，可比拟秦客对穰侯之说"此君之大时也已"（《战国策·秦策三》）。这可能也反映出某种"时"的观念，"时中"（《礼记·中庸》）者之谓。《礼记·礼运》："是以三五而盈，三五而阙。五行之动，迭相竭也。五行、四时、十二月，还相为本也。五声、六律、十二管，还相为宫也。五味、六和、十二食，还相为质也。五色、六章、十二衣，还相为质也。""迭相""还相"正是"时"的存在样式，它反映出"时"之非永恒、随机性的一面。故《亡灵书》特强调对时刻的把握。

⑧ t3-dsr，义为"圣地"，指冥间，尝试译为"冥境"。

⑨ (tpḥt)，古王国时期或作 (ḥtpt)，此乃语音上的互错现象。源泉，亦指蛇穴或尼罗河之源头。因河床形若蛇，故后一用法乃暗喻。哈皮为尼罗河神，在埃及南北皆受崇拜。南方的尼罗河神以纸莎草为象征物，北方的则以莲花为象征物。关于尼罗河神的颂诗较多，他被视为极其神秘的神灵。

⑩ nḫn（尼坎），上埃及的城市，即赫拉孔波利斯。 ，minw nḫn，义为"尼坎牧"，意即"尼坎的城主"。参第 22 页注释 ⑨。

⑪ 此词使用了王名环 ，表示其王室身份。 （m，名字）、 （šnw，环、圈）等以之为限定符号。其最初写法为 ，全形作 或 ，šnw（环），源出于 šni（环绕）。此处大概含义是国王所治理之地为"太阳所环照"，有天道之象，所谓周流之义。环有流通的意思，如《管子·山国轨》"环乘之币""环谷"即指流通的货币及粮食。第十九王朝之后，另有一个表示王名环的称谓 （mnš）。王名环与宇宙论相关，其功能可与商代

的亚形符号相比较。

⑫ ▨, grg, 义为"建立""使……入彀"，或写作 ▨、▨，或径直使用表意符号 ▨，取象于挖掘池塘的镐锹。此处是将双土地作为自己的统治范围，尝试译为"环理"，照应前文对王名环的使用。《天问》有"环理天下"。

⑬ 谓尼罗河东西两岸的沃壤。

⑭ 表明自身的纯洁，行事合乎玛阿特，不逾矩。

⑮ 此句为《亡灵书》恒语，乃神话伦理的反映。

评　　述

连祷文是一种颂神的形式，其文学手法类似于现代的排比。此处共有九节，歌颂了九组神明。数字"九"在古埃及文化中亦有多义，这点与汉语相似。《说文解字·九部》段玉裁云："阳之变也。《列子》《春秋繁露》《白虎通》《广雅》皆云'九、究也'。象其屈曲究尽之形。""九"有究竟之义，故汉语"九天""九有""九州"皆有曲尽之义，《亡灵书》殆亦无出此义。古埃及人表示多喜用三（字符中类例极夥，不赘），九为三之倍数，故以九番祷祠囊括所有。

最后一段富有哲理性。道路既是冥府的旅程，也有人生选择的隐喻。阿尼自称"尺度"，即行事合于玛阿特的意思，犹汉语言"顺帝之则"。"知道""不贰过"等表白已具有伦理意义。

巴奇所录连祷文，共十次祈求神明。存录如次：

向你致敬！作为阿图姆而来者，为创制九神团而显象者。

向你致敬！作为魌魂而来者，西冥之圣洁者。

向你致敬！众神之司长，以其美好使幽都闪耀者。

向你致敬！作为耀灵而来者，以阿暾而行者。

向你致敬！诸神之最伟大者，天宇之王、幽都之统御。

向你致敬！洞穿幽都者，一切门户之引领人。

向你致敬！在诸神中者，权衡言辞于下冥者。

向你致敬！在其隐奥的巢居中者，以其灵明创制幽都者。

向你致敬！强大者，伟岸者，你的众敌手被击溃于他们的屠场。

向你致敬！将恶魔碎尸者，使阿佩普消亡者。

愿你赐予甜美的北风于奥西里斯-伊乌夫-昂科，言出必验者。

拉神颂（第二颂）

第 二 十 帧

拉神之颂，在其升起于天宇东隅之阿赫特时，那些追随者们欢欣鼓舞。嚱！ 奥西里斯-阿尼，言出必验者说道：

嚱！阿暾，光照之主，每日从阿赫特升起者。你闪耀于言出必验者奥西里斯-阿尼的脸庞。**他敬拜你**①，于清晨；他供奉你，在晚间。愿言出必验者奥西里斯-阿尼的魃魂与你一同现身天宇。愿他乘昼行船而行，愿他以索卡尔之舟驻泊，并与天幕上长明不灭的列星融为一体②。

注释

① 清晨和敬拜使用了同根词。★🦶（dw3yt，清晨），或作 ★🦶（dw3）、★🦶（dw3），与 ★🦴（dw3，金字塔时代作 🦶★，敬神）为同根词。后者正是清晨拜祭神明之象。

② 🦴，3bl，义为"与……合为一体"，表示入伙、入群。这里可能暗示星与人之间的对应关系，人死后入于列星，华夏典籍亦有相关著录，但儒家因其语涉"怪力乱神"而罕言，如《列仙传》卷末"赞"云："若周公《黄录》记，太白下为王公，然岁星变为宁寿公等，所见非一家，圣人所以不开其事者，以其无常然虽有时著。"最著者即"傅说"，《庄子·大宗师》有"傅说……乘东维，骑箕尾，而比于列星"，《楚辞·远游》有"奇傅说之托辰星兮"。《遇难的水手》中大蛇对水手讲述自己的遭遇，"尔后一个星星降下来／那种有火在其中者，散开来"（第129—130行）。所谓"星星"实为灾星，为古埃及天人感应观念的投射。列星主人间祸福，中外攸同。《抱朴子内篇·辩问》引《玉铃经·主命原》曰："'人之吉凶，制在结胎受气之日，皆上得列宿之精。其值圣宿则圣，值贤宿则贤，值文宿则文，值武宿则武，值贵宿则贵，值富宿则富，值贱宿则贱，值贫宿则贫，值寿宿则寿，值仙宿则仙。又有神仙圣人之宿，有治世圣人之宿，

有兼二圣之宿，有贵而不富之宿，有富而不贵之宿，有兼富贵之宿，有先富后贫之宿，有先贵后贱之宿，有兼贫贱之宿，有富贵不终之宿，有忠孝之宿，有凶恶之宿。'如此不可具载，其较略如此。"

平安凯旋的奥西里斯－阿尼，在他崇拜其主——那永恒之主时，说道：向你致敬！ 赫尔－阿赫提！自我显象者凯普瑞！美哉美哉！你升起于阿赫特。借你之光照，你使双土地明丽。一切神明皆欢欣鼓舞，当他们见到你为天宇主宰时。尼伯特－文努特③ 被安置在你头上，其南北二虺在你额间④。她已在你前面安排她的位置。托特被置于你灵舸之前，以便泯灭⑤ 一切敌人；那些在幽都者，因膜拜你而现身，以便见到你华彩的神形。

注释

③ nbt-wnwt。后一词 wnwt，含义为"小时"。据《冥书》《门户之书》，夜间共有十二个小时，故此词组可诂训为"时辰女主"，谓司掌时辰的女神。《山海经·西次三经》有神陆吾司"帝之囿时"，即苑囿及时辰；《大荒西经》有"下地是生噎，处于西极，以行日月星辰之行次"；《大荒东经》有"有人名曰鹓，……是处东极隅以止日月，使无相间出没，司其短长"；《大荒西经》有"有人名曰石夷，……处西北隅，以司日月之长短"；《司马法·仁本》有"乃告于皇天上帝、日月星辰，祷于后土、四海神祇、山川冢社，乃造于先王"。此乃中国古人的祀典，含天神、地祇及人鬼，其中"星辰"之"辰"大略亦时间之神。"时"在神话中具有重要地位，也影响到人伦制度的创设。

④ 前一句表示时间的统一，此句可能表示空间的统一。"南北"通常表示全埃及，在古埃及人心目中也就是整个天下。

⑤ （swn），《金字塔铭》作 （zin，消失）。其中 为箭矢之形，是意符兼音符。这可能揭示 swn 的语源，即来自箭矢消失于射箭者的视野之中。相同语源的词语有 （swnt，售出，或体 ，取义于"消失"）。最有趣的是 （swnw，医生），字形似人持矢操酉状罐行医意。其构思与汉字"醫"颇有相似之处。（关于汉语六书的普遍适用性，有必要思考周有光"比较文字学"的观点，参氏著《关于比较文字学的研究》，《中国语文》2000 年第 5 期。）

我走向你，愿我与你同在，每日见到你之阿暾而不受羁縻、不被遣回。愿在你熙光煦妪⑥ 下，我的肢体生机焕发⑦，如同你所有的颂歌者一般。因为我也是那些大地上仰慕你的人中一员。愿我永留住于大地之上，与恒在的大地合二为一。噫嘻！我主！你已为我命定此事⑧。

> **注释**
>
> ⑥ 原文作"照看，见"。
>
> ⑦ ⌇⌇⌇⌇，m3wy（变新），又写作⌇⌇⌇。其语根当为⌇，m3，即灵舸⌇的镰形船尾。灵舸"苟日新，又日新，日日新"，故此字有宗教含义。而灵舸船尾制为镰形，恐亦当与⌇之功能相关。凡物，唯有割取方可继续蕃息，因有更新含义。
>
> ⑧ 指代上面的愿望。

噫！奥西里斯-阿尼，平安凯旋者，言出必验，他说：

向你致敬！当你作为拉神升起于阿赫特，栖息于玛阿特之上时。你的舟在天宇。每张脸都在你的注视和旅程中，你也从他们脸上隐身。⑨ 在每个晚间，你会赐予自己清晨。⑩ 陛下你的夜行船坚如磐石⑪，你光耀于所有人脸上。他们不明白你之金辉⑫，他们说不出你的神采⑬。诸神之列土见你而作书⑭，即便那蓬特⑮诸邦也盛赞⑯你。你的确是从口中自我创造，你形成于努神之上。⑰ 愿他——正是他⑱，履你之所履⑲。愿他一刻不停留，就像陛下你——倏忽间的步履即跨越千百万年的耶特鲁⑳，你做完这些就休憩。你终结夜晚的时间，正如你引出它们一样。你按照规律㉑终结，大地露出曙光。你以拉神之形给于自己地位㉒，你升起于阿赫特。

> **注释**
>
> ⑨ "脸"当系借代手法，指人。日神照耀大地，所谓"大明发而万物皆照"（《六韬·武韬·发启》），故云注视；日神确定时间，故云旅程；日有出入，故云隐身。
>
> ⑩ 意思可能是"日入为日出之始"。或译为"你每日清晨及夜间展示自己"，但"清晨"前无介词，似当理解为宾格为佳。
>
> ⑪ 原文作"坚韧、强硬"，此转译。
>
> ⑫ 参第 156 页注释 ⑥。句中第三人称复数词缀也可理解为"金辉"的复指，则句子亦可译为"金辉不可言喻"。
>
> ⑬ ⌇⌇⌇⌇，imw。从限定符号推测，此词当与"光华、炫目"之类

含义相关，其语源可能是 ![symbol] 或 ![symbol]，义为"水上航行的舟船"。日神借舟而行，其遍照天下的根由正是其运舟而"周泊遍照"（《鹖冠子·王铁》）于天地之间。

⑭ 含义是各地都以文献方式赞颂拉神。

⑮ pwnt，古国名。该名古文献常见，比如《辛努海的故事》B209 有"蓬特的女主人"字样，《遇难的水手》第 151 行的大蛇即自谓"蓬特的主人"。该地通常被认为在红海沿岸。

⑯ 原文为 sip，此词屡见，有"监察、尊仰、考核"之义，尝试诂训为"盛赞"。

⑰ 此句难读。或译为："蓬特诸山放开那隐身者。你独自为之，在他开口时；你的形象即努恩之首。"隐身者指日神拉。有学者将开口者理解为阿尼，恐未然，当仍谓日神。拉神涌出于水面，故或曰"你形成于努神之上"，或曰"你的形象即努恩之首"。"首"可理解为名词，也可理解为介词。

⑱ 谓阿尼。

⑲ 使用了同根词，šm.f……šmt.k，意即"他走在……你走过的路上"。

⑳ 耶特鲁，itrw，古埃及计量单位。1 耶特鲁等于 10 公里。

㉑ nt-ꜥ，义为"风俗、习惯、规律"，这里是天道循环。《司马法·天子之义》："事极修，则百官给矣；教极省，则民兴良矣；习贯成，则民体俗矣；教化之至也。""习贯"二字为其确译。

㉒ 句中使用了文字游戏，"拉"与"地位"谐声。![symbol] rꜥ，拉神；![symbol] r-ꜥ，义为"位置、地位"。谐声修辞为进入古典语言学的重要手段，此法中国典籍屡见不鲜。如《论语·八佾》有"周人以栗，曰使民战栗"；《管子·小问》以"粟"谐"肃"，以"禾"谐"和"："夫粟，内甲以处，中有卷城，外有兵刃。未敢自恃，自命曰粟，……（苗）天下得之则安，不得则危，故命之曰禾。此其可比于君子之德矣"；《晏子春秋·外篇重二异者·第六》有"天之有彗，以除秽也"。类例甚夥，兹不赘。

奥西里斯－掌书阿尼、言出必验者之辞——他崇拜你，因你之照耀；他在你升起时对你说：

你高扬日象而旦明，你大放光华而朗照。你冶铸你的肢体，无瑕地生出它们；且以拉神之形出生，并升起于苍昊之上。㉓ 愿你让我抵达永恒的天宇，那颂歌者们的乐国㉔。我加入众精灵，那幽冥中的高贵和卓越人物。愿我和他们一起出现，以便见到你的光辉。

> **注释**

㉓ 此乃清平之象，《晏子春秋·内篇问上》："四时不失序，风雨不降虐；天明象而致赞，地长育而具物。神降福而不靡，民服教而不伪。"

㉔ 原文为 smt（沙漠、冥间），当指乐园，反义为用。

评　述

阿尼对拉神的颂词，共分为四个片段。背景为拉神从东方升起，也就是阿尼重睹天光之后。颂赞拉神的篇章因此充满憧憬，是一篇精彩的颂神诗。

第一片段赞颂与祈祷融为一体，阿尼自称按时祭祀和赞颂日神，希望能够追随日神并融入列星。

第二片段主要颂赞拉神和人间双土地的关联，从时间、空间两个角度赞美了拉神对人间制度的建设意义，由此而过渡到阿尼的具体愿望：生机焕发而常驻大地之上。

第三片段是关于玛阿特的，亦即关于宇宙秩序和人伦秩序的。

第四片段再次强调了阿尼和神明一体的诉求。

其中第三片段尤其值得关注，它以叙述者的视角阐释了颂神诗的创作背景和意图。拉神因其光照而被人类和各国颂赞，不仅流传口头而且行诸文字。拉神被视为自我创制之神，是尺度和宇宙秩序的制定者。这种赞美既是理性的，也是充满信仰情怀的。

新 月 之 颂

第二十一帧

你在晚间升起①，并越过你的母亲努特②。你脸冲着西冥，我双臂膜拜你，当你为了生命而休憩之时。噫嘻！你乃永恒的造主，敬拜你，当你栖身努恩之中；我毫无懈怠地置你于心中，神明胜过众神者。

> **注释**
>
> ① "你……升起"在上一帧，今移于此。
>
> ② 晚间拉神进入大地垓伯体内，故云越过母亲努特。努特的写法中有倒书的天宇意象，金字塔文献有 ![符号]，ntyw（或 niwtyw？）一词，表示居住于下层天宇的神明。这可以解释为，恒定的天空中相对靠近大地的天宇；也可以理解为，埃及神话中的天空是旋转的。两种理解都有其合理性，但后一种说法可能较为超前。

奥西里斯－阿尼、言出必验者。他说：
敬拜你，以金身升起者③，每日升起时使双土地闪耀者。你母亲以其手生出你④，你使阿暾之轮明丽⑤。大光明升起于努神中。用水源滋育后裔者⑥，并在所有⑦邦国、所有城市和所有宫殿庆祝。因你之光彩而扬灵，并以食物⑧和杰发支撑你的卡魂者。伟大的畏怖者，勇力者中的统领，筑防于其位以拒患者，在索卡尔舟中堂堂皇皇⑨，而在昼行船中则异常瑰玮⑩。你让奥西里斯－阿尼灵明于冥间，因其言出必验；你确保他在西冥毫无罪愆，愿你置其耶肆非慝在你脑后。愿你让我列为精灵们中的尊者之一。⑪

> **注释**
>
> ③ ![符号] 或 ![符号]（nbw），字面含义为"金"。其中符号 ![符号] 取象于装饰

有琉璃（或法扬斯）的衣领。

④ 这里大概说的是捧日而出。

⑤ 此句阿暾之"轮"，可以理解为环绕阿暾的"光轮"，也可以理解为阿暾之"轮转"。前一义项于义为长。

⑥ 或翻译为"系联族裔于水中者"，亦通。

⑦ "所有"一词根据后文行文习惯补充。

⑧ 🛆（ḥw，食物）与 🛆（权威话语之神格）同音。二者是否有语源关联，尚待进一步考察。

⑨ 原文是"使光辉宏大"。

⑩ 原文作"大"。

⑪ 人称转换可能暗示，此乃对话体。以上为阿尼的颂词，下文为月神的回答。

让他和冥境中的众魁魂一体，让他航抵芦苇之野——以你所命。奥西里斯－掌书阿尼、言出必验者豁然心胸⑫。

你将出现⑬于天宇并渡越苍穹⑭，你将与列星比邻，你会被颂于灵舸中，你会被召唤到昼行船上。你将见到拉神，在其神龛之中；你每日会让其阿暾安顿。你会见到引特鱼的诸般形态，在绿松石般⑮的旋涡中⑯；你还会见到阿布图鱼⑰，在其时节。愿那恶虺⑱覆灭，在他扬言要杀掉我时——他的筋脉被割断。拉神好风凭借力，乘索卡尔之舟接近他，拉神的桨手们欢呼了，奈波特－安珂⑲心下甜蜜，她主人的丑敌⑳被击败。你会瞧见荷鲁斯，在其灵檝之上，而托特、玛阿特在他左右㉑。一切神众皆欢呼，当他们见到拉神安全抵达时，他使众精灵之心存活。奥西里斯－祇拜众主人的供物之掌书、言出必验者阿尼，与他们同在。

> **注释**

⑫ 神明的赐予为伦理之萌芽，人类的品德被视为神赐，此乃古埃及人的伦理观。豁然心胸，所谓"度恕"，《管子·版法解》有"度恕者，度之于己也，己之所不安，勿施于人"，所谓"大心则天而道"（《荀子·不苟》）。无论神话典籍还是伦理典籍，导人向善是其最终极诉求。

⑬ 此处朱书文字，凸显言出必验的紧迫性。古埃及人不甚重视言行之辩，或者说古埃及人较为重视言辞的力量，以为言辞即等同于行动本身，所谓言出必践。这与《说苑·权谋》中古人主张"言之者，行之役也；行之者，言之主也"

略有区别。

⑭ 当作 [hieroglyph]，bi3（天幕、苍穹），或写作 [hieroglyph]，其中 [hieroglyph]（水井、矿井）符号有时也写作 [hieroglyph]（水杯）。该词与"铜"语音相同，反映出其语源关联。这可能暗示，古埃及人以建筑物比天宇的观念。该词可试译为"苍穹、穹隆"。《管子·任法》有"如天地之坚，如列星之固，如日月之明"，天以坚形容，星以固形容，皆暗示天为固体之物，因有"天或维之，地或载之"（《管子·白心》）之议。至《庄子·天运》乃有"孰主张是，孰纲维是，孰居无事推而行事？意者其有机缄而不得已邪"之问，《楚辞·天问》始有"天极焉加"之疑。以天为固体实"盖天说"之反映，可推本溯源于上古神话。

⑮ mfkt 或 mfk3t，义为"绿松石"。这里当为修饰语，绿松石为生命之象，表永恒不朽。《冥书》第二时次结语部分有"绿松石之地"的提法，第十二时次上篇有"绿松石诸神"之说，含义相当。

⑯ bʿbʿt，即 bbt 或 b3b3t，此乃一拟声词，表示水流汨汨的声音。

⑰ 表示复活的鱼类，参第 8 页注释 ㊲。

⑱ 此词墨书，但蛇身上的刀刃以朱红色表示，红色可能表示"兵者，不祥之器"，是对所谓残字体写法的一种延续。

⑲ 意思是"生命的女主宰"。

⑳ 虺字符号朱书，虺蛇身上为墨色刀刃。此处为虺蛇被击溃的语境，因此刀刃恢复了常态，而蛇身则成为血身。朱红所以表示血、凶邪、不祥之物，此乃其功能之一。

㉑ 字义"在他双臂之上"。

评　　述

时空是神话叙事的第一背景，新的一月开始，意味着新生命和秩序的开端。"晚间升起"的提示，指月神升起。相较于月神而言，拉神似乎更赫赫有名，但这并不表示古埃及人冷落月神。《亡灵书》虽对月神着墨不多，但隐喻、暗示之处却并不少见，比如前文的"乌加特之眼"之类，因为月亮有死而复生之象，故在冥间之旅中便显得尤其重要。不过月神和日神本是一体两面的、难分难解的。因此颂赞月神的同时，必然会提及拉神。此处再次提到了和拉神有关的两种鱼类以及击败恶魔。

文中提及绿松石般的漩涡，这里赋予绿松石以恒久的内涵。绿松石是跨越新旧大陆的全球性宝石，也是古埃及珠宝中的重要一分子。但中国可能是世界上最早使用绿松石的国家。其中二里头的绿松石龙牌最为著名。（先怡衡、樊静怡、李延祥等：《宝从何来——新疆两处古代绿松石矿业遗址的发现与认识》，《文物天地》2021年第7期；朱乃诚：《二里头绿松石龙的源流——兼论石峁遗址皇城台大台基石护墙的年代》，《中原文物》2021年第2期；等等。）绿松石的意象与月亮死而复生的意象正可互相照应，乃复活而永生的象征。

图像为鹰隼首的拉神，冠阿暾盘，腿上置有生命符，座于日舟之中，舟身装饰有乌加特之目和玛阿特符号，舟首站立有一只白色的燕子。其前为扬手礼敬的阿尼。㉒

新月之日陈词，奥西里斯－掌书阿尼、平安凯旋者、言出必验者说道：
他说：拉神从其阿赫特升起，九神团随其身后，神灵㉓从其神秘的座位上现身，杰发降落㉔于天之东隅阿赫特，依努特之命令。他们在拉神之路护持，在伟大者周流之前。因此你也时序井然㉕，拉神，在你神龛之中者！愿你呼吸空气，愿你大口吸吮北风，愿你以颌骨吞噬，愿你踞于白昼，愿你亲吻玛阿特。你甄别㉖那些乘载㉗灵舸而至的追随者，那些依你之命而旅行的伟人们。你清点你的骨骼，你敛聚你的肢体。你脸冲着美妙的西冥，你每日来此都焕然一新。嚯嘻！你的雕像㉘是精金的，你与令人敬畏的天宇上的阿暾一体。你日日新㉙以周流，嚯！在阿赫特你兴奋地欢呼，于你的缆绳㉚旁。

注释

㉒ 此章题目通常是"有关卓杰的阿克在西冥、在伟大的众神面前之卷"。

㉓ 单数词，当特指拉神。

㉔ ḫrsdf3有两读。其一，读为ḫr.s df3（杰发降落），形成一个sdm.f的句型结构。其二，读为ḫr sdf3，后一词为"使……配给"，出于df3（养分、养料）；前一词表示"落下"，落物者必有威神，故可译为"逞威并备足养分"，两者为并列的分词。似以前读为佳。

㉕ ts，即金字塔文献读为tz（捆绑、缠结），句中当用其引申含义。凡物收束则有序、则坚实，盖取其恒定不变地周流之义，故尝试译为"时序井然"。

㉖ pšš，以pš为语源的词有"分剖、明晰"之意。如psi（烹煮，以火使食物分解可使）、psḥ（咬啮）、psḥ（纷乱）、psg（喷唾）、psd（照耀）、psd（脊

骨，以其突出而分明）、psḏt（九神团）等。句中即"使之凸显"，意即"甄别"。近义词有 wpi（分开）。

㉗ ▱, nˤi（航行），指舟船划水而行。nˤ既是语源，又兼会意特征。▱ 为水、手二符会意，有划水之象。▱, pnˤ（颠倒），字形有覆舟之象。其语源理据当为 p-nˤ（p- 似可理解为覆）。又 ▱, nˤˤ（光滑的），可能取义于颜料之润滑，后一ˤ 音所以区别词义。

㉘ ▱, twt, 或单作 ▱（雕像），取挺身、束须、括发的木乃伊象之形。以其为限定符号的字有 ▱（ḫprw, 成形、长成）、▱（ki, 外形、形式），可以《列子·仲尼》"欺魄"一词音译兼意译。雕塑，古书所谓"刻削之道"。《韩非子·说林下》："桓赫曰：'刻削之道，鼻莫如大，目莫如小。鼻大可小，小不可大也；目小可大，大不可小也。'举事亦然：为其后可复者也，则事寡败矣。"在农耕社会，中国人视"刻画为末作"（《韩非子·诡使》），但埃及人却视为一份相当体面的职业。

㉙ 原文作"每日更新"，借用《礼记·大学》之"苟日新，日日新，又日新"之句。

㉚ 借代，谓灵柩。

愿天上的众神垂监奥西里斯－阿尼，言出必验者，给他赞美，如同拉神。奥西里斯－掌书阿尼是位王子，由篇中的㉛乌尔尔特王冠可识别。愿奥西里斯－阿尼、言出必验者的饮食㉜被筹备。愿他因肠胃而时运旺盛，成为拉神面前之众㉝的首领。奥西里斯－掌书阿尼、言出必验者，愿他在地上和冥间都兴旺。愿奥西里斯－掌书阿尼、言出必验者，你每日机敏㉞而康健，就像拉神。言出必验者奥西里斯－阿尼不会迟滞，也不会筋疲力尽，并永驻这大地。美哉美哉！他以双眼观看，他双耳听到玛阿特、玛阿特㉟，奥西里斯－掌书阿尼，言出必验，回转、回转㊱，于楹城。奥西里斯－阿尼言出必验，如同拉神、努神之追随者中的引航者㊲。

注释

㉛ 按字作 ▱，读为 r，基本含义是"口"，或解读为 rˤ（拉神）。此句译为"拉神的乌尔尔特王冠"，于理固通，但破读为训，略显迂曲。拉神乃最重要的大神之一，罕见甚至可说没有此种写法。此处当谓"咒语、言辞"，由"口"这一基本含义引申而来，可译为"本章、篇中"。

㉜ 原作"啨"。

㉝ 众，一译阿姆人，指亚洲人。此读不甚可从。

㉞ rs，含义是"戒备的、警觉的"。在《伊普威尔与万物之主的对话》中，保持警觉是国王的优良品质。

㉟ 重文。

㊱ 第二个"回转"，使用了重文符号。

㊲ Dsr ḥpwt，当即中王国时期的 𓂩𓊰𓏤𓏛，义为"掌舵、航行"。句中可能用为引航者之意。此词本在下一帧，今移于此。

第二十二帧

奥西里斯-阿尼、言出必验者不能说出他所见到的，也不能复述他所听到的㊳：有关奥西里斯者，在那隐奥的宫殿中。欢呼和颂赞归于奥西里斯-阿尼，言出必验者。拉神的神圣肢体在努恩的灵舸中，且随其所欲令神明之卡满意。奥西里斯-阿尼，平安凯旋者，言出必验，作为荷鲁斯，诸象之瑰玮㊴者。

注释

㊳ "听到"一词据上下文补充。

㊴ 原文作"大"。

评　述

日神周而复始地运行，新月是一特殊的节点，因此这里胪列的几篇颂神诗都特意点明了这个关键的时刻点。"周流"是日神运动的特点。按照古埃及人的宇宙观，日神阿图姆在晚间进入大地垓伯，坐在夜行船经历艰辛的幽冥之旅后，第二天化身凯普瑞由努特再次诞生，而后乘坐昼行船航行天宇。如此周而复始，循环往复。颂赞中"北风""白昼"等词语，显然表示日神此时已经升上天空。太阳每天都焕然一新，这是中外共有的观念。《山海经·大荒南经》："有女子名曰羲和，方日浴于甘渊。羲和者，帝俊之妻，生十日。"浴日所以使之日新。

阿尼自然追随日神航行于天宇之上，故颂诗中特别点明让天上的众神垂鉴阿尼，保证他吃喝不愁并且能够极耳目之娱，这体现的正是《亡灵书》的价值论。

图像为拉神坐在日舟之中，跨过繁星满天的苍穹。

在七掌尺[40]的、以碧石制作的灵舸上的陈词，对裁断者们。星空被洗濯而明净[41]，以泡碱[42]和熏香。噫嘻！你须造一尊拉神[43]雕像，在黄色[44]的崭新石盘上，并置于这艘灵舸前端。噫嘻！你须造一尊你所爱的精魂雕像，以便使灵舸卓尔不群。让拉神的灵舸启航，拉神[45]本人在其中会见到它[46]。不要让任何人看到，哪怕你父亲和你儿子，除了你自己[47]之外。避开他们的目光[48]，作为拉神[49]的使者，他会在幽冥被见到。

注释

[40] 掌尺，古埃及计量单位。1掌尺合52.3厘米。

[41] 原文是"变洁净，变干净"。

[42] ḥsmn，义为"泡碱"，古埃及常用的物品之一。该词还有"紫晶"之义。两义于句中语境皆可通。

[43] 按照书写习惯，此处及以下三处拉神的名字于朱书中使用墨书。

[44] ⟨图⟩，可能即⟨图⟩（sty），或作⟨图⟩，一以为"红色（？）努比亚（？）颜料"，或亦可通。英译者译为"黄色"。两存其义。

[45] 此处拉神定符使用朱书，音符未用朱书而采取了墨书，与前后例略有差异。这也说明朱书、墨书的功能相当复杂。

[46] 可能指雕像。

[47] "你自己"原文是"你自己的身躯"。wpw ḥr，义为"除……之外"。此句亦可理解为"除了你自己及你父、你子之外"，以前一理解于义为长。

[48] 原文字义"保护（躲开）他们的脸"。

[49] 拉神使用意符⟨图⟩，墨书。

评　述

这是关于仪轨的陈述。七为天道之圣数，《汉书·律历志》有"七者，天地、四时、人之始也"，四时三才其数为七，有囊括万有、循环无端之义。《圣经·创世记》上帝以五日造万物、六日造人、第七日休息。七有成功圆满之义。中国古代亦有"正月一日为鸡，二日为狗，三日为猪，四日为羊，五日为牛，六日为马，七日为人"（《北史·魏收传》引晋议郎董勋《答问礼俗》之词。然蔡绦《西清诗话》则谓出《东方朔占书》，且乃八日创制的模式）之说，《周易·复卦》以为"七日来复"，类例甚多。要之，七与天道相关。《亡灵书》之数目字或可从圣数思维的角度来理解。

雕像所以降神，因此造像需隐秘其事。神灵幽隐难测，不可置之于大庭广众之下，这是本书一再强调的。古埃及人是建立在石头上的文明，尤其是建筑于巨石之上的文明。古埃及人是雕镂和建筑的大师，金字塔、神庙、雕像皆令人震撼，与《亡灵书》一起成为国家意识形态的招魂机制。（令狐若明：《古代埃及的雕刻艺术》，《古代文明》2009年第4期；李惠民、李金桃：《古埃及巨石文化的国家意识形态招魂机制》，《国外社会科学》2017年第2期。）这种国家意识，下及于百姓万民，便成了拉神之舟上的小雕像，成了为私人制作的灵咒。

鹰隼首的拉神坐于日舟中，其前方为一巨大的阿暾盘。

拉神之颂，在灵舸航行的新月之日。

向你致敬，那在灵舸中心者；升起！升起！煌煌其光！[50]人类的欢呼之辞以百万计[51]，从其所欲。你脸朝太阳族[52]，灵舸中心的凯普瑞，你击败了**阿佩普**[53]。埃伯所生诸子！愿你们击败奥西里斯－阿尼、言出必验者之敌，即将毁灭拉神之灵舸的毁灭者；荷鲁斯会在天上割下你们鸟禽象[54]的头。你们落在地上[55]，变形为野兽；在地上，为鱼鳖。[56]一切雄性的、雌性的恶魔会破坏□□[57]。无论他降自天宇，抑或现身于大地上——而你们或前行于水面，或源出于列星——托特都会剁碎他们，那出自耶奈尔提的屠戮者。[58]在掌书奥西里斯－阿尼面前，他们悄无声息、无所听闻[59]。你们瞧，这位大开杀戒之神，甚可敬畏。他将以你们的血液洗涤，他将以你们的灾殃沐浴。奥西里斯－阿尼会消灭他们[60]，从**其主**[61]拉－荷鲁斯的灵舸中。奥西里斯－阿尼，那言出必验者、心脏鲜活者，其母伊西斯生下他，奈菲提斯抚养他，就如她们对苏提盟军的对手荷鲁斯所作的那样。她们见到乌尔尔特王冠戴在他头上，她们俯首躬身[62]。噫！众精灵、诸神之民[63]、诸位亡者！奥西里斯－

阿尼、言出必验者作为荷鲁斯，他们见到他被赞颂，因乌尔尔特王冠。你们㉞也俯首躬身。奥西里斯－阿尼言出必验者，他在天上、地下击败众敌人，和男女诸神的裁断者们一起。

注释

㊿ psd psd，意即"光照耀"。

㊾ "人"为单数，当指人类。"百万"可能指时间，则此句含义为"人们的欢呼千秋万代"；亦可能指数量，如译文。译文取后一义。

㊾ Ḥnmmt，太阳后裔。

㊾ 蛇形定符朱书，蛇脊上插有三把墨书的刀刃。

㊾ 或理解为"鸭子样的"。

㊾ 原文作"你们的臀冲着大地"。

㊾ 此句中的"于地上"，似当校勘为"于湖中"。此乃荷鲁斯和塞特之战的余波，暗示塞特阵营化为地上的走兽、游鱼，而继续破坏拉神的前行之路。"鱼鳖"原文只是"鱼类"，为补足文义略作转译。

㊾ 此处为一大段空白，盖抄者所预留。

㊾ Inrty，可能为地名，一本释义为"蛋壳"，恐非。ds ḫr 诸家未释，疑读为"刀"，转喻"杀手、戮者"。

㊾ 句末 nkrt 未明句读及含义。

⑥⓪ 或"你们"，tn 或 sn 有一词为衍文。

⑥① 朱书，nb.ff，其中有一 f 当系衍文。

⑥② 原文作"低下她们的脸"，这是一种对权力的肯定行为。

⑥③ "人民"通常写法是 𓂋𓏤𓀀𓁐 或 𓂋𓏤𓀀𓁐（音读为 rmt），但第十八王朝已降，写作 𓂋𓏤𓀀𓁐 或 𓂋𓏤𓀀𓁐，乃其异写。在这两种写法中的 𓅽 乃兀鹫 𓄿 之首，猛禽通常被视为神明的象征。这种写法可能也有示意功能，它从一个侧面反映了人民的力量。文献中亦有 𓂋𓏤𓀀𓁐（rmtt）这种写法。

⑥④ 人称转换，表示直接对呼吁对象说话。

由伟大的鹰隼陈述，白王冠戴在他头上。阿图姆、舒、泰菲努特、垓伯、努特、奥西里斯、伊西斯、奈菲提斯⑥⑤，以黄色⑥⑥颜料书写于崭新的石皿上，且放置于灵舸之中，与尊贵的亡灵雕像一起，并涂上⑥⑦油膏。让他们用火焚香，并烤好鸟禽及肉块。敬拜拉神，当他乘载舟船而行。这事做好，他就与拉神

新月之颂 | 173

同在——于他航行的任何地方。拉神之敌受戮了，此乃真切的事情。⑱ **在节庆的第六日**⑲**，航行之章。**

> 注释

⑯ 共计八神，构成一个微型神谱。墨书。

⑯ 或朱色，参第 171 页注释㊺。

⑰ wrḥ（涂抹），mrḥt（油膏），二者常搭配使用。后一词当校改。

⑱ 此句未朱书，而使用墨书。

⑲ 可能是诵读此章。

评　　述

这是一篇在新月份歌颂拉神的华章。画面明朗而热烈，行文中间接涉及拉神冥间之旅所成就的功业。拉神击败了阻挠其升起的对手巨蛇怪阿佩普。而在垓伯诸子的护卫之下，塞特阵营的余孽也会被消灭。篇章将现实祭祀仪轨和神话相联系，荷鲁斯会在天上割下失败者鸟禽象（或鸭子样）的头，其实暗指以它们所化身的鸟类作为祭品。在《遇难的水手》这个故事中，遇难者对救助他的大蛇说将奉他为神，"我将为你杀牛以为燎牲 / 我将为你拧折鸟颈"（第144—146 行）。所谓"拧折鸟颈"即以鸟献祭，如《吕氏春秋·季秋纪·季秋》曰"命主祠祭禽于四方"之类。这也表明塞特阵营彻底被击溃，宇宙秩序得以恢复，人间正义得到伸张。但塞特的跟随者们并未完全绝迹，而是化身为飞禽、走兽、游鱼，为将来死灰复燃播下了种子。战争是血腥的，血是本篇最触目惊心的用语。

当然，奥西里斯－阿尼仍是颂诗的主人翁，失败者、众神明都向他臣服，乌尔尔特大王冠便是其使人臣服的象征。

最后一段是具体的操作仪轨，"伟大的雄鹰"当暗示国王，具体指成为王者或神明的阿尼。制作雕像的方式和上一章大致相同，但此篇却突出了拉神的胜利，而且以"真切的事情"取代了前文数次出现的"真正的救赎"。文字差异可能反映出思想情感的细微变化。

跻身神明之中

第二十三帧

第二十三帧及第二十四帧前半段表现同一场景：一长梯。阿尼面前共有三十二位神明，他对之礼敬。

第二十四帧①

本帧后半段图像是阿尼及其妻子礼敬三位神明，三神坐于拱门形凳子之上。

前往奥西里斯的**裁判团之辞**。奥西里斯－掌书阿尼、言出必验者**说道：**
我的魃魂已在桀都为我修建寝宫，我在沛城②生机盎然。我已耕犁我的份地，以我之形③。我的棕榈树犹如敏神在其中。我所厌恶之物、我所厌恶之物④，我不会食用。我所厌恶之物、我所厌恶之物正是粪秽，我不会吃它。其中有诸位不泯者之卡的供物。我不会抬手触及⑤它，以我之双臂；我也不会走近他，以我之双脚⑥。我的面食出于白色的二粒麦，我的醴醪出于哈皮神的红色大麦。夜行船和昼行船将它们带给我，我在树荫下享用它们。我、正是我知晓那柔嘉的枝条⑦。我凭着白王冠让自己多么光彩照人啊！那雌虺使我高扬⑧。噫！守门者、使双土地平靖者！为我引来那些献供人，佑助我托举大地⑨，以便众精魂为我张开臂膀。

> **注释**

① 第二十三帧和第二十四帧部分，重复了前面第八帧和第十四帧的内容。今略之。

跻身神明之中 | 175

② 沛城，第一王朝的首都之一。该城和尼坎城附近分别为下埃及灵蛇女神（wȝdt，瓦吉特）和上埃及灵鹫女神（Nḫbt，奈赫伯特）的崇拜地。据说美尼斯统一埃及后，即以"双王后"（nbty）作为其称号。

③ 一译为"用我的劳役们"，亦通。

④ 重文。

⑤ ⌇（ʿr），训诂为"升起、举起、登上"，也作⌇或⌇（iʿr）。iʾ、ʿ二音互通，ʿ音读近似 a。这里 ia 和 a 两个语音可互换。

⑥ 原文为"凉鞋"。

⑦ 原文为"胳臂"。树枝犹如人之手臂。

⑧ "使……高扬"，有兴高采烈、扬眉吐气的含义。雌虺为王冠装饰，复数集合名词。此处为埃及神道设教的体现，所谓"百姓以为神"者也。《商君书·算地》"圣人非能以世之所易胜其所难也，必以其所难胜其所易。故民愚则知可以胜之，世知则力可以胜之"，此乃"民愚"而"知可以胜之"的例子之一。

⑨ 含义不详。或作"让枝条为我扬起"。

而九神团则缄默不语，在太阳族和奥西里斯－阿尼陈词时。愿诸神之心引导他跻身于天界众隐形者之中⑩，他乘舟所经过的一切男女神明。在岁首，言出必验的奥西里斯－阿尼以心脏而存活，他吃掉它⑪，在从东方来到之后。他被拉神的诸前辈裁验，他被耀灵的诸前辈裁验⑫，在天界诸伟人中，他衣着华贵。⑬

注释

⑩ 跻身，原文为"进入圣地"，有超凡入圣的意思。隐形为神明的特质之一，这一观念数见。ʿhmyw 可能出于 ʿhm，本指"消失于火中"。它可能解释神明与火的关联。

⑪ "吃掉"的意思是将其纳入自己脏腑，使心脏复位，并非真正的咀嚼消化。

⑫ sip 本义为"考核、稽考"，有记录功罪的意义，本篇尝试译为"裁验"。

⑬ 此句或译为"众伟人中覆盖天宇者"，恐非。

"奥西里斯－掌书阿尼、言出必验者的储备，是你们口中的面食和醴醪。"
我进入阿暾，而从耶辉神⑭中现身。诸神的随扈与我谈论，阿暾与我对语，太阳族与我交流。他赐予我在大冥中、在漠海－乌尔特之中以威慑，靠近他的前额⑮。嚯嘻！我与奥西里斯同在，我的地籍亦即他之地籍⑯，在众伟人中。我对他讲人类的话；我聆听，而他复述诸神之辞。我来了，奥西里斯－阿尼，因有准备而平安凯旋。你擢升那些有爱心者，而我则是所有精魂中有备的精魂。

注释

⑭ iḥwy，疑与 (iḥ) 有关，字又作 (ḥ) 或 ，金字塔文献作 ，表示宫阙。这里可能也是地名之神格化。或读为 iʿḥ（月），与日神相对应，亦通。

⑮ 前额，dhnt。母牛为宇宙之象，其额头乃日出之地。动词 dhn（提升），当与太阳升起的神话有关。另，此词读音与汉语之"颠"相近。

⑯ (tm3)，或作 、 、 、 ，义为"小垫子、籍、地籍"，或似汉语之"田结"（《管子·禁藏》"户籍田结者，所以知贫富之不訾也"）、"书社"[《管子·版法解》"人有书社"，《商君书·商刑》"里有书社"，《荀子·非十二子》"与之书社三百"，《吕氏春秋·慎大览·慎大》"诸大夫赏以书社"，《史记·孔子世家》"（楚）昭王将以书社地七百里封孔子"]。

评　　述

阿尼现在俨然是一位神，在桀都营造了自己的宫殿，棕榈树亦有神明休憩。他拥有嘉好的面食和酒醴，并且惬意地在树荫下享用。古埃及人是世界上最早掌握酿酒技艺的民族之一，酒也是人神沟通的重要工具之一。酹酒是安魂、宁神必不可少的仪式。此处的情景颇有赫西俄德《工作与时间》（第590行以下）的风致："但愿给我块峭壁下的阴凉，一壶比波利诺酒／浸满奶油的面点，正待凝结的山羊乳／以及林中饲养、未曾产仔的母牛的肉／或是初生山羊羔的肉。坐在那凉荫地儿／吃个心满意足，转身面向轻拂的／西风之神，抿上两口光闪闪的酒。"这是在人世间逍遥自如的姿态，是陶渊明式"蔼蔼堂前林，中夏贮清阴……春秋作美酒，酒熟吾自斟"（《和郭主簿·其一》）的田园生活的理想写照，《亡灵书》虽然是一部宗教的、信仰的典籍，却不经意间流露出人类渴望亲近自然、渴望逍遥自在地常驻此间的情感。彼岸世界终究不如此岸来得真切，"真正的救赎"与其说在遥远的幽冥，毋宁说就在当下。

阿尼进入奥西里斯的世界，他不仅是王冠的主人，同时通过了冥间的裁验。在阿尼的长篇陈词之后，有一段第三人称的叙述，是对阿尼行为和状态的描述。

而后应当是冥神奥西里斯的决定，指出奥西里斯应当和诸神一样享用酒醴和面食。"你们"就是指奥西里斯的随扈诸神，是冥神对诸神的命令。因此后文便有阿尼的大段陈词，他欣喜于在天界的存在，欣喜于列入太阳族，欣喜于见到遂初的渊海。一言以蔽之，他就在"真正的救赎"者身边。

亡灵变形诸章

第二十五帧至第二十九帧以十二幅插图表现了亡灵变形和不再二次死亡的内容。

第二十五帧

图像为燕子站立于一红、绿二色的圆拱物之上。

变形[①]**之始章**。变形为燕子。言出必验的奥西里斯-阿尼说道：
我乃燕子，那只燕子——蝎子[②]，拉神之女。噫！诸神，你们气息甘美，你们气息甘美[③]。噫！火光，出于阿赫特者。噫！那些城中人，引荐给我城垣中[④]的守卫。噫！以你双臂保佑我，愿我能在火屿[⑤]中消遣光阴。我作为信使而前行，我衔其[⑥]命而来，为我开启。我如何陈述彼处所见？我乃荷鲁斯，灵舢的掌舵者，他被授予其父之位。而努特之子塞特则承受了自己所作的罪孽。那些塞科姆居民给我裁验，我双臂伸向奥西里斯，我遵从裁验。

注释

① 此篇讲在冥间的各种变形。变形，也可译为"化身"。有关人形与万物互化之说，反映了古人"万物之形虽异，其情一体也"（《吕氏春秋·仲春纪·情欲》）的观念。《庄子·大宗师》有"若人之形者，万化而未始有极也"；《庄子·寓言》有"万物皆种也，以不同形相禅，始卒若环，莫得其伦，是谓天均。天均者，天倪也"。其"万化""相禅"的观念与此节理念可互勘。唯《庄子》说的是齐万物、等死生、古今同贯、道通为一，是哲学冥想；而《亡灵书》则是神话，是宗教信念。二者思想底色有根本不同。

② 𓅃𓏏𓏥，ḥddt。此词多诂训为"蝎子"，但颇疑𓅃𓏏可读为𓅃𓏏𓏥（ḥddwt），

义为"光明"，𓇳可单独成字，不必作为前词的限定符号，因此这里可能诂训为"蝎子女神的光明"。燕子乃报晓鸟，其刺破黑暗之功与蝎子相若，故有此比喻。故录于此，以备一说。

③ 重文。

④ k3b，义为"折叠、包裹"。该词与"肠"为同音同源词，二词在意义上亦有相通之处，皆有迂曲、勾折的意涵。本句语境当指城墙内，故移译为"城垣"。

⑤ 冥间险恶之境。

⑥ 阴性，当指火光。

我前往陈词：佑我通过，我会和盘托出我的事⑦，我进入候审，我顺利地⑧每次从万物主之门出来⑨。我是清白的，在那伟大的州郡⑩，我已除掉祸患，我已击溃耶肆非愿。我已经泯除和我有关的悲哀⑪。我是清白的，我有神威。守门人，为我启程。我与你们一样，在白昼现身。我以双腿走路，我迈步，如有神助⑫。我、就是我知晓芦苇之野诸门的神秘路径。愿我在那儿，愿我来到，并在大地上击败敌人。尽管我的身躯在墓葬中。

注释

⑦ 原文作"我会通告我的信息"。

⑧ 原文是"每次"，转译为"顺利地"。

⑨ 每次，表示常态。

⑩ 𓍯𓂋𓏏 wʿrt，或写作 𓍯𓂋𓏏𓈉（地区）。其衍生词语为 𓍯𓂋（wʿrtw，地方长官）。其同音词为 𓍯𓂋𓏏𓂾（腿），州郡、地区为官员步履所及之地，或由此取义。

⑪ 悲哀，dwt，和前文"祸患"同词。

⑫ 字面含义为"我迈着精魂们的步伐"。

评　述

变形是神明超能力的体现，古埃及神话文献是世界上关于变形构想较早的作品之一。揆上下文，亡灵变形与其说是展示其力量，毋宁说是为了通过隐藏本象的方式顺利穿越冥间。此章燕子与蝎子关系不甚明朗。燕子乃报春鸟，中外皆然。赫西俄德《工作与时日》说："潘狄翁之女，那清晨婉啼的燕子／在朝晖中现身人间，新春到了。"（第568—569行）在晚期希腊语时期，燕子曾被某些占卜师视为友善的鸟儿（《亚历山大远征记》卷一第二十五节）。中国古籍记载有"玄鸟"，《诗经·商颂·玄鸟》《吕氏春秋·音初》《史记·殷本纪》皆载其神话，或亦目为燕子。因燕子为报春之鸟，故赋予其初始、晨曦等含义。《亡灵书》此处的燕子也正有清晨或新春的寓意。塞尔克乃蝎子女神，光明照烛光幽隐，如同尖锐之物刺破，或就此一联想取义。此章中的燕子显然是信使，他所带来的消息是塞特阵营的溃败。他因此能够出入于万物之主之门，并且以清白的品质而走向芦苇之野。

亡灵变形是古埃及神话的特点，中国文献中与之相似的则是仙人的变化无端。"仙人者，或竦身入云，无翅而飞；或驾龙乘云，上造天阶；或化为鸟兽，游浮青云；或潜行江海，翱翔名山；或食元气，或茹芝草，或出入人间而人不识，或隐其身而莫之见。……失其本真，更守异气。"（《神仙传·彭祖》）其内涵当然不同，但"失其本真，更守异气"一语或有助于对《亡灵书》变形数章的理解。

图像为一金鹰持象征统治权的连枷，鹰爪下为"金"字符号。

变形为金鹰[13]之章。奥西里斯－阿尼说道：

愿我从光明之宫[14]升起，如同金鹰从其卵中现身。愿我翱翔，如同背长七掌尺的鹰隼。它的双翼是南方的绿宝石。愿我从夜行船中出来，愿从东方峰峦为我带来我之心。愿我栖落于昼行船，愿为我带来那些源始神的膜拜[15]。愿我——就是我——升起，以便我如精金之鹰隼那样和凤鸟[16]头结合，愿拉神进入其中。[17]愿我坐于属努特的那些伟大神明中。我已被安置，赫泰普之野在我面前。愿我因之而食，因之而荣显。我心荡漾[18]，因我心之所受。愿尼普瑞赐予我口福[19]，以便我有力量保全我的头。

> **注释**

[13] "鹰"一词音符朱书，定符墨书。

[14] sšdt，可能源于sšd（闪电，光耀），其定符为表示地方的门户之象，因此可能是"光明之宫"。

[15] 或译为"那些古代人的膜拜"，亦通。篇中格调有唯我独尊气概，不尽以古人为尊。

[16] bnw，一般译为"凤凰"。参第17页注释㉕。

⑰ 该句句末第三人称词缀（imyt.f）后的蹲坐人形符号可能为衍文。或本有"每日聆听其言辞"一句。

⑱ bʿḥi，或径作🜚，像苍鹭高栖之象，为洪水泛滥时的景象，故此词诂训为"洪泛"，引申指情感的泛滥，或即心满意足，尝试译为"荡漾"。参第 7 页注释 ㉜。

⑲ 尼普瑞，𓃀𓇋𓂋𓇋，npri，埃及神话的谷物神，相当于汉语中的稷神。"口福"原文作"喉咙"。

评　述

金鹰是古埃及神话中最有力量的形象之一。他是荷鲁斯的化身，也是太阳之隐喻。篇中运用圣数"七"表达了金鹰弥纶宇宙万有的特质，以"绿宝石"表达了其坚如磐石的信念。金鹰和凤鸟的结合，显示了其创造的伟力。他因此成为天上的神明。其他版本有一段功能说明文字，照录如下：

若知晓此卷，他会白昼从冥间现身，并在现身之后入壳①。若不知晓此章②，他在现身之后不会入壳，也不会在白昼出现。

注释

① 原文作"进入"，当谓还魂。
② 前文云"知晓此卷"，后文曰"知晓此章"，所指相同，章、卷混用。

图像为一持连枷的绿鹰，站立于一拱门形脚踏之上。

变形为神圣的鹰隼⑳之章。奥西里斯－阿尼说道：

噫！伟大者！来桀都吧，为我除道。你使我徘徊于我之诸座。我已更生，我卓尔不群。故此你赐予我威慑力㉑，令我有威仪㉒，愿幽冥诸神畏惧我，他们在其门阙㉓为我而战。愿那对我施害者不要靠近我㉔。愿我止步㉕于冥暗之室，愿我纾解那因之而隐匿的疲敝㉖。因如他们之所为。

注释

⑳ "鹰隼"一词，音符朱书，限定符号墨书。参第 181 页注释 ⑬。
㉑ 原文为"恐怖、慑惧"。"举天下之人皆恐惧、振动、惕慄"（《墨子·尚

同中》），"恐惧、振动、惕慄"数词或可与该词互相生发。

㉒ 原文为"你创制我之敬畏"。以上两词皆用于形容神明的内在德性，犹如俗语所说的"有气场"。古人所说之威有"三"。《荀子·强国》说："威有三：有道德之威者，有暴察之威者，有狂妄之威者。……此三威者，不可不孰察也。道德之威成乎安强，暴察之威成乎危弱，狂妄之威成乎灭亡也。"挹彼注兹，正可以理解《亡灵书》之"敬畏"。

㉓ 〖图〗，ʿrrt（门），定符〖图〗为围墙的墙角之象，句中当指庭院或宫殿的"大门"，也就是《门户之书》等文献中灵舸所要经过者。

㉔ 〖图〗，nkn，定符为〖图〗，以利刃削足之象，诂训"危害"，当指对行动自由的限制。

㉕ "止步"一词或译为"见"，不从；或译为"伤害"，为前一句的定语，整句含义为"伤害我于冥暗之室者"。姑两存之。

㉖ "疲敝"一词也可译为"慵懒"，盖谓死亡状态。因之（r.f），指死亡；隐匿，指埋葬。

听我谈话的众神，那些追随奥西里斯的物故者㉗！你们默不作声，众神！神明㉘与我交谈，他听从玛阿特——我即将告诉他者。对我说吧，奥西里斯。你确保出自你口中的会变为现实㉙，为我之故。愿我能见到你本人的形象，你在众魅魂中使我成形㉚。我现身，我控御双腿，我如同万物主在其王位上那样存在。愿幽冥诸神畏惧我，他们在其门阙为我而战。

注释

㉗ Ḥpyw，可能出于〖图〗，ḫpi（走，偶遇）。死者写作〖图〗或〖图〗，ḫpt，可能源于"走"这个义项，汉语亦称人之死亡为"走了"或"去了"。〖图〗，ḫpp，义为"偶遇之物、陌生之物、怪物"。

㉘ 此神当即奥西里斯。

㉙ 〖图〗，wdb，义为"转换、流转"，金字塔文献作〖图〗，亦作〖图〗，wdb（ḏ、d二音往往互通）。此词含义较丰富，此处当指言辞和现实之间的转化。

㉚ skd，意即"使……建造"，源于kd，〖图〗、〖图〗或作会意字〖图〗，取版筑之象，会"建造"之意，金字塔文献作〖图〗，音符兼有意符，殆为抹泥与版筑之类；由此衍生出〖图〗，iḳdw（建筑者）。凡版筑皆有模型可依，《吕氏春秋·审应览·不屈》有"今之城者，或者操大筑乎城上，或负畚而赴乎

城下，或操表掇以善睎望"，中外建筑莫不如此。其词义虚化则有⚏或⚎，ḳd，义为"形式"（⚐，ḳdwt，义为图纸等的"轮廓"），人的风貌亦系万物形式之一，因此表示"性情、性格"。

愿你使我登升㉛，和那些升天者一起。我被安置职任，如同奈波－安珂㉜。我与女神伊西斯结合。他们使我强壮胜过那施害者，没人回来观看我的荼弱。我前行并抵达天衢尽头㉝。我向埃伯祈求陈词，我向万物之主请求呼神㉞，以便让幽都诸神畏惧我，他们在其门阙为我而战。

> 注释

㉛ nwd，"迤逦而行，斜上"。此词以阶梯为其背景，暗含有通过阶梯升天的思想。

㉜ 第二十一帧有奈波特－安珂，含义为"生命的女主宰"，这里的奈波－安珂是其对偶神，为"生命之主"。

㉝ ⚏，ḫnti，亦作⚎，表示"时段、终点"。其义当源于⚐（象形文字作⚎），为庙堂等建筑物的承重楹柱。⚎为两柱（ti 表示二的词尾），取两柱相衔接之象。天有天柱支撑，这种观念在埃及神话中屡见不鲜。日神走完两天柱的距离，即谓一个"时段"。日暑制度可能即源于这个神话。两柱衔接处为天之边缘，故有"终点"之义。定符换为道路，其原理亦相同。这里语境，可诂训为"天衢尽头"。

㉞ 呼神，司掌权威话语的神格。

至于我，让他们见到你以鸟、鱼宴享㉟我。我是那些耀灵下的精魂之一，我已成形，如他在桀都来去的形象一般。凭借他之显贵，我亦显贵。他已对你说过我的事，他确赐予我威慑力，并令我有威仪：幽都诸神畏惧我，他们为我而战㊱。

> 注释

㉟ ⚐或⚎、⚏，ḥb（宴会）。其衍生的词语有⚐，ḥbt（礼书）。⚎，ḥb-sd（赛德节，庆祝），等等，要之皆与宴会、节庆等相关。

㊱ 此句由下一帧移至此。

第二十六帧

　　我——确是我，一位耀灵下的精魂，从神明的肢体中被创制而显象者。我是耀灵下的那些精魂之一，由阿图姆本人创造，从其眼睫中显象。㊲他使之成形，他使之灵明，他创造了他们的脸，并与他们同在。瞧他！努神中之唯一者！当他出现于阿赫特时，他们为之先声㊳。他们让与他一起显象的诸神和众精魂畏惧他。我乃创制于唯一之主的眼中的诸虫㊴之一。噫嘻！伊西斯尚未显象，荷鲁斯尚未诞生。我已强壮㊵，我已老成，我卓尔不群，胜过那些和他一起显象的精魂。我——确是我，以神鹰之形升起，荷鲁斯使我显贵如他的魅魂，以便取得那幽都中的奥西里斯之物。

注释

㊲ "眼睫"一词或译为"眼皮"，要无二义。眼睛与光明相关，又与日月相等同。此乃"开目为昼，闭目为夜"的神话表达。

㊳ 原词为"预言他"，略作调整。

㊴ 或译为"蛇"，虫蛇本无二致。将人比拟为虫，此乃神创论世界观的反映。盘古神话，"身之诸虫，因风所感，化为黎甿"（《五运历年记》）。

㊵ 原文作"我使我变坚韧"。

　　貛提神——掌管尼姆斯冠㊶的首领，在其窟穴中对我说：

　　"你回转天庭！噫！如你一般，因荷鲁斯之故而使形象显贵：不仅尼姆斯冠归你，你的谈话还会直达天衢尽头。我就是掌管者，取走幽都奥西里斯之子荷鲁斯之物吧。荷鲁斯对我复述其父奥西里斯关于我的话——于多年前的下葬日㊷：'你赐予我尼姆斯冠。'"貛提神对我说。

注释

㊶ 𓇋𓐰𓏞，nms，本义为"包头巾"，音译为"尼姆斯"，一种王室冠冕。

㊷ "前"字据语境补足，大概说的是对话时间发生于多年前的安葬之日。揆上下文语境，这句话应当是荷鲁斯向貛提神转述奥西里斯的命令，即让貛提

神将尼姆斯冠交给他——荷鲁斯。而獾提神又对阿尼讲述了这个经过。

愿你前行，你来至天衢之上，愿你见到那些在阿赫特边际者。愿幽都诸神畏惧你，他们在其门阙为你而战。伊乌赫德㊸与之相关。

边极的一切神明㊹、祠堂守卫者、唯一之主皆折服于我之辞。

注释

㊸ 当即下文之雅赫德。

㊹ 原文如此，大概为表示神明特质的称号。

噫！那高扬者为我装扮㊺，他为我裹上尼姆斯冠，獾提神啊。雅赫德㊻为我开路。我、我兴高采烈。獾提神为我裹上尼姆斯冠，我的毛发赐予我。他为我立心于脊背㊼，以其伟力。我不会在舒神面前颠仆㊽。我乃荷泰普㊾，被钦慕的双飑之主。我知晓耀灵，他的气息在我腹中。我不会被凌暴的公牛驱逐，我会每日到獾提神的宫殿。我从其中出来，到达伊西斯之宫，我会看到神秘的圣物。我会追随那隐藏的圣物，我将看到其中之物㊿。我陈词于舒神的诸位伟大者面前，他们会抵御攻击(51)。我就是他之灵光中的荷鲁斯，我拥有他之抹额，我拥有他之荣耀，我行走于天衢尽头。荷鲁斯在其王位上，荷鲁斯在其座上。(52)我的脸孔如同神鹰。我是主人的有备者。我来自桀都，我曾见到奥西里斯，我在其身旁(53)，努特(54)。我见到它(55)，也就见到了众神——荷鲁斯之目！我凝视(56)，肯提－因－玛阿(57)，而他们向我伸开手臂，我站立而起，我获得力量。我驱走卑怯者(58)。他们开启了神圣之路，他们见到我的形象，他们亲耳(59)听到我的谈话。幽都众神！我之面孔的驱逐者(60)，勇悍者的拒斥者，引荐给我那不灭的列星。我已开始向着赫玛特特(61)的神圣之旅，向着你们的主，伟大而可敬的魅魂。荷鲁斯已为我传令你们抬头(62)，以便你们能见到我。我以神鹰升起，荷鲁斯荣显于我，以其魅魂——以便取得幽都的奥西里斯之物。

注释

㊺ ，ḏbɜ，金字塔文献作，含义是“穿衣服，修饰”。

㊻ 当即上文之伊乌赫德。

㊼ ⌇⌇, i3t，或作 ⌇⌇，义为"脊背"。汉语通常说将心放在腔内，古埃及人则谓安置在背上。

㊽ 指呼吸空气，不会死亡。

㊾ 据后文，亦王权之神。

㊿ 关系代词 nty 可指"物"或"人"，皆可通。

㉕ 3t，义为"攻击力"，参第 152 页注释 ⑦。

㉒ 此句中"座位""王位"为同义词，可互换。

㉓ 原文是"在其双臂两侧"。

㉔ 原文如此，可能有夺文，亦可能作为呼格。

㉕ 指下文的荷鲁斯之目。

㉖ nsr，义为"灼烧"，此乃比喻用法。

㉗ ḫnty-in-m3ꜣ，荷鲁斯之号。

㉘ m3ir，义为"卑鄙的、悲哀的"，或 m3r，盖针对敌人为说。

㉙ 原作"在他们面前"。

㉚ 指不让我在幽都停驻，此俏皮之词。

㉛ 未详。

㉜ 即日出的景象。

我已启程，我已行进，我抵达穴居者的众首领、奥西里斯宫殿的众守卫处。我对他们谈及他的力量，我让他们知晓他的威慑力——双角刘锐㉝以拒塞特。他们知晓那位争取呼神者㉞，他已获得阿图姆之力。顺利地穿过㉟，幽都众神为我呼求。传扬他们的名字者、众穴居者以及奥西里斯宫殿的众守卫，愿你们佑我来到你们面前，我引出并聚敛你们的力量，我汲取那途中的力量，属于那些天上的赫玛特特守卫者。为奥西里斯，我设置他们的门阙㊱；我为他清除道路。我已完成所命之事，我出于桀都。我见到了奥西里斯，我对他说起他宠爱的长子之事。

注释

㉝ 所谓"其角鬎鬎"，"角"是埃及神话文献中的重要意象。《乌纳斯金字塔铭》第304辞有"拉神的公牛、有四只牛角者"，以角指代四方。《门户之书》第九时次第六○场有"大地之角"的提法。这些观念皆包含以大地比喻为牛羊的思想。在埃及传统中，王者有公牛之喻（如《辛努海的故事》B54 颂扬森诺

沃尔列斯特一世"他乃纠纠其角者也")。大地垓伯是一位王者,因此有角;此处荷鲁斯也是一位王,因此云"双角剞锐"。

⑭ 此词也可能读为 ḥw(食物、养分),加 符号当即获得食物的神明。如此读,整个句子则是"他们知晓那位摄取食物之神"。

⑮ swȝi,乃 wȝi(远)的使动,表示"使之远、经过、穿过"。

⑯ 诸神作战之处,即守卫。

塞特之心在颤抖⑰,我已见到荼弱者之主。然后,我让他们知晓众神的谋划,荷鲁斯在其父奥西里斯缺席下之所为⑱。噫!主人,伟大而可敬的魁魂⑲。瞧!我已来至,我已飚举⑳。我穿越了幽都,我打开了天宇守卫和大地守卫之路。我在那不曾受阻,我已扬起你的脸㉑,久特之主!

注释

⑰ ipsw,当出于 ,ispt。据定符推断,此词当指如同树枝一般抖动,形容害怕。

⑱ m ḫmt,义为"在……缺席的情况下"。"众神的谋划"是宇宙秩序重新和谐的前提,这里包含神义论的质素。

⑲ 或译"公羊",亦通。

⑳ 原文作"我抬起自己"。

㉑ 原文作"举起脸"。

评　　述

神圣的鹰隼之章,是变形诸章中最长、内容最丰富的一章。此章包含如下几个主题:

首先是阿尼的四次陈词,他的陈词对象就其上下语境而言,应当是奥西里斯。每次陈词有句标志的话语,即幽冥诸神为"我"而战。第一次,他向他祈求力量,以便幽冥诸神为"我"而战。他继而向众神申明,奥西里斯确实赐予他这样的力量。第二次,阿尼直接点出奥西里斯的名讳,并祈求后者使自己如同万物之主那样,以便幽冥诸神为"我"而战。万物之主云云,当然是夸饰之语。第三次陈词,是祈求升天和众神一起,甚至要求与伊西斯结合,亦即成为奥西里斯本人,他向大地神和万物之主请求呼神——执掌权威的神明,从而让幽冥诸神为"我"而战。最后一次陈词是要求和奥西里斯拥有同样的排场，再次要诸神为"我"而战。

神鹰的显象是此章的第二个重要内容。他的成形是经典的神话叙事模式。他自称为耀灵下的精灵，也就是白昼出现的精灵，从阿图姆的眼睫中显象。阿图姆为夕照的神格化，这意味着他来自傍晚或夜间。阿图姆也是创制大神之一，行文中的"他们"应当指随扈的众神。众神正是"他"亦即神圣的鹰隼的先锋。眼睛作为神话符号的隐喻，往往指向光明，尤其是日月。阿图姆的眼睫这一细节再次重现了太阳创世的神话原型。

阿尼在这个场合也出现，他自称造物主眼中的诸虫之一。神话叙事随文赋义，当阿尼自称大神时，则众神皆为之仆从；当其为大神之仆从时，则自比虫豸等微末之物。对此不可太拘泥，得意忘言可也。长成后诸虫之一的"我"立即获得如同荷鲁斯一般的力量，他要继承奥西里斯的衣冠。在拿取奥西里斯之物的情节中，行文奇幻多变，故事迷离惝恍。

文中继而又有出现了三位神明，獯提神、荷鲁斯和奥西里斯。三位神明的核心话题便是尼姆斯冠。獯提神直接对"我"讲话，他许诺将奥西里斯的冠饰交给"我"，并说让"我"的谈话响彻宇宙。獯提神讲述了这冠的传递经过，原是荷鲁斯传布奥西里斯之命，让獯提神将尼姆斯冠交给荷鲁斯。阿尼既然已经化身神圣的鹰隼，他便是荷鲁斯本身，因此自然而然地便接受尼姆斯冠。

戴上尼姆斯冠的"我"俨然具有了荷鲁斯的风范，因此下文描述便是一幅荷鲁斯神形图。他乃王者，他能驾驭空气（不会在舒神面前倾覆），他是耀灵的掌控者并且出入其母亲伊西斯的宫殿，他登上王位，他拥有王者之荣耀。当然荷鲁斯必须实现他注定的使命，就是为父报仇。故最后一段再次重复了塞特与荷鲁斯之争的主题。

巴奇还补充了其他资料，抄录如下：

> 你已登上王位，奥西里斯；你听到了喜讯，奥西里斯；你精力充沛，奥西里斯；你的头已经缝合，奥西里斯；你的脖颈①已被安好，奥西里斯。你心豁然，使你的僚属②向你祈求。你被立为西冥的公牛，你之子荷鲁斯在你的王位上加冕，生命皆为他所有，百万年赐予你子，对他的畏惧千秋万载③。九神团畏惧他，你的魅魂，他被赐予九神团的伟力。他不会更改言辞，石碑上的受祭神④正是荷鲁斯。我前去与父亲相聚，荷鲁斯所庇佑者出于父亲、兄弟和友朋。荷鲁斯来至父亲之水——他在腐物中。他统御埃及，诸神为他效力，君临百万年。他将存活百万年，

在其眼中，其女主宰的唯一⑤。万物之女主⑥，诸神的王后。

另一则材料如下文：

在九神团中，并化身为裁断者的王子之章。他说：

向你致敬！阿图姆！天宇的主宰，出现于大地上的存在物的创造主！让种子⑦生长！那将存在之物的主宰，诸神的生父，大神，创造自身者，生命之主，让黎庶繁荣吧。向你们致敬！诸执事者，座位隐藏⑧的蠲洁者们。向你们致敬！诸位永恒之主！你们隐藏其形⑨，所在之处无人知晓。向你们致敬！大瀑布地段⑩的诸神、西冥诸神以及天宇的九神团。愿你们佑我来至，我知道你们。我蠲洁，我神圣，我强悍，我灵明，我勇武，我荣显，我为你们带来波德⑪、熏香和泡碱。你们打消害我之念。我已来至，我已除掉你们心中的一切恶德。我已纾解⑫你们的耶肆非愿。我带给你们诸美好物，我让你们趋升于玛阿特之上⑬。我，正是我，知晓你们；我还知晓你们的名字⑭。我认得你们不为人知的形象，在你们之中显象。我知晓你们，我升起，如同那位民众中的神明——在诸神中生存。我强壮胜过你们，如那位在其灵榇⑮上被颂扬的神明。他来了，诸神欢悦，女神和女人们见到他时则欢喜鼓舞⑯。我走向你们，我升起于拉神的王位上。我落座于阿赫特的座位上。我享用在我祭坛上的供品，我每夜饮用醴醪，作为凡人之主的显贵者⑰。我被那尊高贵的神明称扬——巨室之主。诸神都欢欣，当见到他在努特之躯上绚丽现身时。努特每天生下他。

注释

① , wsr，见于金字塔文献，异体为 （项）。 为犬类头颈之象。其同音词 ，表示船桨，是否仅为借音亦或有提示语源功能，尚待进一步考察。

② （šnyt），或作 （šnwt），为 šni（环绕）或 šnw（环）的派生词。此词字面可理解为"环绕在周围的人"，即"僚属、廷臣、手下人"。

③ 原文作"百万年"。中国古人从伦理角度拒斥此类思想，如《韩非子·显学》："今巫祝之祝人曰：'使若千秋万岁。'千秋万岁之声聒耳，而一日之寿无征于人，此人所以简巫祝也。"

④ 原作"食物之神"。

⑤ 可能指眼睛。

⑥ 与"万物之主"为对偶神。

⑦ [象形], styt, 源出于[象形], sti（或作[象形], sti），义为"孕育、生育"。其语源当为[象形]（sti，或作[象形]），义为"射"。万物生长，如同射线之扩散，且皆与[象形]（stwt，光线）有关。故该词可诂训为"种子"。定符有射精之象，亦可从这一角度理解。

⑧ ḥ3p，"掩盖，藏起来"，与常用词 imn（隐藏）为同义词。

⑨ 隐藏以便保持神秘性，此义屡屡言及。《吕氏春秋·仲秋纪·决胜》："隐则胜阐矣，微则胜显矣，积则胜散矣，抟则胜离矣。诸搏攫柢（当据王念孙校为"抵"）噬之兽，其用齿角爪牙也，必托于卑微隐蔽，此所以成胜。""卑微隐蔽"不仅为兵家"成胜"之道，且为丛林猛兽"成胜"之道，更是神道设教的必然手段。《鬼谷子·摩篇》纵横家主张"其道必隐。……圣人谋之于阴，故曰神；成之于阳，故曰明。所谓主事日成者，积德也；而民安之不知其所以利，积善也；而民道之不知其所以然，而天下比之神明也。主兵日胜者，常战于不争不费，而民不知所以服，不知所以畏，而天下比之神明"。

⑩ 第一瀑布的区域。

⑪ [象形], bd, 或作[象形], 后者乃[象形]（神明标志，取象木杆上缠裹布条）和[象形]（亚麻布袋子）之合，此乃天然碳酸钠之一种，用于奉神，相当于旗帜。古埃及为神本文化，旗帜多用于宗教场合，是神灵的象征物。中国文化奠基于人伦之上，旗帜多用于现实层面，比如军事领域。《墨子·旗帜》有"木为苍旗，火为赤旗，……车为龙旗，骑为鸟旗。凡所求索，旗名不在书者，皆以其形名为旗"。以"形名"为之，也是古埃及神明标志性的特色。

⑫ sfḫ，即[象形]（松弛）或[象形]（离开）的使役动词，意思是"使之缓解，使之离开"，可翻译为"纾解"或"泯除"。

⑬《庄子·知北游》云："天地有大美而不言，四时有明法而不议，万物有成理而不说。"美好之物即天地之大美，而玛阿特在诸美好之物之上，此观念与柏拉图哲学有沟通之义。遵循玛阿特则合乎天地之道，《荀子·正名》有"故知者论道而已矣，小家珍说之所愿皆衰矣。……道者，古今之正权也；离道而内自择，则不知祸福之所托"。华夏先贤之不可须臾离道，埃及神明也不可须臾离玛阿特。

⑭《抱朴子内篇·登涉》："但知其物名，则不能为害也。"

⑮ [象形], i3t, 古埃及文化供奉宗教象征物的衡木。其物体形象为[象形], 尝试译为"灵樶"。"樶"本作"桀"，为栖鸡的衡木。《尔雅·释宫》："鸡栖于弋为榤，凿垣而栖为埘。"此乃一平衡之木，与天平的意象可互为表里。诸神不仅是"准衡的量度者"，本身亦栖息于灵樶之上，取平衡不倚的意象。

⑯ tḥḥ，狂喜之声。

亡灵变形诸章 | 191

⑰ 该词与木乃伊同音，译为"木乃伊"亦通。

第二十七帧

图像为有足之巨蛇。

化身为蛇⑫**之章。言出必验的奥西里斯－阿尼说道：**

我乃蛇，寿益年延⑬**；我度过夜晚**⑭**，每日出生。我乃蛇，居于大地的荒裔；我度过夜晚，我诞生。我更生，我每日朝气蓬勃。**

注释

⑫ 直译为"大地之子"，指蛇。

⑬ 原作"年岁延伸"。蛇被视为长寿之物，所谓"蛇有无穷之寿"（《抱朴子内篇·对俗》）。这种观念亦见于《吉尔伽美什》（第十一块泥版第305—307行）。蛇因闻到香草而蜕皮，所谓"香草"即"植物的呼吸"（参见拱玉书译注：《吉尔伽美什史诗》，商务印书馆，2020年）。渴望长寿为《亡灵书》的主题，亦古今中外人类的普遍理想。《墨子·兼爱下》有"人之生乎地上之无几何也，譬之犹驰驷而过隙也"，《庄子·知北游》承袭之，"人生天地之间，若白驹之过隙，忽然而已"。然寿命修短却非人之智慧所能知晓。《抱朴子内篇·论仙》："形骸，己所自有也，而莫知其心志之所以然焉；寿命，在我者也，而莫知其修短之能至焉。"

⑭ 此词包含"躺卧"和"过夜"两个相关的义项，二义皆可通，以后一义为优。

评　述

蛇是世界各大文明神话中较为活跃的角色。《吉尔伽美什》《圣经·创世记》《神谱》《摩诃婆罗多》《山海经》等，几乎一切神话都会涉及蛇。这不只是因为蛇的生物属性和生态分布，还因为蛇和人类之间的文化互动关系。蛇蜕皮的现象被视为永生和繁殖力强盛的象征。此处化身为蛇度过夜晚，正是亡灵穿越幽冥的隐喻。

图像为在门廊上端的鳄鱼。

化身为鳄鱼之章。言出必验的奥西里斯 – 阿尼说道：

我乃鳄鱼，闻风丧胆者㉕。我乃鳄鱼神，以攫掠而摄取者。我乃凯穆圩的巨鱼㉖。我是塞科姆敬拜者之主，奥西里斯 – 阿尼亦为塞科姆的敬拜者之主。

> **注释**
> ㉕ 原文为"在畏恐中者"，指鳄鱼令人害怕。
> ㉖ "鱼"原为复数，句中当用为单数。

评　　述

鳄鱼是古埃及神话中重要的神祇之一。其名曰索贝克。鳄鱼是一种攻击性极强的动物，化身为鳄鱼意味着取得积极进攻的姿态。中国特有的鳄鱼种类为扬子鳄，在古文献中称之为鼍。《国语·晋语九》："鼋鼍鱼鳖，莫不能化。"但在中国典籍中，鳄鱼的文学形象相对模糊，《搜神记》卷二"范寻养虎"条记载以鳄鱼为神判，韩愈有《祭鳄鱼文》，数例而已，远不及埃及文献之丰富，这是不同的生态环境所致。有趣的是，韩昌黎写有《祭鳄鱼文》，而陆龟蒙则作《告白蛇文》，与此处蛇、鳄相承正形成有趣的照应。

图像为普塔在祠龛中，其前为供桌。

化身为普塔之章。奥西里斯 – 阿尼说道：

我食用面点，我啜饮酒醴。我穿上衣服㉗，我作为鹰隼而翱翔，我如鹅㉘般嘎嘎叫，我降落路旁，靠近陵墓㉙，于伟大者的节庆之日。厌恶之物、厌恶之物㉚，我不会食用。粪秽，我不会吃它。我卡魂所厌恶之物，不会进入我腹内。我所以存活，借着灵明的诸神所知者。㉛我活了，我凭借他们的面食而有力量——我吃下它而有力量，在我的女主㉜哈托尔树荫下。我献祭：我献面点于槃都、祭品㉝于楹城。我穿上泰特神㉞的织物。我起身、坐下，在我心所欲之地。我的头如拉神，我与阿图姆合一。拉神的四维如同大地之广袤。⑮我现身，我的舌头如普塔，我的咽喉如哈托尔。我回忆起阿图姆的言辞，关于我父者，在我口中。他迫使垓伯之妻为女仆，并碎裂到他面前的诸首。⑯他在那有威慑力，颂声被大力传唱⑰。我也算是大地之主庇护者⑱垓伯的后裔。奠醑垓伯，他赐予我其辉耀。那些楹城居民俯首⑲于我，我是他们的公牛，每时每刻都强壮。我欢爱⑳，我精力旺盛㉑百万年。

注释

⑦ wnḫ，义为"着装、覆盖"，句中当指穿戴。

⑧ smn，鹅类的一种，这里可能代表大地之神。

⑨ ![glyph] 或 ![glyph]，iꜣt，义为"坟堆"。其意符 ![glyph] 为灌木丛生的坟堆之象。

⑩ 重文。

⑪ 此句有伦理意味，《墨子·耕柱》曰："天下之所以生者，以先王之道教也。"社会价值无论源自神明还是"先王之道教"，都指向人类的神圣存在。

⑫ ḥnwt，义为"夫人"，前文出现过该词。

⑬ wꜣḫyt，源出于 wꜣḫ（陈列、摆放）。其同音词有"谷堆"，取义于"堆放"。

⑭ Tꜣyt，司纺织的女神。

⑮ ifdt，不止表示数字"四"，还有"四维""四隅"等含义。"四"表示圆满的圣数，当指拉神的周流范围，也可能暗含"地方"的意思。或译"大地之隅的四日"，恐非。

⑯ 此句盖言"我父"之威力，垓伯之妻即天空神努特。

⑰ 原文是"复述、重复"。

⑱ ![glyph]（nhp）一词或以为衍文，与 ![glyph]（早起）似同源。早则有备，有备无患。故可诂训为"庇佑者"。

⑲ ![glyph]，wꜣḫ tp，诂训为"俯首"。该短语还有另一用法，即作为数学术语，wꜣḫ tp m X，含义是"X 的倍数"（乘法）。ir wꜣḫ tp m X 的含义与之相同。

⑳ nk，义为"交合"。古埃及人对此但直言，无粉饰。《礼记·礼运》说："饮食男女，人之大欲存焉；死亡贫苦，人之大恶存焉。"《墨子·辞过》说："凡回于天地之间，包于四海之内，天壤之情，阴阳之和，莫不有也，虽至圣不能更也。何以知其然？圣人有传：天地也，则曰上下；四时也，则曰阴阳；人情也，则曰男女；禽兽也，则曰牡牝雄雌也。真天壤之情，虽有先王不能更也。"故"拒欲不道，恶爱患害"（《晏子春秋·外篇不合经术者》）。

(91) 原文作“有力量控制”。

评　述

行文内容如何与普塔相关，似无明确提示。鹰隼和鹅为神明的意象，前者通常和荷鲁斯相关，后者通常和垓伯相关。这两个意象沟通天地，象征“我”之化身自由翱翔和行走。哈托尔和泰特神在篇章中似乎作为侍从神而存在，篇中又描述“我”与日神拉、与阿图姆合二为一。最后大力赞扬了此化身的神威，他不仅兼有普塔和哈托尔的威力，而且臣服垓伯之妻（也就是天神努特）。篇中的“我”可与《淮南子·俶真》的得道真人相比拟，“烛十日而使风雨，臣雷公，役夸父，妾宓妃，妻织女”。最后又以夸张的笔法描写了性的能力，性能力也被视为神明超越凡人的特质。

图像为公羊。

变形为阿图姆的魅魂(92)之章。言出必验的奥西里斯－掌书阿尼说道：

我不曾身陷冥狱(93)，我不会消亡，我不知道它(94)。我是拉神，我出于努神，那魅魂神圣，乃其躯体的造物主。我所厌恶者为耶肆非慝，我不曾看过它。我凭玛阿特而思考(95)，我存活于其中。我乃呼神，那个魅魂不会消除我的名字(96)。我自我创造，和努神一起，以我之名凯普瑞。我在其中以拉神显象。我就是光照之主。

注释

(92) “阿图姆的魅魂”使用墨书，可能寓意其生机无限。

(93) ḫnbw，应出自 ḫbn（有罪的）。此指冥府中惩罚罪人的地方，试译为“冥狱”。

(94) 指消亡。

(95) nkȝ(y)，本义为“沉思、反省”。此词与 kȝi（思索、谋划）为同义词。这句话点出了个人的思考与玛阿特之间的关联。《荀子·大略》说“天下之人，唯各特意哉，然而有所共予也”，玛阿特即在“特意”（私见）基础上的“共予”。

(96) 或译“那位不磨灭者，以其名‘魅魂’”，亦通。

评　述

古埃及诸神之间常出现身份认同上的融合现象，此处即显明的例子。题目为"变形为阿图姆的魄魂"。正文一则曰"我乃拉神"，拉神与阿图姆为三位一体之神，阿图姆为冥间之日，拉神则为赫赫之日；再则曰"我乃呼神"，呼神为象征言辞权威的神明，他反映了拉神的一个侧面；三则自称凯普瑞，凯普瑞为朝阳之神，是从冥间升起时的旭日之象。

图像为凤鸟。

变形为凤鸟之章。[97] 奥西里斯-掌书阿尼、平安凯旋者说道：

我从遂古之初飞集，我显象为凯普瑞。我葱郁如草木，我隐潜如龟[98]**。我乃一切神明的种子，我即四维之往昔**[99]**，显象为东方则为七虺蛇**[100]**。大哉，以其自身照临太阳族者。神即**[101]**塞特，托特在他们**[102]**中间，为塞科姆的居民和楹城的魄魂充任仲裁者。——在他们则为洪水猛兽**[103]**。我已经来临，我将加冕，我有灵明。我变强壮，我已神于百灵之中。我就是孔苏**[104]**，掌握一切。**

注释

[97] 这一章有数词在上一章的界格之中。

[98] 龟，字作𓆈𓃀𓋴，当即𓆈𓃀𓇳（štyw）之异写。定符𓋴与龟形符通用，这种情况在古文字中并不罕见，古人对爬行动物及走兽并不做细分，如草木之不别。《荀子·劝学》"西方有木焉，名曰射干"，杨倞注"据《本草》，在'草部'"而质疑其为木，后人亦有怀疑，然宋王国观《学林》卷四："射干虽草类，而通以木名之，不害于义。"朱骏声《说文通训定声》"需"部："五行不言草，草亦木也"，是草木浑言无别，犹如禽兽通称。日本人物双松云："谓草为木，古人不拘，往往如此。"至如禽兽通称，《战国策·赵策一》云"虎将即禽，禽不知虎之即己"，以禽指兽。又如《庄子·逍遥游》云"之二虫又何知"，虫实指蜩与学鸠，学鸠即小斑鸠，乃鸟类；《应帝王》云"而曾二虫之无知"，指鸟和鼷鼠。此鸟、兽、虫混称之显例。古籍有五虫之说（见于《管子·幼官》《大戴礼记·易本命》等文献），人居其一。《大戴礼记·易本命》："倮之虫

三百六十，而圣人为之长。"倮虫即裸虫，谓人类，则不仅禽兽通称，人、物亦不甚区分。《礼记·月令》："其虫倮。"孙希旦集解云："凡物之无羽、毛、鳞、介，若鼋、蟥之属，皆倮虫也；而人则倮虫之最灵者。"这是古人万物一体观念的折射，不仅烙印于思想上、体现于艺术上，也凝练为文字，如肢与枝（《韩非子·和氏》"吴起枝解于楚"，枝解即肢解）之例，华夏、埃及殊无二致。爬行动物、走兽符号通用，也是此类观念的反映。该词指淡水龟，或径用象形符号。龟有善守之象，故《司马法·用众》以四面屯守为"环龟"，《搜神记》卷一三"龟化城"有"依龟作城"之典。《关尹子·极篇》："圣人道虽虎变，事则鳖行；道虽丝纷，事则棋布。"鳖犹龟也，鳖行即小心翼翼、万无一失地行动。句中所说"隐潜如龟"，亦有坚守不失之义。

⑨⑨ 参第 194 页注释 ㊄。

⑩⑩ 《兄弟俩》有七位哈托尔之说，四、七皆表示宇宙论的圣数。或译为"我乃四维及七虺之往昔，显象于东方者"，亦通。

⑩① 这里的介词 m 疑误，可能校为 r（反对）于义为长，即"反对塞特之神"，后文托特与之语脉相承。录此备考。

⑩② 指荷鲁斯和塞特。

⑩③ nwy，义为"洪水"。这里指塞特的破坏力量。

⑩④ ḫnsw，卡尔纳克所崇奉的月神。

评　述

凤鸟的古老指涉其源始性，它含有朝阳凯普瑞的质素，却又潜行如龟。龟在中国文化中为四灵之一，但在古埃及神话中地位却并不高，有些神话中它作为塞特阵营的一员、拉神的对手出现。此处可能仅止于一般比喻，龟能长久不饮食而潜伏，古人谓之龟息。《抱朴子内篇·对俗》："仙经象龟之息，岂不有以乎？"龟亦有坚韧长寿之相，《史记·龟策列传》云："南方老人用龟支床足，行二十余岁，老人死，移床，龟尚生不死。"《亡灵书》"隐潜如龟"盖兼有以上两层含义。

篇中所谓一切神明的种子，照应开篇"遂古之初"的说法。一切神明皆溯源于往古，但往古的走向却是将来。"四维""七虺蛇"两意象既象征空间，也象征时间。四、七有奇、偶之别，从中国人的观念来看则是阴阳之分，选择这两个圣数并非随意为之，而暗示了一定的深意。

亡灵变形诸章 | 197

塞特的形象在此亦较含混，但从上下文语境看，他当系作为奥西里斯的对立面出现，是作为塞科姆审判的被告。洪水猛兽当指由他引起的争端和混乱。不过秩序已经恢复，最后"孔苏"神格的出现照应了复活的主旨。异文在变形为凤鸟章之后尚有一段说明文字，今转录如次：

  知晓此章，那清白者会在白昼从其墓地出来，并随心所欲变形。①
他会成为万－奈夫尔的随扈，享用奥西里斯的食物以及口头供物②，
见到阿瞳，且和拉神一切巡行于大地之上，在奥西里斯面前言出必验。
没有任何邪恶之物能够控制他，永远永远，千百万次。

注释

① 《抱朴子内篇·黄白》："夫变化之术，何所不为。盖人身本见，而有隐之之法。鬼神本隐，而有见之之方。能为之者往往多焉。……变化者，乃天地之自然，……非穷理尽性者，不能知其指归，非原始见终者，不能得其情状也。"

② 𓉐𓂋𓉔𓅱, pr-ḫrw，义为"口头献祭"，或作 𓂋𓏤𓏏𓊪𓏲𓏏, 本是"出声"的意思，通常用于献祭场合，符号组合 𓊹𓊹 包含酒醴、面包等，表示供奉祭品。这是古埃及人特殊的通神方式，他们认为语言的力量往往能够变成现实，因此口头上的供奉会在神明世界中得以实现。此词或写作 𓊹𓏤。古王国以降的 𓂞𓆑𓉐𓂋𓏏𓉔𓅱𓅓𓏏𓅓𓊪𓏲𓏏, 音 di.f prt-ḫrw m t m ḥnḳt，义为"他被奉上口头献祭，包括面包和酒醴"，是程式化的献祭表达。

第二十八帧

图像为苍鹭。

  变形为苍鹭之章。奥西里斯－掌书阿尼说道：
  我乃众公牛中最强者，作为它们的头部和须发中的刀刃。那些在绿松石中者、寿考者、有灵明者！使平安凯旋者奥西里斯－阿尼的时刻就绪，以便他在地上杀戮。反之亦然。⑤**我勇武，我会被颂扬，遍及天际。我已皭洁，我迈开大步到我之城并经营之。我走向塞帕神**⑩**。我安置在赫尔莫波利斯中者。我留驻诸神于路上，我保护那些居于神龛中者的庙宇。我知晓努特之渊，**

我知晓塔图尼恩，我知晓迪舍尔⑩⁷。我牵掣他们的角。我知晓赫卡鸟⑩⁸，我倾听他之辞。我乃红色的牛犊，标记在册。⑩⁹

注释

⑩⑤ "反之亦然"为简化句子的符号，可能表示"他"之"反"，即"我"也在大地上杀戮；也可能表示"大地"之"反"，即在天阙杀戮。

⑩⑥ 此乃一蜈蚣。古埃及人的神观念包含甚广，不分善恶。善神恶鬼皆可以"鬼"或"神"之一字涵盖之。此义华夏典籍亦然，如《庄子·达生》："（齐）桓公曰：'然则有鬼乎？'（皇子告敖）曰：'有。沈有履，灶有髻。户内之烦壤，雷霆处之；东北方之下者，倍阿鲑蠪跃之；西北方之下者，则泆阳处之。水有罔象，丘有峷，山有夔，野有彷徨，泽有委蛇。'"齐桓公问"鬼"，而皇子告敖的回答却并包神怪，此古人不甚分别之证。故《墨子》一书天鬼连文，并包天神地祇人鬼。《墨子·天志上》有"上事天，中事鬼神，下爱人……上诉天，中诉鬼，下贼人"，后句之"鬼"等同于前文之"鬼神"；《墨子》有篇名曰"明鬼"，而正文恒曰"鬼神之有""鬼神之明显"，则举"鬼"以包神明。《战国策·齐策三》苏秦"以鬼事见"孟尝君，《战国策·赵策一》又说李兑以"鬼之言"，用法皆相同。古人用语，往往如此，不以中外异趣。此浑言之。分言之，则"天神曰灵，地神曰祇，人神曰鬼"（《尔雅·释训》注引《尸子》）。

⑩⑦ 𓆓 ，dšr，本为火烈鸟。因鸟为红色，故也含有"红色的"之义，与血腥、屠戮相关。由其含义推测，迪舍尔可能是一位杀戮之神。

⑩⑧ 似与巫术有关。

⑩⑨ 或解释为"我乃有印记的红牛"，亦通。

当诸神听到时，他们发言：

让我们露出真容，让他走向我。晨辉中没有你们，时间在我腹内。我在玛阿特左右⑩不曾诐言，每日里，玛阿特划向冥暗的眉宇间⑪，航向那位僵卧者的节庆日、拥抱那寿考者、大地的守卫；言出必验者、奥西里斯－掌书阿尼。我不会进入列星之穴，我归荣耀于奥西里斯，我让他的众随扈之心安宁，我不会害怕那些使人⑫敬畏者、那些在其土邑上者。瞧我，我兴高采烈，于我灵椟中的座位上⑬。我是努神，我不会被耶肆非廛倾覆。我是遂古之初的舒神，我的魅魂是神明，我的魅魂永在。我乃黑暗的造主，设其位于天之涯际者——永恒的王子。我是奈布城中的欢悦者。在城中，我血气方刚；于郊野，我青春洋溢。我的名字是"不灭"。我的名字也是"魑魂，努神之所造"，设其位于西冥者。我的巢居⑬不可得见，我的卵不会破裂。我是岁月之主，我在天之涯际筑巢。⑭我降临大地垓伯，我绝灭我之恶德。⑯我见到我父，沙乌特之主。而奥西里斯□□⑰的躯体在楹城，那些在揆神中者接纳之，于西冥的葬所。赫伯⑱。

注释

⑩ 原文为"座前"，这里系谦辞，不敢直指，故婉转表达。

⑪ 𓇼𓏤, inḥ, 义为"眉毛"。黑夜的眉毛，可能意味着夜的尽头。𓈖𓏤（smd）为其同义词，出现较晚。黑夜有眉宇，语境有将时间神格化之义。"黑夜尽头"的观念亦见于《神谱》对纽克斯的描写（第275行）。

⑫ 该词本义为"创造、制作"，引申而有"使"的意思。

⑬ 此句亦可理解为"于我灵榇中，于我座位上"。

⑭ 𓋴𓈙, sš(zš), 义为"鸟巢", 后文使用了𓈖𓏤一词, 音义相同, 似更倾向于水鸟之属。亦作𓈖𓏤, 乃一般意义上的指称。以鸟巢为喻, 与后文卵相应。尤可注意者, 是其水鸟之巢的暗喻, 显然有洪水创世的神话背景。

⑮ 《庄子·缮性》："古之人，在混芒之中，与一世而得澹漠焉。当是时也，阴阳和静，鬼神不扰，四时得节，万物不伤，……逮德下衰，及燧人伏羲始为天下，是故顺而不一。德又下衰，及神农黄帝始为天下，是故安而不顺。德又下衰，及唐虞始为天下，兴治化之流，浇淳散朴，离道以善，险德以行，然后去性而从于心。……文灭质，博溺心，然后民始惑乱，无以反其性情而复其初。"本节的描述，亦有退化论的特质，"复其初"的意图相当明显。对这些古老的"千世之传"，"以人度人，以情度情，以类度类，以说度功，以道观尽，古今一也。……传者久则论略，近则论详；略则举大，详则举小"（《荀子·非相》）。重视传统，为古老文化的共同特点。

⑯ 《抱朴子外篇·讥惑》："厥初邃古，民无阶级，上圣悼混然之甚陋，悯巢穴之可鄙，故构栋宇以去鸟兽之群，制礼数以异等威之品：教以盘旋，训以揖让，立则磬折，拱则抱鼓，趋步升降之节，瞻视接对之容，至于三千。盖检溢之堤防，人理之所急也。"所谓礼制之本，"绝灭恶德"云云或亦包含此种意思。

⑰ 此处为一段空白，可能系抄写者预留，以便填入名字。"奥西里斯"为死者的修饰语，犹如中国古语中的"先某某"然。这个传统可溯源于《乌纳斯

金字塔铭文》。

⑱ 有学者理解为"使者"。

评　述

苍鹭和洪水相关，也有某种始源的意义。古老之物通常是正宗之物，也通常是坚固有力之物。"在地上杀戮"的表达并不一定传达血腥意象，而是对力量的肯定。

蜈蚣被神圣化，也是东亚的一个神话现象。（刘敦愿：《"聪明"的蜻蜓与神异的蜈蚣——中国民间传说与日本考古发现》，《民间文学论坛》1991年第1期。）塞帕神是蜈蚣神，凡有毒之物也是避毒之物。走向塞帕神的意思可能是避免毒害。此段行文特别提及"知晓"，"知晓"是交通神明、顺利度过阴间的必要知识储备。《论衡·效力》曰："人有知学，则有力矣。文吏以理事为力，而儒生以学问为力。"阿尼当然并非儒生，却也是古埃及掌握知识的上层人士，其所知晓的宗教知识有助于其顺利穿越。然而"博之不必智"（《庄子·知北游》），要获得真正的解脱，尚需"转识成智"，对于阿尼的冥间之旅而言，就要下一番自省的功夫，"求其放心"，这才真正合于玛阿特之道。在内省的意义上，才是真正的哲学之萌芽、思想之滥觞。

诸神的发言是对奥西里斯说的。开篇"我们""我""你们"交替使用，这并不是表达上的矛盾，而是多声部的叙事视角。"我"暗示奥西里斯，"我们"为其随扈。"我们""我"是奥西里斯和随扈同时发言，"你们"是奥西里斯众随扈的发言。玛阿特是宇宙和谐的象征，它划向冥暗的文字隐喻对黑暗的突破和秩序的重建。

以下大段为奥西里斯-阿尼以神明自比，这是《亡灵书》最常见的手法，不妨谓之"拟神"手法。万物可以"拟人"，人类也可以"拟神"。阿尼以努神、舒神、黑暗的造主、岁月之主等自比，这些神明的共性是皆具有始源意义，归根反本正是神话叙事的套路。这不仅是《亡灵书》中的价值观念之所系，也是中国哲学思想的起点。《老子》："致虚极，守静笃。万物并作，吾以观其复。夫物芸芸，各复归其根。归根曰静。"王弼注："各返其所始也。"《文子·自然》："立天下之道，执一以为保，反本无为，虚静无有，……是谓大道之经。"《淮南子·原道篇》："肃然感应，殷然反本，则沦于无形矣。所谓无形者，一之谓也。"若剔除"虚""静""无为"等中国特色的表达，正可用于互注阿尼何以自拟神明。神明原是人之本，神明之初原本是蒙蒙昧昧的混沌，即努恩所象征的原始大水，所谓"沦于无形"的状态。反本是一种宗教的、信仰的心理诉求，"夫天者，人之始也；父母者，人之本也。人穷则反本，故劳苦倦极，未尝不呼天也；疾痛惨怛，未尝不呼父母也"（《史记·屈原列传》）。阿尼当然并非穷途末路，而是充满生机的洋洋自得，但这种盎然的生机却经由归根反本而获得。与此段文字有关系者，附录如下：

> 我所厌恶者是驻泊，我不会陷入德瓦阿之穴，我归荣耀于奥西里斯，以便满足那些驻于我喜爱之物中者之心。他们给予我威慑力，对于那些居于曲隈之处者。他们造成了对我的敬畏。瞧，我被托举于灵樸之上——努神为我判定的位置。我就是努神，那些施展耶肄非愿者不会伤到我。我乃遂古之初①的长子，我的魃魂为诸神，永恒的众魃魂②。我是黑暗的造物主，设置其位于天之涯际。我来了，我的魃魂在此，在寿考者之路上。我创造了黑暗，于天之涯际。我渴望到达他们③的疆界。我迈开双腿，我操舟④航行在运动的穹隆上方。我引出黑暗和隐藏的诸虫蛇，我大踏步走向力量无双的主人。我的魃魂、我体内的魃魂是虺蛇，其像长存。岁月之主，永恒的王子。我是被颂扬的大地之主。我在城中，血气方刚⑤。"我青春洋溢、于我之野"，是我的名字；意即"吾名不灭"。我乃公牛，努神所造者，设置其座于西冥。我的巢居不可得见，我的卵不会破裂。我是百万年之主，我在天之涯际筑巢，我降临于大地垓伯，我绝灭恶德，我见到我父玛阿师⑥之主，其躯体在楹城，自我呼吸。我被克奴姆和揆神接纳⑦，在西冥的葬所。赫伯。

注释

① 原文是"源始之物，古老之物"。古人曰："道者，神明之源，一其化端。"（《鬼谷子·本经阴符》）以道为源，以一为端。"五世之庙，可以观怪"（《吕氏春秋·有始览·谕大》），物古老，所以奇异。"浮游乎万物之祖，物物而不物于物"（《庄子·山木》），"游心于物之初"（《庄子·田子方》），不仅是道家哲学的理想境界，也是埃及神话的重要主题。

② 这里反映出一与多的辩证关系。

③ 盖谓诸神。

④ 原作"控制、驾驭"。

⑤ ḥwn，义为"年轻"，这里译为"血气方刚"。

⑥ 地名。

⑦ ḫnt，与 [ḫn(t)]（？）为同源词，后者为古埃及建筑中承重柱的名称。此音有"承受、接纳、收容"等含义。根据上下文语境可诂训为"接纳"。揆神未详。

图像为一人首从池塘中的莲花中显象。

变形为莲花之章。奥西里斯－阿尼说道：

我乃不染的莲花[119]**，出于耀灵之下——有关于拉神鼻息者，有关于哈托尔之首者**[120]**。我为旅行者，我继踵于他——荷鲁斯！我是圣洁的，出于郊野。**

注释

[119] ，sšn（莲花）。金字塔文献作 （zšsn），中王国时期亦作 ， 正是莲花之象。《乌纳斯金字塔铭文》第249辞："乌纳斯升起为奈夫尔－阿图姆‖拉神之鼻上的莲花‖每日从阿赫特出现‖诸神因见到他而洁净"。莲花是创世的意象。类似意象也见于印度神话，比如毗湿奴从其肚脐中的莲花中生出大神梵天。

[120] "首"与"鼻"象形符号容易混淆，故或亦读为"鼻"。若采"鼻"的读法，则两处用词微有不同，前者为 （šrt），后者为 （fnd，或体作 、 ）。前者表示鼻子、鼻息，侧重于鼻之用，后者更侧重于鼻子的本体。

评　　述

莲花为不染之象、圣洁之征，有"古埃及之花"的美誉，至今埃及仍号称"莲花之邦"。（庄素雯：《莲花——"埃及之花"》，《阿拉伯世界》1981年第5期；李世东：《莲花之国——埃及林业掠影》，《中国林业》2007年第7期。）这个意象不仅出现于古埃及神话、希腊文献，亦广泛见印度诸典籍，同时为中国人所熟知。当然，各地莲花就生物属性而言，并不相同。《亡灵书》此处的莲花很可能指白色睡莲。

莲花是生命的象征，古埃及的许多造像中，皆有拉神从莲花中出生的图像。末句"出于郊野"，令人联想到周敦颐《爱莲说》的名句"出污泥而不染"。

图像为冠阿暾盘的神明。

变形为神明，赐予黑暗以光明之章。 奥西里斯－掌书阿尼、言出必验者说道：

我懂得㉑努神的郭郭，闪耀、光明、在其胸前；使大冥及我体内的勒忽被照亮㉒，以我头、口中的巨大巫力。我所倾覆者不会东山再起——那在阿拜多斯山谷和他一起的仆倒者。我已满意，我会让他铭记。我已抓住呼神，在我城中。我发现他在其中。我引来冥暗，以我之力。我已救治那眼睛于其泯灭中，在节庆的第十五日来临前。我在天阙判决了塞特，那寿考者和他一起。我为托特储备好，在月神的宫殿㉓，于节庆第十五日来临前。我已摘得乌尔尔特王冠，玛阿特在我腹中，绿松石和琉璃，于其月份中。我彼处的宅地为天青石，在其曲隈之处㉔。我是那烛照幽昧的女人㉕。我来照灼幽昧，它被照亮，它被照亮㉖。我已烛照幽昧，我已击败阿舍迷乌㉗。我礼敬那在幽暗中者，我让那些哀泣者起身，他们藏着脸。他们见到我，我疲敝不堪。至若你们——我是个女子，我不会让你们听到有关于她的事。㉘

注释

㉑ ![glyph] ꜥrk，义为"理解、懂得"。此词源于同音词"捆缚"，以之为音符的如 ![glyph] 有"约束、发誓"等含义[《神谱》第231行有"誓言之神"（Ὅρκος），与其音读相近]。以 ![glyph] 为限定符号则表示词义的虚化，故有"强制性的理解"之义，推测其表示宗教含义上的领会。这句也可理解为"我乃努神衣服的束带"。

㉒ 或译为"照亮冥暗，及我体内勒忽的联结者"。本句出现歧义的关键在于对 smꜣt 的理解，它修饰"黑暗"还是"勒忽"？"大冥"为丧葬文献常用词，意思是"整块儿的黑暗""连成一片的黑暗"，谓极其幽暗的所在，乃冥府最深处。译文取"大冥"之说，此词见于《冥书》（"题端"、第二时次上篇及结语、第五时次下篇、第八时次上篇、第十时次中篇、第十一时次上篇及中篇、第十二时次中篇及下篇）及《门户之书》（第二时次第八场，第五时次第三十三场，第十二时次第八十八场以及第三、第六、第七、第八、第九、第十、第十一道门）等神话文献，《亡灵书》或亦当作如此理解。另参第41页注释⑦。

㉓ 文中提及月宫之说，这一构思较为清新。中国古人亦认为月中可居，《归

藏·归妹》（王家台秦简）、《灵宪》（《后汉书·天文志上》补注引）等有嫦娥"托身于月"的记载，由"托身于月"而发展出"月宫"（词见《海内十洲记》，唐郑綮《开天传信记》记载唐明皇"梦游月宫"）。揆其朔，《归藏》为殷《易》，其年代不晚于《亡灵书》。要之，这是中国、埃及神话不约而同的想象。

㉔ wḏb，亦作 w(з)ḏbw，含义为"河曲、沙岸"。篇中指幽隐之处。此处以青金石为宅，以绿松石和琉璃的"当令"为时间（其最盛时），似有以植物比拟宝石的意思。按《搜神记》有杨公种玉的传说，亦以植物为比。故古书"玉英""玉荣"等，皆以植物比拟宝石。

㉕ 未详。

㉖ 重文。

㉗ 定符为双鳄鱼，当为冥怪之一。

㉘ 再次以女子自比。参《兄弟俩》中类似的比喻。

评　　述

此段浑然一体，乃胜利在望的祝祷词。"懂得努神的郛郭"，也就是前文筑巢于"天之涯"的意思。这里可以柏拉图《理想国》中的"洞穴喻"相比较，"懂得努神的郛郭"者正是那个从囚徒的洞穴中出来见到天光者，是潜在的"哲学王"。他以自身之力照亮幽冥，并且照亮争斗的勒忽。他经历了光明与冥暗的整个历程，因此不再害怕冥暗，而是将其视为自身可控制的力量——他不在冥暗之中，而在冥暗之外。他治愈乌加特之眼，令缺月重辉。他取得了王权，成为真正的王者。

最后有一段难解的文字，即再次以女子自比。男子或神明以女子自比，《亡灵书》以及其他古埃及神话文献中并不罕见。从上下文语境看，女子是光明的、美好的象征。这极易令人联想到汉语文献中的"美人香草"传统。汉王逸《离骚序》："《离骚》之文，依《诗》取兴，引类譬谕，故善鸟香草，以配忠贞；……灵修、美人，以媲于君。"比勘中国文献，以女子比拟神明，也就不是那么费解了。

第二十九帧

阿尼及其妻对托特扬手作敬拜之态，托特膝盖上为生命符号，坐在拱形椅上。

不再第二次死亡之章。言出必验者、奥西里斯－阿尼说道：

噫！托特！努特诸子发生了何事？他们已经交锋，他们引发了混乱，他们做下耶肆非愿，他们创造了敌手[129]。他们施展杀戮，他们招来了麻烦。的确，在一切行为上，英俊所为胜过庸碌之辈[130]。伟哉托特，确保完成[131]阿图姆之命。你不会见到邪祟[132]，你不会容忍[133]他们缩短年命，他们岁月[134]来临。因为他们已经施行秘密伤害，以一切对你所能做的。[135]我乃你之砚[136]，托特。我已为你奉上墨水瓶。我没有在那些秘密施害者之中，愿我不受伤害。

注释

[129] 或径释为"恶魔"。

[130] 此乃评论之词，带有智慧文学的特质。一译为"确乎，他们让强者在一切行动上胜过弱者"。

[131] 古人语简，"完成"二字推寻文义补充。

[132] 参第59页注释[67]。

[133] wḥd，义为"容忍、强忍"，或为名词"痛楚"。

[134] 原作"月"，随文翻译。

[135] 或译为"你不会容忍：缩短他们的年寿，拉近他们的月龄——因为他们对你所为的一切实施秘密破坏"，亦通。

[136] ⁼𓈖𓏤，mty，义为"调色板"，古埃及文明的重要表征之一。本为化妆而设，也有译为"黛砚的"。这里当系书写工具，故径译为"砚"。

评　　述

《亡灵书》有两场战争，一场战争是荷鲁斯的复仇之战，另一场战争是拉神在冥界铲除阻碍的对手之战。此处努特诸子的战争应当指后者。这场战争的意图颇似《封神演义》中的阐、截之争，是神界重新洗牌、筛选精灵的一套程序，经过这场战争洗礼的亡灵便不再死亡。

托特不仅是战争的参与者,也是战争的书记官。他的名字托特的含义是"测度者"(瓦里斯·巴奇),因他掌管时间(篇中所谓"年命"),在荷鲁斯和塞特之争中充当仲裁者,因此有"勒忽(双战神)之仲裁者"的称号。通常他的圣物是犬首狒狒,但由于古埃及词 tḥ(朱鹮)和 tḥ 的发音相似,而后者与时间的测度相关,故古埃及人亦将托特刻画为朱鹮形。此乃神话发生学上所谓"语言疾病说"的一个例子。在金字塔文献中,他被视为奥西里斯的兄弟,但是否为这位主神的书记官却难以确定。

托特接受阿图姆之名,几句以"你"开头的话便是指托特而说的。"我乃你之砚"这句话的含义自然是比喻,是阿尼自承为见证者的隐晦表达。

百万年之寿

奥西里斯-阿尼说道：
噫！阿图姆！我所到之处为何地？其中没有水源，也没有风息。寥廓峥嵘，寥廓峥嵘①；冥冥漠漠，冥冥漠漠②；彷徨无倚，彷徨无倚③。

> **注释**
> ① 后一句以重文符号表示。mḏ，含义是"深"。此"深"指空间的幽深，译文撷取《楚辞·远游》"下峥嵘而无地兮，上寥廓而无天"句，尝试译之。
> ② 原文是"黑暗"及重文符号，略转译。
> ③ 第二句为重文符号。ḥḥy，动词含义为"寻找"，句中有寻寻觅觅的意味，有彷徨之意，撷取《楚辞·招魂》"彷徨无所倚"一句尝试译之。以上数句有回到万物源始处之义，"遂古之初，谁传道之"（《楚辞·天问》），"坱圠无垠，孰锤得之"（《鹖冠子·世兵》），正是对遂初的发问，本篇亦思考此类问题。

在其中生存者心如止水。④
而且，其中没有甜蜜的交欢。
我已赐予精灵水源、空气以及称心如意的欢爱之替代⑤，即心满意足的面点和酒醴。⑥阿图姆如此说⑦：在见到你面时。

> **注释**
> ④ 或译为"满意地生活于其中吧"。前面"其中"为代词词缀 st（复数），此处及下一句的"其中"为代词词缀 s（单数）。这是本篇单复数不甚区分之又一例证。
> ⑤ 原词含义为"交换"，句中大概有"补偿"的含义。
> ⑥ 以上长句或译："愿荣耀归于我，以替代水源和空气，以及称心如意的欢爱，以便代替面点和酒醴。"此译文将"精灵"释读为"荣耀"，亦通。

⑦ 此句似为插入语，交代说话者。"说"的写法为 🪶、🜊、𓀁，见于祭司体中。ḫrw.fy 后常跟名词、独立人称代词。

况乎，我不曾容忍你之窒息⑧。**每位神明皆降临其位，至于百万年。你的王位上是你子荷鲁斯。而且，阿图姆还说他会降生在王子中间，他会继承你的王位。他将成为双焰屿居民之王位的储嗣。并且，我也被视为第二个他。我亲眼见到主宰阿图姆的脸。**

我的寿命几何？⑨

据说你将有百万年之百万年、百万年之寿⑩。**我已赐他降临诸王子之中。**

注释

⑧ 𓅓𓂝𓂧𓅓, g3w, 本义为"狭窄、逼仄"，或体作 𓅓𓂧𓂝。限定符号或为𓅓, 义为"窒息", 指气息逼仄不畅。或译为"我不曾忍受你所遭之痛"。

⑨ 原文作"生命的长度"。

⑩ 原文作"时段"。古埃及人以百万表示极多，相当于古汉语之"无量数"（《吕氏春秋·孟秋纪·禁塞》）。

评　　述

将幽冥之地描述为荒凉萧飒之所，为大多数文明之神话的共性。这段描写类似《楚辞·招魂》对西极流沙的描摹："西方之害，流沙千里些。旋入雷渊，麋散而不可止些。幸而得脱，其外旷宇些。赤蚁若象，玄蠭若壶些。五谷不生，藂菅是食些。其土烂人，求水无所得些。彷徉无所倚，广大无所极些。"古埃及神话将冥府设置于荒漠，也正与《楚辞·招魂》的语境可互勘。阿图姆是本篇的主要对话者，他所赐予的面点和酒醴其实暗指神明的恩赐，也就是恩准亡灵成为神明。

阿图姆的话语之后，应当是与奥西里斯交谈，从"你之子荷鲁斯"一语可推断。亡灵对奥西里斯转述了阿图姆的言辞，并且以奥西里斯的继承人自居——"第二个他"也就是"第二个荷鲁斯"。在这里，亡灵再一次和荷鲁斯合二为一。惟其如此，他才获得了"百万年之寿"，相当于汉语所谓"宏图永固"或"万寿无疆"。

洪　水

况乎我还毁掉了我所做的一切。当这大地返于努神中，入于鸿渊①，如其初始状态般，我有幸和奥西里斯在一起。我已变我之形为它物、蛇虫②，人类不得知，神明不可见。美哉美哉！③ 我所为于奥西里斯者——卓绝于一切神明。我已授予他冥漠。况乎，他之子荷鲁斯还是双焰屿中他的王位继承人。并且，我已为其设置座位，于百万年的灵舸中。荷鲁斯矗立于其灵台上④，属于福佑者——并立为他的纪念物。而那塞特的魅魂也已降临，卓绝于一切神明。

> **注释**
>
> ① ▦（ḥwḥw），盖与▦（ḥwi，涌出）等语义相关，为源始大水浩浩汤汤之象。
> ② 或理解为"其他蛇虫"，以蛇虫为动物泛称。
> ③ 原文是"双倍之美"，"双"言其圆满、极致状态。
> ④ ▦，srḫ，音译为"塞乐克"，可能为方形或类似于城堡的建筑，至于其为国王的居所还是陵墓，尚不清楚。尝试译为"灵台"。早期考古中发掘出疑似建筑。"荷鲁斯矗立于灵台之上"，可能代表国王的神鹰化身，且与拉神等同。后一符号是国王的名字之一，称荷鲁斯名，或卡魂名或标准名。"灵台"一词见于《诗经·大雅·灵台》《左传·哀公二十五年》《司马法·天子之义》《晏子春秋·谏下》《韩非子·难四》等先秦文献，为古典王者宴饮、酬功的台式建筑，亦谓墓冢、祭祀场所。如《汉书·地理志上》载济阴郡成阳"有尧冢灵台"；《后汉书·章帝纪》载元和二年，"使使者祠唐尧于成阳灵台"，李贤注引郭缘生《述征记》："成阳县东南有尧母庆都墓，上有祠庙，尧母陵俗亦名灵台大母"。然则古文献中的"灵台"既有高台之义，亦有祠、墓之用，正与"塞乐克"含义相当。

我已幽禁其魅魂，在其灵舸之中，随其所欲，使神明的肢体可畏。噫！

父亲奥西里斯，为我做你父拉神曾为你做过的事吧。愿我驻于大地之上，我设有我的位子。愿我的后嗣健壮，愿我在大地上的亲友加固我的坟墓。⑤ 愿我的敌人们在受缚之外，还被塞尔克螯刺⑥。我乃你子，我父为拉神。你为我做这些吧：寿、禄、康。荷鲁斯矗立于其灵台上，愿你确保我大限⑦来时，如那尊者之所经履。

注释

⑤ 此句亦译："我坟墓坚固，我大地上的亲友康健。"

⑥ 🔲, nkꜥwt, 当指蝎神塞尔克的螯刺痕迹。其同源同音词为🔲, 含义是"有凹痕的西克莫无花果"。

⑦ 原文为"寿命、生涯"。

评　　述

洪水的原型可能是尼罗河一年一度的洪泛，然在神话上却具有源始大水的含义，是创世的起点，是时空的萌芽。在创世神话模式中，多次创世是恒有的叙事套路，尤其是造人环节。世界在神明创制出来之后，可能存在令造物主不满意的缺憾，因此作为创造者的神明又会亲手毁掉其所创造的世界。造物主毁掉世界的神话以洪水神话最为典型。洪水神话是一个重要的神话类型，其在世界各地文献记载和口头传统中都有流传。西亚泥版文献《吉尔伽美什》（第十一块泥版）、《阿特拉西斯史诗》，希伯来文献《圣经·创世记》，印度的《摩诃婆罗多·森林篇》《鱼往世书》等上古文献和各地的口头传承中皆有极其丰富的洪水神话内容。《亡灵书》此处的记载虽然仅为蛛丝马迹，亦可窥见其叙事梗概。

洪水神话一般围绕两个问题展开，一是解释种族形成和异族通婚，一是解说王室家族谱系和等级社会的构成。（雅克·勒穆瓦：《洪水神话的原型与定义》，赵捷摘译，《山茶》1989年第4期。）洪水神话确实包含远古历史文明的些些信息，但这些信息乃曲折、象征式的反映。就本篇来说，这两种功能并不明显。本章是再创世的神话类型，"我"作为创始者毁掉了一切。"我"承接上文而来，显然就是指阿图姆，亦即日神拉。他毁掉世界，使宇宙重新回返混沌状态——"努神之中"，并且自身亦化为异物。这异物往往是洪水神话的主角，如印度神话中的摩奴（《摩奴法典》）化身为巨鱼。他的最大业绩便是保护了奥西里斯，使荷鲁斯顺利成为继承人。奥西里斯 - 荷鲁斯正是秩序的象征，这也就意味着重返秩序。

亡灵最后和神明又出现身份和叙事视角上的混同。他自称为拉神之子，使荷鲁斯蠱立于其灵台之上。他还祈祷在大地上常驻并且繁衍后嗣，这反映出古埃及丧葬文献的世俗价值。

双玛阿特大厅

图像左右两幅,分别绘于第十九帧、第二十帧之上。右侧图像为奥西里斯之神:编须、冠白王冠,立于祠庙之中,祠庙上端为"神秘形象"的圣鹰,鹰隼两端为虺蛇,左六右七。奥西里斯项戴门尼特,手持象征王权、力量和主宰的曲柄杖、塞特杖和连枷。在其身后为女神伊西斯,女神右手搭在他的右肩上,左手持生命符号。奥西里斯前方为一朵莲花,花中站立着掌管内脏的荷鲁斯四子,伊姆塞特、德瓦穆特夫、克伯森努夫及赫普。左侧图为阿尼及其妻图图在一供桌前。阿尼双手作敬神之态;图图一手持叉铃,一手持鲜花。

第 三 十 帧

进入双玛阿特大厅之章。对奥西里斯、西冥之首的颂词。言出必验的奥西里斯-掌书阿尼说道:

我已到此,观看你之神采。我举双臂颂扬①,以你真实的名字。我已到此,柏树尚未形成,胶树尚未诞生,大地上也无红柳②。若进入隐奥之物的所在,我会和塞特交谈,我的朋友也会接近我。那蒙面者将因隐匿之物而仆倒。正是他进入奥西里斯的宫殿,正是他见到其中的隐匿之物。门庭的判决者们取精灵之象。阿努比斯对其两旁者说话,以来自塔-美瑞③之人的语言。

注释

① 原文是"我的双臂在颂扬中"。

② ▱▱,šš(柏树,也可能为松树或杉树),或体作▱▱。 ▱▱,šndt,或作▱▱,šndt(树胶);▱▱,isr(红柳)。此句原本作"红柳造于大地上",推寻上下文意,当补"尚未"二字,"红柳尚未造于大地上"即"红柳尚未出现于大地上"。这三种树可能与神明相关,亦可能仅系对生态的描摹,以暗示

时间之古老。或译为"红柳没有显化为柏树,没有从胶树中诞生,没有在红柳之地",可存。

③ 即埃及。

他知晓我们的路途和城镇④,我满意于他。我嗅到了他的气息,作为你们中的一员。他对我说:"我是奥西里斯-掌书阿尼,平安凯旋者,言出必验者。我已来此见到了伟大的诸神。我以供品而存活,——奉于他们的卡魂者。我存在于公羊、桀都之主的边裔。他让我作为凤鸟出来,让我能够交谈。我曾在河流中,我曾以神香奉献。"我曾示现诸裔子以红柳⑤。我曾在象岛的萨提斯⑥宫殿。我已使敌人的船只沉没,而我⑦则乘着尼施穆特⑧船航行于湖面。我见到了凯姆-乌尔⑨的权贵们。我曾在桀都缄默不语。我使神明发力于其双腿,当我在泰普-筑夫⑩之宫时,我曾见到神屋的领袖。正是我进入了奥西里斯的宫殿,在那儿我揭开了他的头巾⑪。我进入乐斯陶并见到了那儿的隐匿之物。我隐藏,但我也曾发现边界⑫。正是我降临因-雅尔尔夫⑬。

注释

④ dmi,城镇。同源词表示"抵达、接触"。二者之别犹如邸、抵之别。

⑤ sšm,义为"引领、展示、计划"。后文"红柳"可能是神明的造物,也可能为其化身,参第213页注释②。

⑥ 萨提斯,第一瀑布区域崇拜的女神。

⑦ 抄为"你",当校为"我"。

⑧ nšmt,奥西里斯在阿拜多斯的圣船。

⑨ 城镇名,在孟斐斯附近。孟斐斯为下埃及第一州首府,其埃及语含义为"普塔的卡魂之宫"。其异称有"白墙之城""完坚之城"等。

⑩ Tp-dw.f,义为"在其山丘上者",阿努比斯的称号。阿努比斯在神话中被视为拉神或奥西里斯之子。他取狗首神之象,或者径为犬像。他是尸床的保护者,是审判场景中天平的守卫者。他也是木乃伊制作者,在《亡灵书》中,他是奥西里斯的使者。

⑪ ꜥfnt,义为"头巾",通常与王室有关。句中使用了该词的复数形式。头巾可能属于奥西里斯,亦可归于来到幽冥的众位王室成员。若取后一义,则当译为"我揭开了在那儿的诸位的头巾"。二者皆可通。

⑫ 边界，可能指幽明交汇之地，即从幽冥来至大地上的"出路"。此句也可译为"但我找到了出路"。

⑬ 地名，赫拉孔波利斯的奥西里斯墓葬。

在那我罩住裸体，我被给予女子使用的末药⑭以及庶民使用的申奴粉⑮。瞧，他对我言及有关他之事。我说，你会权衡我⑯，随我们之心。⑰

> **注释**

⑭ 末药，古籍或作"没药"，《酉阳杂俎·广动植三》："没树出波斯国，拂林呼为阿縒。长一丈许，皮青白色，叶似槐叶而长，花似橘花而大。子黑色，大如山茱萸，其味酸甜，可食。"此句当系阿尼之词，但亦可理解为神明之语，故一译："在那儿我赐裸者衣，我给女子没药。"

⑮ 申奴粉，šnw，未详何物。一译"随从"，亦通。

⑯ 𓍢𓏤𓈖𓏏𓏭 或径写作 𓍢，mḫ3t，后者既是意符，也是定符，取横杆两侧有托盘的天平之象，本义为"天平、秤杆"。m mḫ3t 为介宾短语，试译为"权衡"，即中国古人所说之"举"，《管子·揆度》云"善为国者，如金石之相举，重钧则金倾"。金谓黄金，石、钧谓秤砣。按，《墨子·经说下》有"相衡则本短标长。两加焉，重相若，则标必下，标得权也"，所用秤有标（秤杆挂秤砣的一端）、本（秤杆挂物的一端）之别，似乎并非天平。中国所用天平，可能由西方传来。

⑰ 人称"我""我们"不同，前者盖阿尼自称，后者盖谓入冥的众死者。

阿努比斯殿下说道："你知晓这扇门的名字吗？对我言其详⑱？"

奥西里斯、掌书阿尼、平安凯旋者、言出必验者说道："此门之名为'你驱遣光耀'。"

阿努比斯殿下说道："你是否知晓上面那扇和下面那扇门的名字？"

"上面那扇门之名为'玛阿特之主，主宰其双腿者'。"

"武力之主，管理牛群者。"⑲

"那么过去吧，你知道。"

奥西里斯、忞拜⑳一切神明之神圣供品的清点者、掌书阿尼、言出必验、尊者之主。

双玛阿特大厅 | 215

注释

⑱ 〖图〗,**š3**,有〖图〗、〖图〗等异写。该词基本含义是"多"。限定符号为蜥蜴,盖取义于蜥蜴繁殖或广布的生态特征。埃及人造字,"近取诸身,远取诸物"。本篇根据语境可译为"详情"(多言为"详")。

⑲ 承前省略了"下面那扇门的名字"。"管理牛群者"正是"牧者",取其象征含义"统治者"或"民众领袖",并非实指牛倌儿。

⑳ 〖图〗,w3st,第二十王朝异体写成〖图〗(第三个符号为瓦斯杖〖图〗,wsr),忒拜城。

评　述

双玛阿特大厅为冥间审判大厅。当然审判的主神是奥西里斯。篇中"真实的名字"暗示了奥西里斯的隐秘性质。《神谱》(第27行)和《奥德赛》(卷一九第203行)言及"真实"和"假话"之辩,诸神并不按照人的意愿行事,诸神的"真实"凡人不能把握。如果神灵不愿意向人展示真相,世人就无从把握真理。《庄子·知北游》:"夫体道者,天下之君子所系焉。今于道,秋豪之端万分未得处一焉,而犹知藏其狂言而死,又况夫体道者乎!"《亡灵书》中的神明当然不是"体道者",却胜似"体道者",他们不断隐藏自身,哪怕自己的真实名字。知晓了神明的真实名字,也就接近了玛阿特。

树木可能是自然的象征,这里预示着造物者最初的创制物;树木也是长寿和永恒的象征,如《诗经·天保》所谓"如南山之寿,不骞不崩。如松柏之茂,无不尔或承",此时诸木皆未生,更见其古老。揭示冥间秘密的是阿努比斯与亡灵的谈话。神明和凡人使用不同的语言,为了让亡灵听得懂,阿努比斯使用了外语,也就是亡灵所使用的古埃及语。

阿努比斯向两旁的诸神转述了阿尼对他说的话,他是亡灵的引荐者,是亡灵和诸神的沟通者。阿努比斯转述了阿尼的话之后,便是阿尼以第一人称的角度现身说法,他详细向神明讲述了自身的经历。神明"他"使阿尼化身凤鸟,以便能够和神灵沟通。这里的"他"当即冥间引路神阿努比斯。阿尼向众神陈述了自己所经历的十二件事,其中包括见到奥西里斯这样的大事。奥西里斯也和他做了简短交谈,亡灵于是问及权衡心脏的事情。而后即接续阿努比斯的诘问。阿尼顺利通过了盘诘,通过了这一关的考验。

与此段相似的译文转录如下:

走进双玛阿特大厅时所说者,远离①其曾经所犯的一切错误者,并见到所有神灵之面：噫！大神。双玛阿特城之主，我已走向你，我主。我前来②，我见到了你之瑰奇。我知道你，我也知道在这双玛阿特大厅中和你一起的四十二位神明之名③，那些为惩罚恶灵而活者。在万-奈夫尔考察品性④之日，于血泊中吞咽者。瞧，你之名为"漂洗工、双目、两夫人、属于玛阿特者"。瞧，我已走向你，我为你带来了玛阿特，我为你驱走了耶肆非愿。我不曾对人类施行耶肆非愿，我也不曾虐待牧群⑤。我不曾在玛阿特座前为恶，我不懂得卑劣，我不曾行凶邪⑥。我不曾将每日开始的活儿，置于我应为者之上。我的名字不会入灵舸引航者之列。我不曾蔑视神明，我不曾在财物上轻视贫寒之人。我不曾作神明厌恶之事，我不曾诋毁仆役——在其主人面前。我不会使人痛苦，我不会让人哭泣。我不曾谋杀人，我也未曾指使人为我谋杀。我不曾为祸于任何人。我不曾攘夺庙宇中的供品。我不曾窃取众神的面点。我不曾拿走亡灵的祭物。我不曾苟合，我不曾玷污自己。在救济物方面，我不浪费也不吝啬。我不曾短斤缺两⑦，也没有踩踏田地。⑧我不曾在天平上⑨潜增重量，也不曾在托盘⑩中暗减砝码。我不曾从孩童口中抢夺牛奶，我不曾从牧场上驱赶畜群。我不曾在众神的禁苑中张网捕鸟，也不曾在他们的尸身旁打渔。我不会在水势浩大⑪时入水，也不会在流水中建堤筑坝⑫。我不会在火势正旺时⑬扑灭火焰。我不会滥用宰牲的时辰。我没有圈回神圣之物的牛群。我不曾触犯神明，在其出现时。我，我是清白的。我，我是清白的。我，我是清白的。我，我是清白的。⑭我洁身，以在苏坦-恒恩的伟大凤灵之清水⑮。因为我是——瞧——神明之鼻，一切庶民赖以活命的风，在那乌加特之眼愈合⑯之日，于櫮城。在蕃息⑰季节第二月的末日，在那位大地主人面前，于櫮城我看到乌加特之眼愈合⑱。在此土，祸患不会发生在我身上——在双玛阿特大厅中。因为我，我知晓那些居于其中的神明之名，即大神的追随者。

另章曰：

向你们致敬！你们诸神！我——是我知晓你们，我知晓你们的名字。不要用你们的锋刃击倒我，在你们追随的这位神明面前不要滋生我之恶德。在你们面前，不要让我的时刻⑲来到。你们为我陈说玛阿特，在万物之主手中者。我已然践行玛阿特，在塔-美瑞之邦。我不曾禁咒神明，我的时刻不回来。向你们致敬，在双玛阿特大厅中的诸神！你们胸中没有虚妄⑳，你们借玛阿特而存，于櫮城。在阿暾中的荷鲁斯面前，那些吞噬内脏者，你们从巴阿比神处引领我来——那位以诸王子之腹而存活者。在由你们大稽之日。我已走向你们，我没有耶肆非愿，没有罪孽，没有作恶，没有作伪证。愿在那儿不要对我作任何事情。㉑我依玛阿特而生活，我饱餍玛阿特于心中㉒。我已经做过那对人类宣布者，因此取悦于众神。我使神明满意，依他所欲。㉓我给予饥饿者面食、口渴者水源、裸身者衣服、无船者舟楫。㉔我已献供于众神及口头祭于众精灵。

　　领我来的，是你们；护佑我的，是你们。不要在大神面前指控我。我口纯净，双臂清洁。那些见过他的，对他说："来吧！""来吧！"㉕我已经听到了驴子对猫的话㉖，在赫普德－拉的宫殿。我在他面前作证，他做出决定。我在乐斯陶眼见伊施德树折裂。我，我在众神面前祈告，我知晓他们胸中所关注之事。我来至此，以便为玛阿特作证，以便将衡木支在其直架上，在那常青丛中。噫！阿迭夫冠之主在其灵柩上欢呼，播扬其名于风神中。我由你们的信使引领来，那些奉命施惩罚㉗者，他们使束缚㉘发生，并不遮挡他们的脸庞。我已践行玛阿特，玛阿特之主啊，我是纯洁的。我的心清洁过，我臀部是干净的。我的内里为玛阿特之泊㉙，我没有一个肢体残缺。我在南方之湖泊中沐浴，我在北方的诃母特休憩，那蝗虫㉚之野。拉神的水手在其中洁身，在夜间的第二小时和白昼的第三小时，以便神明之心浩荡（？），在其经过时——无论夜间还是白天。他们确保他到来，他们对我说。"你是何人？"他们问我。"你的名字？"他们问我。㉛"我的名字是'花中之刺，林中居民'㉜。""你过去吧。"他们对我说。"我穿越了北方丛林的城市。""那么你在那里何所见？""腿和股。""他们对你说了什么？""我兴奋地看见了，在腓尼基㉝的那些土地上。""他们给了你什么？""烈焰之火和琉璃神符。""那你怎么做的？""我将它们瘗埋于双玛阿特之渠的曲隈，和夤夜之物在一起。""那你在双玛阿特之渠有何发现？""燧石瓦斯杖，你会将其掘出。""那燧石瓦斯杖之名是什么？""其名曰'赐风者'。""在瘗埋了烈焰之火和琉璃神符之后，你对它们做了什么？""我对之祝词，我掘出它们。我扑灭那火焰，我使用灵符创造了一个湖泊。""那么你进入双玛阿特大厅的门户吧，你知道我们。""我不会让你进来㉞，"门闩说，"若你说不出我的名字。""你的名字是'玛阿特之所的秤铨'。""我不会让你进来，"门之右楣梁说，"若你说不出我的名字。""你的名字是'玛阿特之称扬者的供养人㉟'。""我不会让你进来,"门之左楣梁说,"若你说不出我的名字。""你的名字是'提供葡萄酒者'。""我不会让你经过我,"门底座说,"若你说不出我的名字。""你的名字是'垓伯之公牛'。""我不会为你开启,"门闩㊱说,"若你说不出我的名字。""你的名字是'其母之趾'。""我不会让你进来,"门锁说,"若你说不出我的名字。""你的名字是'凭巴库之主索贝克的乌加特之眼而存活者'。""我不会为你开启,我不会让你经我而入,"守门人说,"若你说不出我的名字。""你的名字是'舒神之肘、奥西里斯的护身符㊲'。""我不会让你经过我们,"门框㊳说,"若你说不出我们的名字。""你的名字是'雌虺神之蛇子们'。""你知道我们,那你穿过我们吧。"

"你不要踩踏我,"大厅的地面说,"若你说不出我的名字。我默无声息,我纯净。因我们不知道你踩踏在我们上面的双腿。你介绍它们给我。"㊴"我右腿的名字是'敏神前的奥秘'㊵,左腿之名为'奈菲提斯之伤'。""那么踩我们吧,你知道我们。""我不会询问你,"大厅守卫者说,"若你说不出我的名字。""你的名字是'众心之所启,诸脏之所求'㊶。""那么我问你,谁是居于时间中的神明,说出他来?""双土地的阐释者㊷。""那么谁是双土地的阐释者?""托特神。""来吧,"托特说,"你来这里,我为宣告而来此。然则你的情况?""我,我是清白的,一尘不染㊸。我远离那些白昼人们的拘挛,我不在他们之中。""我来问你。谁曾降入墙垣为毒虺的火焰中,他的外围则是渊潭?""那旅人正是奥西里斯。""你已通过询问。你的面食在乌加特之眼中,你的酒醴在乌加特之眼中。它会被带给你,以乌加特之眼,在大地上口头献祭。"他对我说。

注释

① pḥ₃,义为"吐弃、唾弃"。根据上下文语境转译为"远离"。
② 原文是"我被我带来"。
③ 四十二神,首出。四十二乃圣数,当由六、七这两个神秘数字相乘而来。
④ ⸺, ḥsb kdwt。前一词即⸺之略写,亦作⸺,有"总结、计算"之义;后一词基本意思为"轮廓",亦有"性情"(出于《周易·乾》及《庄子·缮性》)之义。因此这个词组可诂训为"性情之考察"。性情为古典政教的核心问题,儒家论之尤为精深渊博。"天命之谓性"(《礼记·中庸》),

而"性相近也,习相远也"(《论语·阳货》),性之相近,因有性善(《孟子·告子上》)、性恶(《荀子·性恶》)、无善无恶(《孟子·告子上》)、善恶混(《法言·修身》)等不同的观点。"喜、怒、哀、惧、爱、恶、欲"(《礼记·礼运》),是为七情。"性"乃对生平所作所为的盖棺定论,但古人认为"汩常移质,习俗移性"(《晏子春秋·内篇杂上》)。"考察品性"云云说明奥西里斯崇拜的伦理性质,可与《冥书》之"大稽"互参。《抱朴子内篇·微旨》:"按《易内戒》及《赤松子经》及《河图记命符》皆云,天地有司过之神,随人所犯轻重,以夺其算,算减则人贫耗疾病,屡逢忧患,算尽则人死,诸应夺算者有数百事,不可具论。""算"的观念可与此处互相发皇。"司过"通过人之所犯而"夺算"可与本篇"考察品性"的思想互相阐发。

⑤ 𓅱𓈖𓂧𓃒, wndw, 义为"短角牛"。也写作 𓅱𓈖𓂧𓃒。其同根词有 𓅱𓈖𓂧𓏏𓁐𓏥 或 𓅱𓈖𓂧𓅱𓏏𓁐𓏥, wndwt, 义为"民众、群众"。这里可能反映出将民众比拟为牧群的思想,所谓"民如牛马,数喂食之,从而爱之"(《六韬·武韬·三疑》),统治者被视为"人牧"(《孟子·梁惠王上》)或"天下牧"(《道德经》),九州被称作"九牧"(《左传·宣公三年》《荀子·解蔽》《史记·孝武本纪》)。治理人民被称为"牧民"(《国语·鲁语上》、《管子·牧民》、《太平御览》引《尸子》)、"牧天下"(《韩非子·大体》);管理封国或臣子被称为"牧诸侯"(《春秋繁露·王道》、《白虎通义·封公侯》)或"牧臣""牧臣下"(《韩非子·外储说右上》《韩非子·说疑》);培育贤才被称作"牧能"(《鹖冠子·天则》)。《鬼谷子·捭阖》"夫贤不肖智愚勇怯仁义有差;……无为以牧之"亦持此种观念。此词的使用,或许与游牧－农耕文化带互动相关,此乃一值得关注的思想现象。牛羊而牧,推而广之,六畜皆可用牧字,如"牧鸡"(《列仙传》卷上"祝鸡翁");人亦可牧,"谦谦君子,卑以自牧"(《周易·谦卦》);神明亦可牧(如《鹖冠子·度万》有"牧神"之语)。

⑥ iw, 义为"罪恶、错误"。该词带有宗教含义,有无罪恶或污点是判断能否顺利进入来世的重要依据。

⑦ 或理解为"我不曾在果园中偷窃"。

⑧ 田地在古代为重要资源,《管子·八观》云:"行其田野,视其耕耘,计其农事,而饥饱之国可以知也。其耕之不深,芸之不谨,地宜不任,草田多秽,耕者不必肥,荒者不必挠,以人猥计其野,草田多而辟田少者,虽不水旱,饥国之野也。"

⑨ iwsw, 义为"天平"。

⑩ mḫ3t，义为"天平、秤杆"，根据语境译为"托盘"。

⑪ 原文作"在它的季节"，指水势最大时刻。

⑫ [hieroglyphs]，dnit（堤坝）。同根词有 [hieroglyphs] 或 [hieroglyphs]，dni，义为"以堤坝阻截、限制"。

⑬ 原文作"在其时"。

⑭ 原文"重复四次"，即将上面的文字复述四次。重复四次的表达最早见于《乌纳斯金字塔铭文》（第 23、25、32、34、46、72、77、117、118、130、131、137、199、214、224、311 等辞，共计十六处），体现的是古埃及人将圣数与咒语魔力相结合的观念。相较而言，中国人更加看重三。古人以为"三卜，礼也；四卜，非礼也……求吉之道三"（《春秋公羊传·僖公三十一年》。同书《成公十年》"夏，四月，五卜郊"，亦非礼）。埃及人重视四。此节极力铺陈亡魂之清白，清白恐不仅止于讲卫生，应当还包含伦理学以及信仰层面的意义。清白或相当于《庄子·刻意》"纯素之道"："素也者，谓其无所与杂也；纯也者，谓其不亏其神也。"《抱朴子内篇·道意》："俗人不能识其太初之本，而修其流淫之末，人能淡默恬愉，不染不移，养其心以无欲，颐其神以粹素，扫涤诱慕，收之以正，除难求之思，遣害真之累，薄喜怒之邪，灭爱恶之端，则不请福而福来，不禳祸而祸去矣。何者，命在其中，不系于外，道存乎此，无俟于彼也。"《亡灵书》追求清白指遵循玛阿特指导，要之类似于中国古人讲究的"不染不移""扫涤诱慕"。人类思想，大旨殊无二致。

⑮ ʿb.i ʿbw，意即"我洁净，以清洁之水"，使用了同根修辞。

⑯ 原文作"盈满"，此当谓愈合。

⑰ 古埃及季节采三分法，即泛滥季、蕃息季（或生长季）以及收获季。

⑱ 原作"盈满"。

⑲ 时刻，盖谓死亡。

⑳ grg，这又是一个与玛阿特对应出现的词。相较于 isft 而言，此词对应的是玛阿特"真实不虚"的一面，可诂训为"虚妄"。而 isft 对应的是玛阿特"善"的一面，故将其音译兼意译为"耶肆非慝"。

㉑ 指对我不利之事。

㉒ 原文作"我吞噬玛阿特"，译文转译，以餐饮比喻德性的圆满，犹汉语"嗜乎理义"（《吕氏春秋·孟夏纪·诬徒》）。玛阿特为《亡灵书》之核心词，乃宇宙运行、人事往来之常道。"天有常象，地有常刑，人有常礼，一设而不更，此谓三常"（《管子·君臣上》），玛阿特亦所谓"三常"者。

㉓ 此卷"众神"和"神明"（单数）错杂出现，通常单数用法为特称，指奥西里斯或拉神。

㉔ 《吕氏春秋·仲秋纪·爱士》："衣人，以其寒也。食人，以其饥也。饥寒，人之大害也，救之，义也。"中国文化有仁义之分，《亡灵书》似未发展出专门概念，通谓之"玛阿特"。

㉕ 重文。

㉖ 〖图〗，ꜥ3（驴子），或读为〖图〗（贵族），形近而混淆。在《亡灵书》等文献中，驴子和恶魔一样，属于拉神冥间之旅的对立面，而猫则是护持者。

㉗ 〖图〗，tmsw（伤害、惩罚），源于〖图〗，tms（红色）。根据定符推测，当指与书写颜料相关的"红"。

㉘ idryt 当源自 idr，义为"捆绑、拘束"，可译为"束缚"。

㉙ 〖图〗，šdyt，本义为"堤防、沟陇"，后文有"在 šdyt 中沐浴"字样，故当诂训为"河流、湖泊"。此词的词源当为〖图〗，šdi（金字塔文献作〖图〗），与 šdw（皮革水袋）有关。〖图〗正是古埃及革囊之象。

㉚ 〖图〗，snḥm。此词见于金字塔时代，复数形式为〖图〗，snḥmw（蝗群），其以〖图〗（白额雁）为限定符号，大概因其与蝗虫有共同点，即皆能飞行且以庄稼为食。《吕氏春秋·审应览·不屈》："蝗螟，农夫得而杀之，奚故？为其害稼也。"蝗虫之野的意象，可能取"富庶"之义，也可能表示荒凉贫瘠。"得时……不蝗"（《吕氏春秋·士容论·审时》），乃庄稼茂盛的表征。

㉛ 后两句原文是"他们对我说"，根据语境略作微调。以下为对话体，书写者比较注意笔法。《史通·模拟》说："往复唯诺而已，则连续而说，去其对曰、问曰等字。"

㉜ 〖图〗，b3k，义为"携带油脂的树"，未详是否橄榄树。此句后文有〖图〗（b3t），即"灌木丛"字样，与此音近，有混淆的可能，或当据以校改。故该句也可理解为"长于花丛，居于油脂树"。此据一本。

㉝ fnḫw，即希腊文献中的腓尼基，在今地中海东岸叙利亚、巴勒斯坦诸地。

㉞ 原文有"经我而进入"字样，译文遵循中文习惯省略之，后几处做同样处理。

㉟ 〖图〗，ḥnk，义为"供养、提供"。其派生词为〖图〗，ḥnkt，指肉类、饮料等供品。

㊱ 此段出现两处门闩，以不同词译之。门闩，是门户的重要机关。古人所谓"闭关"者即门栓，《鹖冠子·兵政》："子独不见夫闭关乎？立而倚之，则

妇人揭之，仆而措之，则不择性而能举其中。若操其端，则虽选士，不能绝地。关尚一身，而轻重异之者，势使之然也。夫以关言之，则物有而势在矣。”也称作“笠”，《管子·四时》有“禁扇去笠”之令。“扇”为门户，“笠”即门栓。门栓有两处，可能暗示门户非一，亦可能一门两栓。

㊲ ，sꜣ，祭司的护身符。字形，表示护身符，尤其指与巫术相关者。亦作。祭司阶层在古埃及地位极为重要，是古埃及神权思想的关键。这点是其与华夏不同之处。华夏文化奠基于人文基础之上，《荀子·儒效》：“圣人也者，道之管也。天下之道管是矣，百王之道一是矣。”《鬼谷子·捭阖》：“粤若稽古，圣人之在天地间也，为众生之先，观阴阳之开阖以名命物；知存亡之门户，筹策万类之终始，达人心之理，见变化之朕焉，而守司其门户。”埃及祭司阶层正是玛阿特“道之管”，是“众生之先”。中国、埃及文化因本乎神文还是人文而产生分野。

㊳ ，ḥpt，义取“环抱”，而木为定符，且施用于门，揆其含义，当即门框。

㊴ 文句中“我们”“我”当皆谓地板，单复数混用之例。按以上门、门闩及地板皆能言谈，乃活物论观念之体现。在中美洲神话文献《波波尔·乌》中亦有相应的叙事，如锅碗等皆能言能动。华夏文献则多见于寓言或视为妖异。如桃梗、木偶对话（《战国策·齐策三》《战国策·赵策一》），两木交谈（《战国策·赵策一》）的寓言；而“石言于晋”，师旷以为妖异（《左传·昭公八年》）等。

㊵ ，bs，义为“奥秘，神秘的形象”。该词出于，bs，义为“引入、开端”［古王国时期作，ibz（进入）］。所谓“奥秘”，可能有生命源头的意义。参第 90 页注释 ⑧⑨。

㊶ ，ḏʕr，义为“探索、寻找”，亦作，音读相同；与（ḏʕ）互为异体字，字符中的为古字或之残，乃鱼叉的古老形式。后两种写法的引申为一般意义上的“寻找”。

㊷ 此词有、（ʕꜣw）等写法，或径作，后者为古埃及束腰裙之象。古王国称作 iʕꜣ 或 iꜣʕ。古埃及掌书有其独特的装饰和用具，此词或即以装束表示职业。

㊸ 原文是“没有邪恶”。“邪恶”字作，ẖww，此词词源为，ẖwi（金字塔文献作或），义为“保护”。“保护”亦有“拘挛”之义，远离拘挛则无恶。故此二词可视为同源关系。

自洁之陈述

第三十一帧

　　第三十一帧、第三十二帧表现的是阿尼在双玛阿特大厅向坐在厅内的四十二位神明陈词的场景。这四十二位神明中有九位为异首神（第一位神为狮子首，第六位神为鳄鱼首，第十二位神为人首而扭头向后，第二十六神为鹰隼首，第三十五位神为豺狼首，第二十一、三十八、三十九、四十等四位神明皆蛇首），第三十三位为人首神。神明取跽座之像，从第一位神明开始，其服饰颜色按照绿、白、赤三色循环，至第三十九位神明为止。第四十至第四十二位神的服饰为白、绿、赤。神明数量与上、下古埃及四十二州郡吻合，但仅止于数量吻合而已，这些神明不尽为地方上的崇拜对象。

　　根据上文的提示，每厅后方为一门，右边之门被称作"奈布－玛阿特－赫尔－泰普－勒度夫"（含义或为"玛阿特之主，在其双腿端者"），左侧之门被称作"奈布－佩赫提－饕苏－门门特"（含义或为"力量之主，众公牛的统帅"）。画幅右侧为四帧小图，内容为：一，两位端坐的玛阿特神女，头戴象征公义的鸵鸟羽毛，右手持塞特杖，左手持生命符号。二，端坐的奥西里斯，戴阿迭夫冠，手持曲柄杖及连枷。其前方的祭坛前，阿尼站立，双手敬神。三，阿努比斯称量心脏的场景。天平一端放置心脏，表示阿尼的纯洁；另一托盘中为鸵鸟羽毛，象征公正。天平下方为三形怪兽阿玛玛特。四，朱鹭首的托特，坐在拱形座位上，正在画一大型的玛阿特之羽。

> 噫！出自楹城的阔步者，我**不曾**施耶肆非愿。①
> 噫！拥抱火焰者，出自赫尔－阿哈②，我**不曾**劫夺。
> 噫！出自"八城"③的司鼻神，我**不曾**掳掠。
> 噫！出自科尔奈特的食影者，我**不曾**杀戮人民，我不曾杀戮人民④。
> 噫！出自乐斯陶的尼哈－赫尔⑤，我**不曾**败坏供奉物。

噫！出自天宇的獹提，我**不曾**短斤缺两⑥。
噫！出自萨乌特⑦的双睛喷火者，我**不曾**攘窃神明之物⑧。
噫！烈焰神，不可向迩⑨而来者，我**不曾**说谎。
噫！出自苏坦－恒恩的碎骨者，我**不曾**强夺面点。
噫！出自孟斐斯的司火者，我**不曾**出言咒诅。
噫！出自西冥的克尔尔提⑩，我**不曾**淫乱⑪。
噫！出自窟穴中的反面者⑫，我**不曾**使人落泪。
噫！出自秘密祠堂的猫女神⑬，我**不曾**食用我的心⑭。
噫！出自窈冥之中的双腿炽热者，我**不曾**僭越。
噫！出自屠场中的嗜血者，我**不曾**弄虚作假。
噫！出自玛巴特⑮的吞噬脏腑者，我**不曾**盗耕人田。
噫！出自双玛阿特之城的玛阿特之主，我**不曾**属耳于垣。
噫！出自巴斯特城⑯的迷惑者，我**不曾**信口谤人。
噫！出自楹城的塞尔迪乌，我**不曾**无理狡辩⑰。
噫！出自阿提城的双煞神⑱，我**不曾**玷辱人妻。
噫！出自巉岩峭穴的瓦迷迷提⑲，我**不曾**淫人之妇。
噫！出自敏神之宫的玛阿－引图夫⑳，我**不曾**自玷。
噫！出自森林的愎狠的豪酋，我**不曾**为荒诞不经之事㉑。
噫！出自阁坞的克迷乌㉒，我**不曾**悖礼违俗。
噫！出自乌尔耶特的诵语者，我**不曾**怒火塞膺。
噫！出自瓦伯的幼艾神㉓，我**不曾**对玛阿特充耳不闻㉔。
噫！出自肯尼穆穆特的肯尼穆穆提㉕，我**不曾**怨詈。
噫！出自塞斯的引－赫泰普－夫㉖，我**不曾**暗室亏心㉗。
噫！出自万－耶斯特的预言神，我**不曾**混淆是非。
噫！出自尼杰夫特的面孔之主，我**不曾**心浮气躁。
噫！出自乌屯的塞克瑞乌㉘，我**不曾**遣人刺探。
噫！出自塞乌提的双角之主，我**不曾**多嘴饶舌。
噫！出自孟斐斯的奈夫尔－阿图姆，我**不曾**诬人、也**不曾**㉙作恶。

注释

① 每位神明陈词中的语气词"噫"及否定词"不曾"皆朱书。
② 坐落于尼罗河东岸的古城，在赫利奥波利斯略南的位置。

③ "八城"，参第 24 页注释㉕。音读为"克门努"，赫尔莫波利斯。

④ 后句以重文符号表示。

⑤ Nḥ₃-ḥr，神名，可诂训为"冷面者、铁面者"，此神亦见于《冥书》第二时次"结语"部分。短语中第一词作 nḥ₃，有"严峻的、危险的"之义，殆山川地理的形容词。以山川形势摹状人物情态为古人常见的修饰手段。这种修辞基于万物一体观的思想底层。《庄子·天道》有"而容崖然，而目冲然"，即以山崖、水流冲击之势形容容貌。"崖然"二字亦可用于移译该词。《吕氏春秋·有始览·有始》："天地万物，一人之身也，此之谓大同。众耳目鼻口也，众五谷寒暑也，此之谓众异，则万物备也。天斟万物，圣人览焉，以观其类。"《关尹子·七篇》："无有一物不可见，则无一物非吾之见；无有一物不可闻，则无一物非吾之闻。五物可以养形，无一物非吾之形；五味可以养气，无一物非吾之气。是故吾之形气，天地万物。"词语为古人观念思想的化石，遣词造句正反映了"天地万物，一人之身""吾之形气，天地万物"的观念。

⑥ 或译为"斋啬"，当对待人接物、奉天事神而言。

⑦ s₃wt，上埃及城市，即吕科波利斯。

⑧ 攘窃神明之物为中外宗教通有之戒律。《列仙传》卷下"服闾"条"一旦，髡发着赭衣，貌更老，人问之，言坐取庙中物云"，亦其一例。

⑨ m ḫtḫt，义为"回还"。根据语境推断，句中可能以该词形容火焰去而复来、绵延燎原之势。

⑩ Ḳrrty，字作 𓆇𓏏𓏭，有两种可能的阐释。第一，与 𓆇𓇋（krr，蛙）有关的神明。古埃及人的 𓆇𓏏（ḥḳt）即海奎特女神，就是以蛙为崇拜对象。第二，与 𓎡𓂋𓂋𓏏（ḳrrt，洞穴）有关的神明。蛙多子，穴为生命之源。这两种观念都与后文的"淫乱"对应，因此可并存。

⑪ 字面含义为"与通奸者通奸"。

⑫ 原文作"其脸在后面者"，所谓嗔沓背憎。

⑬ B₃sty，可能即 𓎰𓏏，B₃stt（巴斯泰特）。古王朝时期作 𓃭𓏏𓏭，古埃及重要神灵之一，其象为猫。或释为"涂油者"，可存。关于猫女神，根据神话，她乃奈夫尔-阿图姆之母，是明媚的阳光之人格化，是塞赫迈特的对应者。她通常取猫首之象。奈夫尔-阿图姆象征着朝阳，此名见于《乌纳斯金字塔铭文》（第 249、307 辞），国王乌纳斯被比拟为如同奈夫尔-阿图姆一样升起。

⑭ 谓沮丧抑或悔恨。

⑮ 字义为"三十人裁判团"。

⑯ 下埃及第十八州首府，古希腊文献中的布巴斯提斯（Bubastis），巴斯特女神的崇拜中心。巴斯特女神被认为是"伊西斯之魁魂"。《圣经》以及科普特语文献皆提及此城。

⑰ 或译"出于槛城的种植者，我不曾争夺田产"。

⑱ 双煞神，原文作"双倍邪恶者"。阿提，在下埃及第九州布斯瑞特（Busirite）地区。

⑲ 虺蛇神。

⑳ 含义是"带来其物的注视者"。敏神之宫，即上埃及第九州潘诺波利斯地区。

㉑ 或译"出于森林的英豪领袖，我不曾恐吓人"。此句有绿林气概。

㉒ Gwy（阁坞），含义未详。Ḥmyw，或释"毁灭者"。

㉓ 出地在上埃及第十九州，著名的奥克喜林库斯地区。幼艾谓年少而美貌者，"而王不以予工，乃与幼艾"（《战国策·赵策三》）。《战国策·齐策三》："齐王夫人死，有七孺子皆近"，高诱注："孺子，幼艾美女也。"。此义即儒家所谓"少艾"。《孟子·万章上》："知好色，则慕少艾。"赵岐注："少，年少也；艾，美好也。"但古人构词，相反相成，合成词往往包含两个相反义项，"幼艾"或又指老幼。《楚辞·九歌·少司命》云"竦长剑兮拥幼艾"，王逸注："幼，少也；艾，长也。"译文取前一意义。

㉔ sḫ，或作sḥ，含义是"耳聋"。

㉕ 神名与地名同源，或以为来自词根"幽暗"，可存。

㉖ 含义是"其供物的引来者"。

㉗ 原文是"出手"或"独自出行"。揆其语境，当指在背人处做见不得人之事，或者采取武力解决，可转译为"暗室亏心"。或译"不曾动武"，亦通。

㉘ 或释"主谋者"，可从。

㉙ 一句中的第二个否定词不用朱书。

第三十二帧

噫！出自桀都的、当令的阿图姆神㉚，我**不曾**诅咒君王。
噫！出自泰布的**秉持公心者**㉛，我**不曾**污染㉜水源。

噫！出自努神的欢呼者，我**不曾**大声喧哗。

噫！出自塞斯的富民之神，我**不曾**咒诅神明。

噫！出自其窟穴的尼赫伯-卡，我**不曾**聚敛无度㉝。

噫！出自其窟穴的尼赫伯-奈菲尔特㉞，我**不曾**败坏诸神的面点。

噫！出自其神龛的异首㉟之神，我**不曾**摄夺众精灵的供品。

噫！出自双玛阿特城的引-阿夫㊱，我**不曾**夺取婴儿的面点，亦不曾在我城攻击神明。

噫！出自塔舍㊲的银牙神㊳，我**不曾**杀害神圣的牛。

注释

㉚ Itm spw，义为"在其时机的阿图姆"。或释"未曾核验者"，应当是将 spw 读作 sip，恐非，不从。

㉛ 原文作"以心行事者"，句意谓秉公行事，即遵循玛阿特之道而行。

㉜ rhn，基本含义是"斜倚"。凡物斜则不正，不正则乱。故引申有"祸乱"之义，谓污染或控制水源，比如截流之举。

㉝ 或释"夸口、傲慢"。

㉞ 意思是"众美之系联者"，相当于汉语"众美毕具"。

㉟ Dsr-tp，或译"昂首"。

㊱ 含义是"其手臂的引领者"。

㊲ 或以为法尤姆地区。

㊳ 或释"照亮土地者"，于语境甚合。但符号为长牙，而非土地，故不从。

评 述

此章乃阿尼在四十二神审判团前的自陈，其陈述的内容为世俗生活的清规戒律，这些戒律带有习惯法的特色。不偷盗、不杀戮、不奸淫、不说谎以及虔诚、自律等，是人类所有文明共同遵循的行为规范。此处以向神明陈词的方式表现出来，这种表述相对于摩西十诫之类的"立法"来说比较柔性，在思想内涵上与训谕文学神髓相通（例如《普塔赫泰普的训谕》等）。

这四十二位神明与古埃及境内的四十二州郡在数目上耦合，尽管部分神明所在崇拜地的地名确实和古埃及行政地理相关，但地名并不能与实际行政区划完全一一对应。何以有如此巧合，是值得探讨的一个问题。这当然需要检核本卷《亡灵书》的成书年代与古埃及四十二州行政区划的历史时期是否存在沿袭的可能性。这个问题留待将来进一步探讨。不过，如果我们考虑到本书多以三、七等圣数表达宇宙意识，则从圣数的角度阐释此处的神明数目亦算一条途径。四十二为七的倍数，亦为三的倍数（图画上神明恰恰是三位编为一组）。三为稳固之数，三联神亦是《亡灵书》常用的神明组合；而七则象征着圆满与永恒。因此，四十二位神明正暗示了亡灵至此功德圆满，就像《西游记》中的九九八十一难，它是一个表示经历艰辛之后获得圆满和完结的吉祥数字。

人 神 交 通

此幅图共计二十一位神明之像。

努神之像。

言出必验者、奥西里斯－阿尼之发，属于努神。①

拉神之像，鹰隼首，冠阿瞰盘。

言出必验者、掌书奥西里斯－阿尼之脸，属于拉神。

哈托尔之像，冠阿瞰盘，有双角。

言出必验者②**、奥西里斯－阿尼之双睛，属于**哈托尔。

威普瓦威特之像，栖息于灵椟之上。

言出必验者、奥西里斯－阿尼之双耳，属于威普瓦威特。

阿努比斯之像，豺首。

言出必验者、奥西里斯－阿尼之双唇，属于阿努比斯。

蝎女神塞尔克，持旦形环"申"及双生命符号。

言出必验者、奥西里斯－阿尼之齿，属于塞尔克。

伊西斯女神之像。

言出必验者、奥西里斯－阿尼之牙③，**属于**伊西斯。

公羊神之像，双角之间为虺蛇。

言出必验者、奥西里斯－阿尼之双臂，属于桀都之主公羊神。

瓦吉特神女之像，蛇首。

言出必验者、奥西里斯－阿尼之脖颈，属于瓦吉特。

摩尔特神女，双臂伸出，站立于象征黄金的符号之上，其头上为一簇莲花形植物。

言出必验者、奥西里斯－阿尼之喉，属于摩尔特。

奈斯女神像。

言出必验者、奥西里斯－阿尼之前臂，属于塞斯女主。

塞特神像。

言出必验者、奥西里斯－阿尼之脊背，属于塞特。

领主神像。

言出必验者、奥西里斯－阿尼之前胸，属于赫尔－阿哈诸领主。

大威德神像。

言出必验者、奥西里斯－阿尼之肉，属于大威德者。

塞赫迈特之像,狮子首,冠阿暾盘。

言出必验者、奥西里斯－阿尼之腹及背,属于塞赫迈特。

乌加特之眼,在门廊形座上。

言出必验者、奥西里斯－阿尼之双臀,属于荷鲁斯之目。

奥西里斯之神像,戴阿迭夫冠,持连枷及曲柄杖。

言出必验者、奥西里斯－阿尼之男阳,属于奥西里斯。

努特女神之像。

言出必验者、奥西里斯－阿尼之双股,属于努特。

普塔神像。

言出必验者、奥西里斯－阿尼之双腿,属于普塔。

猎户星座之像。

言出必验者、奥西里斯－阿尼之手指,属于猎户星座。

三条虺蛇之像。

言出必验者、奥西里斯－阿尼之足趾,属于活跃的诸虺蛇。

注释

① 句首发语词 jw(汉语省略不译,相当于古文献中的"唯""夫"等)、介词 n(行文中的"之")及 m(属于)皆朱书,各二十一处。努神为遂初的源始大水之神格化,其渊深不测、浩瀚无极,为人类、众神及万物之源。这乃一

种水本论的神话创世观。故此努神也有"众神之父""伟大的九神团的诞生者"之称。

② 抄者多写了"言出必验者"一词，当删除。

③ 牙齿浑言无别，析言则各有不同。ibḥ，义为"齿"（一般意义上使用）；nḥdt，义为"臼齿"；ndḥt，义为"长牙"（如象牙或野兽的獠牙）。

评　　述

本章文字非常独特，它是人神交通的写照和缩影。这里其实包含一种思想，即认为人体各部分都有神明居住。这是一种非常特别的思想，类似观念在中国汉代《太平经》中亦屡有称述，如"乙部"（不分卷）《录身正神法》云："为善亦神自知之，为恶亦神自知之，非为他神，乃身中神也。""身中神"即同卷《以乐却灾法》《悬象还神法》以及卷七二《斋戒思神救死诀》《五神所持诀》等篇所说的"五脏神"。这种观念为后世道教典籍《黄庭内景经》（《黄庭经》之一）所继承，此经认为人体各部位都有神灵居住。它将人身分为上元宫、中元宫、下元宫三部分，每部分的元宫都有八景神镇守，共计三部八景二十四神。如"发神苍华字太元""眼神明上字英玄""鼻神玉垄字灵坚"等，这些表述与《亡灵书》的观点颇多相类之处。将人体的器官功能、人体的力量来源、人的价值源泉归于神明，换言之将神明视为人类的主宰，正是《亡灵书》等神话典籍的共性。

附录如下：

在苏坦－恒恩驱赶杀戮者，并言说道：土地归于权杖，白王冠归于造像。灵榇！吾尚幼，吾尚幼，吾尚幼，吾尚幼。①噫！耶波－乌尔特女神！你日日陈说：

"屠场已成，如你所知。你来则腐朽，大者②！我已置颂我者众。我乃油脂树。美哉美哉！辉煌胜过昔日。辉煌胜过昔日。辉煌胜过昔日。辉煌胜过昔日。③我乃拉神，已置颂我者众。我乃红柳中的神圣之纽。美哉美哉！辉煌胜过昔日。已渡越，已渡越，就在今朝渡越。"

我之头发属于努神；

我之脸庞属于拉神；

我之双睛属于哈托尔；

我之双耳属于威普瓦威特；

我之鼻属于权贵的首领；

我之双唇属于阿努比斯；

我之牙齿属于凯普瑞；

我之脖颈属于神圣的伊西斯；

我之双臂属于桀都之主克奴姆；

我之前臂属于塞斯女主奈特④；

我之脊柱属于塞特；

我之男阳属于奥西里斯；

我之脏腑属于克尔－阿哈的主人们；

我之胸部属于大敬畏者；

我之腹背属于塞赫迈特；

我之双臀属于荷鲁斯之目；

我之双股、双胫属于努特；

我之双足属于普塔；

我之手指和足趾属于活跃的众虺蛇。

在我之内，没有肢体无⑤神。⑥托特神施禁咒，我肉躯完整。我就是每日之拉神。我不会被我的双臂抓住，我不会被我的手带走。人类、众神、众精灵、诸亡灵以及任何源始神、任何庶民、任何太阳族都不会伤害到我⑦。我出来，我渡越，莫知其名。我即昔日。我的名字是"百万年之目睹者"。行走、行走⑧于司算者荷鲁斯之路。我乃久特之主，我触摸，我感知。我乃乌尔尔特王冠之主。我在乌加特之眼、我的卵中。我在乌加特之眼、我的卵中。我已赐予他们生命。我在闭合的乌加特之眼中，我因其力而存在。我出来，我升起。我进去，我存活。我在乌加特之眼中。我的座位即我之王位。我坐在中央。我就是履践百万年的荷鲁斯。我已命定我的座位，我以口统御之。我发言或沉默都恰到好处⑨。瞧，我的形象是倒悬的⑩。我就是万宁神⑪。季节流转⑫，属于他者在他之中，出于"太一"的"太一"，周而复始⑬。我在乌加特之眼中，我无邪而有序⑭。没有谁反对我，我开启天宇之门。我统御王位，每日开启生命之门⑮。我并非踏上昔日之途的婴孩，我即今日，为人类而人类者。我即其人，使你们健壮以百万年者。无论在天宇还是大地，还是在南方、北方、西方、东方，你们都心生畏惧⑯。我眼光清澈，我不会再次死亡。我的时刻就是你们的身躯，我的尸象就是我的住所。我就是那不被知晓者，"赤红的脸庞们"对着我。

我已显露。苍天为我所创、大地为我所作、生命为我所造的时节不可寻觅[17]。动而不居。我的名字经过它，由一切恶物、由我对你们所说的话中。我升起而闪耀，众垣之垣、"太一"之"太一"——非拉神莫属。越过、越过[18]、越过、越过[19]。瞧，我说：我乃出于努神的花卉，我母乃努特。噫！我之造主！我是那未尝行走者，是昔日之中的伟大之纽。我的力量绑定在我手中。我不知道，而他却知道你。我不会被抓住，而他却抓住你。[20]卵、卵[21]！我就是居于百万年中的荷鲁斯。火光在你们脸庞上，他们的心却在炙烤。我统御王座，我越过此时节。我已启程，我已拘禁一切恶德。我就是那金狒狒，三只手掌，两根手指，没有双腿，没有双臂，居于普塔神庙中。我穿越那金狒狒所穿越者——三只手掌，两根手指，没有双腿，没有双臂，居于普塔神庙中。

诵读此章者，你将启程并进入。

注释

① 原文作"重复四次。"

② 盖谓死者。

③ 原文作"重复四次。"

④ 此神为埃及最古老的女神之一，金字塔文献视之为索贝克之母。她的崇拜地在三角洲的塞斯，她被视为织机之神，也被视为逐猎女神，颇似希腊神话中的阿尔忒弥斯。她取母牛之象。

⑤ 原文作"空，缺乏"。

⑥ 身体是神圣的，此种神圣性取法于神明，亦如华夏先贤系之于天地。《列子·天瑞》："精神者，天之分；骨骸者，地之分。属天清而散，属地浊而聚。精神离形，各归其真，故谓之鬼。鬼，归也，归其真宅。"不过后来发展出人身中有神的观念，如《黄庭内景经》的三部八景二十四神，《神仙传》"刘根"条亦云人体内有"三尸"与诸神："人身中神，欲得人生；而尸欲得人死"。

⑦ 此一句 rmṯ（人类）、rḫt（庶民）、ḥnmmt（太阳族）区别显然。

⑧ 重文。

⑨ 原文作"准确、精当"。《荀子·正名》有"辩说也者，心之象道也……心合于道，说合于心"，《论语·先进》有"夫人不言，言必有中"，这也照应了前文所说"我不撒谎，因为有知"，不撒谎也就是"心合于道"而"言必有中"，即遵循玛阿特之道。这就为伦理学开启了可能性。《荀子·解蔽》说："故《道

经》曰'人心之危，道心之微'危微之几，惟明君子而后能知之。"这里也提示凡举事当探其根本，不可一叶障目。《吕氏春秋·似顺论·处方》又说："射者仪毫而失墙，画者仪发而易貌。"《关尹子·九药》则说："谛毫末者，不见天地之大；审小音者，不闻雷霆之声。"

⑩ 〖图〗，shd，义为"颠倒的"，限定符号〖图〗取倒立的人形之象。此词在句中含义不甚明朗，或即在另一世界，与此世界对应而倒悬。《鹖冠子·天权》曰"取法于天，四时求象：……天地已得，何物不可宰？"此亦"法天""求象"的意象。

⑪ 〖图〗，wnn，定符为神明之象，而 wnn 的含义是"存在、存有"，可推断此乃存在之神。

⑫ 原文作"季复一季"。

⑬ 原文是"他盘旋，他旋转"。

⑭ "我"，原文作"我的事，我的情况"；"有序"，原文作"没有混乱"。

⑮ 原作"诞生"，"之门"根据语境增译。

⑯ 原文作"你们的畏惧在你们胸中"，转译。

⑰ 这是说超越时空之外。

⑱ 重文。

⑲ 重文。

⑳ 两处"他"似皆指前文"我的力量"。

㉑ 重文。

真正的救赎

第三十三帧

图像为一火湖，火湖四岸各有一犬首狒狒。

奥西里斯 – 阿尼、言出必验者说道①：
他披上衣衫，穿上白色的凉鞋，涂抹最好的末药膏。他被供奉了活力洋溢的公牛②、熏香、鸭③、花朵、酒醴、面点以及香草。嘿！你应当作一份祭品清单④，写在洁净的质地上⑤，用纯粹的色彩，并将其瘗埋于未被猪猡⑥践踏的田地中。

> **注释**

① 此句中的 ḫrw（言辞）朱书，与前例皆不同。未知其因。

② "活力洋溢"一词基本义项是"绿"，此词也有释读为名词的，与公牛并列，则为"绿植"或"果蔬"。

③ 此词与另一词 rˤ（写作 ⊕）连读。或读为"拉神之鸭"，但拉神自有专用符号，此解恐非。rˤ 有"口"义，也许可解作"鸭嘴"或"鸭头"。供奉鸭子乃祭礼之常，故径直译为"鸭"。

④ 原文作"导引、规划"。

⑤ 𓋴𓏏𓅱𓈇（sꜣtw）亦写作 𓋴𓏏𓅱𓈇𓏤，本义为"地面、大地"，当指书写的"质地、背景"，相当于汉语"素以为绚"之"素"字。

⑥ 或作"猪和驴子"。原文使用的词为 𓄞𓄿𓇋𓃙，šꜣi（猪），似为放养的猪。另有 𓂋𓏏𓃙，rri，其拟声极似猪叫，盖指圈养。然是否有此区别，书阙有间，难以详考。

若此卷为他⑦制作出来，他就会子子孙孙无穷匮也⑧，如同拉神一般无间断地炳耀。他会成为君王⑨及其众位臣僚的心腹人。他会被赐予圆形面点、饮水坛以及脔肉，在伟大神明的供桌上。他不会被挡在西冥的任何大门外。他会和南北诸位君王一起前行，并在奥西里斯的随扈中，百万次地接近真正的救赎⑩——万-奈夫尔。

注释

⑦ ⸻，mḏꜣt，金字塔文献作 ⸻，指的是纸草书卷。⸻正象卷起来捆好而加盖印章的纸草卷，类似于中国古人的卷轴书。这是古埃及文化的一个重要术语。注意此句中的 ḥr.f（为他）揭示了抄写者和使用者之间的关系。埃及词汇中另有 ⸻（šfdw，纸草卷）一词，表示纸草书籍，与此为近义词。

⑧ 原文作"子孙的子孙会繁盛"。

⑨ "君王"以及后文的"南北诸位君王""奥西里斯""万-奈夫尔"四个词使用墨书，遵循的是在朱书篇幅中神明、王者皆用墨书的书写惯例。

⑩ 第六帧首次出现该词，参第42页注释⑭。

评　述

这段话是关于如何使用《亡灵书》的仪轨内容，应当由祭司为亡灵操作。因此，如果奥西里斯-阿尼的身份是亡灵，则开篇他"说道"的内容当系后来附加之词。不过，也存在另一种解读的可能性，即此处阿尼是作为一名祭司出现而为另一位亡灵举行丧葬仪式。自然，以前者的可能性更大。具体的仪轨包括着装、奉献、如何书写《亡灵书》以及如何处理。这里对《亡灵书》的使用方式值得拈出来，它是通过瘗埋的方式，因为它是要给冥间诸神看的，如同古人青铜器皿上的文字是献祭给列祖列宗的一样。瘗埋是中国古典礼制中的祭地方式，《礼记·祭法》："瘗埋于泰折，祭地。用骍犊。"孔颖达疏："瘗埋于泰折，祭地也者，谓瘗缯埋牲祭神祇于此郊也。"所谓"瘗缯"，也就是将帛书埋在地下。《周礼·司盟》"掌盟载之法"注："载，盟誓也，盟者书其辞于策，杀牲取血，坎其牲，加书于上而埋之，谓之载书。"长沙子弹库楚帛书、山西省侯马市秦村侯马盟书皆是我国古代"瘗缯""载书"的考古证物。《亡灵书》这里提及的埋葬方法，恰恰可与中国古人的礼制互相对照。它是一种和神灵沟通的重要手段。

后文提及此卷的功能，它能确保子孙绵延。赓续后代正是古代文明的世俗理想之一，《诗经·召南·螽斯》曰"宜尔子孙，绳绳兮"。阿尼会被统治阶层信任，并在死后顺利进入冥府，接近真正的救赎。

巴奇罗列了类似篇章，译文如下：

若出现在双玛阿特大厅时应为之事。

诵读此章者应当净口、蠲洁。他披上上佳料子的衣衫，穿上白色的凉鞋，勾勒黑色的眼影，抹上最好的末药膏。他被供奉了公牛、果蔬、鸭子、熏香、糕点、酒醴以及香草。瞧！你应该图画这个形象。①

另外，其他典籍还有对图画中四狒狒的颂词，阿尼纸草卷没有这个内容，今据巴奇本抄录其词如下：

噫！四狒狒！你们这些坐于拉神灵舸船头者！称扬万物主的玛阿特者！分离我之靡弱和劲健者！以你们口中的火焰使诸神宁靖者！供给诸神神圣的糕点以及众精灵口头供物者！凭玛阿特生活②而无虚妄者！

你们厌憎耶肆非愿。祛除我之罪戾。你们消泯我之耶肆非愿。愿（清除）我在大地上之伤痕，扫净一切与我有关之恶。没有与你们有关的一切阻碍③而进入，你们佑我穿越阴间④，进入乐斯陶，并通过西冥隐秘的诸门户。愿赐予我供品、面点及一切物，如同那些从乐斯陶出来的众精灵一样。而穿越……

> **注释**

① 此段有一个需要关注的短语，sdm m msdmt，义为"勾勒眼影"。（sdm）意思为"绘（眼影）"，眼影作 （msdmt），小圆珠定符强调的是构成涂抹眼影的黑色矿物材料。或体为 （msḏmt），眼状定符及小圆珠既强调了勾勒部位，亦凸显其勾勒所用的材料。勾勒眼影是古埃及文化的重要表征之一。

② 原文作"吞食"。

③ 此词金字塔文献作 （sḏb），后作 或 或 ，义为"障碍、阻碍"。

④ imḥt，音译"伊姆赫特"，可译为"阴间"。

金结德诸灵符

图像为结德柱。结德柱为支撑天宇的四根楹柱的象征,亦系奥西里斯的宗教象征。出土文物多有之。

金结德[①]之章。言出必验者、奥西里斯 - 阿尼说道:
你已为自己升起,乌尔都 - 耶波[②]!你为自己闪耀,乌尔都 - 耶波!你被安置于你身旁,我来了且为你带来金结德,你将为此而欢呼。

注释

① 结德,借用古书成语。《韩非子·守道》以法"为天下结德",《韩非子·安危》说"明主之道忠法,其法忠心,故临之而法,去之而思。尧无胶漆之约于当世而道行,舜无置锥之地于后世而德结。能立道于往古而重德于万世者之谓明主",《韩非子·用人》则有"人主结其德,书图著其名"。结德,有所约束乃有所建立,此词音译兼意译。

② 乌尔都 - 耶波,揆其音读,当即前文"乌尔德 - 耶波",心灵休憩者,倦怠不堪者。

评　　述

结德柱被视为奥西里斯的脊柱,象征着坚固、永恒,也被视为天宇楹柱的象征。古埃及人关于天柱的构想和中国有相似之处,见诸文献非止一处。下文抄录伽丁内尔所录《阿蒙 - 拉诲图特摩斯三世》[①]中关于"天柱"的内容:

> 吾子、我之复仇者[②]、门 - 凯普瑞 - 拉,生命久长者
> 余,自汝所爱者而升起
> 纳于吾手,你之身躯,以生命之护持
> 甘美哉、甘美哉!你之魅力,荡我胸襟

> 我其树汝，于我之圃
> 我惊叹于你③
> 我置你之孔武、你之威望于诸土地
> 与夫你之恐惧，于天之四柱之边缘④

另外巴奇收录有纳布西尼纸草卷关于金结德的文字，其中还讲到其具体的使用规范以及功效，译文如下：

> 你拥有你的脊背，乌尔德－耶波；你拥有你的经络，乌尔德－耶波；它们在你身上。我已然赠你水源，且为你带来金结德，你在其中欢呼。

> 据云金结德之章镂刻于西克莫无花果木板上⑤，以昂科伊迷花⑥之水洗涤，并置于这位亡灵的脖颈上。他不会进入西冥的门户，他不会沉默不语。他会被安置在大地上，于新年的岁首，在奥西里斯的随扈中。

注释

① 节选自所谓的"诗碑"，发现于卡尔纳克。根据伽丁内尔《古埃及语法》（Alan H. Gardiner, *Egyptian Grammar: Being an Introduction to the Study of Hieroglyphs*, Oxford: Griffith Institute, 1957）第90页所附文献翻译。

② 古埃及人以国王为"活着之荷鲁斯"，而其所崇拜、尊重之神即被视为其父，意即等同于奥西里斯。荷鲁斯击败谋杀其父的恶神塞特，为其复仇。

③ 惊叹，字形以滑撬（ ）及纸草卷为定符，前者乃装饰有胡狼头的木橇，木橇上之方形代表运自远方的金属，固有"赞叹、称奇"之义。

④ 四柱，字作 （shnwt），以 为定符，乃天地接合之支柱。中国古人有"四极"（《淮南子·览冥》）的观念，袁珂曰："极，屋梁；废，坏。古人把天想象成屋顶，屋顶的四方有梁柱……这里所说的四极，是指天的四极。"（袁珂：《古神话选释》，人民文学出版社，1979年，第23页。）汉语文献中的"四极"与埃及文献中的"四柱"遥相呼应。《淮南子》中的"四极"是将天比喻成屋顶，阿蒙－拉教诲中的"天之四柱"亦可作解。圣书体"天宇"象形字作 ，该形源自门廊 或 的上部（Alan H. Gardiner, *Egyptian Grammar: Being an Introduction to the Study of Hieroglyphs*, Oxford: Griffith Institute, 1957, p. 485.），这可能基于以天地和建筑相类比的思想。除了"天之四柱"神话之外，埃及人尚有天母地父（努特和盖布）、神牛支撑上天等世界观。（Richard H. Wilkinson, *The Complete Gods and Goddesses of Ancient Egypt*, London: Thames

& Hudson, Ltd, 2003, pp. 18, 78, 146-149.）努特之四肢、牛之四腿，数皆为四，但却并非"柱"。古神话所谓"天柱"，实际亦往往就是高山。《淮南子·天文》共工怒触不周山，"天柱折，地维绝"，实以不周山为天柱；埃及人亦以巴库山为天所倚（Alan H. Gardiner, *Egyptian Grammar: Being an Introduction to the Study of Hieroglyphs*, Oxford: Griffith Institute, 1957, p. 251）；希腊神话则以为阿特拉斯支撑苍穹（《神谱》第 517 行，见 M. L. West ed., Theogeny, Oxford: Oxford University Press, 1978, p. 311）；西亚神话认为马什山直抵"天边"（《吉尔伽美什》第九块泥版，见赵乐甡：《吉尔伽美什》，辽宁人民出版社，2015 年，第 81 页）。凡此之类，皆系天柱观念的反映。

⑤ 字义为"树木的腹部""树木的躯体"。

⑥ 字义或可理解为"生命之花"，具体未详所指。

图像为一纽结，所谓伊西斯之结者是也。

红玉髓饕特灵符③**之章。言出必验者、奥西里斯–阿尼言说道：**
伊西斯之血、伊西斯之巫术、伊西斯之灵明，这位寿考者的乌加特之眼，乃施患者之护法。

注释

③ ḥnmt，或作 mḥnt（首音互倒，此亦一值得关注的语音学现象），指红玉髓或红宝石。该意象显然与长寿相关，《抱朴子内篇·仙药》引《玉经》曰："服金者寿如金，服玉者寿如玉也。又曰：服玄真者，寿命不极。玄真者，玉之别名也。"服，即佩戴。神符或灵符，字作 𓍱 或 𓍲𓏤𓀭（tit），其中核心字符 𓍱 为绳结之象，可音译为"饕特"。盖绳结所以固扎物体，护身符可能取义于此。

评 述

从下文的叙述看，红玉髓被视为伊西斯之血，以金玉之类作为辟邪灵物是神话时代的信仰。此处提及两位相关的神明，其一是与伊西斯有关的灵符，其二则是乌加特之眼，后者可能关联着日神。类似灵符的用法亦附录如下：

红玉髓饕特灵符之章。被述说时，以昂科伊迷花之水浸润之，镂刻于西克莫无花果木板上，并置于亡灵的脖颈上。若此卷为他而制，那人就会拥有伊西斯之灵力,以便保护自己。伊西斯之子会欢呼,在见到他时。一切道路都畅通无碍。他一手向天,一手冲地,永恒地……

若知晓此卷,他会成为奥西里斯-万-奈弗尔的随扈,言出必验。冥界诸门户会为他开启,他会被赐予良田,有大麦、小麦,在芦苇之野。他的名字将与那儿的诸神一样,荷鲁斯的随扈言及他们收割时。

心脏之像。

红宝石之心章。言出必验者奥西里斯-阿尼说道:
我乃凤鸟,拉神的魃魂、幽都诸神的引路人。他们的魃魂出现在大地上,为其卡魂之所欲为。奥西里斯-阿尼的魃魂也会出来,为其卡魂所欲为。

评　　述

心脏形灵符在古埃及文物中亦较为普遍。心脏是古埃及人最为看重的人体器官之一,在前面的叙述中已多有涉及。心脏被视为灵明所在,是亡灵复活的重要依据和根基。凤鸟等意象,正是复活和永生的象征。

头枕之像。

头枕之章。
置于奥西里斯-阿尼、言出必验者**头下**,以警惕奥西里斯僵卧时之灾。你抬头向着阿赫特。我举起你,言出必验者。普塔已为你击败众敌[④]。敌人们已覆灭,不复存在。奥西里斯啊。

注释
④ 字面含义为"普塔已击败你和他的敌人"。

评　　述

古埃及人是世界上较早使用头枕的民族。头枕与人相伴时间较长,并且是人在睡眠时或死亡之后沟通精魂世界的中介之物,因此也被视为灵物之一。在中文中,头枕也是进入异域世界的象征物,刘义庆《幽明录》"焦湖庙祝"、唐沈既济《枕中记》等篇章即其证。本章则颇有"卧榻之侧，岂容他人鼾睡"的意思，头枕确保卧下时无人伤害，高枕无忧。头枕确保人警醒。有学者从其宗教象征分析，认为头枕取象于"太阳从地平线上升起"，从而是日神崇拜的显象物。（温静：《神圣与重生——古埃及头枕的宗教含义》，《古代文明》2017年第2期。）姑存录于此，以备一说。

木乃伊之室诸护符

　　第三十三帧后半段、第三十四帧前半段为木乃伊之室的场景。木乃伊之室，依序而列，代表居处的地板和墙面，分为三层五列共计十五个画幅。其核心是中间画幅，华盖下的尸床上停放着阿尼的木乃伊，旁边站立着阿努比斯神，神的双手平伸于尸身之上。死者足侧端的画幅中的跪踞者为伊西斯，其头侧对应的画幅中的跪踞者为奈菲提斯，二女神皆伴有一火焰，置于紧邻她们旁边的画幅中。结德柱在其尸床上方的画幅，代表威普瓦威特的豺首神踞于尸床下方的坟茔上，豺神背上为连枷，其首冲着伴一装饰有门尼特的赫特姆杖。荷鲁斯四子、四脏神占据角落中的四个相连的画幅，每两位的上部靠外的空间为代表魂灵的人首鸟，人首鸟站立于拱形座之上，在右侧者朝向西方或夕阳，在左侧者朝向东方或朝阳。由此可以看出，古埃及人亦有"尚南方"之俗。面南背北，左东右西。右下方的画幅为纯洁无瑕的灵魂，其对应的左侧画幅乃应答者乌沙波提。此画法的文字书写顺序亦值得关注。画幅及文字书写顺序列示意图如下。其中○表示没有文字，→表示文字的书写顺序。

→东向魂灵	赫普←	结德柱←	伊姆塞特→	西向魂灵←
↓东向火焰	伊西斯←	停尸床	→奈菲提斯	↑西向火焰
←应答偶	克伯森努夫←	○	→德瓦穆特夫	纯洁之魂→

伊西斯旁的文字。

伊西斯说道：
　　我已前来，作为你的护身符。为你，我扇起风到你鼻孔中。你鼻息中的和煦之风①出于阿图姆。我以为你聚于你的喉咙。我确保你成神明。你的敌人覆灭于你双履之下。我使你获胜②于天宇，你在诸神中是强大的。

奈菲提斯旁的文字。

奈菲提斯对言出必验者奥西里斯－阿尼说道：
我已环绕我兄弟奥西里斯，我前来作你的护身符，环绕着你。双土地亦礼敬，于你召唤之后。他们何等地言出必验啊！我已升举你，并使对你所为者成功③。普塔已经击败你的敌人。

> **注释**
> ① 原文作"北风"。
> ② 原文作"使言辞成真，践行言辞"。
> ③ 原文作"使言出必践"。

评　　述

伊西斯和奈菲提斯围绕在阿尼木乃伊左右，她们经常作为亡灵的护法神出现。伊西斯允诺带来呼吸，当然这个能力许多神明也具有。她确保亡灵成神，并战胜来犯之敌。奈菲提斯谈及她和奥西里斯的关系，伊西斯自然也与奥西里斯有关。前者确保亡灵的生命，后者则确保阿尼的荣耀。

左端火焰文字。

我作你的护身符。 以此火炬驱逐之，自山陵之中；并投弃之，于沙衍中——拒其双腿。我拥抱奥西里斯－阿尼，平安凯旋者，遵循玛阿特。

右侧火焰文字。

奥西里斯－阿尼说道：
我为烦恼而来。我不烦恼，我亦不让你烦恼。④我为苦痛而来，我不会让你⑤苦痛。我是你的护身符。

> **注释**
> ④ "烦恼"音读为 psḥ，基本含义是"使纷乱无序，扰攘"。句意大概应

当指不和谐的状态和局面。此语不甚明晰，暂译如上文。或译为："我为分裂而前来。我未被分裂，我亦不让你分裂。"亦可并存。

⑤ 此句中前两处"你"字均讹误，根据上下文校改。

评 述

火焰既有照明之用，亦有驱邪之功。左端火焰的功能便是确保阿尼的木乃伊不受侵蚀和冒犯，而右侧火焰则是解除其烦恼，这可能指的是祭司之火。火有圣洁、清净的含义。

左侧魃魂旁的文字。

"**敬拜**拉神。"**当**他升起于天宇东部阿赫提**时**，奥西里斯-阿尼、言出必验者。

右侧魃魂旁边的文字。

"**敬拜**拉神。"**当**他休憩于天宇西部阿赫提**时**⑥，奥西里斯-阿尼、平安凯旋者在下冥说："我乃卓越的魃魂。"

注释

⑥ ḫft（当……时）使用朱书，未知其功用。

评 述

两魃魂作相背之态，正象征的是"昔日之我"与"明日之我"。古埃及人有左东右西的观念，东方象征着今生，而西方则寓意来世。这点和中国传统观念略相近。按《鹖冠子·环流》有"斗柄东指，天下皆春；斗柄南指，天下皆夏；斗柄西指，天下皆秋；斗柄北指，天下皆冬"，以东应春、以西应秋。而同书《道端》曰"左法仁则春生殖，前法忠则夏功立，右法义则秋成熟，后法圣则冬闭藏"，则以左应春、以右应秋。由此两篇，可知中国古人亦有左东右西的观念。这个观念其实是象天法地的结果，但中国和古埃及在价值判断上却又不同。中国文化更看重此世，故"吉事尚左，凶事尚右"（《老子》第三十一章）；而古埃及人则更看重来世，魃魂不愿意回到东方（左方），而是朝向美好的西冥（右）。此篇魃魂的方向极具象征意义。今生之事已然了结，因此魃魂没有言语，而来世的期待则成为"卓越的魃魂"。

纯洁的灵魂旁的文字。

言出必验者奥西里斯－阿尼说道：
我乃阿布图鱼卵中的卓越魃魂，我乃居于玛阿特座位上的伟大的猫，舒神由其中升起。

评　　述

此鱼有复生之含义。鱼鸟在神话中往往与长生、复生有关联，如汉画多见鹳鸟衔鱼之象，1978年河南省临汝县阎村出土新石器时代彩陶缸，前外壁有一幅被命名为《鹳鱼石斧图》者，盖其上水之源。（此文物讨论者极多，如张绍文：《原始艺术的瑰宝——记仰韶文化彩陶上的〈鹳鱼石斧图〉》，《中原文物》1981年第1期；严文明：《〈鹳鱼石斧图〉跋》，《文物》1981年第12期；范毓周：《临汝阎村新石器时代遗址出土陶画〈鹳鱼石斧图〉试释》，《中原文物》1983年第3期；等等。）鸟衔鱼实有长生的意涵，《列仙传》卷下"木羽"条记木羽母子成仙之事，"鹳雀旦衔二尺鱼著母户上"，正是其成仙的异兆。《亡灵书》此处的鱼可能亦寓意长命。

猫，有两种可能的身份。其一是拉神，据前面的文字，猫是伊施德树旁的斗士，也就是拉神，因为他貌似其造物，故而猫就是他的名字。这里其实隐含着一个谐音游戏，即"貌""猫"因语音相似而建构意象关联。不过猫并非总是拉神的化身，也可能是拉神的随侍。"双玛阿特大厅"章的附录中还提及驴子与猫的谈话，彼处猫当系拉神阵营中的一员。其二可能是猫女神巴斯特。可参前面亡灵在四十二位神明前的陈词。揆诸上下语境，当以第一种理解为佳。

沙波提旁的文字。

照耀言出必验者奥西里斯－阿尼者。噫！沙波提[⑦]**！若被拣选，若被核验；去完成在幽冥的一切劳作吧，并在那儿扫除一切其人所遭**[⑧]**的障碍——**

以便使稼穑丰茂⑨，以便使水道盈满，以便从沙岸启航。

> **注释**

⑦ [hieroglyphs]，šꜣbty，可音译为"沙波提"。或作[hieroglyphs]，šwꜣbty，音译为"施瓦比提"；后者亦作[hieroglyphs]，其词源为[hieroglyphs]，šwꜣb，北非、西亚一带的樟类植物，施瓦比提可能即以这种木料为之，类似于偶人之类的明器。其后被称作 wšbty（乌沙波提），义为"应答者"，类似于中国古代所谓"象人"（《韩非子·显学》）。

⑧ 字面含义是"其人之下的""属于其人的"。

⑨ 原文作"使田地生长"。

评　　述

沙波提乃丧葬人偶，《史记·殷本纪》："帝武乙无道，为偶人，谓之天神。"张守节正义："偶，对也。以土木为人，对象于人形也。"沙波提不仅"对象于人形"，而且还在冥间替其"对象"者所服务，是"对象"者的替身。墓葬中的沙波提往往刻有文字咒语。古人亦谓之"俑"，《孟子·梁惠王》载"仲尼曰：'始作俑者，其无后乎？'为其像人而用之也"，已是文明开化程度较高的理念。

伊姆塞特旁的文字。

姆塞提⑩**说道：**
我是你之子姆塞提，奥西里斯－阿尼、言出必验者。我前来作你的护身符。我使你的门户永远坚固。普塔已传令于我，正如拉神本人下令一般。

赫普神说道：
我是你之子赫普，奥西里斯－阿尼、言出必验者。我前来作你的护身符。你的头颅和四肢已缝合。我已为你击退你的众敌。我赐予你头，永远、永远⑪。奥西里斯－阿尼、言出必验者、平安凯旋者。

德瓦穆特夫旁边的文字。

德瓦穆特夫说道：

我是你之子，你所爱的荷鲁斯⑫。我前来保护我父奥西里斯免遭毒手⑬。确保你在其双足下，永远、永远⑭，坚固、坚固⑮。奥西里斯－阿尼，平安凯旋者、平安凯旋者⑯。

克伯森努夫旁边的文字。

克伯森努夫说道：
我是你之子，奥西里斯－阿尼、言出必验者。我前来作你的护身符。我已经组装好你的骨骼，我已经聚敛你的四肢。伟大的奥西里斯——那位在其玛阿特之座上者……⑰。

> **注释**
> ⑩ 当即伊姆塞特，"伊"音为词语的衬音，并无实际意义。
> ⑪ 重文。
> ⑫ 一般以为其为荷鲁斯之子，这里当即荷鲁斯本人。
> ⑬ 原文作"从他的加害者手中保护他"。
> ⑭ 重文符号。
> ⑮ 重文符号。
> ⑯ 以重文符号表示。
> ⑰ 句末有数词不可通读。或本作"我带来你的心脏，并安置于你体内。我使你的家室兴旺，于你身后，而你则永垂不朽"。

评 述

此乃荷鲁斯四子的言辞，四子也就是四脏之神，他们守护四脏免遭侵蚀。但此处四子的言辞中皆有"我是你之子"的句子，说明其将阿尼视为荷鲁斯的化身。这是古埃及丧葬文献中神人一如观念的反映。不过行文存在一些矛盾的地方，在德瓦穆特夫的陈词中，他自称"我是你之子——你所爱的荷鲁斯"，似乎这里又是以荷鲁斯的身份在讲话。阿尼纸草卷的叙事往往有此类矛盾歧出之处，本书不作强解，录之以备进一步研究。

结德柱旁的文字。

我已前来，为你驱散生之荫翳⑱，并使圣坛为他闪耀⑲。在祛除混乱之日，我站在结德后面。我是你的护身符。奥西里斯啊。

注释

⑱ 或本文字为"我为你驱除那遮挡脸面之神的脚步"。

⑲ 原文不甚可读。ꜥnḫ中的后一词或以为衍文，关键在于如何理解前面的符号，该符号为有毛边的布幅和折叠的织物之组合，故与之相关的名词（作为义符或限定符号）有衣帽之用，与之相关的动词则有"蔽体"或"解脱"之义。考虑此处语境，后面的"生命"（ꜥnḫ）一词可视为其修饰语，则其含义可能是生命的遮蔽或开解；又，前面动词为"驱散"，因此将（ꜥnḫ）诂训为"生之阴翳"。至于其读音，巴奇建议为 kp。如从其建议，则与后文的 kp 形成谐音关系，后者或可读为（k3p），即金字塔文献之，意即"祭祀时烟熏，香雾"，所以祛除疫疠之气（如《管子·度地》"令之家起火为温"，"温"读为《汉书·李广苏建传》"置煴火"之"煴"，师古注"煴谓聚火无焱者也"，即今所谓烟。《管子·轻重己》"樵室"，其用相同）。此词亦可读为（音同 kp），义为"闺阁、童屋"引申而有"神屋、圣坛"之义。shd kp n f 可尝试诂训为"使圣坛照亮，为他"。

评　述

结德柱是坚固、永恒的象征，也是生命和秩序的象征。他与奥西里斯直接有关，因此最后的奥西里斯指的就是冥间的王者。

居于画面中心的木乃伊尸床没有文字说明，今从他处抄录一段说明文字，窥其大略：

掌管缠尸者①、神屋之首阿努比斯之词。他双臂置于生命之主上方。他盛敛②他，以其所有。

向你致敬！好人，主。被乌加特之眼所见，由普塔－索卡尔裹缠者。阿努比斯举起你，舒神托起你，托起这好人，久特之统治者。你的眼属于你，你的右眼在夜行船中，你的左眼在昼行船中。你双眉美妙可观，在九神团面前。你的前额在阿努比斯保护之下。你身后无虞③，在高贵的鹰隼下。你的手指为书画而生，④在八城之主面前。托特神赐予书写之辞⑤。你发饰美好，在普塔－索卡尔面前。你尊贵而又幸福，在九神团之前。

他看见大神，他被引上光明大道⑥。你会接纳口头供物。他之敌人会在他面前覆灭，在伟大的九神团跟前，于楄城的伟大王宫中。

> **注释**

① ☒ wt，当读作 ☒，义为"收敛尸体者"，此词与 ☒（绷绳、缠裹）、☒（木乃伊裹缠布，()正是木乃伊裹缠布的外形之象）同音同源，即谓加工木乃伊。

② ☒，db3，金字塔文献作 ☒，作"穿衣、打扮"之义，此处可能指对木乃伊的加工。

③ 原文作"脑后处于好的状态中"。

④ "书、画"为同一词，反映出古埃及人书写、绘画同源共生的关系。"生"原文为"设置"，行文作转译。

⑤ ☒，drf，埃及学家不能确认限定符号中的 ━ 为何物，观其一端尖锐，殆剞劂之属，刻镂所用者。此词有纸草卷轴为限定符号，故当谓刻镂或书写的成品，诂训为"书写之辞"。

⑥ 原文作"美好之路"。

赫泰普之野

第三十四帧

阿尼站立于一供桌旁，扬手作敬神之态，身后为其妻，左手持有莲花等各色鲜花。

赫泰普之野诸章之开端，白昼出现以及夜晚进入下冥诸章，并加入芦苇之野，平静地生存在那诸风之女主的伟大之城。① 让我在那儿有掌控之力，让我在那灵明，以便在那儿耕耘、在那儿收割。让我在那儿进食，让我在那儿饮水——如同大地上所有行事者之行事。言出必验者、奥西里斯-阿尼说道：

你，荷鲁斯抓住了塞特，见其之所见——为了赫泰普之野的建设，② 又给那在圣卵中③的魅魂注入气息④，在其时刻。他被抓住，在荷鲁斯腹中。我已给他加冕，于舒神之宫——其宫即列星。瞧！我应其时而栖息⑤。他引领其最古老的九神团之心，他使那执掌生命的双战神安宁，他创造了美好、供物⑥被带来——使掌管它们的双战神安宁。他割下他们敌手的发辫，他平息了其后裔的叛乱。他抚平众魅魂的伤痕。愿我在其中获得力量，愿我知晓其地，愿我航行于其中的水域，并抵达其诸城⑦。

> **注释**

① 神明治地、乐园皆用墨书，盖为吉地之征。

② 此句有数处难点。第一，句首的 ntk（你）或视为衍文，故读为 iti Hr in swt，义为"荷鲁斯被塞特擒住"。荷鲁斯、塞特之战，确实各有损伤。后文有"他被抓住，在荷鲁斯腹中"字样，则语境当系对战争最后结果的表达，应理解为"荷鲁斯抓住了塞特"，"你"与"荷鲁斯"不妨视为复指关系。第二，象形符号 的句读及解读。双目是单独为词还是作前一

词 m33 的限定符号，手形符是前面符号的定符还是单用？先说第一种可能：前者若视为两个词，则系两个异体词连用，m33 m33 字面含义是"见、见"，可训诂为"见其所见"（二者皆可视为分词）；🂡为建筑之象，读 ḳd（建筑），后面手形符强调其为动作。此句读作 m33 m33 m ḳd，含义是"见其所见，为赫泰普之野的建设"。此处说的是荷鲁斯的行为。第二种可能性是，双目作 m33 的限定符号，手形符属下读为 nḫt（强壮），修饰前面的"建筑"，整句的读法为 ntk iṯi Ḥr in swt m33 m ḳd nḫt r ḥtp-sḫt，义为"你抓住了荷鲁斯——塞特见到了坚固的建筑物，以拒赫泰普之野"，此解和上一解含义相反，指塞特的行为。以前者为佳。

③ 字作🂢，即🂣，swḥt（卵）之神圣化、神格化。此乃古埃及万物有灵观念的反映。这里可能表示作为神灵源头的宇宙卵。

④ 字面为"分配了风"。

⑤ spw，义为"时、时机"，后有一表示"城镇"的符号，或以为衍文。细思之，实非衍，古神话中皆以空间界定时间，时间亦空间之一部分，古埃及的《冥书》《门户之书》以及希腊《神谱》等多有类似观念，不赘。

⑥ drp，含义是"提供食物，饲喂（某某）"，可根据上下文译为"供物"。

⑦ 以上诸"其"字皆谓冥府。

我言辞铿锵⑧，咒术灵验⑨。不要让众精灵操控我。愿我在那儿被装扮，于你之野——赫泰普神⑩。你做你所欲为者。

注释

⑧ 原文作"有力"。

⑨ 原文作"使之锐利"。

⑩ 赫泰普之野得名于赫泰普神，赫泰普有"供物、和平"等义。要言之，赫泰普之野乃"上反太清，下极泰宁，中及万灵"（《鹖冠子·度万》）的安宁、富足的乐园。《庄子·外物》说："静然可以补病，眦搣可以休老，宁可以止遽。"静、休、宁皆与此词含义相应。

评　　述

赫泰普之野为幽冥乐园，在《亡灵书》叙事中，这里是亡灵最后的归宿。如同希腊神话中的"福岛"（《神谱》第169行），那儿被视为远离诸神的所在，远离诸神意味着离群索居,也意味着荒渺之所。《庄子·逍遥游》的"邈姑射之山",《列子·黄帝》的华胥之国"盖非舟车足力之所及,神游而已",都是这样的"远离诸神之所"。在《遇难的水手》中,主人翁被送到海洋中的孤岛之上(第47—56行),两岸皆是浩渺的水域,人迹罕至(第84—86行)。赫泰普之野也被设置在海洋中的岛屿之上,将理想的归宿设想为荒远之地,大概是神话叙事者的共同心理使然。

赫泰普之野的含义是"和平之野",也有"心满意足之地""歇息之地"的意思。这是一片安宁、祥和而富饶的土地。《亡灵书》还提及另外一个称呼"芦苇之野"或"芦苇之原",这个名字象征着丰饶的物产。这二者是否同一地?从后文来看,芦苇之原正是赫泰普之野的组成部分。本篇后文是对荷鲁斯神的颂赞以及我的祈求,这位荷鲁斯神似乎就是最后的赫泰普神,是他平息了战端,也是他恢复了秩序。当然,其最终的目的仍是歌颂后者的父亲奥西里斯。赫泰普之野是真正的救赎之地。我在那儿与奥西里斯已经融为一体。

第三十五帧

第三十五帧包括赫泰普之野和亡灵致祷两个场景。赫泰普之野,或曰"和平之野",由河流环绕并区分为数个区域。画幅自上而下包含如下内容。

一,诸神的书吏、持芦苇笔及砚的托特引荐阿尼。阿尼正在献祭,他的卡魂对着三位神明,神明分别为兔首、蛇首及公牛首,他们被冠以"双九神团"之名。后为一舟,舟中为阿尼及供桌。最后一个小场景,阿尼正伸臂对对面的应答者讲话,阿尼和应答者中间乃一方拱形座,其上为鹰隼首神明。画幅右侧为三椭圆形。[⑪] 图文曰:"宁于兹野,有风息于鼻"。

二,四个小场景分别为:阿尼收割麦穗,文曰"奥西里斯的刈获";阿尼驱赶牛群,践碾麦穗;阿尼在凤鸟之后扬手敬拜;阿尼持一赫尔普杖,跪跽于红色的大小麦堆积前,文字是"灵明者的食粮"。又有三椭圆形之物。[⑫]

三,阿尼在和平之野驱赶耕牛劳作[⑬],其地名为"芦苇之野",文曰"犁地"。两行圣书文字为:

河马之章。河流千里[⑭]**长,其广不可言说。河中没有任何鱼类,也没有任何爬蛇。**

四，自右而左，图画分别为：一艘船载着台阶形符号航行于河流之上，上面的文字为"杰发"（此词有神明符号，当表示供给杰发的众神明）。另一艘八桨的船舶，船只首尾两端为蛇形，船舱中运载有台阶形符号。船右侧端的文字符号是"圣洁之岸"，船左侧文字为"内中为万－奈弗尔"。再向左，河流分为两个支流，上面的支流形成一半环形（类似于中国古代的璜），并环绕一月牙形岛屿。下端支流环闭为一近似梯形的岛屿，岛屿上为台阶形符号，其上为圣书字"指向它"。左侧空白为有福的死者之地，文字为：

灵明者之位。它们有七肘尺长，禾麦三肘尺[15]，卓杰的显贵者收割之。[16]

注释

⑪ 纳布西尼纸草谓之科德科德沐（含义未详）、赫泰普沐（宁静之渊）、乌尔沐（浩漫之渊）。

⑫ 纳布西尼纸草为四卵形物，名字分别为赫泰普（和平）、因（？）、乌卡卡（未详）、奈布－塔尾（两地之主）。

⑬ 都灵纸草中，播种、刈获、碾谷皆在一幅图中，亡灵礼敬的是"哈皮，诸神之父"。

⑭ 数字后无量词，揆其文义，当系形容河流之长，量词似为伊特鲁（itrw），乃古埃及人量度河流的长度单位。

⑮ 当谓高度。

⑯ 纳布西尼纸草绘有四位神明居于岛屿上，文字为"和平之野的众神团"；但都灵纸草只绘有三位神，舒神、泰菲努特和垓伯。

评　　述

这是阿尼纸草卷《亡灵书》最动人的画面之一，尽管文字不多，但画面却相当清晰地展现了冥间乐土的生活场景。乐园之地，如同人间一样，也需要虔诚和献祭，也需要耕作和收获，这里是有福者的最后归宿。《亡灵书》继承了前赋神话文献（比如《冥书》《门户之书》等）关于来世乐园的描述，却逐渐开启了其世俗化的言说路径。其对河流的描写大概表达的是"水至清则无鱼"（《大戴礼记·子张问入官》）的意思，突出水流之清澈，暗示此乃圣洁之地。

亡灵致祷

画面分为四部分。最左侧为一大厅，阿尼站在两张摆放有酒醴和鲜花的高脚供桌前，扬手敬拜鹰隼首的拉神。① 第二部分画幅自上而下分为八层，前七层中每层各有一母牛，共计七头母牛，每头牛都卧在一供桌前，牛颈上悬挂门尼特。第八层为一公牛，站在高脚供桌前。② 第三部分为四支航舵，分别斜绘于四层界格之内。最右侧为四组三神团，每组神团前方都有一摆放酒醴和花朵的高脚供桌。

> 注释

① 都灵纸草所绘为戴阿迭夫冠的神明，文字为"永恒主奥西里斯、久特之王、伟大的神、伊戈尔特的主宰"。神像后为冠有"美妙的西冥"符号的女神，女神伸出双手欢迎死者。

② 据别本，这七母牛与一公牛的名字为：（1）"万物之主的众卡魂之居"；（2）"神明之衡量者，大圜"；（3）"居于其位的隐藏者"；（4）"北土的神圣显贵者"；（5）"极被爱者，朱发"；（6）"生命之符验"；（7）"其名盛于其所居者"；（8）"公牛，使雌牛硕果累累者"。七为圣数，此书数见。《司马法·严位》有"七鼓兼齐"，七正有"兼齐"之义，表示圆满。

奥西里斯－阿尼说： 致敬于你！为了一切的太阳！③ 玛阿特之主，"太一"，永恒之主，久特之施为者。我已走向你，我主拉神。我已使七母牛④及其公牛之主丰足⑤。你等赐予众精灵面点及酒醴者，佑我魅魂和你们同在。愿他显象在你们股间，愿他成为你们之中一员，既永恒且久特。愿他在美好的西冥荣耀。言出必验者、奥西里斯－阿尼。

> 注释

③ rꜥ m nty nb，首词写作☉，有"太阳、白昼"之义，或诂为"拉神"，然文中拉神通常写作神形符号或蛇盘形，罕有作此形者，故更可能指照体本身。本句尝试译为"为了一切的太阳"。

④ ，或体作 ![]，其中 ![] 为母牛子宫之象。该词含义有"子宫、母牛"。
⑤ 字面含义为"使……绿"，当指牛群繁衍之义。

四支航舵的说明文字。

噫！伟美之有力者，北天宇的好舵手！
噫！天宇之周章者、双土地的引路人、西天宇的好舵手！
噫！灵明者，在阿诗姆⑥之神屋的居者，东天宇的好舵手！
噫！沙中神屋上的居住者，南天宇的好舵手！

四组三神团的说明文字。

噫！在大地上的众神、幽都的引领者。
噫！众神、诸母、在大地之上者、于下冥中奥西里斯之宫者！于下冥中奥西里斯之宫！⑦
噫！众神、圣境的引路人、在大地之上者，幽都的引领者！
噫！拉神的随扈，奥西里斯的追随者！

> **注释**

⑥ ，或作 ![]（ḥm）、![]（ḫm），音读阿诗姆或阿赫姆，定符为鹰隼的古老形象。参第133页注释㉟，彼处译为"神秘莫测"。神明不可轻易得见，所谓"鬼神守其幽，日月星辰行其纪"（《庄子·天运》），故特设专词表示之。

⑦ 此句以重文符号表示。"奥西里斯之宫"即希腊文献的布西里斯（Busiris），为下埃及的奥西里斯崇拜中心，位于尼罗河三角洲。

评　述

这是阿尼对日神的祷祠，也是一篇日神颂诗。日神和奥西里斯在《亡灵书》的神话世界中是玛阿特的一体两面，犹如汉语中的阴阳，二神难分伯仲、相辅相成。尽管《亡灵书》一再强调奥西里斯乃"真正的救赎"，却并不忽视对日神的颂扬。追随奥西里斯的亡灵实则也就是追随日神拉再次升起的亡灵，因此书中亦有二神相会的场景，更有二神合二为一的暗示。此文中的"七母牛"以及"公牛"等是秩序、丰足、圆满的象征，"四舵手"既是神话学意义上的载日者，也是宇宙论意义上的四方之象。这令人联想到《尚书·尧典》中的"羲和四子"，他们其实是在厘定时空秩序。唯有时空秩序确定之后，才能"神人不扰"，因此才有数组九神团按部就班地出现在文末。

图画左右两幅，分绘于第三十六帧、第三十七帧之上。左图阿尼站于摆满供物的供桌前，双手敬神。身后为其妻，头戴莲花及锥形冠饰，左手持叉铃及莲花。右图为祠庙，其中站立着戴双羽冠的奥西里斯，持连枷、塞特杖及曲柄杖。弧形祠顶上为阿诗姆，阿诗姆两侧为虺蛇，左三右四共计七蛇。文字为"索卡尔－奥西里斯""秘境之主""大神，下冥之主"。

第三十六帧

赞颂奥西里斯，西冥之领袖，在阿拜多斯中心的万－奈弗尔！言出必验者奥西里斯－阿尼**说道**：

噫！我主，永远行进者、其存在乃久特者、众主之主、诸王之王、王子、群鹰之鹰——居于他们祠宇中者。我来到[8]你治下的这些民众中的诸神前。我已设座位和下冥居民在一起。他们敬拜你卡魂诸造像——那些经历百万年以来、百万年者。进驻港湾——至于我及那些在腹中者，他们脸冲着你。愿不要误了他们在塔－美瑞的时辰[9]。

你佑他们走向你——他们全部，伟人与夫细民。[10]愿他佑助奥西里斯－阿尼的卡魂出入神界，不被拒斥于幽都的门外。

> **注释**
>
> ⑧ 据上下语境补充此三字。
>
> ⑨ isk，有"逗留、延误"以及"受限制"等含义，盖谓耽误行程。T3-mrr，塔－美瑞，义为"所爱之地"，指埃及。
>
> ⑩ 大人和细民一起。大人、小人之别乃人类社会的一个根本区分。从《论语·颜渊》的"君子之德""小人之德"，《孟子·滕文公上》的"大人之事""小

亡灵致祷 | 259

人之事"开始，君子、小人之别一直是古代中国社会的根本划分，也广泛存在于其他文明社会。要之，这是古典思想的主流。这种区分乃是基于德性，而非基于爵位、财富、出身。正如华、夷之辨，以礼乐为标尺，故若华夏悖德灭礼，"中国亦新夷狄也"（《春秋公羊传·昭公二十三年》）。这是一种伦理学意义的划分。《亡灵书》兑现的是"真正的救赎"，是幽冥的民主化和来世大同。来世乐园的精魂遵循玛阿特而幸福地生活。在这一意义上，凡尘的大人、细民之分被消除了，在奥西里斯的王国，是"人皆可以为尧舜"（《孟子·告子下》）的德性大爆炸世界。但这只可能存在于彼岸世界，此岸终究只是一个柏拉图意义上的"洞穴"。

评　　述

这是对奥西里斯的颂诗，与上文互为表里。亡灵已经成为奥西里斯宫殿中的一员，不过在叙事上仍有迟滞现象，再次呼吁阿尼不被拒斥于幽都之外。

第三十七帧

女神哈托尔，取河马之象，两角之间为阿瞰盘。右手所持之物似人手形，其用途不确定；左手持生命符号，并按在一护身符之上。身前为摆满肉类、饮品及鲜花的供桌。河马神站立在平台上。她身后乃圣母牛漠海－乌尔特，为同名女神的象征。她项戴门尼特，正从墓冢之山眺望。山下乃塔状坟墓，坟墓前的土地上长着一簇花样的植物。

哈托尔！西冥女主、居于乌尔特者、圣境之女主、拉神之眼——在其前额者、百万年之舟中的靓丽容颜。创制玛阿特者的和平座位，在赞颂者之舟……⑪使伟大的奥西里斯之舟航向玛阿特者。

注释

⑪ 原文有数词不可释读。

评　　述

　　何以以哈托尔作为卒章,原因并不十分清楚。这里的文字有数处不可释读者。哈托尔被视为幽冥的女主、玛阿特的创制者,其"靓丽容颜"令人想起陶渊明的名句"玉台凌霞秀,王母怡妙颜"(《读〈山海经〉十三首》其二),哈托尔盖亦西王母式的女神欤？本章以"使伟大的奥西里斯之舟航向玛阿特者"收尾,余韵悠长。这里有孤帆远影碧空尽的意境,但那艘救赎的船、那艘维护宇宙和人间秩序的船却一直在行驶中。凡尘可能是不圆满的,可能是苦难的,然而这艘航向玛阿特的奥西里斯之舟却给人世间播下了希望的种子,它正在驶来、正在驶来……

参 考 文 献

[1] 孙星衍. 尚书今古文注疏[M]. 北京：中华书局, 1986.

[2] 皮锡瑞. 今文尚书考证[M]. 北京：中华书局, 1989.

[3] 王先谦. 尚书孔传参正[M]. 北京：中华书局, 2011.

[4] 马瑞辰. 毛诗传笺通释[M]. 北京：中华书局, 1989.

[5] 王先谦. 诗三家义集疏[M]. 北京：中华书局, 1987.

[6] 朱彬. 礼记训纂[M]. 北京：中华书局, 2017.

[7] 孙希旦. 礼记集解[M]. 北京：中华书局, 1989.

[8] 洪亮吉. 春秋左传诂[M]. 北京：中华书局, 1987.

[9] 陈立. 公羊义疏[M]. 北京：中华书局, 2017.

[10] 钟文烝. 春秋穀梁经传补注[M]. 北京：中华书局, 1996.

[11] 王弼. 周易注[M]. 北京：中华书局, 2011.

[12] 朱熹. 周易本义[M]. 北京：中华书局, 2009.

[13] 李道平. 周易集解纂疏[M]. 北京：中华书局, 2011.

[14] 尚秉和. 尚秉和易学全书[M]. 北京：中华书局, 2020.

[15] 朱熹. 四书章句集注[M]. 北京：中华书局, 1983.

[16] 刘宝楠. 论语正义[M]. 北京：中华书局, 1990.

[17] 程树德. 论语集释[M]. 北京：中华书局, 1990.

[18] 焦循. 孟子正义[M]. 北京：中华书局, 1987.

[19] 许慎. 说文解字[M]. 影印陈昌治刻本. 北京：中华书局, 1963.

[20] 段玉裁. 说文解字注[M]. 影印经韵楼藏本. 上海：上海古籍出版社, 1981.

[21] 王聘珍. 大戴礼记解诂[M]. 北京：中华书局, 1983.

[22] 方向东. 大戴礼记汇校集解[M]. 北京：中华书局, 2008.

[23] 郝懿行. 尔雅义疏[M]. 上海：上海古籍出版社, 2017.

[24] 邵晋涵. 尔雅正义[M]. 北京：中华书局, 2018.

［25］司马迁. 史记［M］. 北京：中华书局，1959.

［26］前汉书［M］. 北京：中华书局，1962.

［27］后汉书［M］. 北京：中华书局，1965.

［28］三国志［M］. 北京：中华书局，1982.

［29］黄怀信，张懋镕，田旭东. 逸周书汇校集注［M］. 上海：上海古籍出版社，2007.

［30］宋衷. 世本八种［M］. 北京：中华书局，2008.

［31］方诗铭，王修龄. 古本竹书纪年辑证［M］. 上海：上海古籍出版社，2005.

［32］徐元诰. 国语集解［M］. 北京：中华书局，2002.

［33］缪文远. 战国策新校注［M］. 成都：巴蜀书社，1987.

［34］李步嘉. 越绝书校释［M］. 北京：中华书局，2016.

［35］周生春. 吴越春秋辑校汇考［M］. 北京：中华书局，2019.

［36］陈桥驿. 水经注校证［M］. 北京：中华书局，2013.

［37］郝懿行. 山海经笺疏［M］. 北京：中华书局，2019.

［38］袁珂. 山海经校注［M］. 上海：上海古籍出版社，1980.

［39］王贻樑，陈建敏. 穆天子传汇校集释［M］. 北京：中华书局，2019.

［40］顾实. 穆天子传西征讲疏［M］. 上海：上海三联书店，2014.

［41］钟肇鹏. 鹖子校理［M］. 北京：中华书局，2010.

［42］黎翔凤. 管子校注［M］. 北京：中华书局，2004.

［43］楼宇烈. 老子道德经注校释［M］. 北京：中华书局，2008.

［44］孙诒让. 墨子闲诂［M］. 北京：中华书局，1986.

［45］吴毓江. 墨子校注［M］. 北京：中华书局，1993.

［46］郭庆藩. 庄子集释［M］. 北京：中华书局，1961.

［47］杨伯峻. 列子集释［M］. 北京：中华书局1979.

［48］黄怀信. 鹖冠子汇校集注［M］. 北京：中华书局，2004.

［49］王先谦. 荀子集解［M］. 北京：中华书局，1987.

［50］蒋礼鸿. 商君书锥指［M］. 北京：中华书局，1986.

［51］王先慎. 韩非子集解［M］. 北京：中华书局，1998.

［52］许维遹. 吕氏春秋集释［M］. 北京：中华书局，2009.

［53］苏舆. 春秋繁露义证［M］. 北京：中华书局，1992.

［54］陈立. 白虎通疏证［M］. 北京：中华书局，1994.

[55] 杨明照. 文心雕龙校注[M]. 北京：中华书局，2021.

[56] 杨明照. 抱朴子外篇校笺[M]. 北京：中华书局，1991.

[57] 王明. 抱朴子内篇校释[M]. 北京：中华书局，1985.

[58] 许逸民. 酉阳杂俎校笺[M]. 北京：中华书局，2015.

[59] 布雷斯德特. 古埃及古文献[M]. 上海：中西书局，2017.

[60] 郭丹彤. 古埃及与东地中海世界的交往[M]. 北京：社会科学文献出版社，2011.

[61] 郭丹彤. 古代古埃及象形文字文献译注[M]. 长春：东北师范大学出版社，2015.

[62] 郭丹彤，杨熹，梁姗. 古代古埃及新王国时期经济文献译注[M]. 上海：中西书局，2021.

[63] 金寿福. 永恒的辉煌：古代古埃及文明[M]. 上海：复旦大学出版社，2003.

[64] 金寿福. 古埃及《亡灵书》[M]. 北京：商务印书馆，2016.

[65] 刘文鹏. 古代古埃及史[M]. 北京：商务印书馆，2000.

[66] 夏鼐. 埃及古珠考[M]. 颜海英，田天，刘子信，译. 北京：社会科学文献出版社，2020.

[67] 颜海英. 中国收藏的古埃及文物[M]. 北京：中国社会科学出版社，2021.

[68] GARDINER A H. Egyptian grammar: being an introduction to the study of hieroglyphs[M]. Oxford: Griffith Institute, 1957.

[69] PARKINSON B. Poetry and culture in Middle Kingdom Egypt: a dark side to perfection[M]. London and Oakville: Equinox Publishing Ltd, 2002.

[70] O'CONNOR D. Abydos: Egypt's first pharaohs and the cult of Osiris[M]. London: Thames & Hudson Ltd, 2009.

[71] HORNUNG E, ABT T. The Egyptian book of gates[M]. Surize: Living Human Heritage Publications, 2013.

[72] WARBURTON D, HORNUNG E, ABT T. The Egyptian Amduat: the book of the hidden chamber[M]. Surize: Living Human Heritage Pubilications, 2014.

[73] ALLEN J P. Middle Egyptian: an introduction to the language and culture of hieroglyphs[M]. Cambridge: Cambridge University Press, 2014.

［74］ALLEN J P. Middle Egyptian literature: eight literary works of The Middle Kingdom［M］. Cambridge: Cambridge University Press, 2015.

［75］O'ROURKE P E. An ancient Egyptian book of the dead: the papyrus of Sobekmose［M］. London: Thames & Hudson, Ltd, 2016.

［76］WILKINSON R H. Egyptology today［M］. Cambridge: Cambridge University Press, 2008.

［77］ENMARCH R. A world upturned: commentary on and analysis of the dialogue of ipuwer and the lord of all［M］. New York: The British Academy, 2008.

附录　古埃及故事《兄弟俩》

这篇故事为古埃及著名的神话故事之一，根据其篇末抄写者的活动年代，推测其创作年代可能是美伦普塔、塞提二世时期，这一年代约略相当于中国殷商武丁时期。只是商经历"九世之乱"而中兴，同时期的古埃及却在经历拉美西斯二世的盛世之后，遭到敌手利比亚和"海上民族"的侵扰。《兄弟俩》系民间神话故事，对这一时代特点似无特殊反映。古埃及人是擅于叙事的民族，中王国时期产生了诸如《遇难的水手》《辛努海的故事》《能言善辩的农民》等精彩的文学作品，此外尚有《金字塔铭文》《棺椁文》《冥书》《门户之书》《亡灵书》《冥府之书》《天空之书》等一系列丧葬文献作品。这些作品共同组成古埃及文学异彩纷呈、气象万千的文学长廊。《兄弟俩》是第十九王朝时期的优秀文学作品之一，故事以两兄弟的遭遇为线索，其叙事风格有传奇色彩。两兄弟的构思是世界性的主题，比如希腊《神谱》中的普罗米修斯和厄庇米修斯，拉丁美洲基切人《波波尔·乌》中的双胞胎兄弟，以及中国的大舜与象的故事、古新罗国的两兄弟（《酉阳杂俎·支诺皋上》），等等。古埃及的这个故事，是同类型作品中最早者之一，尽管在叙事技巧方面尚略显粗糙、故事情节偶有拖沓、人物形象不尽鲜明，但在世界早期文学发展史上却占有重要的一席之地。

故事以哥俩的情况开始，巴塔乌是阿努比斯的弟弟，作品说他"处于奴仆的地位"。故事虽然提及他们是一奶同胞，他们的父母却并未出场，因此很可能是父母亡故后兄弟俩形成主仆的关系。不过兄弟俩一起耕作的细节，说明弟兄之间的情分还是比较深厚的。弟弟帮助哥哥发家致富，哥哥供养弟弟吃喝。但嫂子却作风不太正派，她垂涎弟弟的健壮而不能遂愿，转而污蔑弟弟对她非礼。兄弟由此阋墙，弟弟自宫以示决裂。后来哥哥知晓真相，杀妻寻弟。弟弟居于相思树之丘，诸神怜悯其遭遇，为其创造了一个女伴。此女美艳动人，引起河流的艳羡，河流将其头发冲到古埃及，古埃及法老派遣军队抢她为妻。女人对法老说出巴塔乌的秘密，法老派人杀了巴塔乌。但哥哥寻找到巴塔乌的心脏，助其复活。巴塔乌施展神通，变化为一头巨牛而赢得法老的喜爱，巴塔乌之妻又进谗言，要食用牛肝。牛血化为两株大树，伐树的木屑飞入女人口中，女人由此怀了巴塔乌的后代。此后，国王的一切行为都站在巴塔乌的立场上，包括他的发言明显系巴塔乌的口吻。巴塔乌似乎在此期间附了国王之身，故事对此未明确交代。巴塔乌的妻子也受到正义的审判。最后，兄弟俩轮番统治古埃及，直至宾天。故事最后是抄写者的介绍和献祭清单。

故事的主角是巴塔乌，其形象非常鲜明。他勤勤恳恳、一心一意为哥哥劳作，是一个很"悌"的弟弟。但是在遭遇哥嫂的不公待遇之后，他又相当决绝地与哥哥断绝关系。巴塔乌性格刚烈，自宫以明心迹，这个举动相当震撼。兄弟阋墙是由于嫂子的逸言，巴塔乌似乎想向兄长表明，身且能舍，何况恶嫂？他从此就居住于相思树之丘，以打猎度日。但巴塔乌也有自己的性格弱点，他被自己的"女伴"（克奴姆为他创造的女人）迷惑。这里巴塔乌又带有《神谱》《工作与时日》中厄庇米修斯的特点。厄庇米修斯忽略哥哥普罗米修斯的警告，迎娶了诸神赐予的祸胎潘多拉。巴塔乌似乎也不太留意七位哈托尔女神的告诫，对这个女人可能给他带来的危险充耳不闻，完全向她泄露了自己生命的秘密。他受女人蛊惑，导致了后面的悲剧。不过和厄庇米修斯所代表的人类必然命运不同，巴塔乌将命运掌握在自己手中。女人借助法老之手杀害他之后，他又施展巫术，通过移花接木的手段占据法老之位，并通过法律手段伸张了正义。弟弟复仇的行为，当然不能以今天的道德准则来判断。就故事的时代论，这也算是一种智慧的、温和的复仇手段。

兄长阿努比斯盲听盲信、冲动易怒，他误信妻子逸言，竟欲持刀杀死弟弟，从而导致兄弟决裂。故事形容他是"南方的豹子"，足见其性格之暴躁。当他从弟弟口中得知真相之后，回家又杀死妻子并残忍地将她的尸体喂狗，可谓无情。不过，兄长的个性中也有相当美好的一面，在弟弟死后，孜孜不倦地寻找弟弟的心脏，一找就是七年，这个漫长的寻找过程令人动容。正是他的坚持，弟弟才得以复活，并最终报仇雪恨，兄弟俩最终轮流做了古埃及的法老。要而言之，以兄弟阋墙为界限，哥哥的性格发生了变化，前期暴躁易怒，后期却变得坚韧冷静。

兄弟俩的形象都堪称是"圆形人物"，他们优缺点都很明显，而且性格随着叙事的发展而逐渐变化。弟弟当然是作者试图歌颂的理想化人物，但也有被女色迷惑这样的人性弱点。《论语·子罕》中子曰"吾未见好德如好色者也"，可谓诛心之论。但弟弟之"好色"却是"发乎情止乎礼"的，他果断拒绝了嫂嫂的勾引（这点堪比《水浒传》中的武松），宠爱的是合法伴侣。哥哥虽然性格暴躁，并且流露出某种人性的残忍（他杀妻的举动不亚于《水浒传》的杨雄杀妻），在弟弟死后，他苦苦找寻了弟弟的心脏达七年之久，此处用心，可谓兄弟情深。不过，由于作品文笔简略，对兄弟俩的性格刻画着墨不多，故事的这些精彩之处，唯有细读原文方能体会。

故事中两个女人都是恶妇的形象，这是传统女祸观念的体现。两个女人共同的特点是见异思迁、荒淫无耻。嫂子艳羡弟弟的健硕，勾引未遂而进谗。神创的女人仅因为一些小饰品就放弃夫主，做了法老的妻子之后不惜置巴塔乌于死地。两者的行为皆令人发指。后者的形象较之《神谱》中的潘多拉更鲜明，也更有典型性。她充满心机，耍各种手段，无论对法老、对巴塔乌皆非真情，尽管这两人都"非常爱她"。但是，立足于今天的观念，这个故事的女性形象显然过于单一化、概念化，而且将女性视为消极的、阴暗的、邪恶的，这是男权社会历史局限性的体现，对此应当秉持批判态度。

故事对法老一带而过。法老在古埃及社会被视为神明，因此叙事中对法老并没有直接批判。但其夺人之妻、为女人所惑等情节，其实也暗示了其残暴荒淫的性格特点。而最后巴塔乌和法老角色的混合，也反映了人民曲折的斗争方式，是民间智慧的体现。

此篇构思奇幻、语言形象，具有一定的文学性。故事善于使用伏笔、对照等叙事手法。比如嫂子向哥哥进谗与后文神创女向法老进言的对照，哥哥在弟弟自宫前后对弟弟行为态度的对照，等等，皆给人以鲜明的印象。故事极具奇幻色彩，牛、心脏、河流和相思树都能说话，神明凭空显化出河流，人能幻化为巨牛，牛血又变化为树木，木屑入口而怀孕，这些情节皆设想奇特，具有浓郁的魔幻色彩。

这也是一篇比较文学研究的好素材。故事中牛能言说、神明创造河流的构思情节和中国民间故事《牛郎织女》有若干相似，而克奴姆所创造的女人"一切神明都在她身上"又与《神谱》的潘多拉极其相似，至于其是否有传承流衍关系，尚待进一步研究。

本篇译文主要依据查尔斯·E.莫尔登克《两兄弟的故事：古埃及神话》（Charles E. Moldenke, *The Tale of the Two Brothers: A Fairy Tale of Ancient Egypt,* Watchung N. J: The Elsinore Press, 1906）的古埃及语－英文对照本译出。为了方便理解原文，译者就一些难解处做了注释，小标题亦为译者所加，不当之处，尚祈海内外方家不吝赐教。

一、牧牛（第1—12行）

从前有两个兄弟，他们同父同母。兄长名叫阿努比斯，弟弟名叫巴塔乌。如今阿努比斯有房屋有妻子，而他弟弟却沦为奴仆。他照管衣物，跟在牧场的牛群后面。他既要耕作又要脱粒，实际一切和田地有关的活儿他都干。那位弟弟是个好农夫，大地上找不到他那样儿的。他不仅是个好弟弟。那弟弟长时间地照看牛群，（这是）他每日的习惯。弟弟每晚回到住处，背上背着从地里收割的青草，放到他兄长面前。而兄长与妻子又吃又喝打发时光。弟弟则睡在牛棚里，和牛群一起，与往常一样。① 次日天明，他烘烤面包，放到兄长面前。他则带着一部分面包下地，他照料牛群，在牧场上放养它们。他跟在牛群后面。它们告知他丰美之草通常生长的地方，而他则听到② 了它们所说的一切。他驱赶它们到丰美之草的所在——那牛群所喜爱者。牛群在他手下飞快成长，牛犊也快速繁衍。

二、播种（第13—26行）

当耕作的时节来临，那兄长对他说："来吧，让我们牵上牛③，准备犁地。因土壤已（从泛滥中）出现④，正适宜耕作。你到地里去，带上种子。明早我们播种。"兄长如是说。那弟弟即照其兄所说的一切做好准备。

第二天来到，他们牵着耕牛来到地里，开始耕作。他们心里很快乐，干他们的活儿。他们一点儿不耽误干活儿。过了几天，他们又到地里去犁地，哥哥就指使弟弟，说道："你跑一趟，从镇里⑤取些种子来。"弟弟去找到兄长的妻子，她坐在家里正梳头，他就对她说："给我些种子，以便我赶往地里，因兄长派我来说的，跑去别耽搁（播种）。"她就答道："嘿，你自去打开储仓⑥，想拿多少就拿多少，免得我头发垂落到地面上⑦。"

于是小伙子进到牛棚里，拿了个大罐子，依个人心思取了种子，扛在肩头，有大麦和小麦。他携带它们回转，她就问："你肩上（扛了）多少？"他回答说："小麦三升，大麦两升，一共有五升在我肩头。"他这样说。

三、嫂谮（第27—44行）

她回答他说："确实，你很强壮。我久已艳羡你的健硕。"她爱慕他，她知晓其健硕。然后她站了起来，满是对他的（渴慕），她对他说："来，让我们睡上一个小时，我会善待你，为你缝两套好衣服。"这小伙子变得像南方的豹子⑧，因她的恳求大发雷霆——她竟告诉他这样的淫邪之事。于是，她非常恐惧。

他说："瞧，你对我不是母亲一般吗？你丈夫对我不是父亲一般吗？他不是比我年长,并抚养我吗?唉!这真是桩大罪过。不要再提及此事。而我也不会说与谁——从我嘴里不会透露这事给任何人。"他背(种子)在背上,走向田地,他兄长所在的地方。他们继续干活儿。到了晚上,兄长回到了家里,而弟弟则跟在牛群后面,他背上田地里的一切出产,他驱赶牛群到前面,以使它们栖息于镇子上的牛棚中。而兄长之妻因他所说的话而恐惧[9]。

她就在膏沐里混些污物[10],做出一副被侮辱的模样。她想对丈夫说:"你弟弟强暴过我。"她丈夫晚上返回,像平时一样。他到了家里,发现他妻子一身凌乱地躺着,如同遭受恶人强暴一样。她没像平时那样给他打水净手,也不点灯到他面前。屋里一片漆黑。而她则躺卧在地,全身灰尘。她丈夫就问,谁侮辱了你?[11] 她就回答:"还有谁侮辱我?除了你的弟弟!"

"当他前来给你取种子时,发现我一人独处[12],他就对我说,来吧,让我们睡一个小时,穿上你的衣服。这就是他对我说的。我没听从他,我说:我不是像你母亲一般吗?兄长于你不是像父亲一般吗?这些就是我对他说的。他于是害怕了。他就强暴我,以便我不能对你揭发。如果你饶他性命,我只能去死[13]。因他会回转来攻击我,我透露了他淫邪的言辞给你。他明早会这么干的。"

四、兄怒(第45—60行)

然后兄长变得像是南方的豹子,他磨刀霍霍,将它攥在手里。他藏在那牛棚的门后面,为的是杀了他弟弟。[14] 弟弟晚上应该回家,驱赶牛群进到牛棚里。而后舒神[15]就栖息了,他背着地里各样的草,和每日的习惯一样。

但是当他到家时,领头的母牛群正在入棚。它们就对那赶牛人说:"当心,你兄长站在你面前,拿着刀子要杀你。闪到一旁,躲开他。"他听到了领头牛说的话。[16] 当另一头牛进棚时,也说了同样的话。因此他就细看[17]牛棚的门下面。他看见了兄长的双腿,兄长就站在门后面,手中持刀。因此他把重物卸到地上,拔腿逃走。而他兄长持刀在后面追赶。

弟弟就向日神拉-赫拉赫提[18]请求,他说道:"我的主,光辉的神明,你来做裁判吧,分辨那有罪愆的和无辜的。"[19] 随之拉神就听到了他的一切祈求,拉神就使一条大河[20]隔在他和兄长之间。河中满是鳄鱼[21],他们一人在(河流)一边。而后兄长就冲弟弟投掷[22]了两次(石头),但没能杀死他。

他做第三次时,弟弟在另一岸对他说:"瞧,天明了,阿嚯神[23]会升起。我会对你解释一切,我会给你真相,但我不再是你的儿子了。我也不会和你共处一地。我会前往那相思树[24]之丘。"

五、陈情（第61—75行）

第二天，拉-赫拉赫提升起了，兄弟们又见了面。弟弟就招呼兄长说："你为什么追赶我，要杀死我，毫无理由？你不曾听到一句关于我的话，因为我是你弟弟，确实是。你对我来说像是父亲，你妻子像是母亲。不是因为我吗？你派遣我来取种子时，你妻子对我说：'来，让我们睡上一小时。'瞧瞧，她对你撒谎，颠倒黑白。"

而后他揭开了一切发生的事情，在他和嫂子之间。他又以拉-赫拉赫提发誓，你为何如此邪恶[25]，要杀死我，拿把刀子在门后面？卑鄙的诡计！他取了一把利刃，割下阳物[26]。他把肉投到水里，鱼就吞食他的肉[27]。他于是变得衰弱无力。兄长非常自责，他号啕大哭。他仍不能穿越河流到兄弟那里，因为鳄鱼之故。

那弟弟就叫住他，说道："你想象我的坏处，却不想想我曾对你的好。来吧，回家去吧。你去照看[28]那些牛群，我不再和你共处一地。我回到那相思树之丘，因为你对我做的，只是前来伤害我。但请注意将会发生在我心脏上的变化吧。我会将它放置在相思树高高的花冠上[29]。当相思树被砍伐时，它就会跌落尘埃。你就来寻找它，七年[30]的找寻过去后，你不要丧失信心，你最终会找到它的。你把它放到一个清水罐子中，我就会复活，来回应那潜馋之言。那时你就会知晓发生在我身上的事。准备一罐酒[31]在手头，在它开始发酵前，赶紧吧。"

而后他走到相思树之丘去了，而兄长则走回家里。他两手抱头，在头上撒灰尘。当他到家后，杀死妻子，将她抛尸于群狗中。而后他就坐下来哀悼弟弟。

六、遇神（第76—89行）

许多时日过去了，弟弟居于相思树之丘，没人和他一起。他靠猎取荒野中的走兽度日，到晚上就来安寝于相思树之下——他的心脏在那树上高邈的花冠之巅。过一段时间后，他亲手盖了一所宅子，在相思树之丘中。他储满需要的一切美好物品。有一天，他走出家门后，碰上了九神团[32]，他们正走来监察[33]整个大地上的行事。

那九神团就齐声对他说："嘿，巴塔乌，九神团的强者[34]，你离开村庄独居于[35]此，因为你兄长阿努比斯的妻子之故。看吧，在你回应那针对你的谗言之后，他杀死了妻子。"诸神就很怜悯他，拉-赫拉赫提就对克奴姆说："你能造个妻子给巴塔乌吗？[36]让他不再孤身一人？"于是克奴姆就给他造了一个伴侣，她体态妩媚，胜过一切女人——在整个大地上。她钟一切灵秀于一身[37]。不过，七个哈托尔女神[38]前来见她，她们齐声说："呀，她会置他于死地。但他非常爱她，她留在家中，而他则把时光用在猎取荒野走兽上，——他把这些放在她面前。"他告诉她："不要外出，免被河水抓住。因为我知道我不能救你，我像个妇人，如你一样。[39]我的心脏放在了高高的花冠上。要是谁找到他，我就会和他搏斗。"然后他就告诉她有关他心脏的一切。

七、献发（第90—102行）

过了一些时日，巴塔乌外出行猎，按照每日的习惯。那少妇出门，在相思树下、家宅附近散步。那条河一看到她，就从她身后攻击她，而她则快速跑开，回到家里。那河流就对相思树说："我恋慕她！"于是相思树就给了他一绺她的头发。[40]

于是河流就此携带它到古埃及，将它放在法老（寿、禄且康）的浣衣工人之处。那绺头发的香气就弥漫到法老（寿、禄且康）的衣服之上。于是议论兴起来了，在法老（寿、禄且康）的浣衣工之间，因法老（寿、禄且康）衣物上面的香气之故。他们之间终日争论，没谁知道其中的奥妙。法老（寿、禄且康）的浣工首领就到河岸边去。

他的心绪相当烦乱，因这每天的争论。他驻足岸边，正冲着那绺头发——它在河水中。他就派人下水去捞取它，发觉其香气浓郁，于是就进献它给法老（寿、禄且康）。

于是就带给法老（寿、禄且康）博学的智囊们。他们就对法老（寿、禄且康）说："这缕头发属于拉-赫拉赫提的小女儿[41]，一切神性[42]都在她的身上。现在荒服之地都在您的保护之下，让信使们前往所有蛮邦去找她。但让那去往相思树之丘的信使多带些人手，一起带她来。"那主上（寿、禄且康）就说："你们说得非常精彩。"于是派遣人们出发了。

八、夺妻（第103—112行）

许多时日之后，那些去蛮邦的人回转了，报信给他们的主上（寿、禄且康）。而那些去相思树之丘的人则没有返回，巴塔乌杀了他们，他们之中一人被留下给其主上（寿、禄且康）报信。于是那君主（寿、禄且康）就派遣许多步兵和骑兵[43]去抓她回来。他们之中有个女人，她手上有一切女人该有的上佳饰物。[44]

于是那女人便和他们一起去了古埃及。因她之故，整个大地都欢悦。那位陛下（寿、禄且康）非常爱她，擢升她为王后。因此她就告诉了他有关她丈夫的一切计划。她就对主上（寿、禄且康）说："来吧，砍掉相思树，他才会被杀死。"[45]他于是派士兵们带着斧子去砍伐那相思树。他们到那棵相思树那儿，就砍掉那花冠——其上放有巴塔乌的心脏。于是巴塔乌立刻死去了。

九、复活（第 113—128 行）

第二天，天色放亮，在那相思树被砍伐之后，巴塔乌的兄长阿努比斯回到家，他坐下来洗完手，拿起一罐酒时，那酒就喷出沫来。他另拿了一罐酒，也同样一般发酵㊻。他就拿起标枪、穿上凉鞋，披上衣服，带上劳作工具出发前往相思树之丘。

第二天，他到达弟弟的屋子里，发现他弟弟躺在长凳上死掉了。当见到弟弟躺着，确实死掉了，他哭泣，他就走出去寻找弟弟的心脏，在相思树之下，他弟弟晚间安寝的地方。他寻找了三年，没有找到。四年过去了，巴塔乌的心脏渴望去古埃及。巴塔乌于是说："我明早就动身。"他的心脏说道㊼。

第二天来临，他走到相思树之下，他通过找寻来打发日子，夜间则返回。白天则继续找寻。他找到一罐相思种，并从中取回弟弟的心脏，他打了一罐清水，把那心脏投入其中㊽，然后就像平时那样待在家里。

到了夜间，巴塔乌的心脏就吸水，然其一切肢体僵卧。见到兄长，他的心脏就变靡弱了。兄长阿努比斯则提起㊾清水罐——那盛有弟弟心脏者——巴塔乌一饮而尽。而后那心脏就回到原来的位置㊿，巴塔乌成为他曾经的样子。他们兄弟彼此拥抱之后，就互相交谈。

一〇、化牛（第 129—144 行）

巴塔乌对兄长说："瞧，我将变成一头巨牛，他拥有诸般美妙的毛色，没谁知道他的来头。你骑在我的背脊上，当舒神闪耀时，我们得到达我妻子所在之处。另外，我请求你带我到国王陛下那儿去。他会给你许多好东西，他还会赏赐你白银、黄金。(51)因为你带着我到法老（寿、禄且康）的所在。我会施展一个巨大奇迹，因我之故，整个大地都欢呼，而你则回到镇子里。"

第二天天亮后，巴塔乌就施展变化，照着他对兄长阿努比斯所说的。兄长就骑在他的背脊上。破晓时，他就到达那位陛下所在之处，这事儿就让法老（寿、禄且康）知晓了。法老见到牛，非常高兴，就对牛大举献祭。(52)法老说："这真是展现了巨大奇迹，让整个大地欢呼吧。"法老就赐予白银、黄金于其兄长，而他则居住在镇子上。而后就赐予那牛许多人民以及许多物品。那法老（寿、禄且康）十分爱它，胜过爱整个大地上所有人民。

许多时日之后，他就进入寝宫，站在王后面前。他叫住她，对她说："瞧！我确实活着。"她就问他道："你是谁？"他回答道："我是巴塔乌。你知道，你使相思树被砍倒时，经法老（寿、禄且康）之手。我会屈服于法老（寿、禄且康）

的座位，而不再生存。瞧！我确实活着，我是这头牛！"

一一、妇谗（第145—165行）

那王后就恐惧异常，因听到了她丈夫的讯息。而那头牛，就离开了寝宫。那位陛下（寿、禄且康）有一天和她在一起，她在那君主（寿、禄且康）的宴席前。他非常宠爱她，她就请求陛下（寿、禄且康）说："来吧，为了我起誓[53]，以大神之名，不管我要求什么：'我都会听从于她。'"于是他就听了她所说的一切。"但愿我能食用这头牛的肝脏[54]，因它对你毫无用处。"这就是她对他说的。那位陛下十分悲伤，因这番话之故，法老的心情相当沉重。

第二天天色放亮，那君主就大举献祭，以荣耀巴塔乌。他遣去一名国王御用的屠夫头儿去屠杀那头牛。但当屠杀它时，它站在人们旁边，低下它的脖颈，从伤口出滴出[55]两滴血，落在了法老（寿、禄且康）宫殿的双阙旁。

其中一滴落在法老（寿、禄且康）宫殿的御街上，另一滴在另一侧。它们成长为两株莎瓦布树[56]，每一株都高大峻茂。他们就去对陛下（寿、禄且康）说，两株高大的莎瓦布树长出了，作为陛下的巨大奇迹，在夜间时分。它们就在国王（寿、禄且康）的陛阶上。整个大地上的人们都欢呼。那君主就献祭它们。

过去许多时日之后，那君主（寿、禄且康）升坐于绿松石[57]御座之上，脖颈上戴一环各色花编成的花环，他在金制的战车上。他从王宫里出来，见到了那株莎瓦布树。而王后也乘马车[58]出来，跟随法老（寿、禄且康）之后。那君主（寿、禄且康）就坐在一株莎瓦布树之下，对他妻子说："噢，你这恶妇，我是巴塔乌。[59]我仍然活着（让你绝望）。你知晓置我于死地，通过法老（寿、禄且康）。我变成一头牛，你仍使我被杀死。"

这事过去许多时日之后，那王后在其陛下（寿、禄且康）的宴桌之前。他很迷恋她，她就对那君主（寿、禄且康）说："来吧，为我起誓，以大神之名：'无论王后要求我做什么，我都会听从。'"于是他就听从了她所说的一切。"来吧，砍掉这两株莎瓦布树，它们可以被制成上佳的梁柱。"国君听从了她说的一切。

一二、感生（第166—181行）

许多时日之后，那君主就派出多名工巧的木匠，砍伐那莎瓦布树，以法老（寿、禄且康）之旨。站着监察的就是国王之妻，那位王后。一片木屑飞出，进入那位王后的口中，然后她意识到她受孕了。[60]（她很高兴），因为他做了她所想要的一切。

许多时日之后,她诞下一个男孩儿,人们就去对国王说:"为你生了一个男孩儿。"于是君主就赐予他乳母和婢女,整个大地上的人们都欢呼。那君主就设定了节庆日,以男孩的名字设定。那君主(寿、禄且康)十分爱他,从那一刻开始。君主擢拔他为努比亚的王嗣,这件事过去许久,法老(寿、禄且康)就使他成为整个大地的统治者。在他成为整个大地的统治者之后,又过去了许多年。那位君主(寿、禄且康)就宾天[61]了。

于是(巴塔乌)[62]就说:"带那君主的大臣僚们过来给我,我会亮明我施展变化的一切情况。"他妻子就被带过来,他就在臣僚面前指控她,他们就坐实了这些控告。而后他的兄长被带来,他让兄长成为整个大地的统治者,兄长做了三十年古埃及国王。那弟弟统治了三十年之后就寿终正寝,在其兄长驻泊的日子里。

一三、尾声(第182—188行)

故事就完了,以宁靖书吏之魂:金库的书吏卡嘎布,属于王室(寿、禄且康)的金库;书吏赫尔耶[63];书吏摩尔靡普特。由书吏安南那[64]抄写,这卷书的主人。而今,无论谁讲述这篇典籍,愿托特保佑或诅咒他。[65]

掌扇者,在那治世者、国王的右手,御用书吏,军队统帅,王之长子,塞特摩普塔[66]。

掌扇者,在国王的右手,御用书吏,军队统帅,王之长子(后文残)。

伟大者的面包,十七份。

赫泰普面包,五十份。

神庙的面包,四十八份。[67]

> 注释

① 这个故事的开端和中国民间故事《牛郎织女》有几处相似。兄嫂和弟弟共同生活,但弟弟处于家庭中的奴仆地位;弟弟和牛群睡在一起,后文还会提及牛会说话,兄弟隔河相望等,这些情节在《牛郎织女》中皆有反映。不过,这并不是说中国民间故事《牛郎织女》从西方传来。

② sdm。本篇此词两义,"听,听从"(参后文)和"听到"。此处指"听"的结果。弟弟能够听到牛群的话,为后文成功躲避哥哥的杀害埋下了伏笔。牛儿能言的情节在我国民间故事《牛郎织女》中亦可见。这是神话、民间文学中人、物和谐相处的智慧表达,人并非自然界的主宰者、征服者,而是天地万物之整

体中的一分子。

③ ḥtriw，复数名词"马匹"。揆上下文之义，这里应当指的是套上轭的耕牛，并非马匹。该词共使用三次，其中两次皆当诂训为"耕牛"。

④ 古埃及人根据尼罗河水泛滥的情况，将一年分为三季，即"泛滥"（阿赫特，大略相当于现在通行历法的7—10月）季、"耕作"（佩里特，约略相当于11—2月）季和"收获"（夏木，约略相当于3—6月）季。其中第二季佩里特，取义于"出"（prt），意即河水逐渐消退，泛滥后的土壤露出，适合播种与植物生长。这说明各文明区域对时间的划分是不同的，埃及之三季、华夏之四季以及印度之六季皆因地制宜。上古文明的多样性于此亦可见一斑。这与全球化、技术化时代，逐渐以"公历""公元"为唯一的纪时方式大不同。

⑤ dmit，名词"城镇、乡村"，本篇共四见，为古埃及最基础的行政单位，相当于希腊文 δόμος、拉丁文 domus。

⑥ mꜥḥrit，阳性名词"储仓、粮箱"。从象形文字的限定符号 ⌐⌐ 推论，这可能是一种建筑。不过，古埃及一般家庭通常以坛罐储仓粮食。该词在故事中仅此一见。

⑦ mꜥtn，阳性名词"路面、小径"。仅此一见。ḥr mꜥtn，义为"在路面上"。此处似可随文译为"在地上"。后文还出现了 iwdnt 一词，表示阳性名词"地面、地板、灰尘"。从两处用例具体语境说，前者似侧重于"地面"往来交通的功能，而后一词似更侧重于"地面"作为建筑的组成部分之封闭性。此处不用 iwdnt 而用 mꜥtn，或系作者"以一字寓褒贬"。嫂子"坐在家里"中的"家"字为宽泛的词，她更可能是在院落或院外（近"路面"以便有所交接），亦暗示其轻佻、浮荡的性格。"头发"是表达暧昧意味的一个意象。

⑧ 𓃥, iꜣbw，名词"豹子"。本文中"南方的豹子"是脾气暴躁的意象，以猛兽比喻人类之怒气，为古语所常见。如同汉语所谓"阚如虓虎"（《诗经·大雅·常武》）。唯后者侧重于怒而勇武，前者侧重于怒而暴烈。该词当注意其与前文（第11行）𓃥（欲望）的谐音关系。

⑨ sndw.ty，分词。仅此一见。这里表示嫂子因为曾经说的话而内心恐惧。

⑩ 原句的意思为"她就弄脏那油脂"，直译为"她在油脂里混上灰尘"。嫂子试图以此报复弟弟。

⑪ nym ḏdt m dw.t，义为"何人与你非法同居？"nym，疑问人称代词"谁"共两见（另见第142行）。ḏdt，基本含义为"言说、说话"，此处用引申义"非法同居"（仅见于本行使用此义）。本行此字出现两次，第一次读作 m dw.t，

义为"和你相关的",是丈夫针对妻子而说的;m nty ʿm m dw.t,义为"和你有关的什么话",意即"谁侮辱了你?"第二次读作 m dw.i,义为"和我有关的",是(第 30 行)阴性形式。象形文字📜有两种用法,或作第一人称(j),或为第二人称(t)代词词缀。

⑫ 🌀🐦(wʿ),该词由"鳏寡(wʿ)"加上表示妇女的限定符号构成,表示独居的女人,此处是说嫂子。后文(第 83 行)的 🌀🐦🐦,义为"独处、鳏居",说的是婚姻状态。与此处所指不同。iw.f gm.i ḥms.twi wʿ,直译为"他发现我留(在家里),独自一人",意即"他发现我一人独处"。

⑬ mwt 或 mrt,动词,义为"杀死、死去"。亚述语的 ▶(mutu),梵文的 mr,希腊语的 μορτός 或 βροτός,以及拉丁文的 mors 皆与之有渊源关系。

⑭ 动词"杀死"共九见,由此兄长杀弟的叙事开始展开,"杀"是一个核心动作。此处是兄长起了杀心,尚未付诸实施。

⑮ 专有名词,舒神。通常舒神为空气之神,他的业绩是分开天神努特和大地神盖布,并托举太阳上升。根据上下文,此处当指太阳神。

⑯ iw.sw ḥr dd.n,义为"它就对……说"。📜为人称代词"它"(仅此一见)。另有📜,sw。这里是单数的"它",说明对弟弟讲话的只是牛群中的一头牛,可能就是领头的奶牛。牛对牧牛人说的话是故事的转折点,这与《牛郎织女》异曲同工。

⑰ 📜,nnnw,恁努。动词"看",共两见(另见第 125 行)。第 122 行使用了 📜(nnnw)一词,和该词使用了相同的音符。凡从某声,即有某义。后一词为动词"消耗光阴",阳性名词"时光"。二者之间的关联比较明显。就限定符号来说,👁("目"系符号)和 ☉(日)有可通之理(汉字中日、目二形混用之例甚夥,如"明"与"朙")。由此可推断,两词之间语义逻辑是,"时光"观念源自有所"见"(日月被视为荷鲁斯之眼),所谓"主日月,职出入,以为晦明"(《山海经·大荒东经》郭璞注引《启筮》)。

⑱ 📜,rʿ-ḥr-ȝḫty,即拉-赫拉赫提,字面含义为"日神,地平线上的荷鲁斯"。此种写法共三次出现(第 53、61、100 行)。或作 📜(第 65、82 行)。

⑲ 请神明作为世俗事件的裁决者,此种构思在前古典时代常见。《男子与灵魂的辩论》第 23—27 行:"让托特审问我,以安宁诸神。让孔苏回应我,书之玛阿特。拉神听我之词,使日舟停泊。伊赛德斯回应我,于其神圣的室中。"托特乃程序的记录者,孔苏和伊赛德斯乃同一神明的不同形象,前者充任月亮

的角色，而后者则是天平上的锤球。在这一情景下，审判是在日神（拉神）而非奥西里斯（若晚期《亡灵书》所示）面前进行。神圣的房间即审判大厅。《楚辞·九章·惜诵》："所非忠而言之兮，指苍天以为正。令五帝以折中兮，戒六神与向服。俾山川以备御兮，命咎繇使听直。"

⑳ 原文义为"一条大水"，以"水"指河，中国、埃及无别。

㉑ 这里描绘的是河流的凶险，然亦可见上古自然生态之善。《竹书纪年》卷下谓："穆王三十七年，伐楚，大起九师，东至于九江，叱鼋鼍以为梁。"由此观之，西周时代东亚生态亦佳。

㉒ 𓎛𓅱 （ḥw），动词"投掷"。第44行作 𓎛𓅱𓀜，诂训为"攻击"，是嫂子对兄长进谗，虚构弟弟对她的攻击（这种攻击可联想投石块、扔鸡蛋之类动作）。亦作 𓎛𓅱𓀜𓈗 （第91行）。由于兄弟隔河相望，故此处诂训为"投掷"较为合理。行中 jrt sp sn n ḥw ḥr dt.f，直译为"做了两次投掷，以手"，可以具象为投掷石块一类动作。

㉓ jtn，阿暾，字作 𓇋𓏏𓈖𓇳，从限定符号判断当为人格神。该词和拉、拉-赫拉赫提交错使用，然具体所指则为日轮。《楚辞·九歌·东皇太一》"暾将出兮东方"，"暾"则初升之日，与 jtn 音相近。《类篇》作"旽"。这种同音情况是偶合，还是文化交流之故，值得进一步探讨。

㉔ 𓈙𓈙𓈙𓏛𓏥，šw，此字当指产于撒哈拉沙漠以南的相思树。此处使用复数，表明相思树不止一棵。本篇其他地方多用单数形式，通常情况下，单复数含义不甚区别。但就"相思树"的使用来说，单数大概特指某一棵相思树。

㉕ 𓎼𓂋𓅱，grw，名词"邪恶"。此字与第12行之 𓎼𓂋、第66行之 𓎼𓂋𓅱，语音、字形皆有关联。后两字为动词"获取、占有"之义，盖人之邪恶，皆由占有欲、攫取欲、控制欲而起。或作 𓎼𓂋𓅱𓏥 （第66行）；或作 𓎼𓂋𓅱𓅆 （第159行）。

㉖ 弟弟自戕的行为，令人费解。不过，《封神演义》哪吒割骨还父、割肉还母的细节，亦通过自戕表示亲情决裂。弟弟因此举，后文乃自谓"像个妇人"（第87行）。

㉗ iw.f，义为"他的肉"。此处"肉"指的就是上文 ḥnnw.f，即"他的阳物"。以"肉"称"阳物"为环地中海的文化现象。赫西俄德《神谱》中乌拉诺斯被克洛诺斯阉割，乌拉诺斯的阳物（μήδεα，《神谱》第180行）被称作"不死的肉"（ἀθανάτου χροὸς，《神谱》第191行），从中长出爱神阿佛洛狄忒。阳物、水的意象为生命力的象征，弟弟此举几乎等同于放弃生命，乃绝望之极的表现。

㉘ [象形文字], nnnwy.tw, 动词"照看、关照", 仅此一见。该词可能由[象形文字]（第50行）, nnnw（看）衍生。下文的[象形文字], nnnwy.t（伤害）, 与之谐声。弟弟曾（照看）属于哥哥的牧群, 而哥哥的报答是"伤害"弟弟。nnnwy.t 盖即 nnnwy.tw 的反讽用法。

㉙ 《格萨尔王传》有寄魂蜂、寄魂牛、寄魂山、寄魂树以及寄魂海子等观念。此处或与寄魂观念相通。心脏是生命之源, 将心脏放置在树木上是一种"分身"法术。

㉚ 《周易·复卦》有"反复其道, 七日来复, 天行也"。"七"与"复"有语义关联, 暗示弟弟复活的周期。后文出现七位哈托尔神（第84—85行）, 亦与之照应。这是圣数观念在本篇的运用。

㉛ 准备酒水有何用途？故事中不甚清晰。酒在古埃及文化中是一重要意象, 在一则关于哈托尔的故事中, 制止哈托尔灭绝人类的手段就是让她酩酊大醉。酒还是祭奠神明和先祖的重要祭品。

㉜ 古埃及三大神话系统之一。埃及三大神系指赫利奥波利斯的九神团体系、赫尔莫波利斯的八神体系以及孟菲斯神学体系。九神团共四代神明, 创世大神阿图姆创造出空气神舒和泰芙努特, 二者结合生下第三代天母地父努特和盖布, 天地复繁衍四神：奥西里斯、塞特兄弟以及伊西斯和奈菲提斯姐妹。九神之九亦圣数观念的应用。《水经注·湘水》有"楚灵王之世, 山（按, 指岣嵝山）崩毁其坟, 得《营丘九头图》", 盖亦神明。

㉝ 《尚书·皋陶谟》"天聪明自我民聪明",《诗经·大雅·大明》"天监在下, 有明既集"。神明正是以冥冥之"监", 来激励、监督人之自我完善。赫西俄德在《工作与时日》中认为宙斯"注视"（ἐπιδέρκεται, "他注视",《神谱》第268行）着人间的一切。

㉞ 神明为人类的守护者, 因此称巴塔乌为"九神团的强者", 并不是说巴塔乌为九神团的成员, 而是通过这一美称建立巴塔乌与神明之间的联系, 以呼应上文的"监察"。

㉟ di, 该词有两义, "道路"（第58行）和"居住"（仅此一处）, 由"道路"引申而为"在某个街道上""居于"。汉语之"迪"与之语音相同,《说文·辵部》说"迪, 道也"。迪为道路, 因有"践履"之义,《尚书·无逸》"兹四人迪哲", 孔传："言此四人皆蹈智明德以临下。"凡有所践履, 即有所依据。故有据德依仁之说, 故所蹈亦即所居。"迪"所以为"居住""持存"。汉语、古埃及语训诂有相通之义。

附录 古埃及故事《兄弟俩》 | 279

㊱ 造人神话。在《门户之书》中，人类为拉神所创造（第三〇场）。此处克奴姆创造女人的情节，类似赫西俄德所讲述的潘多拉的创造（《神谱》第514行，《工作与时日》第80行）。女人作为神明的创造品被送给巴塔乌。造人的故事情节和赫西俄德的故事有相似之处。第一，性情相反的兄弟俩（这个故事中哥哥暴躁、鲁莽而深情，而弟弟沉重、冷静而多智，对应于赫西俄德故事中的普罗米修斯和厄庇米修斯）。第二，神明对世俗生活的介入是通过创造一个女人。第三，这个女人既拥有一切神性，同时是人间困厄和不幸的起源。

㊲ iw nṯr nbt im.st，义为"所有神明都在她之中"，或者应当理解为"这个女人为一切灵秀之气所钟"。赫西俄德《神谱》和《工作与时日》都讲述了诸神创造女人，神使赫尔墨斯命名这个女人为潘多拉（《工作与时日》第80—81行）。此名有两种训诂法。其一，诸神都给予她一件礼物。其二，诸神都把她作为一件礼物赠予人类。要之，潘多拉的命名中包含"一切神明都在她之中"的意味，应注意其与本故事的思想关联。

㊳ 阴性复数形式"七位哈托尔神（或精灵）"，司掌婴儿的出生。仅此一见。此职相当于《楚辞·九歌》中的"少司命"神。哈托尔神主生，而预言了其死。这一细节值得注意。"七"这个数字在此出现，与第72行找寻"七年"互相呼应，有"反复其道"（生死）的寓意。

㊴ 呼应前文弟弟自戕，割下自己的阳物。

㊵ 此处相思树拟人化。这棵相思树正是巴塔乌寄存心脏的那棵树，它何以有如此行为，是个问题。此乃神话叙事。河水既是给予和丰饶的象征，也是剥夺和贫瘠的象征。《穆天子传》河伯与天子"披图视典"，乃赐予之意；而《水经注·溱水》所谓"河伯下材"，则攘夺之意也。

㊶ 此女为大神克奴姆奉拉－赫拉赫提之命所创造，故此称其为后者的女儿。

㊷ mw，阴性名词"物质、性质"，用为此义仅此一见。mw n nṯr nbt，义为"一切神性"，此词比较重要，说明"水"和神明之间的内在思想关联。该词与西亚词语（me）语音相似，后者乃西亚文化中的核心词汇。二者之间是否有关尚待进一步考察。nṯr nbt 单独出现亦作"神性、神首"（共两处，另一处出现在第84行），强调"神性"，和后文的寻找构成因果关系。

㊸ [hieroglyphs], nt tnḥtriw，阴性复合名词"骑兵"（第一个 nt 可能由于书吏的疏忽而误衍）。骑兵的出现是古埃及人在驱逐希克索斯人，向北方游战民族学习而组建的。换言之，这是古埃及历史上的"胡服骑射"，说明文明从来就是流动的。

㊹ 此处说的是随行女人的情况。巴塔乌的生活方式几乎是游猎式的，"饰品"是一种看似更"文明"的生活方式的象征。法老军团对巴塔乌之妻的抢夺是引诱兼之以威慑，也潜在地为女人出卖巴塔乌埋下伏笔。

㊺ 这印证了相思树的生命树、寄魂树性质。

㊻ 名词"臭气、恶臭"，此处指酒水散发出来的刺鼻气息，可诂训为"酒气"。另作形容词"悲哀的"（第96行）。酒水喷沫和发出刺鼻气息，是一种不祥之兆。这可能是一种日常生活的占卜方式，类似于汉民族占灯花、听鹊喜之类。

㊼ 心脏能够独立说话，这是民间故事的常用套路。虽然弟弟被杀死，但心脏仍然活着，心脏之于生命的关系，古埃及人相当重视（这与现代科学发现，人类孕育之初心脏首先发育的事实相吻合）。

㊽ 这个叙事细节和古埃及人认为水为生命之源的观念相应，在某种意义上，对哲学思想上的水本源理论有一定的影响。

㊾ 提起水罐可能是打水，也可能是调整水罐的位置，以便让巴塔乌的心脏饮用更多的水。

㊿ 此句的意思似乎是，心脏回到了胸腔所在的位置。也就暗示，心脏和巴塔乌僵卧的身体合二为一，巴塔乌复活。

㉑ 古埃及人视牛为圣物，故弟弟有此说。

㉒ 视之为神明。

㉓ irkw，动词"发誓、起誓"，字作 𓂝𓏲。《神谱》有"誓言之神" Ὅρκος（第231行），与动词 ὁρκόω 同根。希腊语词可能和这个古埃及语有关联。待考。

㉔ 肝脏在古埃及为四脏之一。奥西里斯之子荷鲁斯四子，分主肝、肺、胃及肠，不妨谓之四脏神。在古埃及墓葬中，四脏神与四方相配，伊姆塞特在南，由伊西斯守护；哈皮在北，由奈菲提斯守护；德瓦穆特夫在东，由奈特守护；克伯森努夫在西，由蝎女神瑟尔克守护。四脏神和汉文化中的五藏相似，不过层次不同，《太平御览》卷三六三引《韩诗外传》说："情藏于肾，神藏于心，魂藏于肝，魄藏于肺，志藏于脾。"已经深入心理层面。《诗经·大雅·桑柔》有"自有肺肠，俾民卒狂"，《明史·夏言传》有"言谓（喻）希礼、（石）金无他肠"，皆以肠为心思。

㉕ ḫ³⁵，动词"滑落、跌落、投掷"，这里的意思是"滴落"。该词表明血滴的分量和珍贵，因为巴塔乌能够施展"奇迹"，流血也是一种不同寻常的情景。由此见创作者用字之精。

㉖ 未详何树，或以为鳄梨。恐未然。此树为巴塔乌的血滴所化，是屈死的

象征。《庄子·外物》说：“苌弘死于蜀，藏其血，三年化为碧。”构思或相通。

(57) 绿色被视为生命之源。在《冥书》第十二时次上篇有“绿松石诸神”（ntrw mfkɜtyw），是生命力和珍奇事物的象征。这从侧面点明了国王的神性和高贵。

(58) 此处使用单词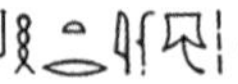，ḥtriw，是“马匹”的复数形式。王后一人不能骑乘多匹马，故当系由马匹为牵引动力的车辆。文中酌情转译为“马车”。

(59) 此处为“君主”对女人所说的话，但显然站在巴塔乌的立场上。至于是巴塔乌附在法老体内所说，还是巴塔乌亲自现身说法，原文不甚清楚。这呼应上文“奇迹”的伏笔。

(60) ꜣḏꜣ（木屑），字作。吞木屑而孕的情节是感生神话。《后汉书·哀牢夷列传》：“哀牢夷者，其先有妇人名沙壹，居于牢山。尝捕鱼水中，触沉木若有感，因怀妊，十月，产子男十人。后沉木化为龙，出水上。”《华阳国志·南中志》《水经注·温水》等记载竹王神话云：“有三节大竹流入女子足间，推之不去，闻有声。持归破之，得一男儿。”（据《水经注·温水》文字，日本《竹取物语》亦与此相似）触木而孕、触竹而孕与吞屑生子同一构思，皆非血气所生，故得为神明。

(61) 句义为“于是那陛下就飞上天空去了”。此处使用pwy（飞），字作，近乎汉语“龙驭宾天”，能飞的是灵魂。古埃及人将灵魂（魃）设想为有翼之物。以物为精魂，乃有某种图腾论的含义。《水经注·温水》巴人“死，精魂化而为白虎，故巴氏以虎饮人血，遂以人祀”，亦此之类。

(62) 此处是巴塔乌的言辞。巴塔乌和君主言辞的混同，说明他已经使用“变化”（大概是一种巫术）瞒天过海，暗中代替了国王。

(63) 此人活动于莫伦普塔一世（Merenptah I）及塞提二世（Seti II）时代，这可视为该作品的断代依据之一。

(64) 莫伦普塔一世治下的守藏吏，生活在拉美西斯二世、莫伦普塔一世以及塞特二世时期，约当西元前1200年，即中国之晚商时期。

(65) 遵循玛阿特之道者，托特保佑之；违背玛阿特之道者，托特则诅咒之。

(66) 字义为“塞提，普塔所喜欢的”。莫伦普塔一世的王子，后为第十九王朝的塞提二世。

(67) 这是对神明和神庙的祭品。

大英博物馆藏
阿尼纸草卷
《亡灵书》彩图

赠品

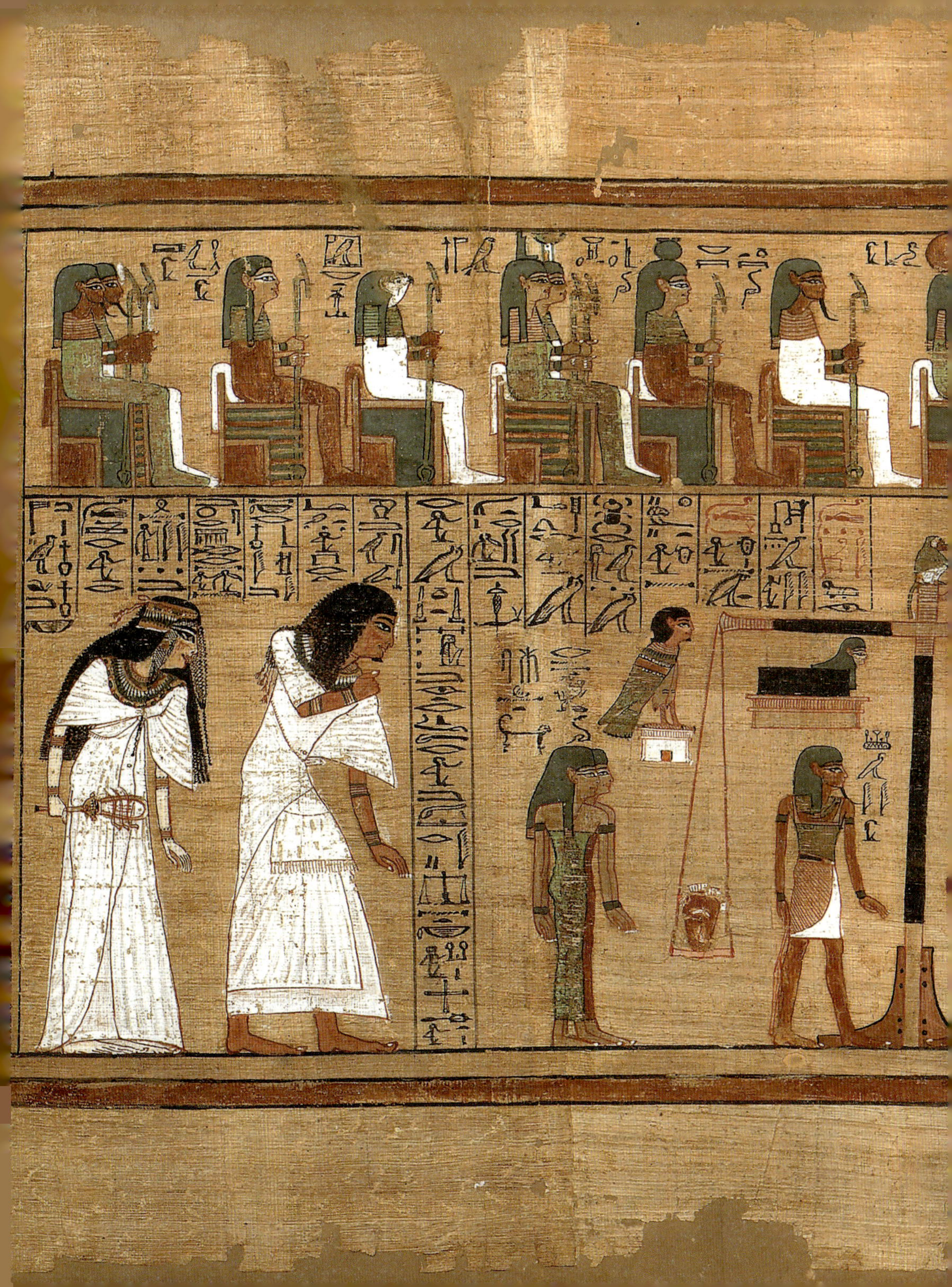

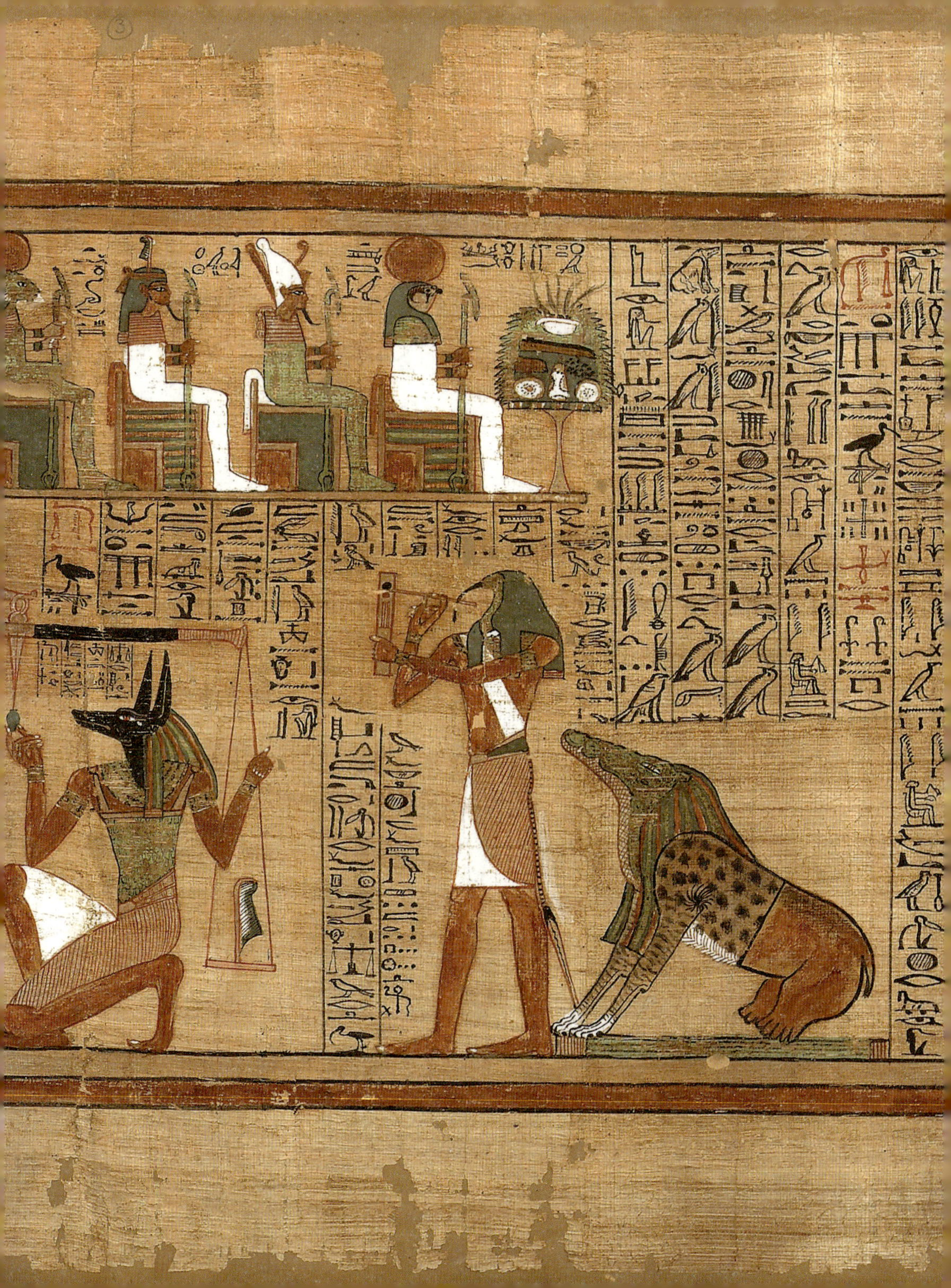

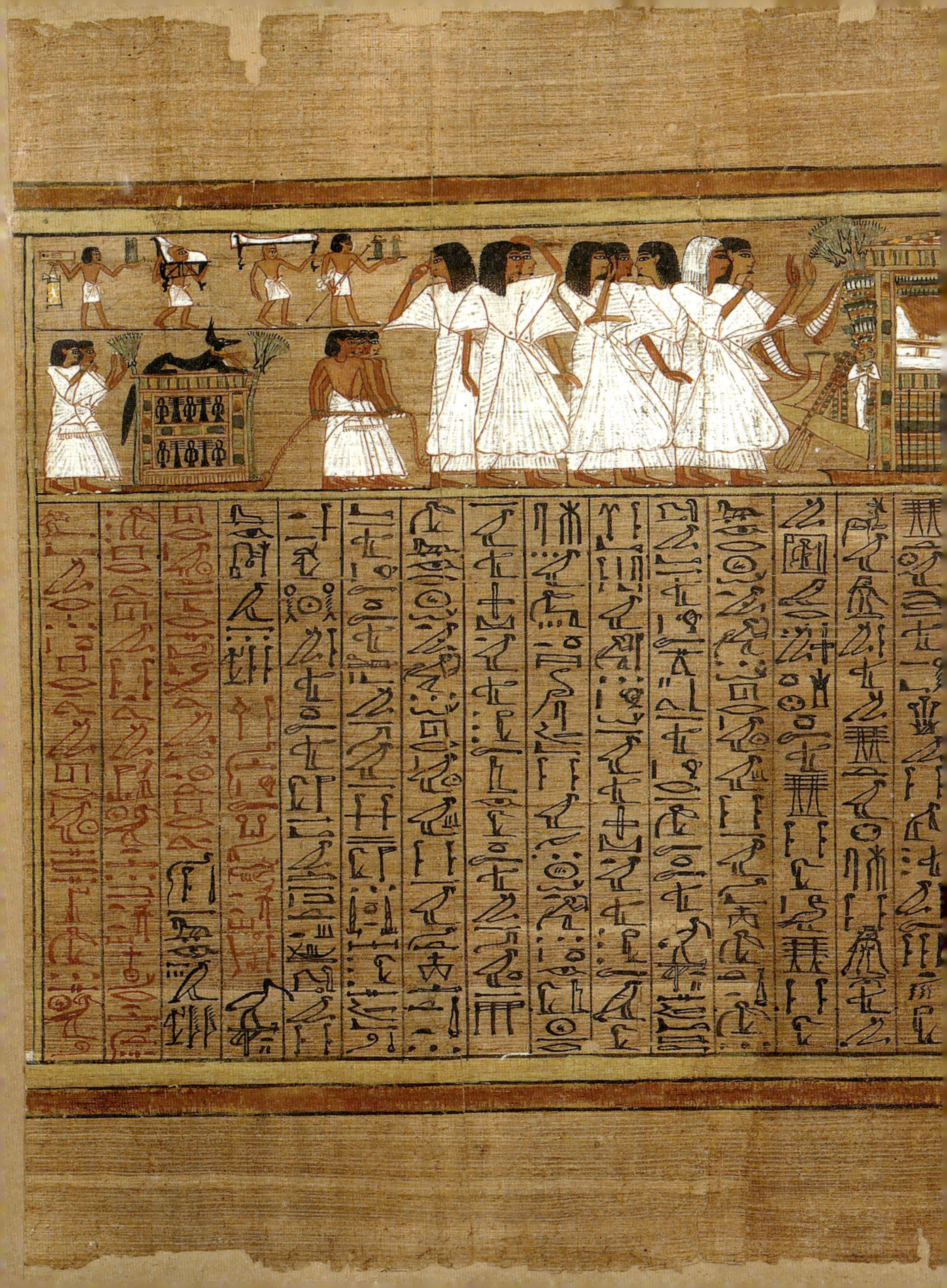

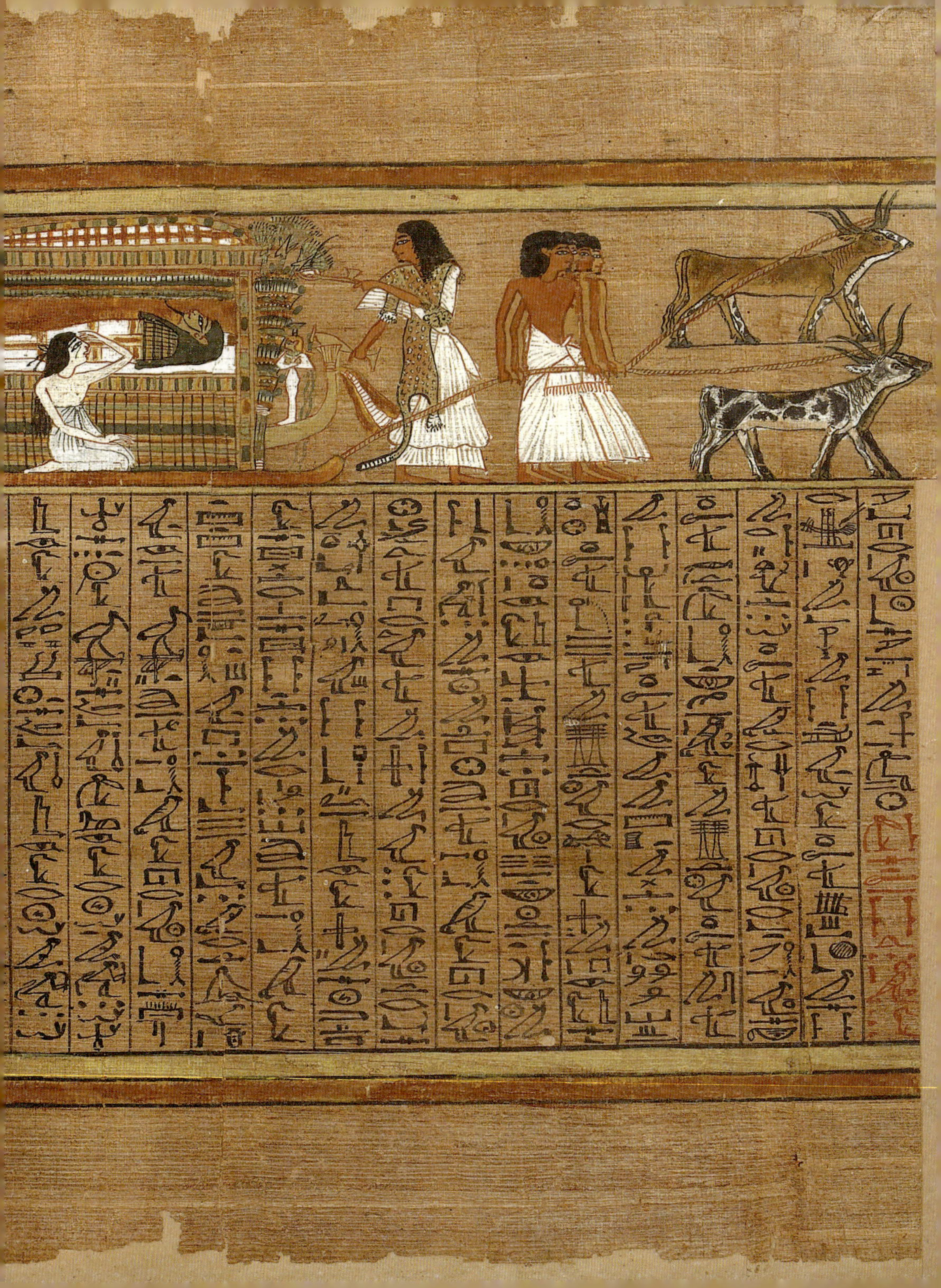

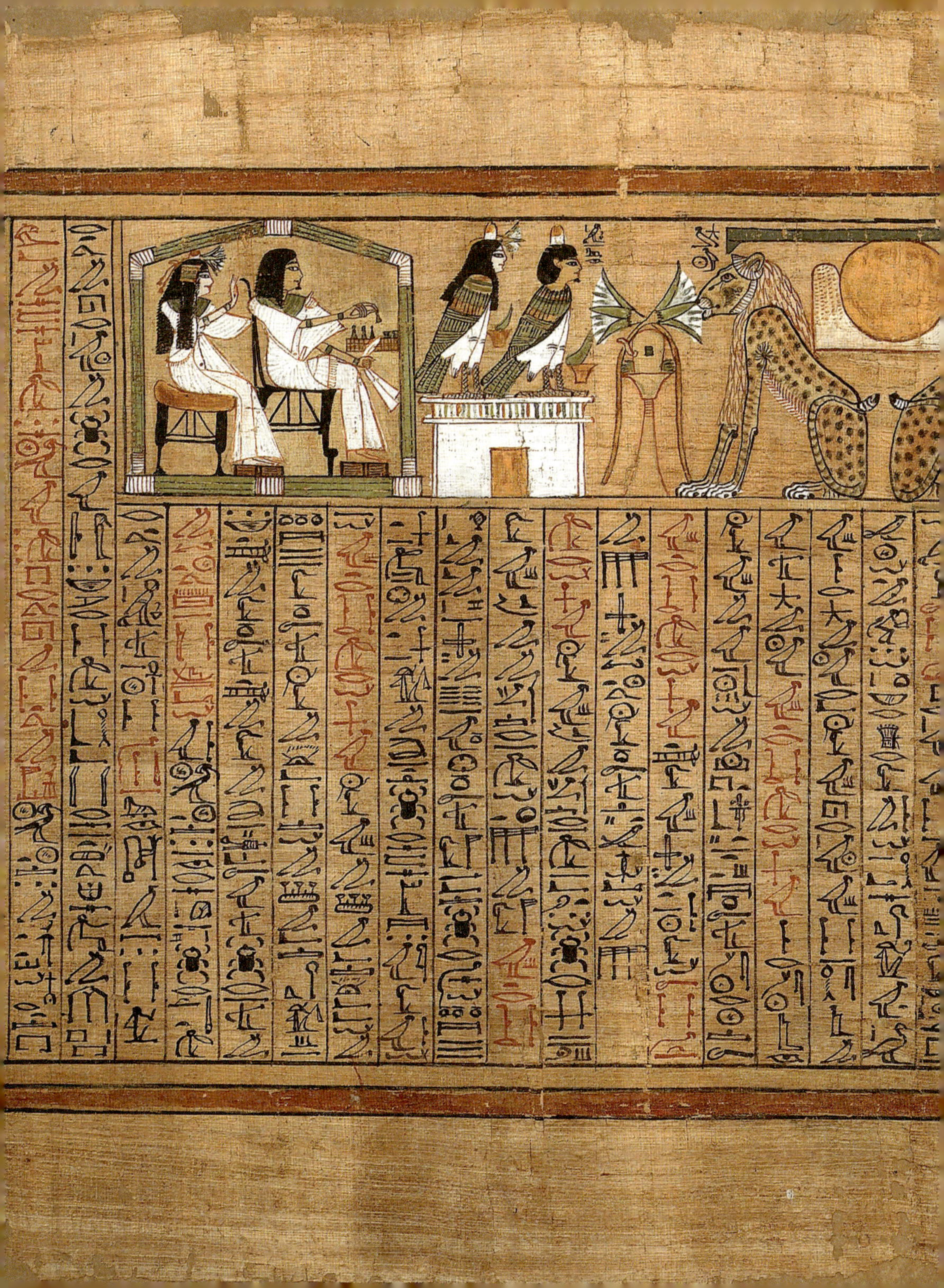

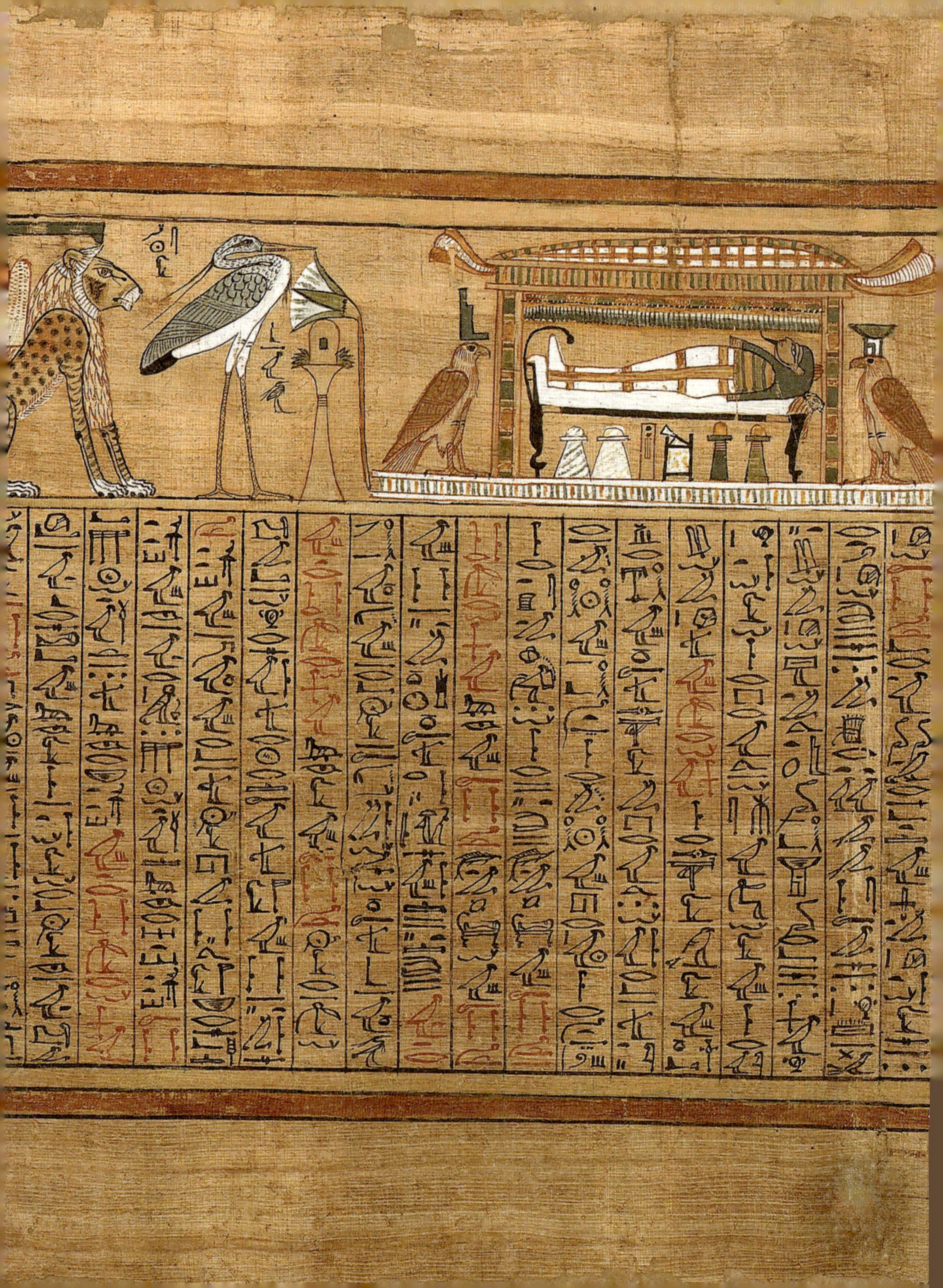

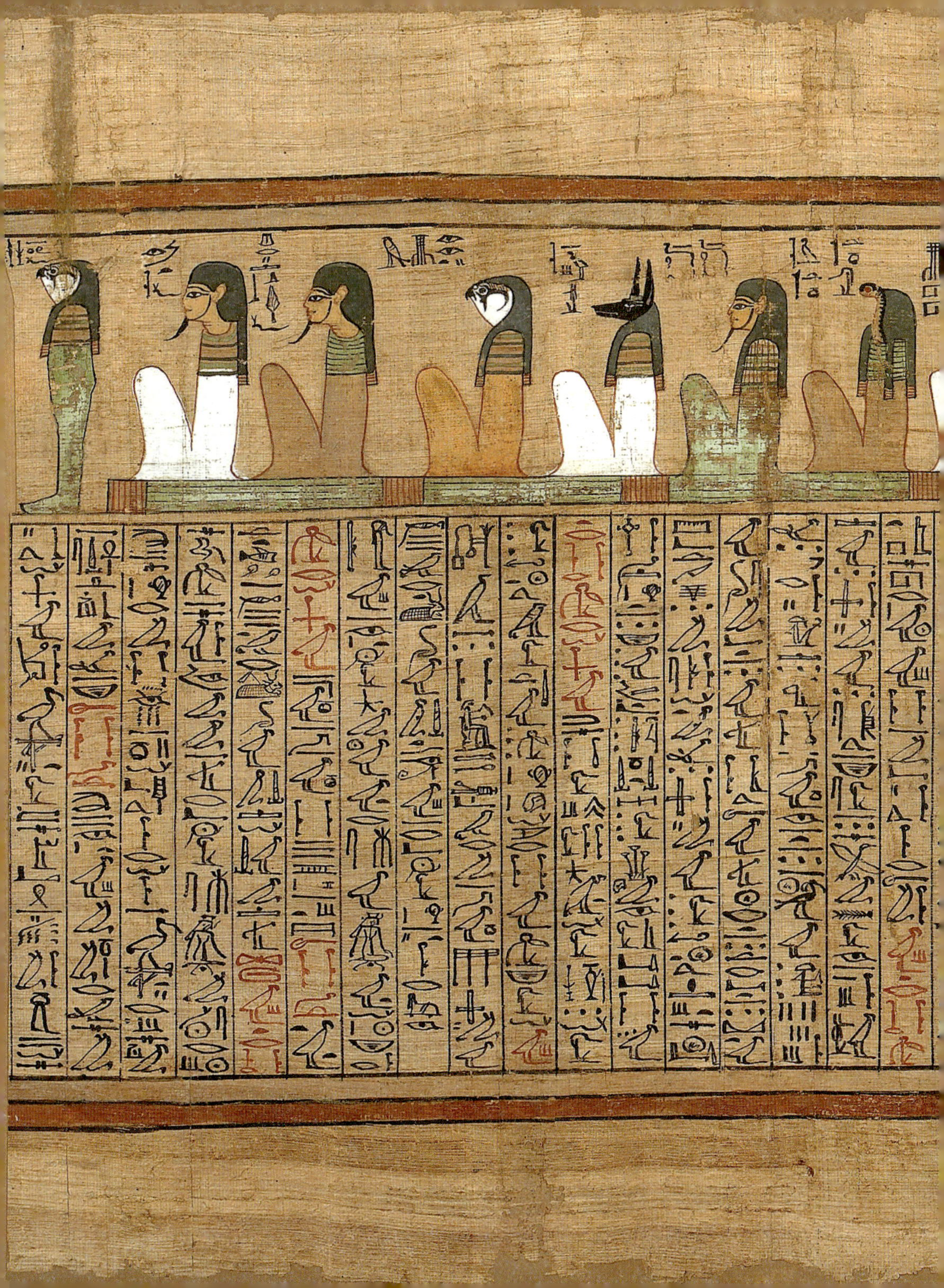

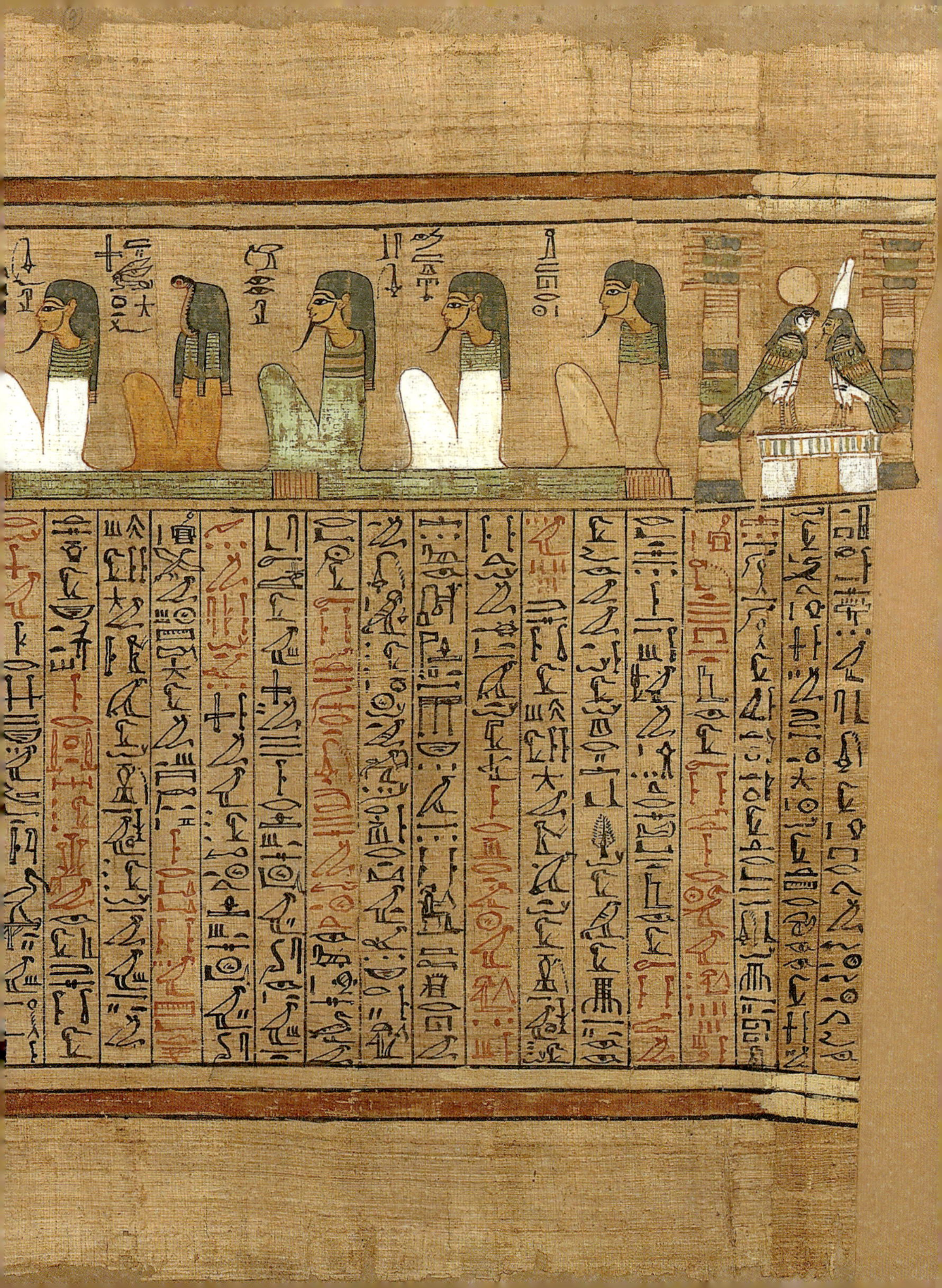

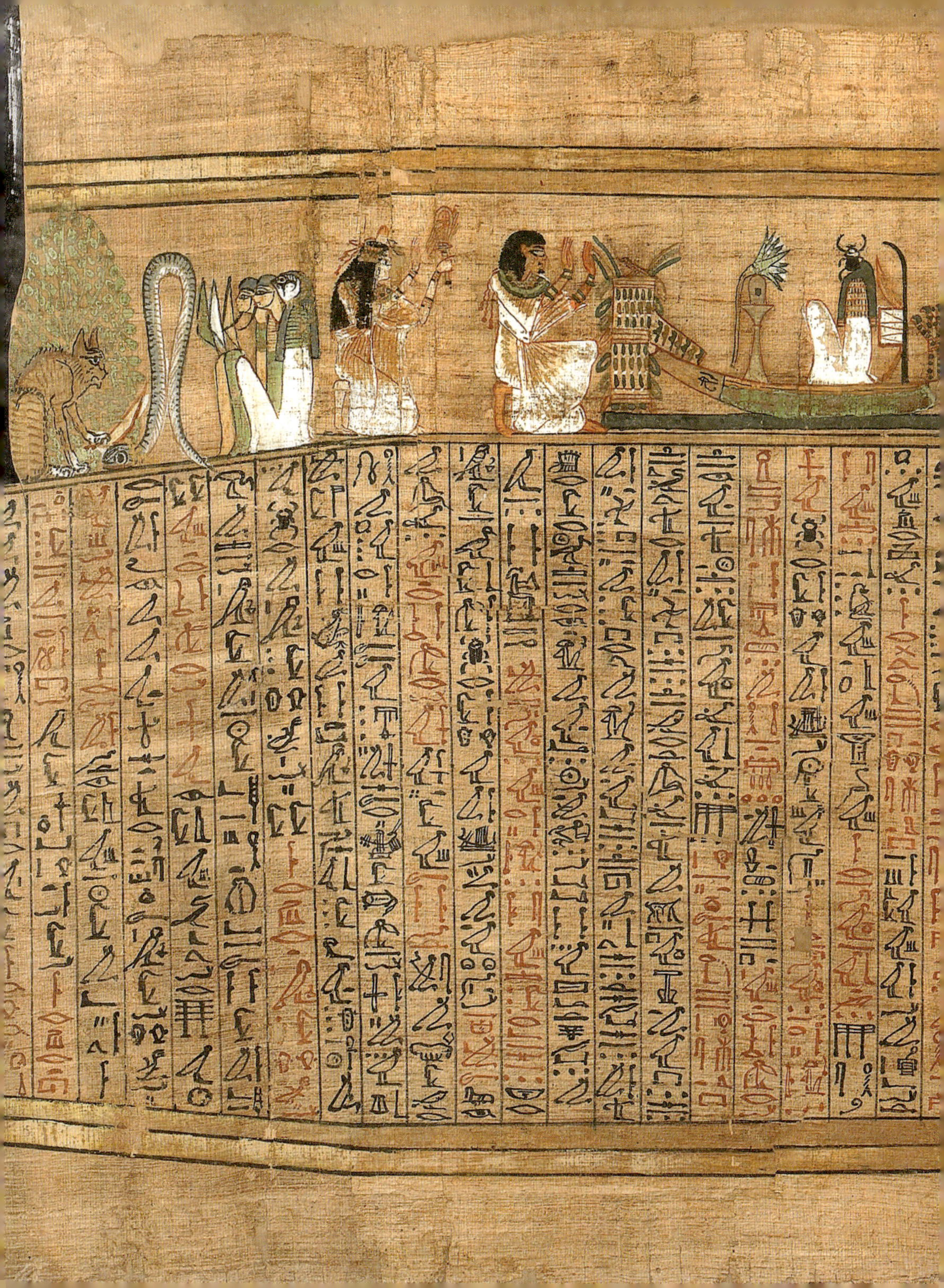

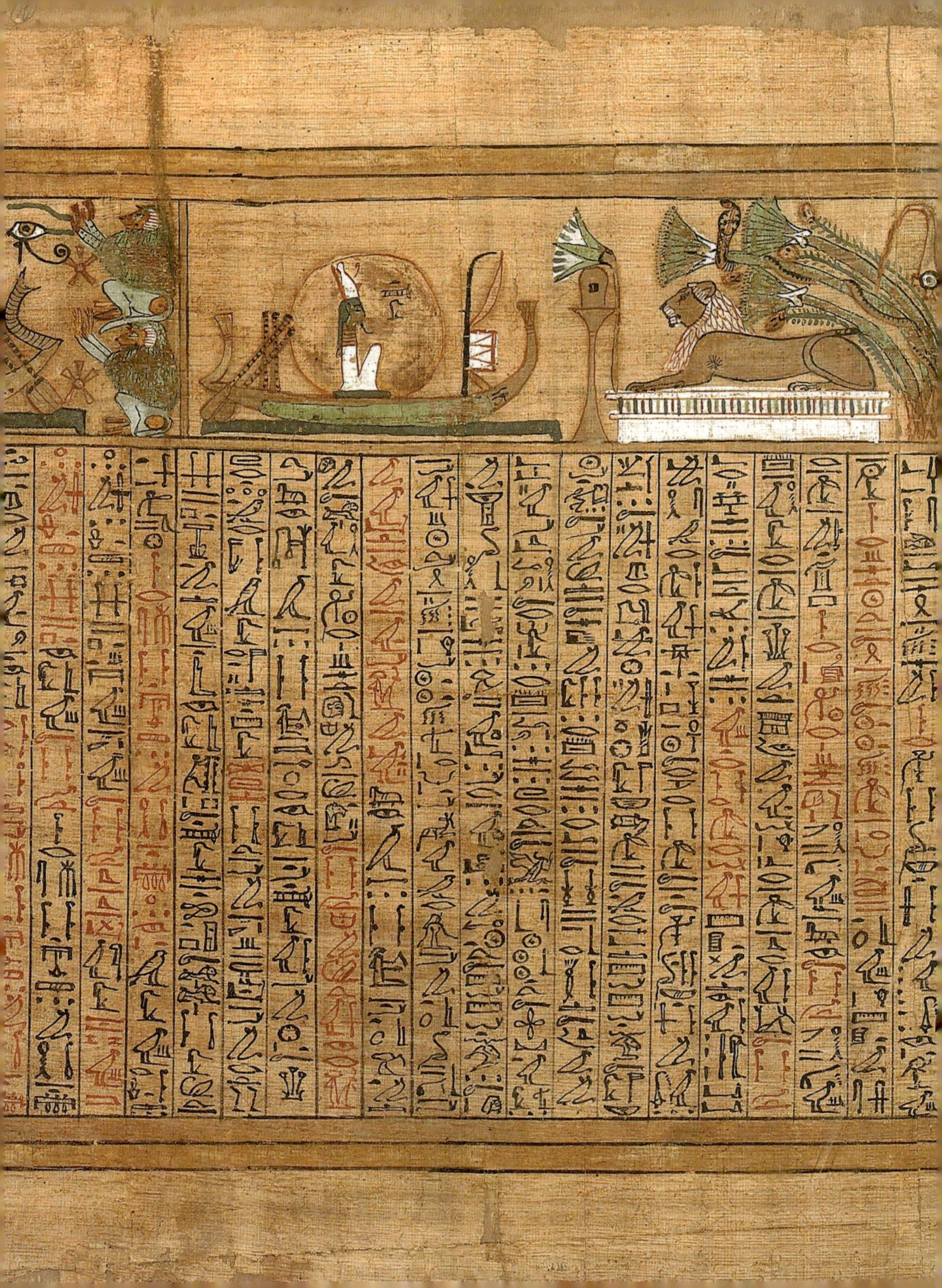

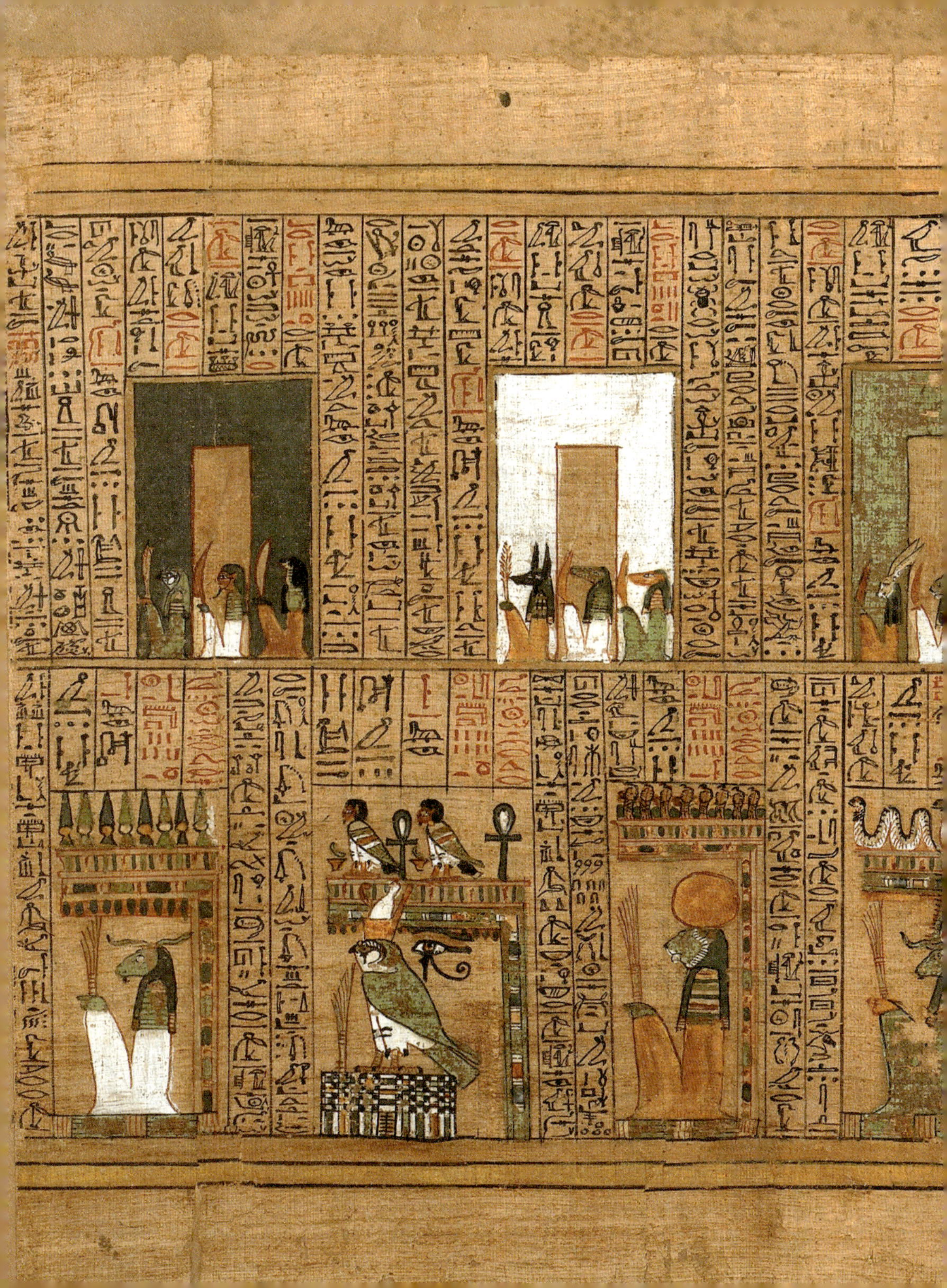

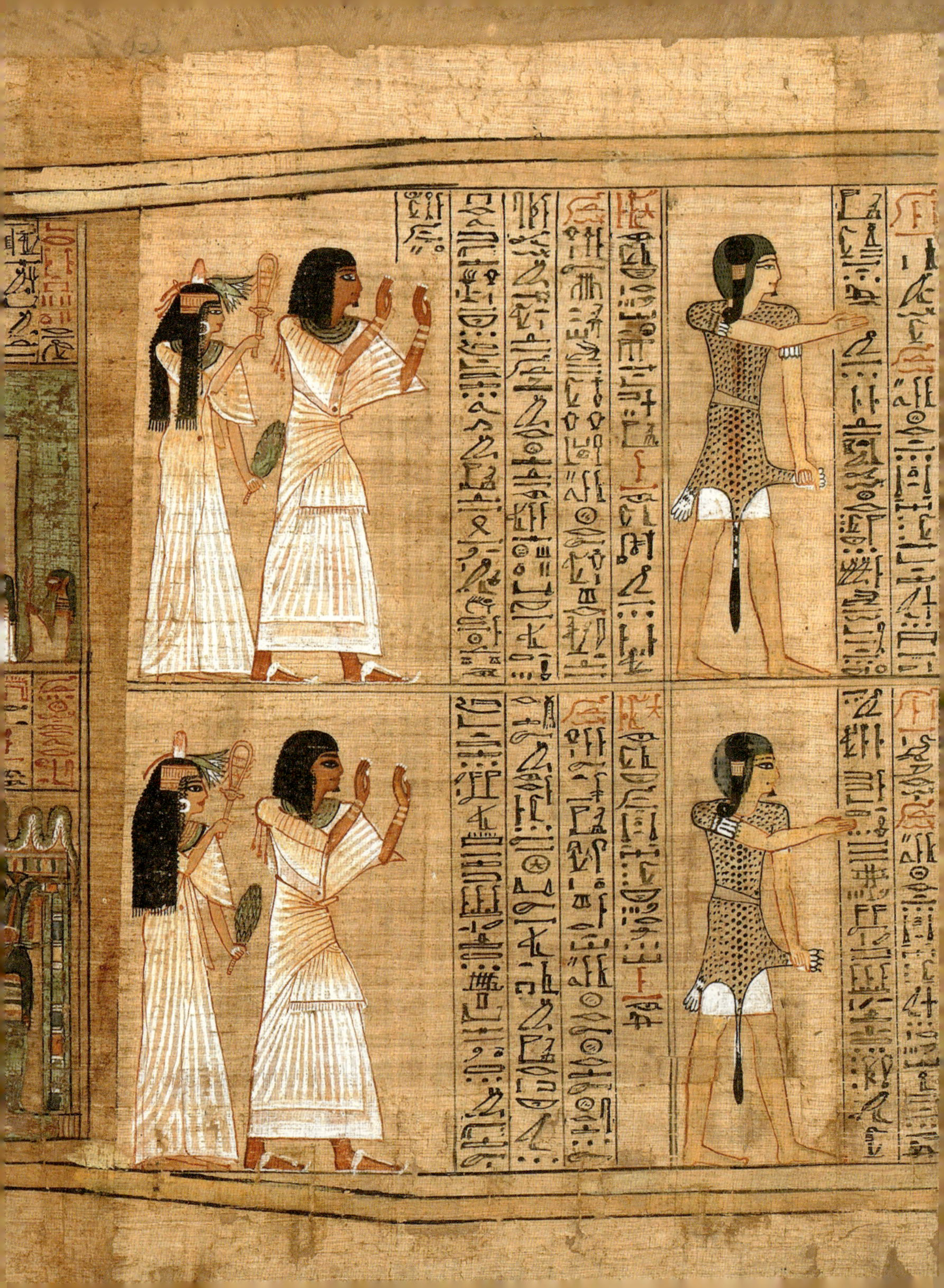

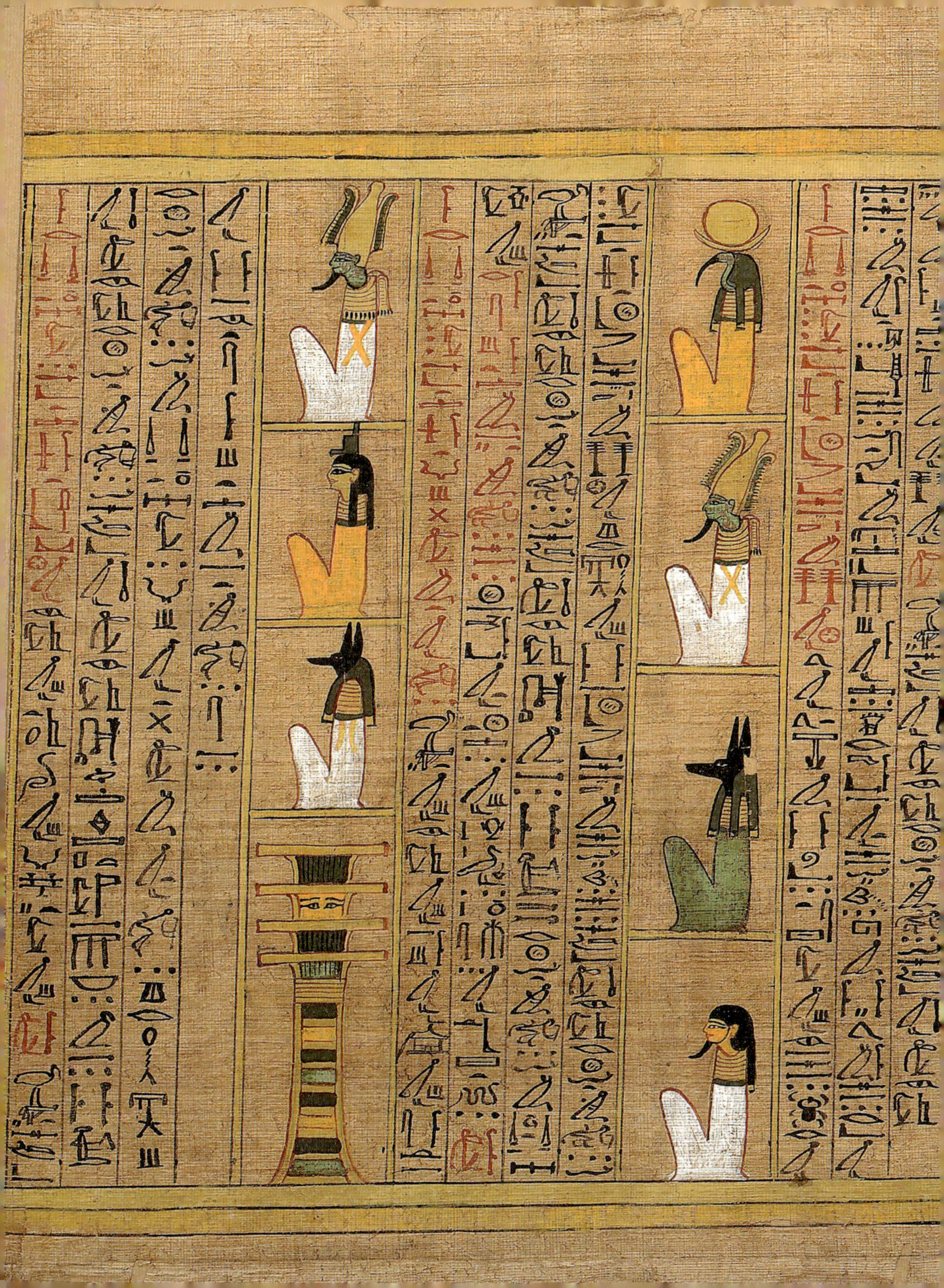

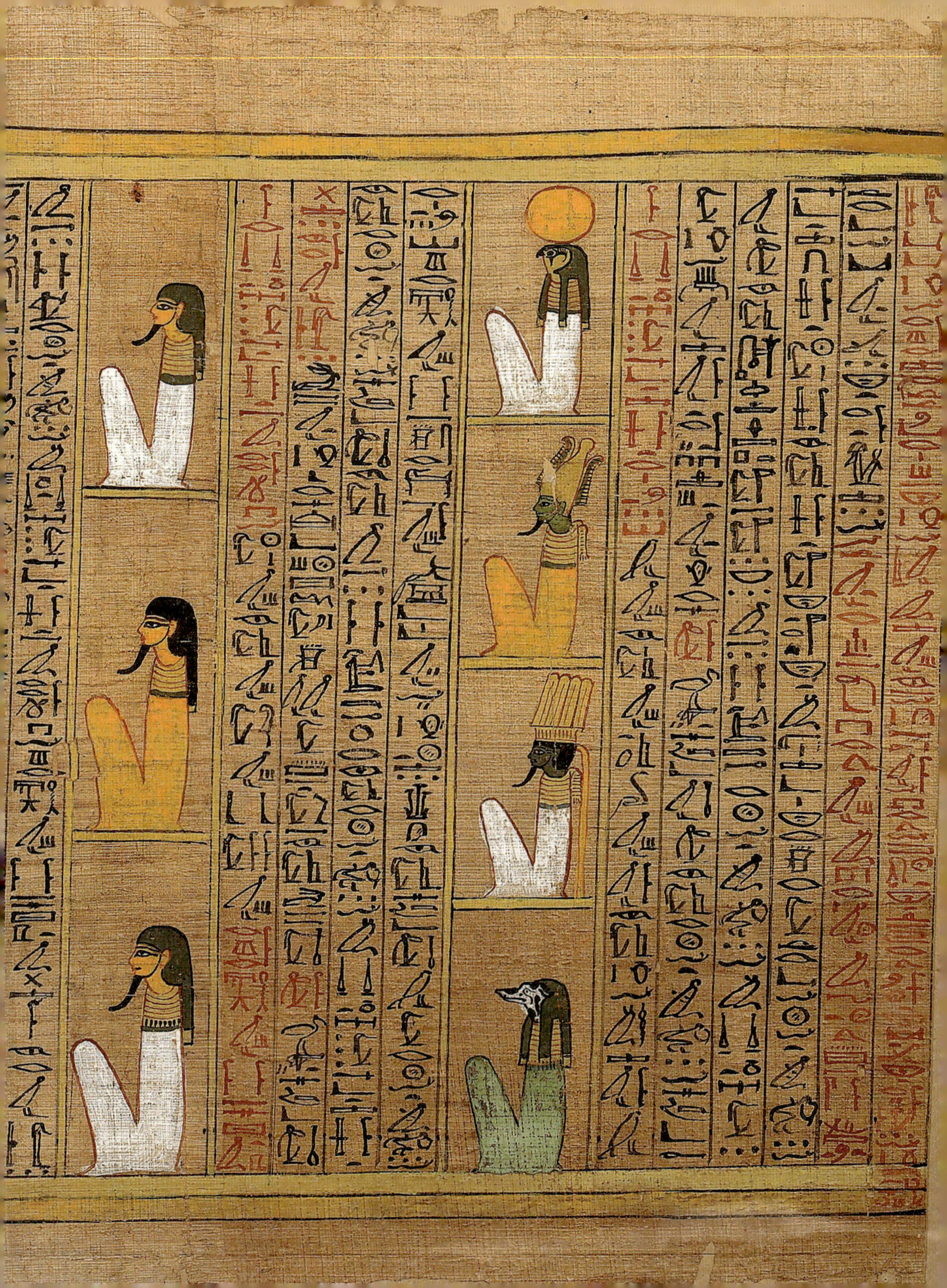

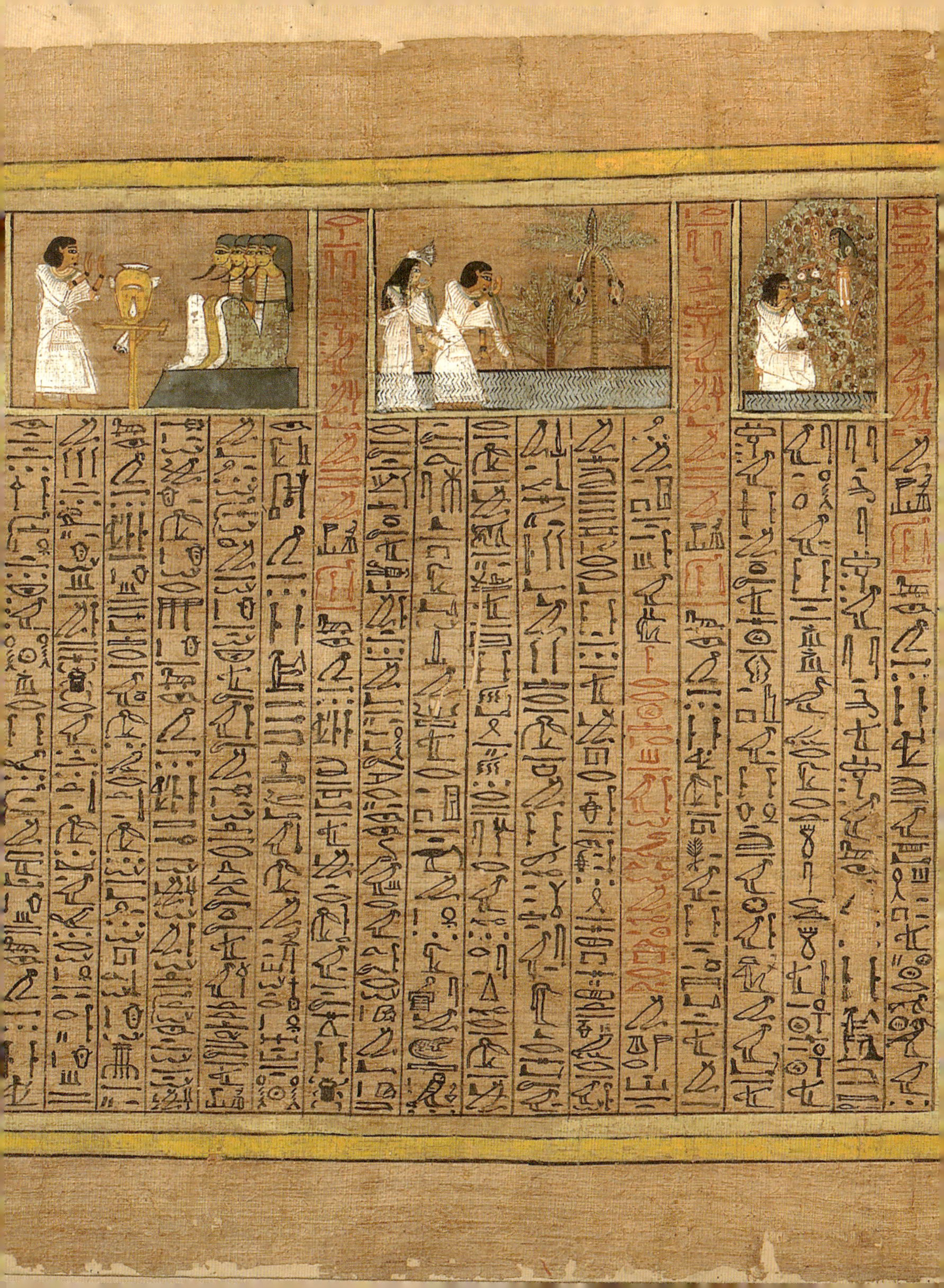

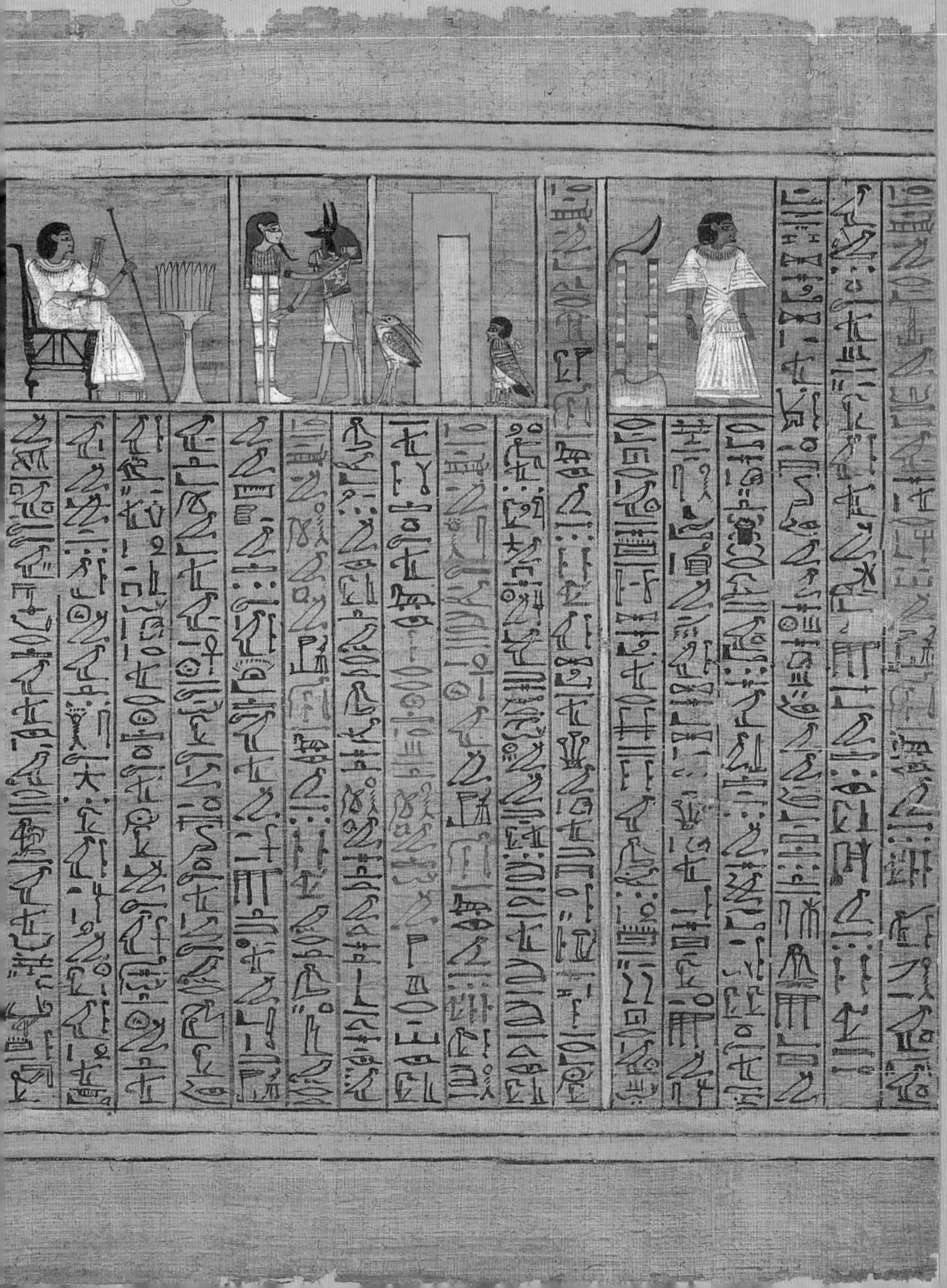

[Ancient Egyptian papyrus with hieroglyphic text and figural vignettes; no transcribable modern text.]

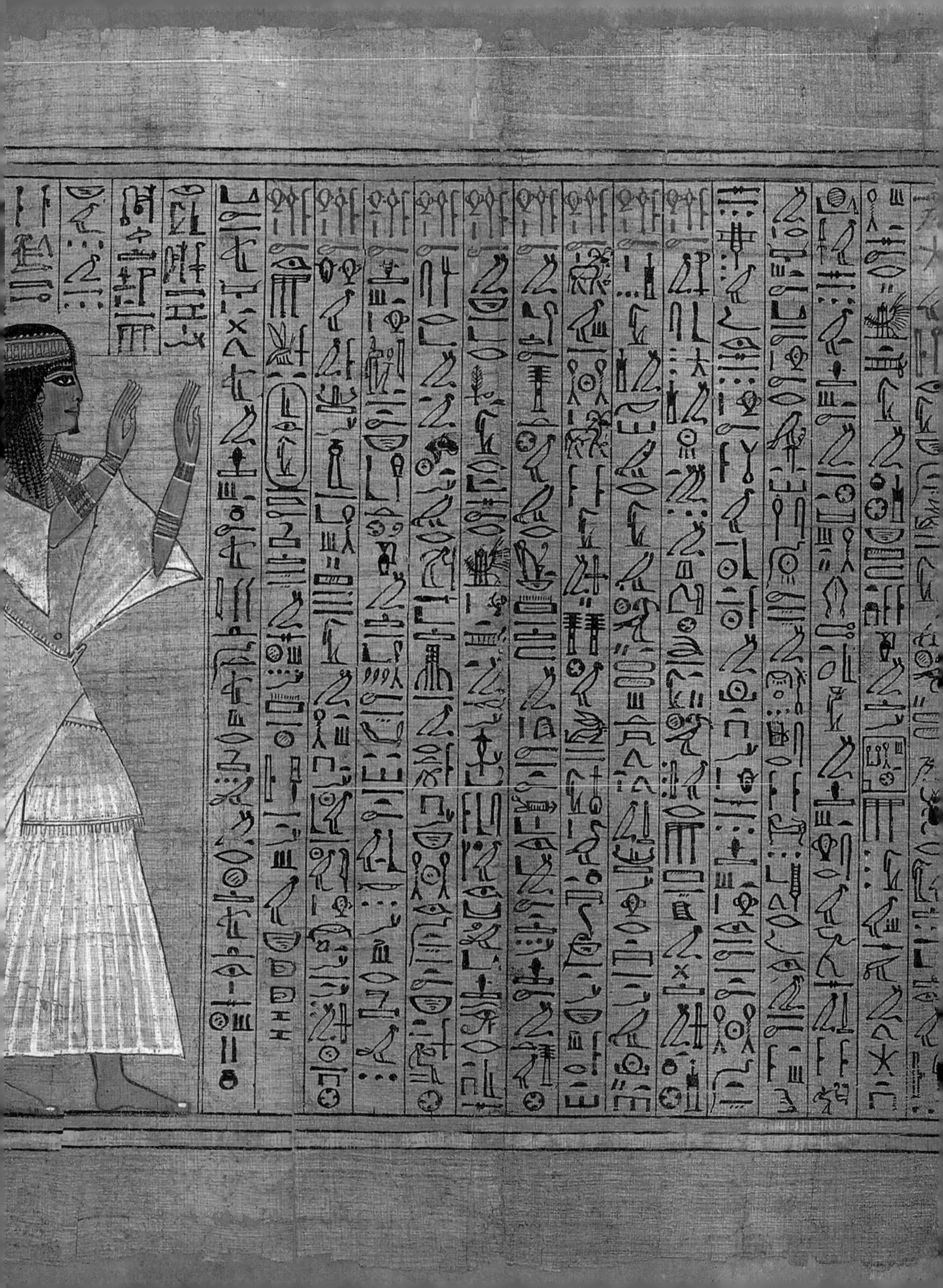

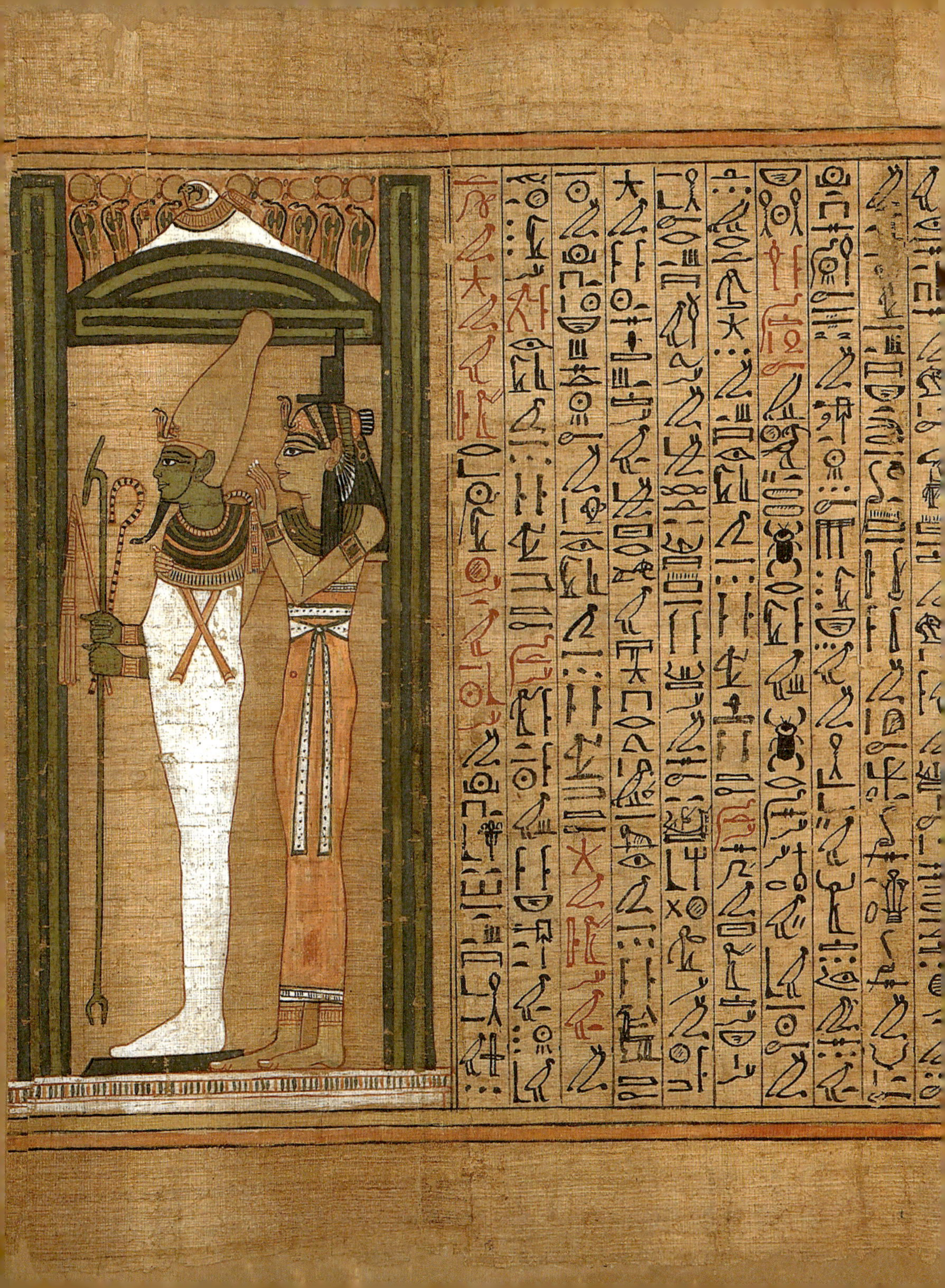

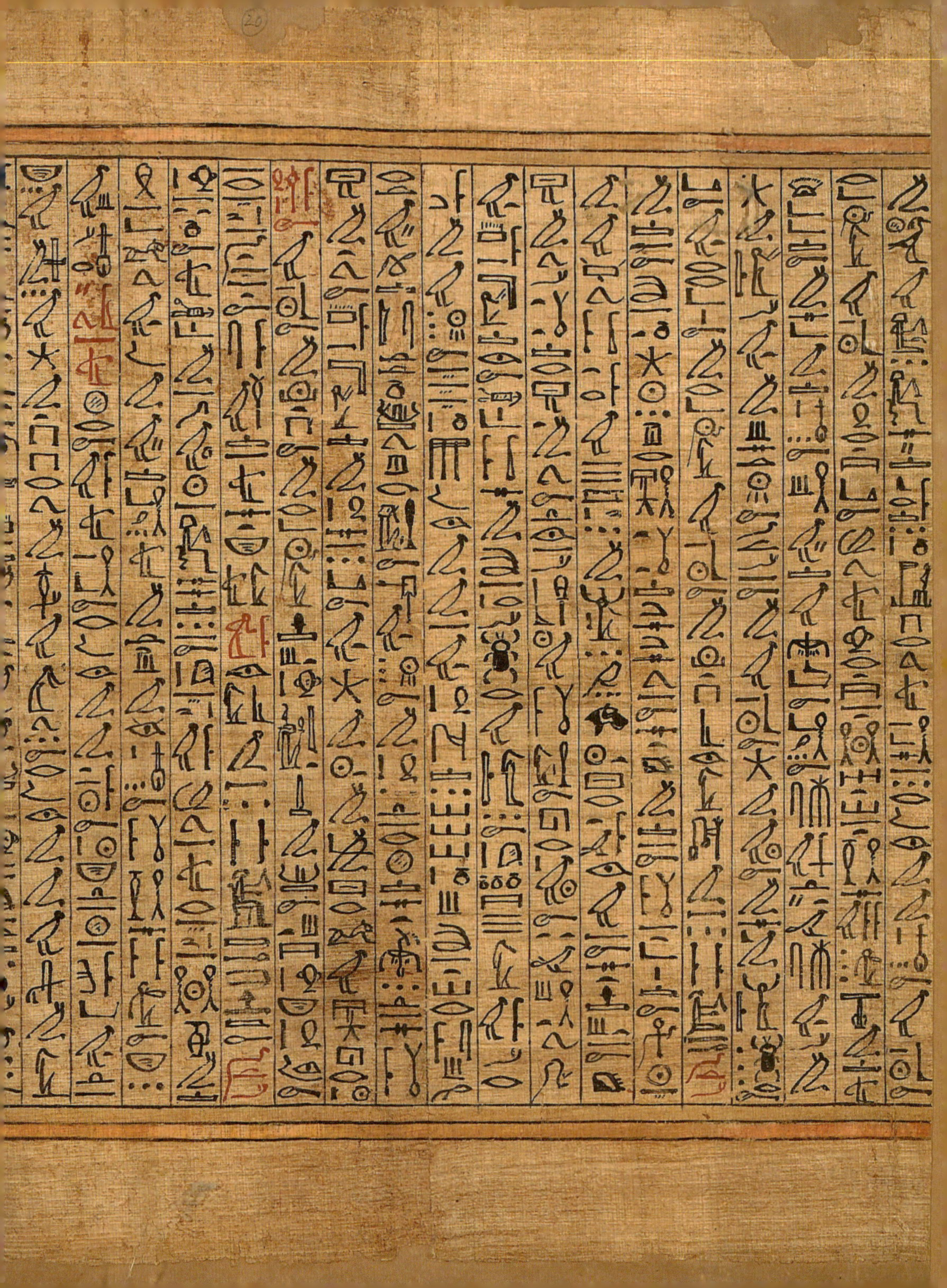

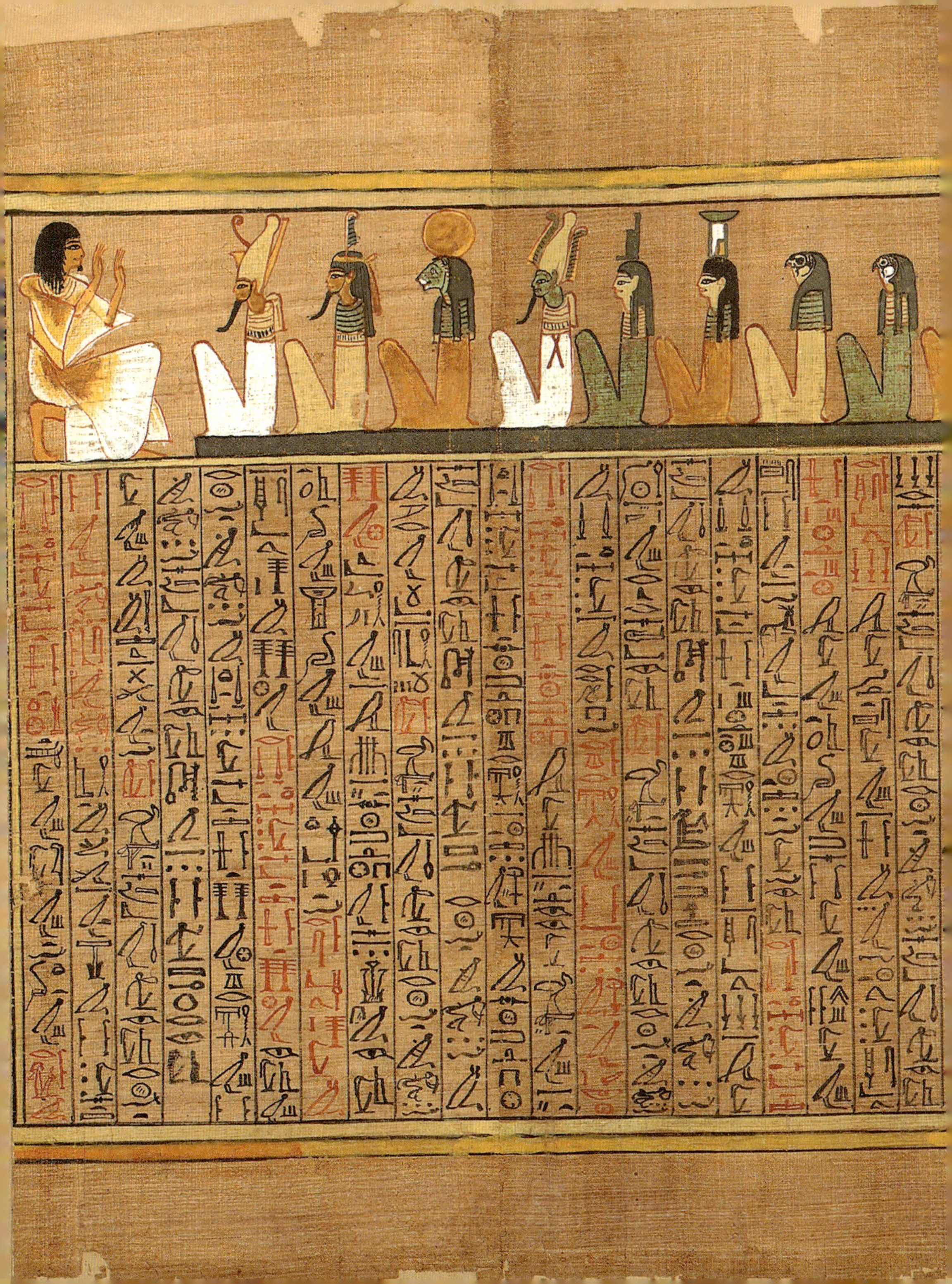

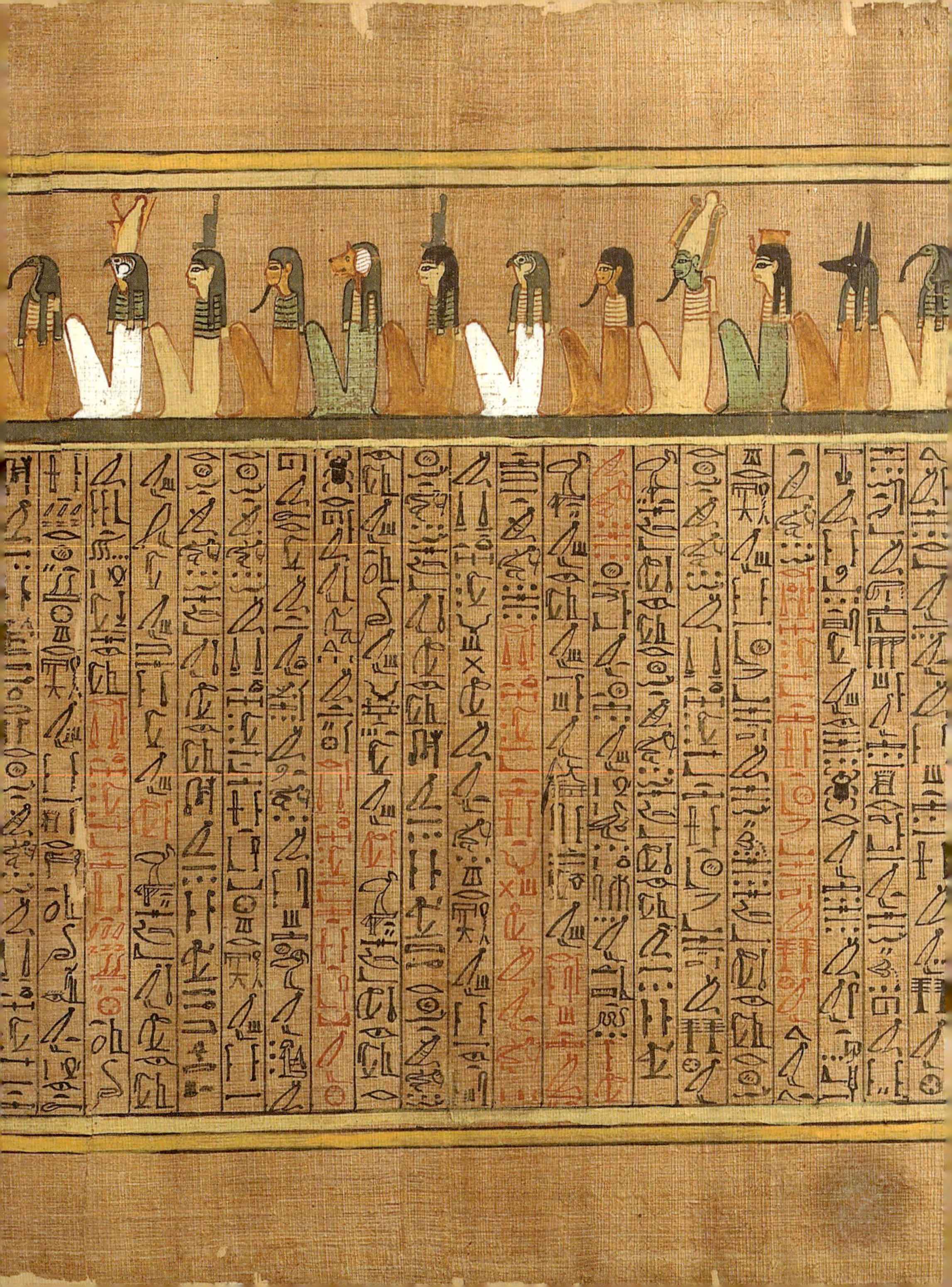

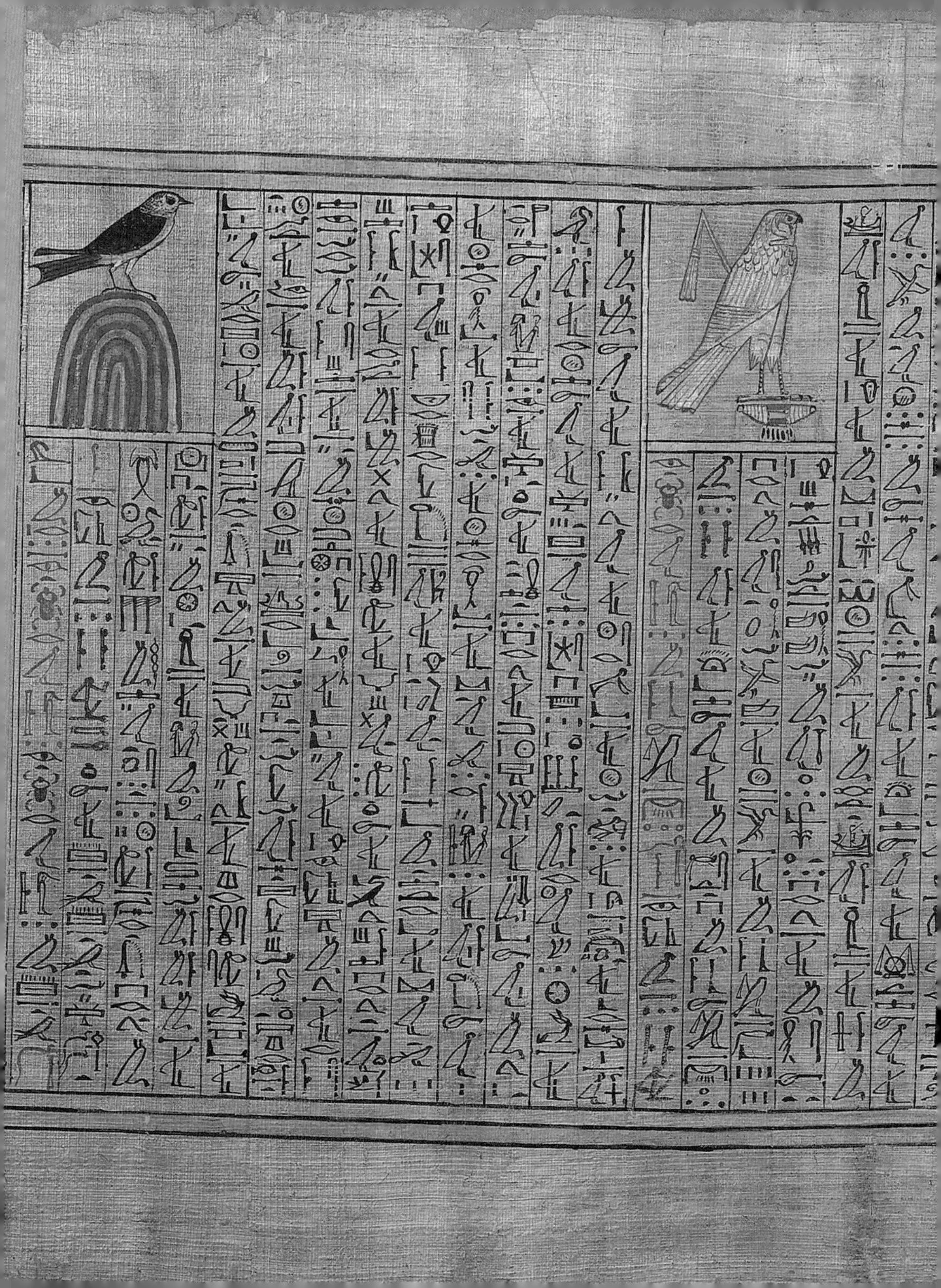

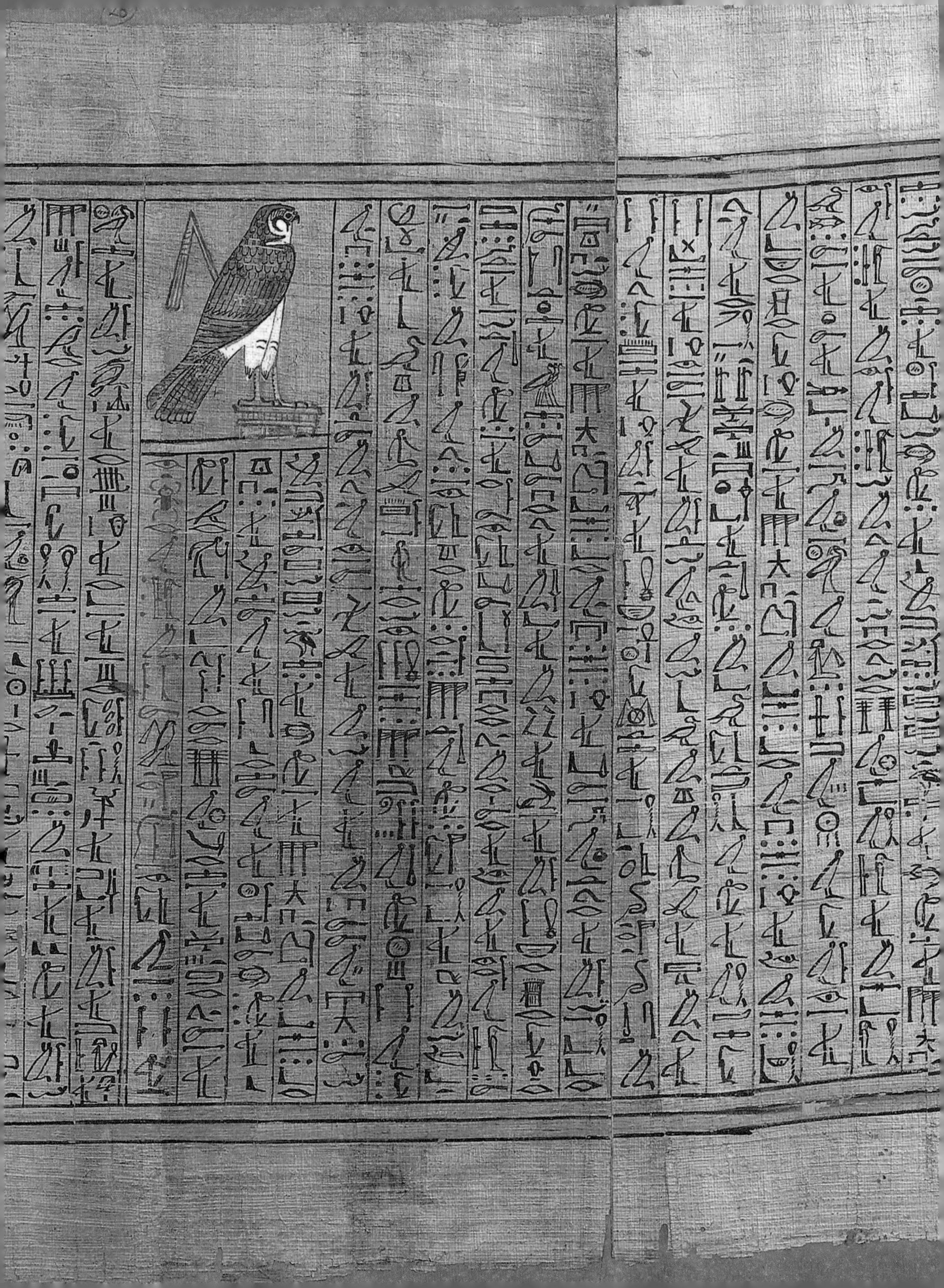

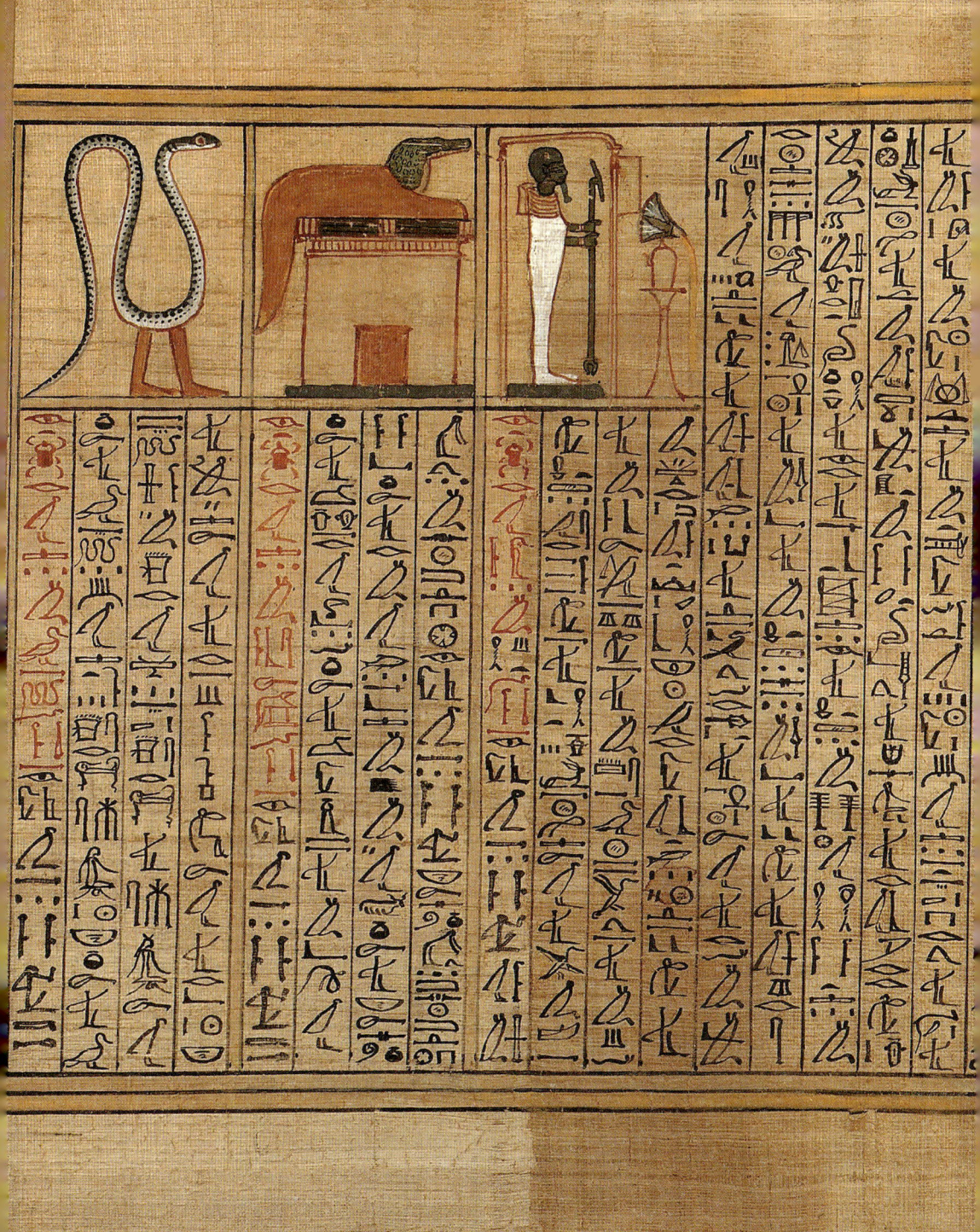

[Ancient Egyptian papyrus with hieroglyphic text and vignettes depicting a serpent on legs, an Anubis-like recumbent figure, and a standing deity within a shrine.]

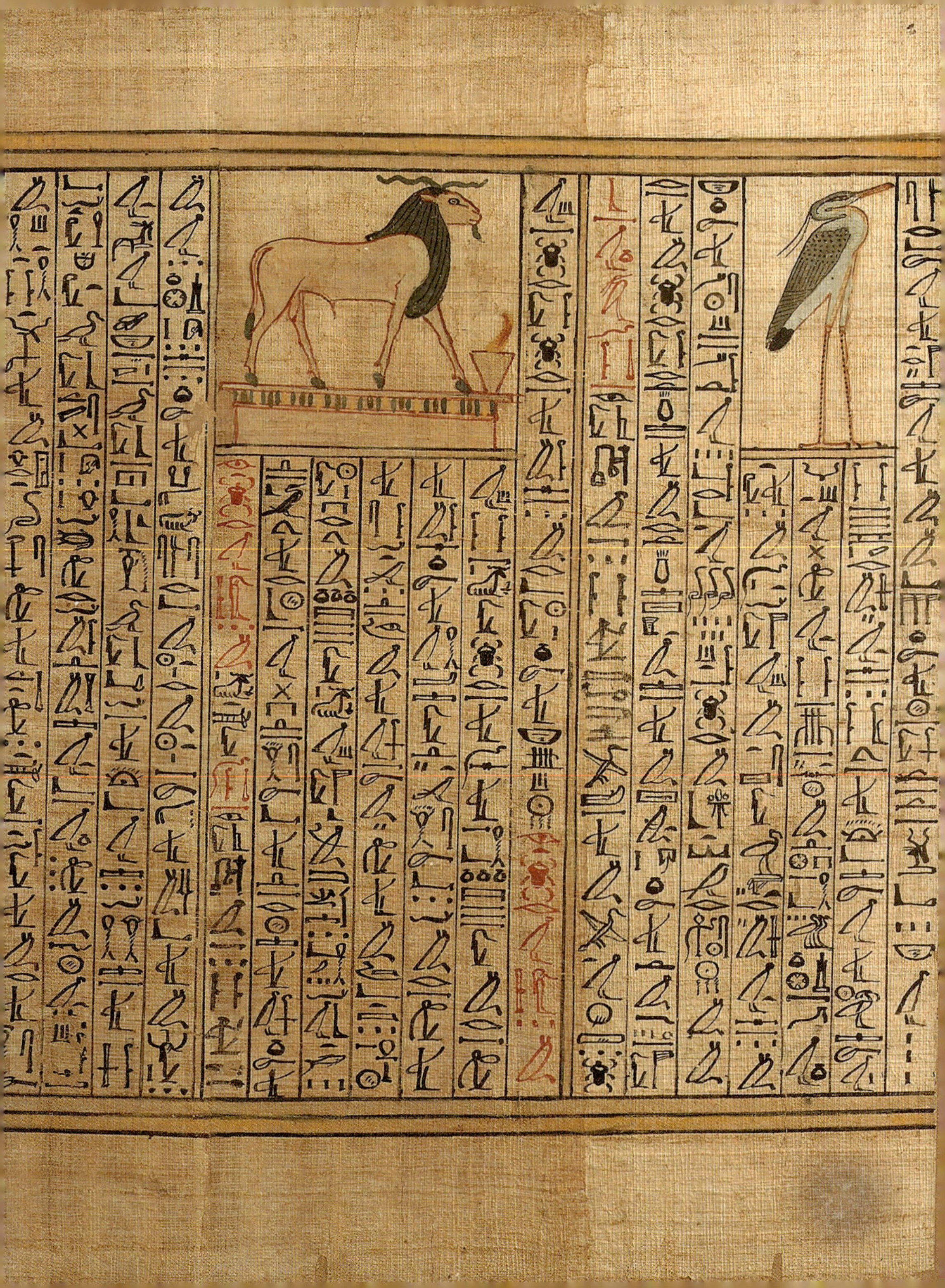

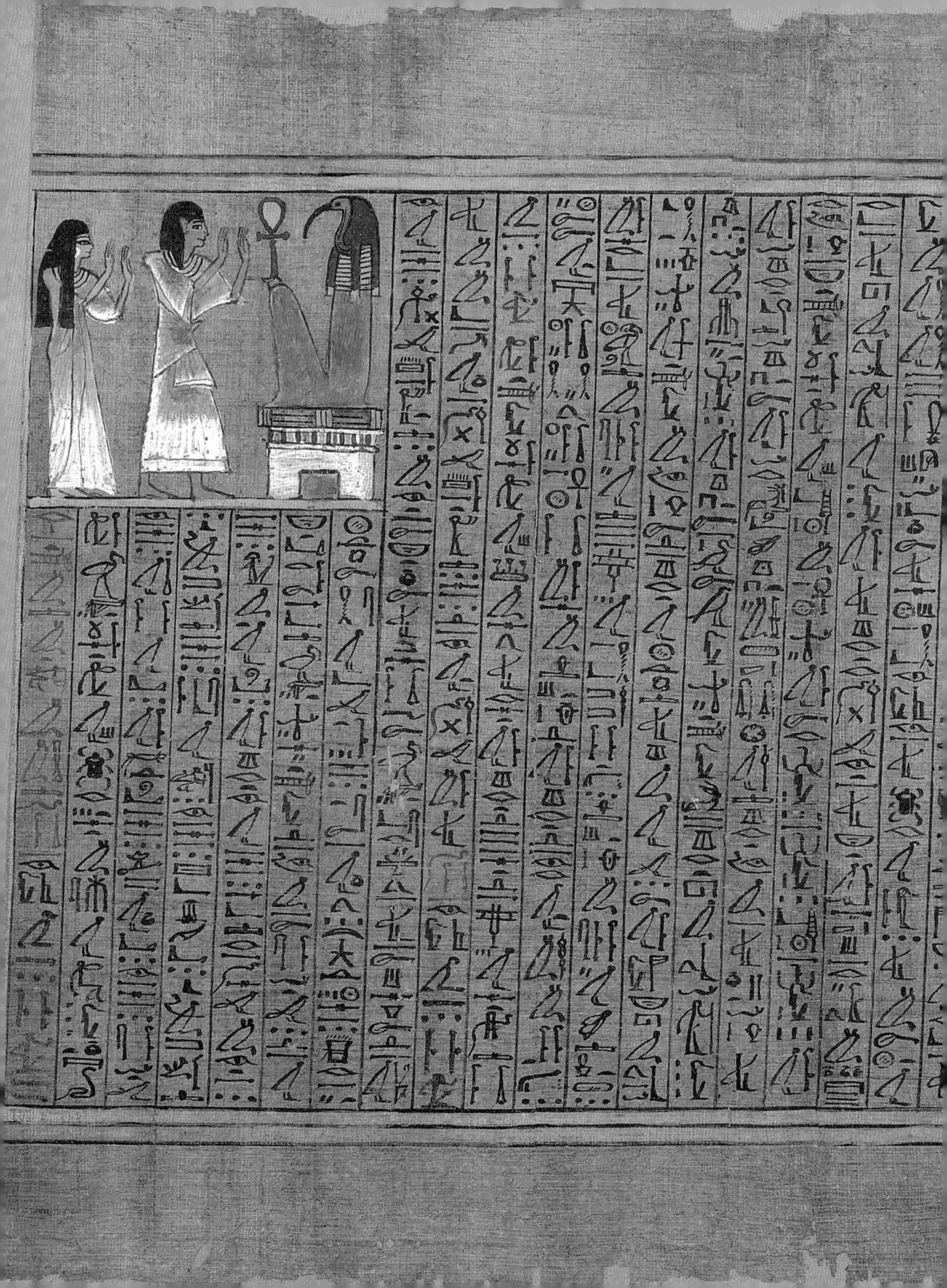

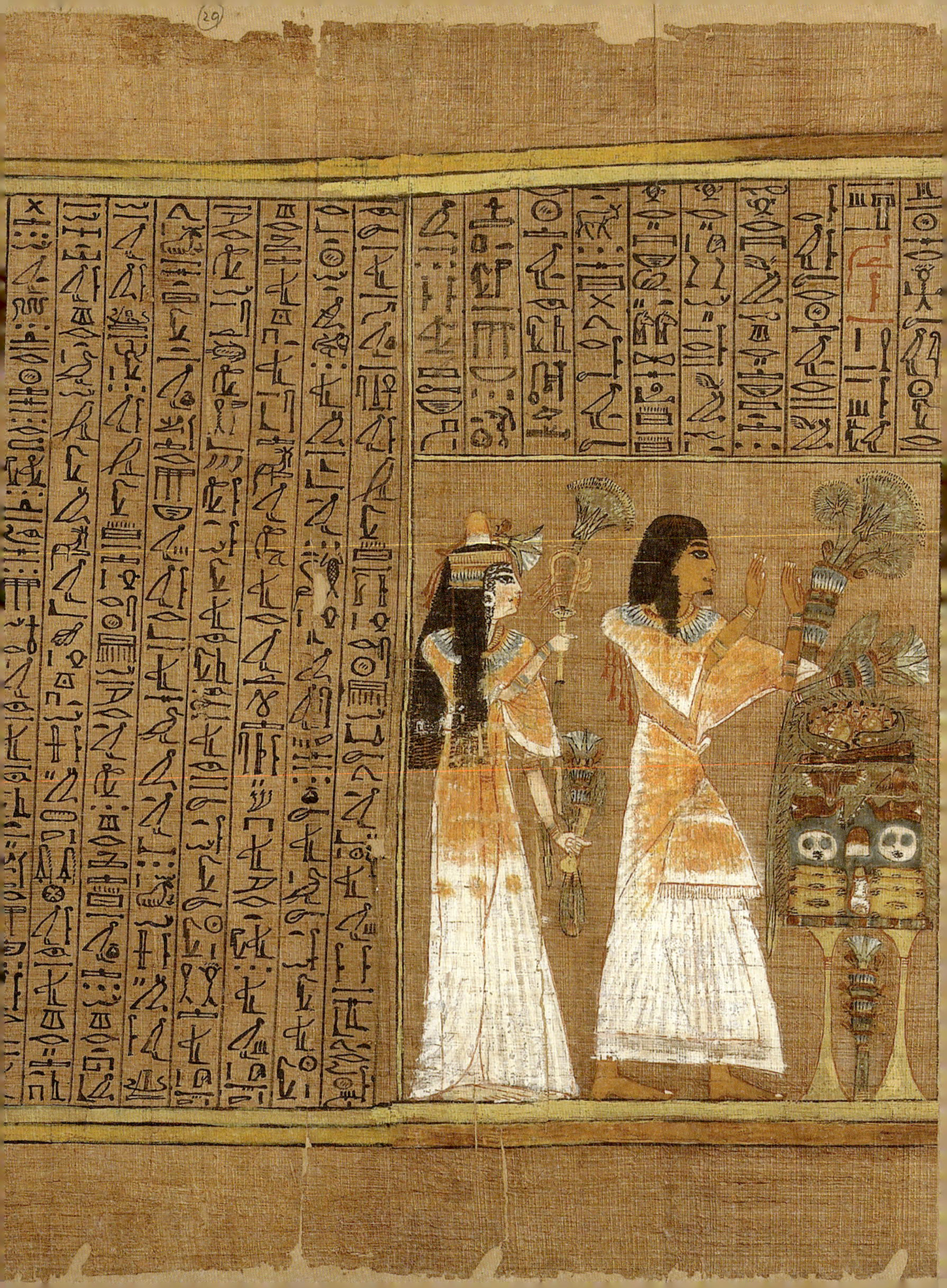
(29)

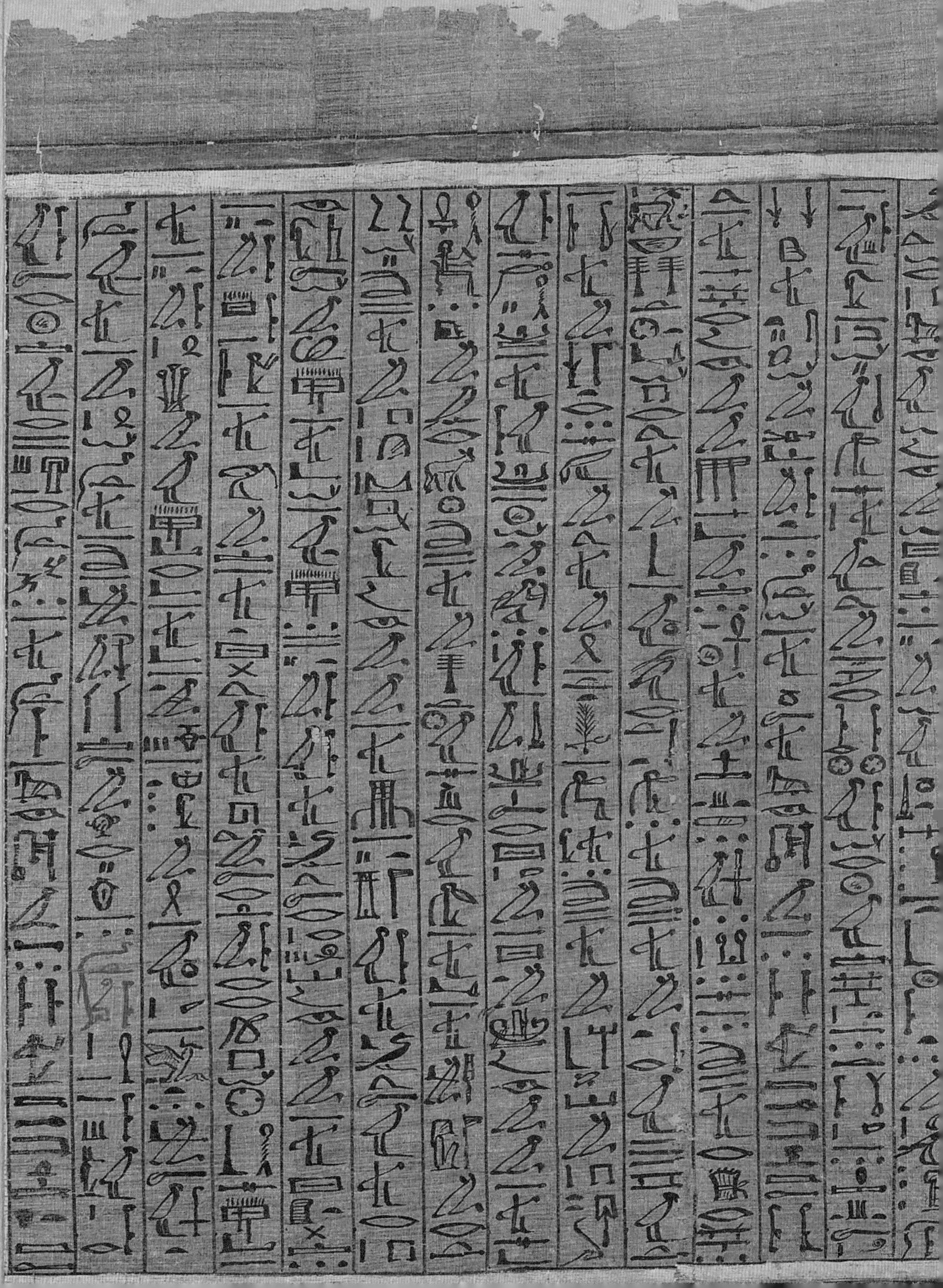

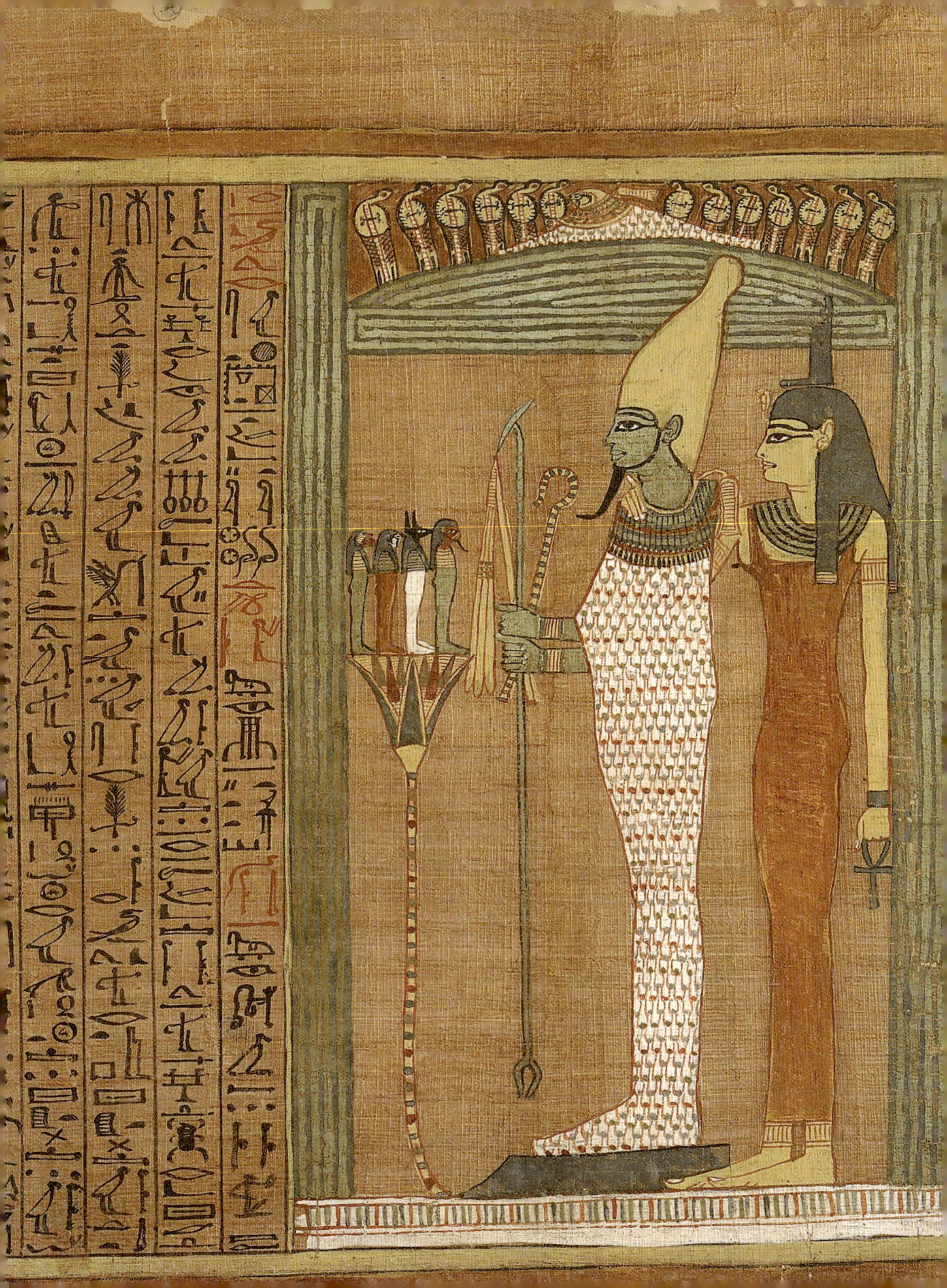

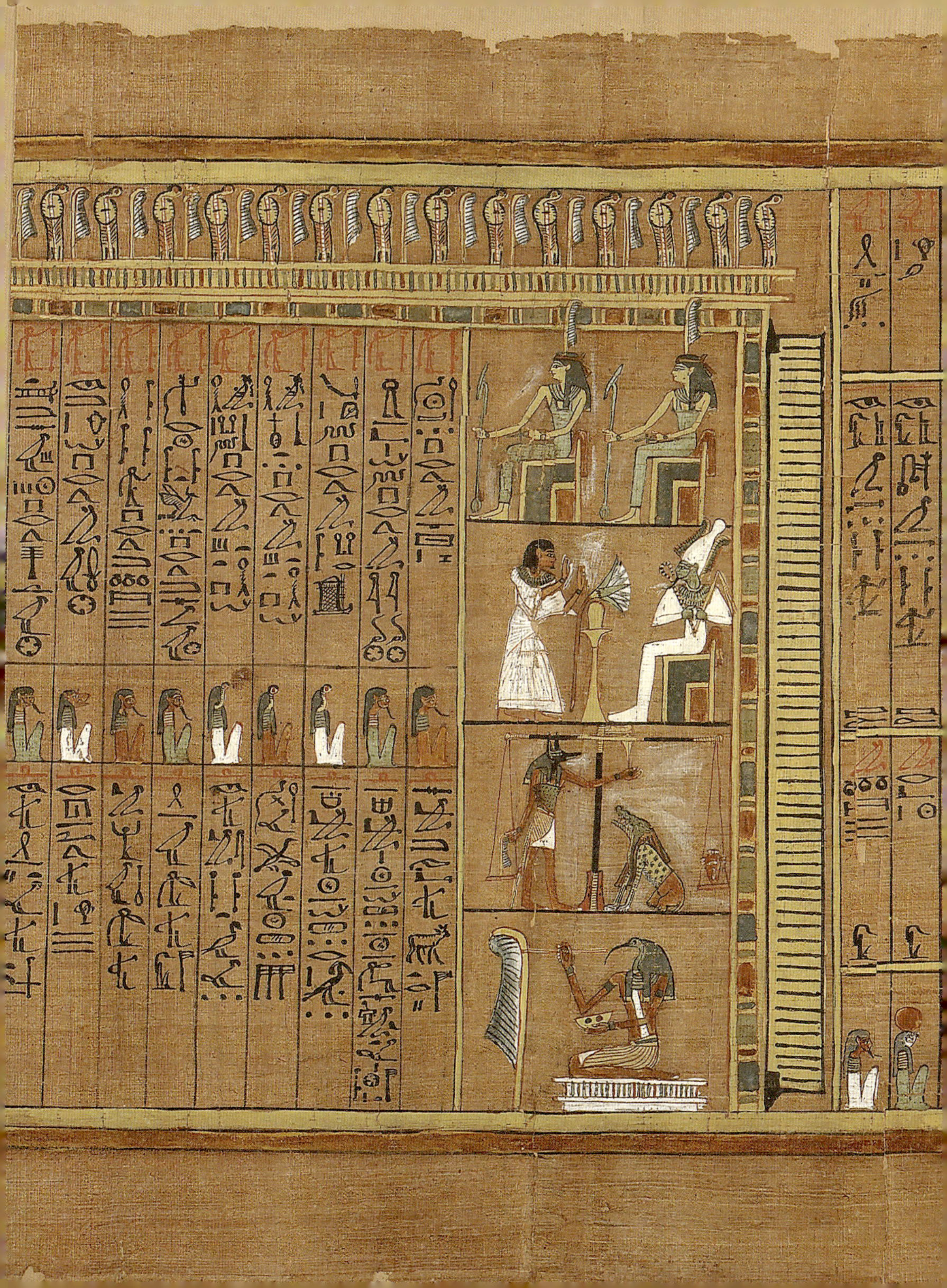

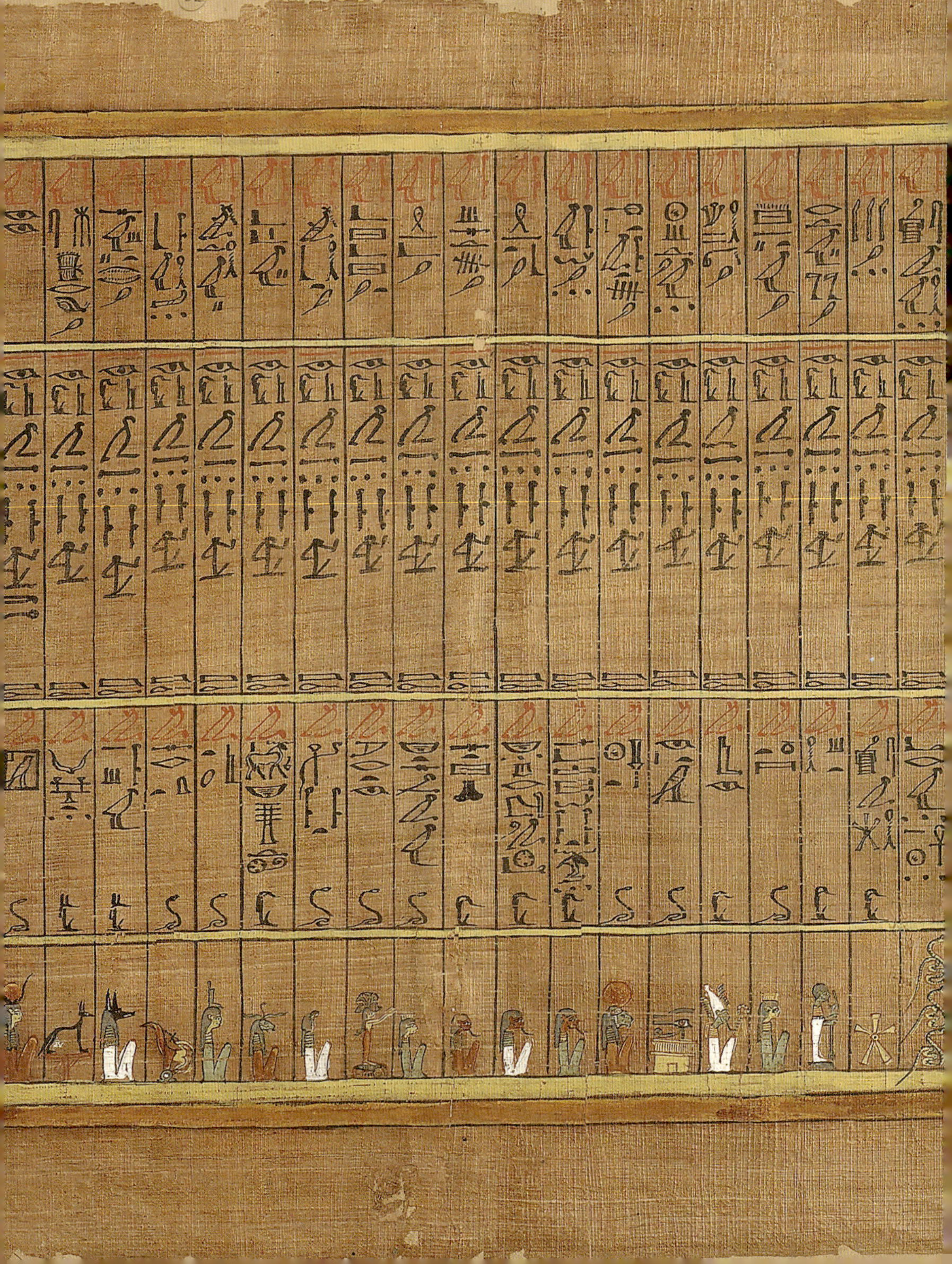

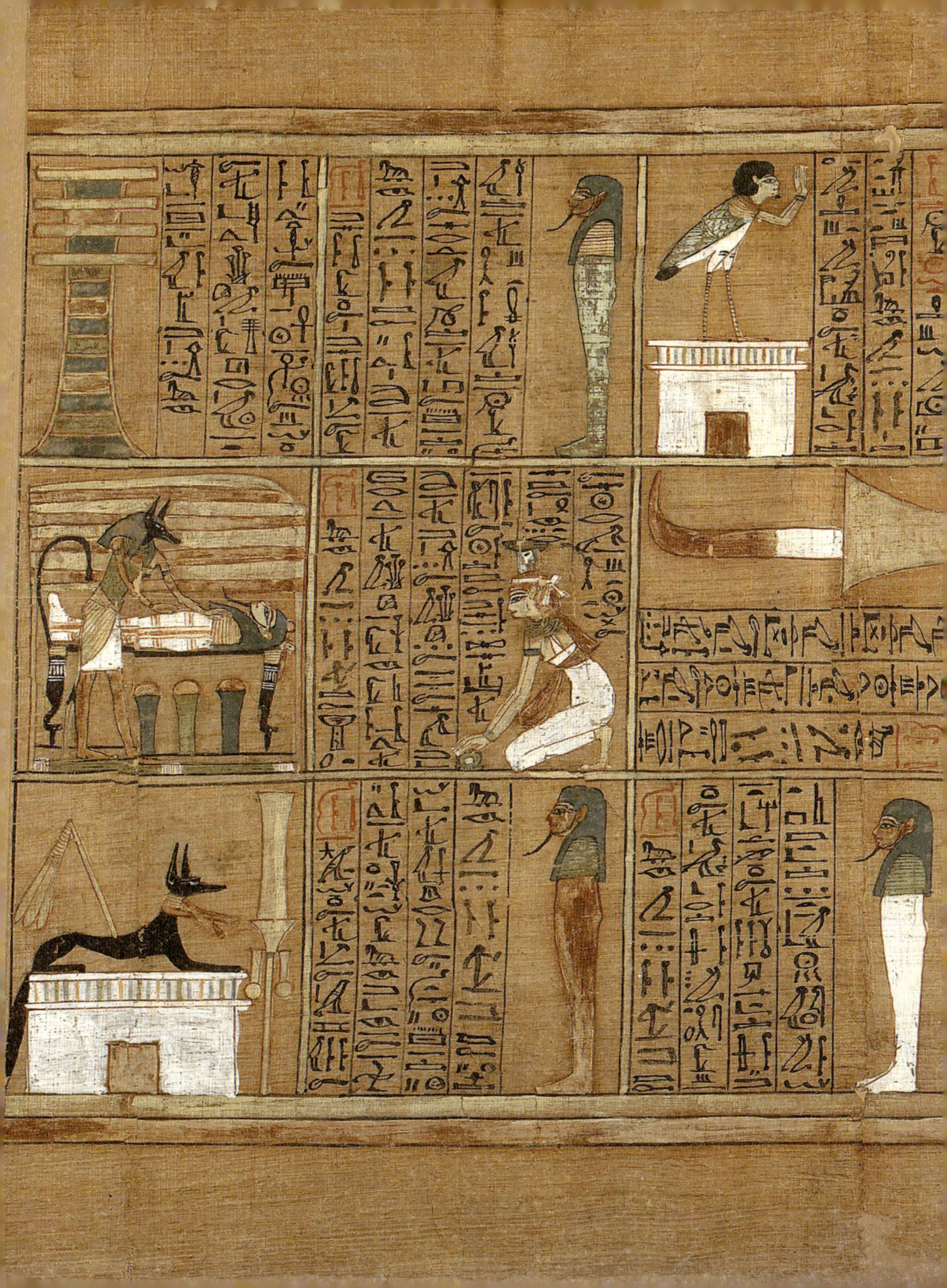

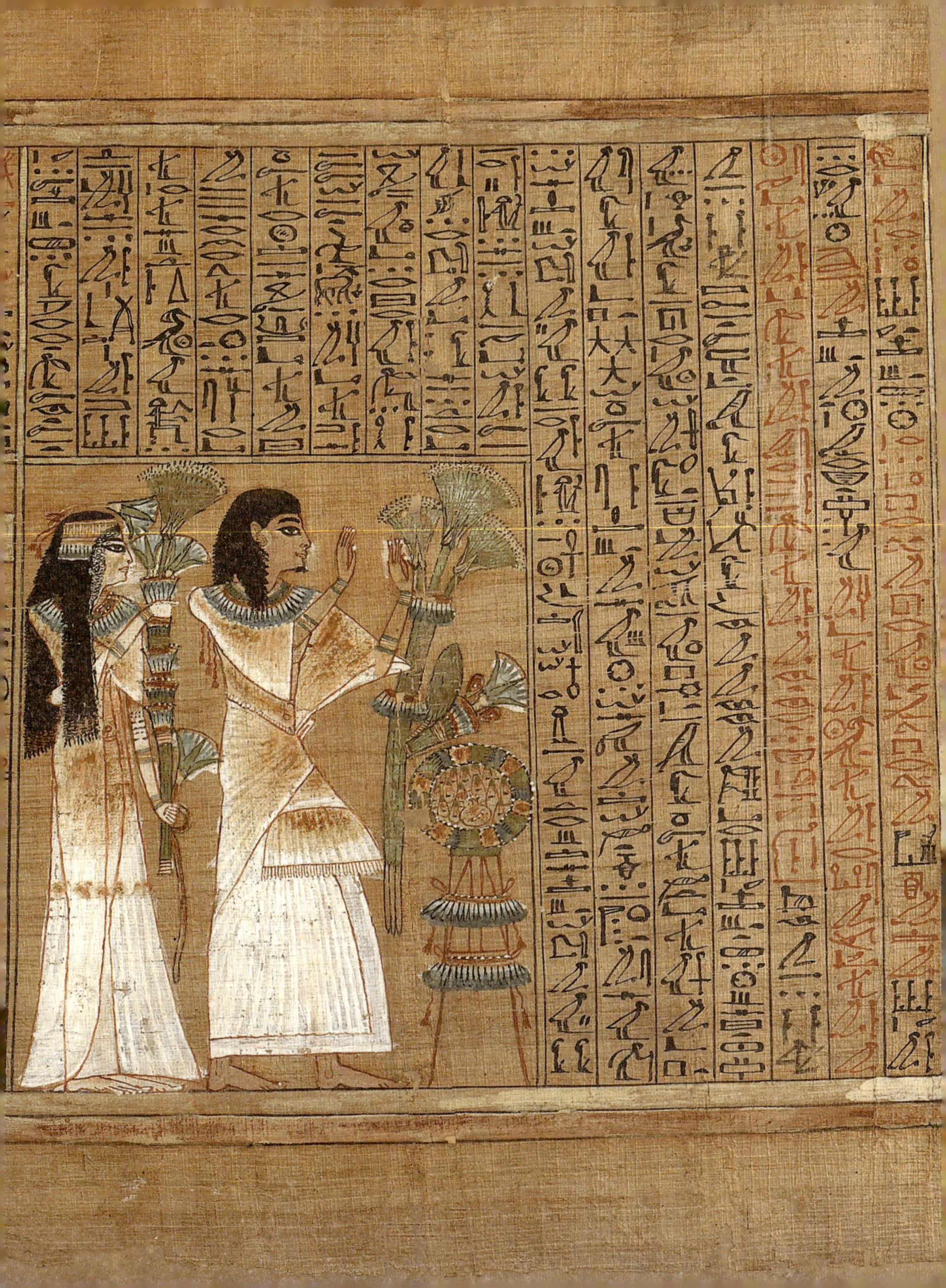